全国环境影响评价工程师职业资格考试系列参考资料

环境影响评价案例分析试题解析

（2025 年版）

贾生元　主编

中国环境出版集团・北京

图书在版编目（CIP）数据

环境影响评价案例分析试题解析 ： 2025年版 / 贾生元主编. -- 11版. -- 北京 ： 中国环境出版集团，2025. 3. -- （全国环境影响评价工程师职业资格考试系列参考资料）. -- ISBN 978-7-5111-6194-9

Ⅰ. X820.3-44

中国国家版本馆CIP数据核字第2025R57N12号

策划编辑　黄晓燕
责任编辑　孟亚莉
封面设计　宋　瑞

出版发行　中国环境出版集团
（100062　北京市东城区广渠门内大街 16 号）
网　　址：http://www.cesp.com.cn
电子邮箱：bjgl@cesp.com.cn
联系电话：010-67112765（编辑管理部）
010-67112735（第一分社）
发行热线：010-67125803，010-67113405（传真）

印　　刷　玖龙（天津）印刷有限公司
经　　销　各地新华书店
版　　次　2015 年 1 月第 1 版　2025 年 3 月第 11 版
印　　次　2025 年 3 月第 1 次印刷
开　　本　787×960　1/16
印　　张　23.5
字　　数　750 千字
定　　价　127.00 元

编　写　人　员

主　　编　贾生元

副 主 编　叶　斌　刘　威　崔　勇　吕　伟　常　蓉

参编人员　韩　旺　张延川　田艳丽　李建国　刘海龙

王爱枝　易爱华　赫荣晖　吴　琼　张艾冰

幸健萍　李　华　贺　佳　钱德安　郭丽岗

周建勋　成文连　魏　华　赵永强　孙翠菊

姜　晶　彭飞翔　张　蕾　张　吉

前　言

为有效实施环境影响评价制度，提高从业人员的环境影响评价技术水平，我国于2005年实施了全国环境影响评价工程师职业资格考试制度。在全部四科（环境影响评价法律法规、环境影响评价技术导则与标准、环境影响评价技术方法、环境影响评价案例分析）考试中，“环境影响评价案例分析”是广大考生认为难度较大的一科。为了帮助广大考生省时高效、有针对性、有重点地复习“案例”，积极应考，同时对环境影响评价实际工作有所指导，我们结合实际工作并在总结历年案例考试真题的基础上，编撰了这本参考书。本书既适合报考全国环境影响评价工程师的考生，也适合从事环境影响评价实际工作的技术人员，还可供从事环境管理的干部参考。

本书以适应考试、解答明确、点评与分析准确简洁为编写原则，使考生不仅能“知其然”，还能“知其所以然”，在短时间内快速提高应试能力。同时，通过点评分析，使从事环境影响评价的技术人员能够将考试的要点转化到实际工作中去，既考出水平，又能做好实际工作。

本书所列案例试题全部来自近年来考试真题（部分试题虽然缺失题干信息，但也针对要求解答的各个问题采用逆向思维方式提出了分析方法与解答要点），解答力争紧紧抓住考点，努力做到答题简明扼要，点评分析到位。同时，考虑到实际工作需要，在点评分析中不仅考虑考试答题，还结合试题，提出在实际工作中如何有针对性地进行环境影响评价工作，使考试与实际工作有效地结合起来。

在2013年版至2024年版发行后，广大考生及社会各界人士提出了很多意见和建议，均进行了修正和精简。同时，本版中充实了前版部分缺失的案例题干并完善了答案，补充了2024年度的案例考题并进行了解答和分析，增加了2023—2024年案例分析讲解视频，考生可以扫码观看。

近几年，全国环境影响评价工作在法律法规和规范性文件、技术标准和技术规范方面均不断发生变化，围绕以改善环境质量为核心，维护生态环境安全、防范环境风险和生态文明建设，我国修订和颁布了一系列环境影响评价相关的法律、法规、标准、技术导则和规范。特别是 2021 年以来，随着国家及各地区“十四五”有关规划或计划的发布，新颁布了《中华人民共和国湿地保护法》《中华人民共和国长江保护法》《中华人民共和国黄河保护法》《中华人民共和国青藏高原生态保护法》，并修订了《中华人民共和国噪声污染防治法》《中华人民共和国野生动物保护法》等很多法规、标准、技术导则，尤其是修订后发布的《环境影响评价技术导则　声环境》（HJ 2.4—2021）、《环境影响评价技术导则　生态影响》（HJ 19—2022）、《环境影响评价技术导则　陆地石油天然气开发建设项目》（HJ 349—2023）、《环境影响评价技术导则　民用机场建设工程》（HJ 87—2023）、《环境影响评价技术导则　公路建设项目》（HJ 1358—2024）、《环境影响评价技术导则　海洋生态环境》（HJ 1409—2025），以及一系列“建设项目环境影响评价文件审批原则”的修订等，对 2025 年度的考试将有重大影响。考虑到 2005 年至 2014 年的大部分案例与现行法规、技术导则、标准等不完全吻合，对今后的考试指导性已不强，但仍不失参考价值，因此，这部分案例试题以电子资源的形式附在每章节的最后，有兴趣做深入研究的人士可以通过扫描二维码了解过去的试题。另外，生态环境部发布的一系列行业“排污许可证申请与核发技术规范”“污染防治可行技术指南”，以及关于碳排放的规范性文件等，也是环评工程师考试需要学习的重要内容。因此，考生对这类技术规范也应该认真学习。在本书的编写过程中汲取了广大考生的意见和建议，融汇了从事及关心环评工作的社会各界朋友的意见。希望广大考生及环境影响评价技术人员、专家对本书存在的问题继续提出意见和建议，以便修改并不断完善。

贾生元

2025 年 2 月于北京

目　录

一、冶金机电案例

试题一（2024 年考题）

2024 年第 4 题视频讲解

某钢铁企业拟对高炉炼铁系统进行升级改造，淘汰现有 1 座 750 m^3 高炉和 2 座 850 m^3 高炉及配套生产系统，退出铁水产能 260 万 t/a，按照新增炼铁产能置换比例不低于 1.5∶1 的要求，新建 1 座 2 000 m^3 高炉，铁水产能 170 万 t/a。

高炉炼铁是将烧结矿、球团矿及块矿等含铁原料和焦炭等炉料由高炉炉顶送入炉内，炉料在高炉内向下移动过程中与从高炉炉腰风口处鼓入的热风逆流接触，并在向炉内喷入煤粉助燃的条件下，经还原熔炼生成铁水。工艺过程包括物料储存转运及炉顶布料、高炉送风、煤粉制备及喷吹、高炉冶炼及渣处理、高炉煤气净化等工序。

物料储存转运及炉顶布料工序：含铁原料和焦炭分别通过皮带输送至高炉矿槽和焦槽，经筛分、称量后由上料皮带送至高炉炉顶料罐，再通过炉顶装料设备送入高炉。矿槽和焦槽布料、筛分过程产生的含尘废气经集气罩捕集和布袋除尘器净化后，经 1$^{\#}$排气筒排放。炉顶落料废气经集气罩捕集后送高炉出铁场除尘系统一并处理。

高炉送风工序：共设置四座顶燃式热风炉，作业方式为两烧两送交替送风。在燃烧期，采用高炉煤气和助燃空气燃烧加热热风炉蓄热室的蓄热体，当拱顶温度加热到 1 450℃时停止燃烧，切换为送风期，鼓风机将冷风鼓入热风炉落热室与蓄热体进行热交换，将风温加热至 1 250℃后经高炉风口吹入高炉。当热风炉拱顶温度下降至 1 100℃左右时，再切换至燃烧期循环运行。每两座热风炉排放的废气总量为 486 048 m^3/h，经 2$^{\#}$排气筒外排，排气筒烟气出口温度为 150℃。

煤粉制备及喷吹工序：喷吹煤经研磨、干燥后通过袋式收粉器回收煤粉，采用氮气输送喷入高炉，煤粉在高炉内迅速燃烧以提高炉温。煤粉的使用可减少高炉焦炭用量。收粉器排放的废气经 3$^{\#}$排气筒外排。

高炉冶炼及渣处理工序：按设定的 C/O 比从高炉各风口鼓入的热风与炉内焦炭在缺氧条件下发生燃烧反应生成 CO（煤气），煤气向炉顶快速上升，与从炉顶下降的原料进行热交换，原料温度不断升高并在接近风口处开始熔化，达到1 000℃时，原料中的含铁氧化物被 CO 还原成铁，并吸收焦炭中的碳元素生成铁水，原料中的脉石等杂质则形成熔融炉渣。铁水与炉渣一并积存于高炉下部炉缸内，定期由高炉出铁口排出炉外。出铁时，铁水和炉渣经炉前渣铁分离器分离，铁水沿铁沟经摆动溜槽进入铁水罐，运往炼钢车间。炉渣经粒化冲制箱水淬粒化后排入高炉渣滤池，由捞渣机装车送企业水渣微粉生产线综合利用。高炉出铁场平台封闭，铁沟、渣沟加盖封闭。出铁场各产尘点废气经收集和布袋除尘器净化后由 4#排气筒外排。高炉渣粒化过程产生的废气经冷却喷淋处理后由 5#排气筒外排。

高炉煤气净化工序：从炉顶煤气上升管道引出的高炉煤气首先经重力除尘器除去较大颗粒的瓦斯灰，并用袋式除尘器进一步去除颗粒物，将颗粒物浓度降至≤10 mg/Nm^3，再经 BPRT（煤气透平与电机同轴驱动的高炉鼓风能量回收机组）装置回收余压后送精脱硫系统处理。精脱硫系统的处理工艺为“预处理+水解催化+干法吸附”，其中预处理采用碱液吸收塔去除高炉煤气中的无机氯等酸性气体，以延长水解催化剂寿命，吸收液定期排放；水解催化是将有机硫转化为无机硫，以便于去除；干法吸收采用氧化铁脱硫剂吸附脱除无机硫，将煤气中总硫含量降至≤40 mg/Nm^3。净化后的高炉煤气部分返回高炉自用（其中热风炉用煤气量 129 670 万 Nm^3/a，煤粉干燥用煤气量 10 620 万 Nm^3/a），其余送高炉煤气柜供全厂调配使用。

项目生产用水主要为设备间接冷却水和高炉冲渣水，由于部分设备冷却需使用除盐水，项目配高炉渣滤池。为保持水质稳定，设备间接冷却的循环冷却水系统须定期排出少量废水。高炉冲渣水系统亏水运行，无废水外排。

1#排气筒和 4#排气筒是高炉炼铁过程的废气污染源主要排放口。

环评文件中提出了淘汰高炉拆除活动的污染防治技术要求，包括在设备拆除前清空各储罐、槽等中的物料，对放空后设备清洗废水集中收集处理。

注：热风炉单元年工作 8 400 h，烟气二氧化硫排放浓度标准限值 50 mg/Nm^3，煤气中硫的转化率按 100%计，不考虑压力变化，标态温度以 273.15 K 计。

【问题】

1. 评价 2#烟囱二氧化硫排放达标情况。（4 分）

【参考答案】

（1）煤气最大含硫量：40×129 670 = 5 186 800×10^4 mg/a。

（2）SO_2 产生量：5 186 800×（64/32） = 10 373 600×10^4 mg/a。

（3）SO_2 工况态排放浓度：10 373 600×10^4 ÷（486 048×8 400） = 25.41 mg/m^3。

（4）SO_2 标准态排放浓度：$25.41\times(273.15+150)\div273.15=39.36<50\ mg/Nm^3$。

（5）结论：达标。

考点分析与答题技巧：本小题属于考试大纲“源强核算”的要求。①2#排气筒排放热风炉烟气，热风炉烟气中的 SO_2 来源途径为净化后高炉煤气中的还原性总硫（有机硫 COS 及转化形成的 H_2S，以 S 计）。“热风炉用煤气量 129 670 万 Nm^3/a”并未明确针对单台热风炉，故按照针对两座热风炉对待。“共设置四座顶燃式热风炉，作业方式为两烧两送交替送风”，表明两座热风炉处于燃烧状态，同时另外两座热风炉处于送风状态。废气量来源途径包括高炉煤气和助燃空气，故废气量为“每两座热风炉排放的废气总量为 486 048 m^3/h”，而非热风炉用煤气量 129 670 万 Nm^3/a。②大气污染物排放标准中的污染物排放浓度均以标准状态下的干气体为基准，根据 $C_{标}\times T_{标}=C_{工}\times T_{工}$，将工况态排放浓度折算为标准态排放浓度，注意该题 $T_{标}$以 273.15 K 计。

请注意，一般而言，废气达标排放应通过两个指标来体现，一是浓度达标，二是速率达标。但本案例由于最后的批注中未给出速率标准，则只需计算浓度即可。另外，还需要考虑排气筒高度。

解答本小题用到的只是中学知识，基本没有难度。但由于题干较长，在考场会由于心理或情绪等因素造成紧张而出现计算错误。因此，考试时心态应保持平静。

2. 给出提高高炉废水重复利用率的可行途径。（4 分）

【参考答案】

（1）设备间接冷却循环系统废水、除盐水站反渗透浓水作为高炉渣粒化废气冷却喷淋处理用水、高炉煤气碱液吸收塔用水。

（2）高炉渣粒化废气冷却喷淋处理废水、高炉煤气碱液吸收塔废水作为高炉冲渣水系统用水。

（3）设备间接冷却循环系统废水、除盐水站反渗透浓水作为高炉冲渣水系统用水。

（4）高炉渣滤池废水经沉淀冷却处理后循环利用，设备清洗废水收集处理后中水回用。

考点分析与答题技巧：解答本小题首先需根据题干信息弄清楚高炉生产废水的类型，然后根据不同废水类型，结合高炉生产工艺即可给出不同废水的利用途径。①高炉炼铁系统用水类型按照用水水质由高到低排序分别为设备间接冷却循环系统/除盐水站用水、高炉渣粒化废气冷却喷淋处理/高炉煤气碱液吸收塔用水、高炉冲渣水系统用水，依次串级使用可最大程度提高水重复利用率。②水解催化过程中有机硫与高炉煤气中的水发生反应生成硫化氢，无须水解催化用水，不产生水解催化废水。③其他水重复利用途径还包括设备间接冷却循环系统废水、除盐水站反渗透浓水经“混凝沉淀+膜分离法（除盐）”处理后作为设备间接冷却循环系统用水等，但经济合理性均不如参考答案中的方案，题干信息未明确的车间地面冲洗等给排水可不答，答案不唯一。

本小题体现了循环经济及水资源综合利用的环境保护理念和要求，既是法律法规的规定，也是考试大纲要求的直接体现。

3. 指出高炉煤气净化工序产生的一般工业固体废物。（4 分）

【参考答案】

重力除尘器捕集的瓦斯灰、袋式除尘器捕集的颗粒物（除尘灰）、废布袋滤料、废氧化铁脱硫剂。

考点分析与答题技巧：本小题根据题干信息，可以直接给出，基本无难度。关于固体废物，是历年环评考试均关注的考点，特别是危险废物。有关固体废物的法律法规较多，尤其是处理处置与污染控制标准，均是考试需特别关注的。

补充知识：

对于高炉炼铁，根据有关资料，瓦斯灰是高炉副产物，在高炉冶炼过程中，铁矿石中的锌、铅等易挥发组分被还原形成蒸汽，与矿石、焦炭及熔剂粉尘一起被高炉煤气带出炉外，经重力除尘、布袋除尘后分别得到重力灰（重灰）和布袋灰（轻灰），二者统称为瓦斯灰。高炉煤气净化过程产生的瓦斯灰属于一般工业固体废物。高炉煤气活性炭脱硫剂脱硫原理为 H_2S 和 O_2 在活性炭表面活性基团的催化作用下反应产生的单质硫，氧化铁脱硫剂脱硫原理为常温（25～35℃）氧化铁脱硫剂主要组分 FeOOH，其反应生成物是 $Fe_2S_3 \cdot H_2O$。天然气净化脱硫剂、脱硫石膏属于固体废物，不属于危险废物。天然气脱硫剂主要成分为氧化铁，本身不具有危险特性。“干法吸收采用氧化铁脱硫剂吸附脱除无机硫”，是利用酸碱中和原理去除高炉煤气中的硫化氢，脱硫过程氧化铁与硫化氢反应生成硫化铁和水。氧化铁、硫化铁未列入《危险化学品目录（2015 版）》，不具有危险特性。注意与“活性炭+氧化铁”作为脱硫剂进行催化氧化法脱硫的区别，催化氧化法脱硫过程以活性炭为吸附剂、氧化铁为催化剂、氧气为氧化剂，将硫化氢转化为硫黄并固定在脱硫剂填料层中，因硫（硫黄）列入《危险化学品目录（2015 版）》，故废硫（硫黄）属于危险废物，进而“活性炭+氧化铁”废脱硫剂属于含有或沾染毒性危险废物的废弃吸附介质，列入《国家危险废物名录（2025 年版）》。高炉煤气精脱硫废水解催化剂未列入《国家危险废物名录（2025 年版）》，故鉴别认定。COS 水解催化剂失活的主要原因在于沉积硫对催化剂孔道的堵塞。硫（硫黄）列入《危险化学品目录（2015 版）》，废硫（硫黄）属于危险废物，故废水解催化剂不排除具有危险特性，鉴别结果不排除属于危险废物，故不答。

4. 环评文件提出的拆除活动污染防治技术要求中还应补充哪些内容？（4 分）

【参考答案】

（1）清空废气收集处理措施、清空物料贮存污染控制及处理处置措施。

（2）拆除过程废气、废水、噪声、固体废物污染防治措施。

（3）周边环境空气、地表水、地下水、土壤、声环境及敏感点保护措施。

（4）环境风险防范措施、环境监测措施。

考点分析与答题技巧：在当前改扩建项目实际环评工作中，很多时候针对既有建构筑物拆除的环境影响是不纳入环境影响评价的（编者个人认为应该纳入环评，本案例考试与编者的观点显然是一致的）。本案例题干中仅给出“环评文件中提出了淘汰高炉拆除活动的污染防治技术要求，包括在设备拆除前清空各储罐、槽等中的物料，对放空后设备清洗废水集中收集处理”，根据《企业拆除活动污染防治技术规定（试行）》（环境保护部 2017 年第 78 号公告），拆除活动污染防治技术主要要求包括：

（1）“重点防止拆除活动中的废水、固体废物以及遗留物料和残留污染物污染土壤”；“针对周边环境特别是环境敏感点的保护”；“高环境风险设备拆除时应采取有效措施防范有毒有害物质释放，防范人体健康危害和环境突发事件”；“拆除过程环境监测”。

（2）“设置适当的防雨、防渗、拦挡等隔离措施，必要时设置围堰，防止废水外溢或渗漏”等具体的污染防治措施，可根据考场答题时间情况适当深入描述。

本小题设问为“还应补充哪些内容”，并未要求给出明确的、具体的措施，只需简要说明即可。

5. 指出污染源监测计划中废气有组织排放源的监测指标和频次。（4 分）

【参考答案】

（1）1#排气筒：颗粒物，自动监测。

（2）2#排气筒：颗粒物、SO_2、NO_x，1 次/季度。

（3）3#排气筒：颗粒物，1 次/年。

（4）4#排气筒：颗粒物，自动监测。

（5）5#排气筒：颗粒物，1 次/年。

考点分析与答题技巧：本小题是环评实际工作中最常见的内容，在环评报告中往往有一章（节）来体现，是“环评法”规定的环评报告书主要内容之一，也是考试大纲要求的考点。①根据《炼铁工业大气污染物排放标准》（GB 28663—2012），出铁场排气筒只需控制颗粒物。根据《排污许可证申请与核发技术规范　钢铁工业》（HJ 846—2017），出铁场排气筒 SO_2 为选测项目。故高炉出铁场 4#排气筒可不答 SO_2、CO 及高炉煤气中的 NH_3、H_2S 等微量成分。“其中预处理采用碱液吸收塔去除高炉煤气中的无机氯等酸性气体”，注意关键词“去除”，故热风炉 2#排气筒、高炉出铁场 4#排气筒可不答二噁英类、HCl。② “1#排气筒和 4#排气筒是高炉炼铁过程的废气污染源主要排放口”，表明主要污染物颗粒物自动监测。③所有行业排污许可证申请与核发技术规范、排污单位自行监测技术指南中规定的污染源监测频次均指最低监测频次。不同行业废气污染源最低监测频次不同，相同行业不同废气污染源最低监测频次也不同，当不清楚具体行业规定时，主要排放口、主要污染物颗粒物、SO_2、NO_x、VOCs 自动监测，其他情形监测频次提升至 1 次/月不算错，甚至所有排放口所有污染物均自动监测也不算错。

但需要注意的是，建设项目实施后的环境监测计划与环评工作中的环境质量现状监测是不同的，不要弄混了。另外，本小题针对的是废气有组织排放，答无组织排放是不得分的，答废水监测也是不得分的。

试题二（2024年考题）

2024年第7题视频讲解

拟建汽车零部件热处理加工中心项目位于某市工业园区内，系租赁既有的标准厂房进行建设。该标准厂房靠近园区外缘，厂界距居民点最近距离 400 m。项目规模为年加工处理车用气门顶杆、齿轮、曲轴等汽车零部件 7 000 万件，建设内容包括在厂房内配置清洗槽、热处理多用炉系统、回火炉、喷丸机等生产设施，布置原辅料、产品贮存库（区）以及办公区，配套建设环保设施，采用的生产工艺为“预清洗→化学热处理（碳氮共渗或氮碳共渗）→淬火→后清洗→回火→喷丸强化→防锈”，其中化学热处理、淬火和后清洗均在多用炉系统内进行。多用炉系统由水环真空泵提供负压，采用直接电加热、导热油换热及热回收等方式供热，以循环水进行设备间接冷却。

预清洗：入厂零部件先进入清洗槽以热碱液和除盐水进行预清洗，除盐水制备工艺为“过滤+反渗透”。

化学热处理：沥水后的零件送入多用炉预热段烘干，再进入化学热处理段根据需要选择碳氮共渗或氮碳共渗处理，通过不同渗剂提供活性的 C、N 原子进入金属表面形成化合物层和固溶体扩散层，提高零件的硬度、耐磨性和疲劳强度。项目碳氮共渗时，将天然气与空气通入多用炉自带的吸热式气体发生器，在贵金属催化剂作用下生成 CO、H_2、N_2 体积比为 20%∶40%∶40%的混合气体（含少量 CO_2、CH_4、H_2O），混合气体脱水后分别按总体积比 5%～10%和 1.5%～5%的比例加入富化气（甲烷+丙烷，富化补充碳源）和氨气（液氨钢瓶供气，提供氮源）共同形成碳氮共渗气氛，再送入多用炉化学热处理段反应室与零件接触，在最高 860℃的程序控温下完成化学热处理；氮碳共渗时，同样由吸热式气体发生器产生混合气体，仅再加入混合气体体积比约 50%的氨气形成氮碳共渗气氛，在最高 580℃的程序控温下完成化学热处理。化学热处理结束后，剩余未反应完全的气体以及含 C、N、H 组分的气体分子和活性原子间发生副反应生成的有毒有害气体，需从化学热处理段反应室排出。

淬火与后清洗：化学热处理后的零件进入多用炉淬火段没入淬火油槽进行油冷降温，高温零件与淬火油接触时产生淬火油雾。淬火后的零件进入多用炉后清洗段，以真空清洗方式去除零件附着的淬火油；真空清洗时，先使用烷烃类的碳氢溶剂进行低真空度清洗，再抽高真空实现溶剂突沸完成零件快速干燥。

回火、喷丸强化与防锈：清洗后的零件根据需要安排回火和喷丸强化处理，回火工段以电热回火炉消除零件内部应力，喷丸强化工段以喷丸机产生的高速钢丸流冲击零件表面产生塑性变形、形成残余压应力来延长零件使用寿命，最后合格品涂油防锈进入产品库。

项目废气包括多用炉系统化学热处理段废气、淬火段淬火油雾、后清洗段真空清洗有机废气，以及喷丸机排放的喷丸强化粉尘。化学热处理段废气具有可燃性，先由设备自带的燃烧装置处理，燃烧尾气与静电净化设施预处理后的淬火油雾合并，共同进入碱液吸收塔进一步净化，再由1#排气筒排放；静电净化设施定期采用蒸汽清洗去除附着物。零件真空清洗时负压抽出的有机废气通入冷凝器降温凝结，冷凝液电热再生蒸馏产出较洁净的碳氢清洗剂返回工段使用，不凝气经多级活性炭装置吸附后由2#排气筒排放。项目喷丸强化粉尘采用布袋除尘后，由3#排气筒排放。

本项目环评文件类别为报告表。环评文件识别项目废水包括零件预清洗废水、碱液吸收塔废水、车间地面冲洗废水和办公污水，提出的污水处理方案为：全厂设1座废水处理站，生产废水在处理站内依水质选择沉淀、除油、化学氧化、中和等设施预处理后，再进入MBR设施（膜生物反应器）生化处理，办公污水直接进入MBR设施处理，废水处理站出水经市政管网排往园区污水处理厂。

项目每年需进行喷丸强化的零件量为8 400 t，为核算该工段废气源强，环评文件编制单位收集了二污普机械行业预处理工段“抛丸、喷砂干式预清理”工艺的颗粒物产污系数2.19 kg/（t处理工件量），还获取了可类比企业喷丸强化工段的钢丸消耗量3.95 kg/（t处理工件量），以及因破裂和磨损被喷丸机筛出的废钢丸量2.96 kg/（t处理工件量）。

注：《建设项目环境影响报告表编制技术指南（污染影响类）（试行）》规定大气专项评价设置原则为“排放废气含有毒有害污染物、二噁英、苯并[*a*]芘、氰化物、氯气且厂界外500 m范围内有环境空气保护目标的建设项目”，其中有毒有害污染物为列入《有毒有害大气污染物名录》的二氯甲烷、三氯甲烷、三氯乙烯、四氯乙烯、甲醛、乙醛、镉及其化合物、铬及其化合物、汞及其化合物、铅及其化合物、砷及其化合物。

【问题】

1. 项目是否需要开展大气专项评价？说明理由。（4分）

【参考答案】

（1）需要。（1分）

（2）理由：本项目为编制报告表（1分）的建设项目，化学热处理段废气排放HCN（1分），厂界外500 m范围内有居民点（1分，或答厂界距居民点最近距离400 m）。根据《建设项目环境影响报告表编制技术指南（污染影响类）（试行）》需要开展大气专项评价。

考点分析与答题技巧：本小题的答案在题干下的“注”中已给出，几乎没有难度。深入学习一下，考生有必要了解以下内容：

（1）根据《建设项目环境影响报告表编制技术指南（污染影响类）（试行）》，“建设项目产生的环境影响需要深入论证的，应按照环境影响评价相关技术导则开展专项评价工作”，注意大气专项评价针对编制报告表的建设项目，不针对编制报告书、登记表的建设项目，故理由第一条强调“编制报告表”。

（2）根据《排污许可证申请与核发技术规范　汽车制造业》（HJ 971—2018），金属热处理工序主要污染物及废气治理可行技术如下：

生产单元	主要生产设施名称	大气污染物	可行技术
热处理	淬火油槽	挥发性有机物（油雾）	机构过滤、静电净化、碱液洗涤
	各种表面渗碳、渗硫等设备	氰化氢	碱液吸收+氧化
		氨	水吸收
		氯化氢、硫酸雾	碱液吸收

“含C、N、H组分的气体分子和活性原子间发生副反应生成的有毒有害气体”，表明元素构成为H、C、N且有毒的气态污染物为氰化氢。

（3）根据《工作场所空气有毒物质测定　无机含氮化合物》（GBZ/T 160.29—2004），该标准是为工作场所有害因素职业接触限值配套的监测方法，用于监测工作场所空气中无机含氮化合物（包括一氧化氮、二氧化氮、氨、氰化氢、氢氰酸、氰化物、叠氮酸、叠氮化钠等）的浓度，表明废气中的氰化氢、氢氰酸、氰化物属于无机含氮化合物，故大气专项评价设置原则中的“氰化物”不包括乙腈、丙烯腈等有机腈类化合物。

2. 补充环评文件未识别的废水种类。（4分）

【参考答案】

水环真空泵排污水（1分）、循环水间接冷却排污水（1分）、除盐水制备浓水（1分）、静电净化设施蒸汽清洗废水（1分）、初期雨水。

考点分析与答题技巧：本小题的解答需要在分析题干提供的生产工艺中废水产污环节得出，实质上属于工程分析中的污染源（废水）识别。由于题干内容较多且关于废水的信息分散，加之考场时间限制和考生的心理状态等因素，解答该小题有较大的难度。

（1）水环真空泵排污水包括直接、间接两种类型，统称水环真空泵排污水。

（2）根据各行业水污染物排放标准，“清净下水”属于生产废水范畴，常见“清净下水”包括纯水制备（除盐）浓水、锅炉排污水、蒸汽发生器排污水、蒸汽凝水、间接冷却循环系统排污水等。

（3）“以真空清洗方式去除零件附着的淬火油”，表明淬火后清洗采用干式真空清洗，不使用清洗水，不产生清洗废水。

（4）初期雨水属于生产废水范畴，涉及危险化学品跑、冒、滴、漏的建设项目应考虑初期雨水。但对于本小题不答初期雨水，不影响赋分。

（5）“混合气体（含少量 CO_2、CH_4、H_2O），混合气体脱水后……”，题干信息未明确脱水方式，如采用干式吸收、吸附法脱水则不产生废水故不答脱水废水、催化反应废水，题干信息未明确的设备清洗等废水，可不答。

题干中提供的信息为“环评文件识别项目废水包括零件预清洗废水、碱液吸收塔废水、车间地面冲洗废水和办公污水”，如果答案中出现这几类废污水则本小题将不得分。

3. 计算喷丸强化工段粉尘年产生量。（4 分）

【参考答案】

（1）预处理工段粉尘产生量：$2.19\times8\,400\div10^3=18.396$ t/a。（1 分）

（2）钢丸消耗量：$3.95\times8\,400\div10^3=33.18$ t/a。（0.5 分）

（3）废钢丸产生量：$2.96\times8\,400\div10^3=24.864$ t/a。（0.5 分）

（4）钢丸粉尘产生量：$33.18-24.864=8.316$ t/a。（1 分）

（5）喷丸强化工段粉尘产生量：$18.396+8.316=26.712$ t/a。（1 分）

考点分析与答题技巧：从本小题的计算过程来看，给出或确定答案几乎无任何难度。只需快速理解题干提供的信息即可。本小题实质上是考试大纲要求的污染源源强核算。以下延伸知识点供考生学习：

（1）根据《污染源源强核算技术指南 汽车制造》（HJ 1097—2020），“预处理指采取抛丸、打磨、喷砂、清理等机械处理手段，或酸洗除锈、擦洗除锈和化学脱脂等化学处理手段，清除工件表面各种污垢、消除工件表面缺陷或达到所需的表面粗糙度的工艺”。但“喷丸强化工段以喷丸机产生的高速钢丸流冲击零件表面产生塑性变形、形成残余压应力来延长零件使用寿命”，注意关键词“塑性变形”，而非“清理”“消除”，表明喷丸强化工艺原理、目的、颗粒物产生机理与抛丸、喷砂干式预处理不同，“化学热处理（碳氮共渗或氮碳共渗）→淬火→后清洗→回火”处理后的工件表面硬度、抗磨损能力大幅度提升，而喷丸强化的目的则是以此为基础通过“塑性变形”进一步提升工件表面硬度、抗磨损能力，故不适用“二污普机械行业预处理工段‘抛丸、喷砂干式预清理’工艺的颗粒物产污系数 2.19 kg/（t 处理工件量）”，采用类比法结合物料衡算法核算得到的钢丸损耗产生的颗粒物量即“喷丸强化工段粉尘产生量”。

（2）如采用“二污普机械行业预处理工段‘抛丸、喷砂干式预清理’工艺的颗粒物产污系数 2.19 kg/（t 处理工件量）”额外计算工件损耗产生的颗粒物量，表明“化学热处理（碳氮共渗或氮碳共渗）→淬火→后清洗→回火”处理前、后工件表面硬度、抗磨损能力未发生任何变化，与题干信息“延长零件使用寿命”及实际事实不符，故当题干信息未给出喷丸强化过程工件损耗产生的颗粒物量源强核算方法的情况下，按照忽略工件损耗产生的颗粒物量对待。

4. 指出项目产生的危险废物。（4 分）

【参考答案】

预清洗废槽液（渣）、油槽废淬火油、静电净化设施废油、再生蒸馏釜底残液、废活性炭、含油废水除油预处理污泥。（答出以上任意 4 个即可得满分）

考点分析与答题技巧：给出或确定危险废物一直是环境管理的重点，当然也是环评考试的要点，历年来多次频繁出现。考生一定要高度重视。以下知识有助于考生理解本小题：

（1）预清洗废槽液属于废碱液，油槽废淬火油、静电净化设施废油、含油废水除油预处理污泥属于废矿物油与含矿物油废物，再生蒸馏釜底残液属于精（蒸）馏残渣，废活性炭属于含有或沾染毒性危险废物的废弃吸附介质，列入《国家危险废物名录（2025 年版）》。

（2）“冷凝液电热再生蒸馏产出较洁净的碳氢清洗剂返回工段使用”，表明含有淬火油和溶剂的废液去向为再生蒸馏釜底残液，有精馏、蒸馏必有釜底残液，精馏、蒸馏釜底残液属于精馏、蒸馏产生的高沸点釜底残余物，列入《国家危险废物名录（2025 年版）》。

（3）碳氮共渗废贵金属催化剂未列入《国家危险废物名录（2025 年版）》，故鉴别认定可不答。

（4）题干信息未提示碳氢溶剂、淬火油、防锈油、导热油包装方式时，碳氢溶剂、淬火油、防锈油、导热油废包装等可不答。

（5）“MBR 设施（膜生物反应器）生化处理”，注意膜生物反应器是结合了活性污泥法、膜分离法的生物法水处理工艺，产生废水处理污泥（活性污泥）、废膜组件，未列入《国家危险废物名录（2025 年版）》，故鉴别认定可不答。

（6）题干信息未明确“S、废、残、渣、不合格”等属于固体废物提示的诸如“废碳氢溶剂、废防锈油、废导热油”等可不答。题干信息未明确使用润滑油、机油进行设备维护保养，故可不答废润滑油、废机油。

5. 指出各废气治理设施涉及的环境风险事故情形。（4 分）

【参考答案】

答案一：

（1）燃烧装置火灾爆炸泄漏，HCN、CO、NO_x 排放对大气环境产生影响，含氰废水排放对地表水/地下水/土壤环境产生影响。

（2）静电净化设施火灾爆炸泄漏，CO、SO_2、NO_x、NMHC 排放对大气环境产生影响，废油、含油废水排放对地表水/地下水/土壤环境产生影响。

（3）碱液吸收塔泄漏，HCN、NMHC 排放对大气环境产生影响，吸收废水排放对地表水/地下水/土壤环境产生影响。

（4）冷凝器、活性炭吸附装置火灾爆炸泄漏、CO、NMHC 排放对大气环境产生影响，冷凝液排放对地表水/地下水/土壤环境产生影响。

答案二：

（1）燃烧装置（0.5 分）可能存在的爆炸及火灾事故（0.5 分）。（共 1 分）

（2）静电净化设施（0.5 分）可能发生的油雾火灾事故（0.5 分）。（共 1 分）

（3）碱液吸收塔（0.5 分）可能发生的泄漏事故（0.5 分）。（共 1 分）

（4）多级活性炭装置（0.5 分）不凝气泄漏事故（0.5 分）。（共 1 分）

考点分析与答题技巧：本小题考察环境风险，这是涉及危险物质建设项目环境影响评价的重要内容，也是历年环评考试大纲的要求。考生一定要认真学习《建设项目环境风险评价技术导则》（HJ 169—2018），这是一个非常重要的技术导则。另外，本小题针对的是废气治理设施，不应考虑生产过程中的废水治理等其他环保设施。题干关于废气及其治理设施由一段文字集中给出，即“项目废气包括多用炉系统化学热处理段废气、淬火段淬火油雾、后清洗段真空清洗有机废气，以及喷丸机排放的喷丸强化粉尘。化学热处理段废气具有可燃性，先由设备自带的燃烧装置处理，燃烧尾气与静电净化设施预处理后的淬火油雾合并，共同进入碱液吸收塔进一步净化，再由 1#排气筒排放；静电净化设施定期采用蒸汽清洗去除附着物。零件真空清洗时负压抽出的有机废气通入冷凝器降温凝结，冷凝液电热再生蒸馏产出较洁净的碳氢清洗剂返回工段使用，不凝气经多级活性炭装置吸附后由 2#排气筒排放。项目喷丸强化粉尘采用布袋除尘后，由 3#排气筒排放”，若直接将这段文字抄下来作为答案是不可行的，必须提炼并说明环境风险事故情形。答案一较为详细，符合 HJ 169—2018 的规定，实际环评工作中就应当全面考虑，但考场上不易答全；答案二较为简略，指明风险源和事故类型即可，便于考场解答。

以下内容对进一步理解本小题有一定意义：

（1）根据《建设项目环境风险评价技术导则》（HJ 169—2018），“风险事故情形设定内容应包括环境风险类型、风险源、危险单元、危险物质和影响途径等”，其中影响途径指受影响的环境要素。

（2）以涉及危险物质的燃烧装置、静电净化设施、碱液吸收塔、冷凝器、活性炭吸附装置等废气治理设施为风险源、危险单元，分别描述火灾爆炸泄漏环境风险类型导致的危险物质排放影响途径，布袋除尘去除的喷丸强化粉尘不属于危险物质，可不答。

（3）废气治理设施涉及危险物质包括原生（一次）污染物 HCN、TVOC/NMHC，次生（二次）污染物 CO、SO_2、NO_x，伴生污染物含氰废水、废油、含油废水、吸收废水、冷凝液。

（4）碱液吸收塔火灾爆炸风险隐患较低，可只答泄漏，不答火灾爆炸。

试题三（2023 年考题）

2023 年第 4 题视频讲解

某钢铁企业技改项目拟新建 1 座以废钢为原料、设计炼钢产能为 75 万 t/a 的电炉炼钢车间，并按 1∶1 比例等量置换的原则，淘汰现有的 1 座 50 t 炼钢转炉及配套的 1 台 100 m^2 烧结机和 1 座 600 m^3 高炉，退出炼钢产能 75 万 t/a。省工业和信息化厅已对该技改项目产能置换方案进行了公示。

拟建电炉炼钢车间主要生产设备包括 1 座 100 t 超高功率康斯迪（Consteel）电炉、1 座 100 t LF 精炼炉、1 套 100 t VOD 真空精炼装置及 1 台四机四流矩形坯连铸机。电炉炼钢的主要生产工艺流程为：堆存在车间原料区的外购已分拣压块的废钢，首先由行车吊运至电炉水平连续式废钢预热装置，在与电炉内排出的冶炼烟气（＞1 000℃）逆流换热至 500～600℃后被送入电炉；在电炉内，交流电炉的三根电极通电起弧即开始熔化废钢，然后采用吹氧助熔，对钢水进行脱磷、脱碳；加入活性石灰及喷吹石墨粉，将钢水中的二氧化硅等杂质以泡沫渣的方式去除；最后对钢水成分和温度进行检测，合格后即可出渣、出钢。炉渣倒入渣罐中，运至企业现有钢渣处理车间进行热闷处理后综合利用。钢水流入经天然气燃烧预热的钢包，吊运至 LF 精炼炉进行精炼，并加入铁合金调整钢水成分。根据钢材产品的不同，经 LF 炉精炼后的部分钢水直接送连铸系统，部分钢水需先送至 VOD 真空精炼装置脱除钢水中硫、氧元素以及有害气体（N_2、H_2）后，再送至连铸系统。在连铸系统，盛有钢水的钢包首先被吊运至连铸机的钢包回转台，之后转至中间包上方，钢水由钢包底部流入中间包，再进入结晶器进行冷却拉矫，使钢液快速冷却凝固成钢坯并冷却送现有 1 350 mm 热轧车间轧制成板材。

电炉炼钢车间废气污染控制措施包括：活性石灰、石墨粉等散装料在转运过程中产生的颗粒物由设置在转运点的捕集罩收集，再经脉冲袋式除尘器（覆膜滤料）净化处理后，通过 1 号排气筒外排。电炉冶炼产生的炉内烟气又称一次烟气，含有颗粒物及二噁英类污染物，先与废钢预热装置换热，再经沉降室+急冷余热锅炉+活性炭喷射装置+脉冲袋式除尘器（覆膜滤料）净化后，由风机引入 2 号排气筒外排。电炉密闭罩收集的电炉冶炼逸散烟气，称为二次烟气。电炉上方的屋顶罩收集的车间内无组织排放烟气，称为三次烟气。二次烟气和三次烟气的主要污染物为颗粒物，汇合进入一套净化系统，经脉冲袋式除尘器（覆膜滤料）净化处理，再由风机引入 3 号排气筒外排。LF 精炼炉产生的含颗粒物烟气经炉盖上方集气罩收集，并经脉冲袋式除尘器（覆膜滤料）净化处理，处理后由风机引入 4 号排气筒外排。VOD 真空精炼装置抽真空废气中含有颗粒物，与连铸钢包回转台上方设置的捕集罩收集的含颗粒物的废气均送至 LF 精炼炉废气净化系统一并处理。采用上述措施后，各排气筒废气污染物排放浓度均能满足钢铁行业超低排放限值要求。上述废气排放口中电炉一次烟气排气筒为主要排放口，对排放的颗粒物进行自动监测，对排放的二噁英类污染物进行手工监测，频次为 1 年 1 次。钢包烘烤使用的天然气燃烧过程排放的污染物量较少，忽略不计。

拟建电炉炼钢车间及淘汰的现有工程生产设施的废气污染物排放量见下表。

拟建电炉炼钢车间及淘汰设施废气污染物排放量

项目		颗粒物/(t/a)	SO_2/(t/a)	NO_x/(t/a)	氟化物/(t/a)	二噁英类/(g-TEQ/a)
拟建	电炉炼钢车间	142.8	—	—	—	0.24
淘汰	50 t 转炉	187.1	—	—	0.2	—
	600 m^3 高炉	91.2	75.0	115.5	—	—
	100 m^2 烧结机	114.9	41.9	62.9	0.7	0.8

电炉炼钢车间电炉、LF 精炼炉、VOD 真空精炼装置及连铸机等设备的冷却均为间接冷却方式，冷却水仅水温升高，水质未受污染，经净环水系统冷却塔降温后，循环使用。为保持水质稳定，有少量废水排至连铸浊环水系统。连铸机钢坯冷却为直接冷却方式，冷却水含有少量油及悬浮物，经浊环水处理系统除油、沉淀及过滤后，返回浊环水系统循环使用，定期有少量处理后的废水排至污水处理厂进行深度处理，之后回用，全厂无废水外排。

项目所在区域评价基准年环境空气中 $PM_{2.5}$ 年均浓度超过了《环境空气质量标准》（GB 3095—2012）中二级标准限值。报告书编制单位选择项目污染源正常排放的主要污染物及排放参数，计算出项目排放主要污染物最大浓度占标率大于 1%、小于 10%，按导则评价工作等级判据确定评价等级为一级。在大气环境影响预测时，对车间新增污染源在正常排放下的影响预测表明，厂界浓度满足大气排放标准限值，厂界外各污染物的日均贡献浓度均未超过环境质量浓度标准限值，因此确定该项目无须设置大气环境防护距离。

【问题】

1. 说明技改项目电炉一次烟气净化措施中各设施的作用。（4 分）

【参考答案】

答案一：

（1）电炉一次烟气主要污染物为颗粒物、二噁英类。

（2）各设施的作用：① 沉降室：去除高密度、大粒径颗粒物；② 急冷余热锅炉：避免二噁英类炉外低温区再生成，回收烟气热能降低烟气温度；③ 活性炭喷射装置：吸附二噁英类；④ 脉冲袋式除尘器（覆膜滤料）：去除颗粒物、二噁英类，确保稳定达标排放。

答案二：

（1）沉降室：去除大颗粒物（0.5 分）。

（2）急冷余热锅炉：降低烟气温度（0.5 分），避免二噁英类再生成（0.5 分），回收烟气余热（0.5 分）。

（3）活性炭喷射装置：吸附二噁英类（0.5 分）。

（4）脉冲袋式除尘器（覆膜滤料）：去除细颗粒物（1 分）、二噁英类（0.5 分）。

考点分析与答题技巧：明确环保设施是环评工作的重要内容，本小题就是在考察环保设施的功能或作用，切合环评工作实际。此类考题一般会在题干中给出环保设施，只要能够识别生产工艺环节产生的污染物情况，与环保设施对应即可做出解答。答题时只需根据设问，直接答出各设施的作用即可，这样更为简洁。

题干中“先与废钢预热装置换热，再经沉降室+急冷余热锅炉+活性炭喷射装置+脉冲袋式除尘器（覆膜滤料）净化后”，表明电炉一次烟气净化措施不包括“先与废钢预热装置换热”。

电炉炼钢以废钢为原料，因废钢含矿物油、废 PVC 塑料等成分，故电炉一次烟气应识别二噁英类。根据《排污许可证申请与核发技术规范　钢铁工业》（HJ 846—2017），电炉一次烟气治理可行技术为“急冷+袋式除尘器”，其中急冷可采用余热锅炉形式同时回收烟气热能并降温，袋式除尘器前可增设活性炭粉末喷射装置以提升对二噁英类去除效果。注意燃烧产生二噁英类同时产生氯化氢，但《炼钢工业大气污染物排放标准》（GB 28664—2012）无 HCl 控制要求，可不答。

本小题设问为电炉一次烟气，不可将二次、三次烟气的信息答上。如果所答与设问不相符，则是原则性错误，不得分。

本小题也可以变换为另一种提问方式，即要求考生针对工艺环节识别主要污染物，并给出可采取的环保措施。考生在学习中注意举一反三，辩证思考问题。另外，本小题也可用 1 号排气筒、3 号排气筒、4 号排气筒前端的环保设施作用来设问。关于大气污染物排气筒，考生应注意三个方面的考点，一是排气筒高度，二是污染物排放既要求浓度达标，也需要排放的速率达标；三是有关等效排气筒的规定。

2. 说明技改项目是否满足区域削减措施监督管理要求。（4分）

【参考答案】

（1）满足。（1分）

（2）理由：

① $PM_{2.5}$年均浓度超标，属不达标区（0.5分），同时削减颗粒物、SO_2（0.5分）、NO_x（0.5分）排放量，满足$PM_{2.5}$对应污染物削减要求；② 颗粒物削减倍数（187.1+91.2+114.9）÷ 142.8 = 2.75（0.5分，或答：187.1+91.2+114.9= 393.2 ＞142.8×2），二噁英类削减倍数 0.8 ÷ 0.24 = 3.33（0.5分），满足倍量削减要求；③ 淘汰现有转炉、高炉、烧结机“以新带老”削减（0.5分），满足削减优先来源及完成时间要求；④ 全厂颗粒物、SO_2、NO_x、氟化物、二噁英类排放量减少，满足总量控制削减目的要求。

考点分析与答题技巧：本小题主要通过简单地计算考察对产业政策了解情况。但是要注意本小题的设问是“区域削减”。从表格中的信息可以看出颗粒物、SO_2、NO_x、氟化物、二噁英类排放量减少了。③与④都是正确的，但实质上是一样的，答上一条即可。回答本小题时只需简单了解题干信息，重点在于抓住表格的信息。以下内容对理解和解答本小题具有指导意义：

（1）根据《关于加强重点行业建设项目区域削减措施监督管理的通知》（环办环评〔2020〕36号），区域削减措施监督管理对象为“生态环境部和省级生态环境主管部门审批的编制环境影响报告书的石化、煤化工、燃煤发电（含热电）、钢铁、有色金属冶炼、制浆造纸行业新增主要污染物排放量的建设项目”，主要管理要求包括：

①“所在区域、流域控制单元环境质量未达到国家或者地方环境质量标准的，建设项目应提出有效的区域削减方案，主要污染物实行区域倍量削减，确保项目投产后区域环境质量有改善。所在区域、流域控制单元环境质量达到国家或者地方环境质量标准的，原则上建设项目主要污染物实行区域等量削减，确保项目投产后区域环境质量不恶化”，注意倍量包括1.2倍量、1.5倍量、2倍量等多种形式，题干信息未明确具体倍量时，主要污染物削减量大于新增排放量的均可认为满足倍量削减要求。

②“区域削减方案应符合建设项目环境影响评价管理要求，同时符合国家和地方主要污染物排放总量控制要求”，表明区域削减措施除了满足不达标区环境质量改善、达标区环境质量不恶化要求外，还应满足总量控制要求。

③“削减措施原则上应优先来源于纳入排污许可管理的排污单位采取的治理措施（含关停、原料和工艺改造、末端治理等）”，表明区域削减措施来源包括现有项目“以新带老”削减、其他项目区域削减。

（2）根据《生态环境部环境影响评价与排放管理司有关负责人就〈关于加强重点行业建设项目区域削减措施监督管理的通知〉答记者问》，“针对其新增排放量的污染物提出相应的区域削减措施，确保项目投产前腾出环境容量”，表明区域削减措施完成时间不能迟于本项目投产时间。

（3）根据《关于印发钢铁/焦化、现代煤化工、石化、火电四个行业建设项目环境影响评价文件审批原则的通知》（环办环评〔2022〕31 号），“二氧化氮超标的，对应削减氮氧化物；细颗粒物超标的，对应削减二氧化硫、氮氧化物、颗粒物、挥发性有机物；臭氧超标的，对应削减氮氧化物、挥发性有机物”，注意“对应削减”指排放该污染物时实行区域倍量或等量削减。

（4）根据《建设项目主要污染物排放总量指标审核及管理暂行办法》（环发〔2014〕197 号），“主要污染物是指国家实施排放总量控制的污染物（‘十二五’期间为化学需氧量、氨氮、二氧化硫、氮氧化物）。烟粉尘、挥发性有机物、重点重金属污染物、沿海地级及以上城市总氮和地方实施总量控制的特征污染物参照本办法执行”，注意主要大气污染物指颗粒物、二氧化硫、氮氧化物、VOCs等国家、地方有总量控制要求的污染物，故可不答二噁英类。

钢铁冶炼属于典型的“两高”建设项目，关于“两高”建设项目国家有很多政策性规定，考生在学习法律法规科目时必须特别注意。本小题即是法规及产业政策在案例考试中的应用。

3．项目大气评价工作等级判定是否正确？说明理由。（4 分）

【参考答案】

（1）正确。（1 分）

（2）理由：

① 题干信息主要污染物最大浓度占标率大于 1%、小于 10%（0.5 分），根据大气导则等级判别表计算为二级（1 分）；② 钢铁高耗能行业的多源项目（1 分），并且为编制报告书（0.5 分）的项目，评价等级应提高一级。

考点分析与答题技巧：本小题主要考虑《环境影响评价技术导则 大气环境》（HJ 2.2—2018）关于大气评价等级确定（导则“表 2”及“5.3.3.2 对电力、钢铁、水泥、石化、化工、平板玻璃、有色等高耗能行业的多源项目或以使用高污染燃料为主的多源项目，并且编制环境影响报告书的项目评价等级提高一级”）。考生在学习该导则时还应关注评价范围等的规定。类似有关各环境要素评价等级、评价范围确定的考题已经多次出过，考生要认真学习相关导则的规定。

4. 指出报告书编制单位计算大气环境防护距离工作中存在的问题。（4 分）

【参考答案】

答案一：

（1）确定无须设置大气环境防护距离结论不可信。（1 分）

（2）预测仅考虑车间新增污染源，未考虑淘汰的现有转炉、高炉、烧结机等“以新带老”削减污染源、项目全厂现有污染源。（1 分）

（3）预测仅考虑厂界外各污染物的日均贡献浓度，未考虑其他短期贡献浓度。（1 分）

（4）预测仅根据新增污染源正常排放，得出厂界浓度满足大气排放标准限值，厂界外各污染物的日均贡献浓度均未超过环境质量浓度标准限值结论不可信。（1 分）

答案二：

（1）确定无须设置大气环境防护距离结论不可信。（1 分）

（2）预测未考虑全厂污染源。（1 分）

（3）预测未考虑其他短期贡献浓度。（1 分）

（4）未采用全厂污染物预测厂界及厂界外各项污染物达标情况。（1 分，或答：仅通过车间新增污染源而非全厂污染物预测厂界浓度满足大气排放标准限值，厂界外各污染物的日均贡献浓度均未超过环境质量浓度标准限值预测的结论不可信）

答案三：

仅使用新增污染源（1 分），不正确。

仅使用日均浓度（1 分），不正确。

本项目为改扩建项目，应叠加现有污染源（答上叠加现有污染源即得 1 分）。包括钢渣处理车间、135 mm 热轧生产线等污染源，同时减去“以新带老”的 50 t 转炉、600 m^3 高炉、100 m^2 烧结机等污染源。

预测内容应为短期浓度（0.5 分）、小时浓度（0.5 分）。

考点分析与答题技巧：本小题主要考察对 HJ 2.2—2018 关于大气防护距离规定的熟悉程度。HJ 2.2—2018 的“8.7.5 大气环境防护距离”指出：“8.7.5.1 对于项目厂界浓度满足大气污染物厂界浓度限值，但厂界外大气污染物短期贡献浓度超过环境质量浓度限值的，可以自厂界向外设置一定范围的大气环境防护区域，以确保大气环境防护区域外的污染物贡献浓度满足环境质量标准。”对应题干信息分析即可。

另外，导则 HJ 2.2—2018 关于大气防护距离还有“8.7.5.2 对于项目厂界浓度超过大气污染物厂界浓度限值的，应要求削减排放源强或调整工程布局，待满足厂界浓度限值后，再核算大气环境防护距离。8.7.5.3 大气环境防护距离内不应有长期居住的人群”的规定，考生也需要掌握。答案一稍复杂，但易于理解；答案二、答案三表述方式不同，但简洁，考场上可以节省时间。

5．制定本项目大气环境质量监测计划。（4 分）

【参考答案】

答案一：

（1）监测点位：厂界（0.5 分）或大气环境防护距离（0.5 分）外侧设置 1～2 个（0.5 分）监测点。

（2）监测指标：TSP（0.5 分）、二噁英类（0.5 分）。

（3）监测频次：每年至少监测一次（0.5 分），在污染较重的季节（0.5 分），原则上应取得 7 d 有效数据（0.5 分）。

（4）执行环境质量标准：TSP 执行《环境空气质量标准》（GB 3095—2012）中二级标准限值，二噁英类执行参照标准。（本条可以不答）

答案二：

监测点位：厂界（0.5 分）或大气环境防护距离（0.5 分）外侧设置 1～2 个（0.5 分）监测点。

监测指标：TSP、二噁英。

频次：1 次/a。

执行标准：环境空气质量标准。

考点分析与答题技巧：本小题主要考察对《环境影响评价技术导则　大气环境》（HJ 2.2—2018）的熟悉程度。该导则中关于环境空气质量监测计划规定如下：

①“一级评价项目按 HJ 819 的要求，提出项目在生产运行阶段的污染源监测计划和环境质量监测计划”。

②“筛选按 5.3.2 要求计算的项目排放污染物 $P_i \geqslant 1\%$的其他污染物作为环境质量监测因子”。

③“环境质量监测点位一般在项目厂界或大气环境防护距离（如有）外侧设置 1 ~ 2 个监测点”。

④“各监测因子的环境质量每年至少监测一次，监测时段参照 6.3.1 执行”。

⑤“环境空气质量监测计划包括监测点位、监测指标、监测频次、执行环境质量标准等”。

本项目污染源排放颗粒物、二噁英类，对应的环境空气质量评价因子为 PM_{10}、$PM_{2.5}$、TSP、二噁英类，其中其他污染物为 TSP、二噁英类。SO_2、NO_x、氟化物为现有项目排放的污染物，可不答。

答案一稍复杂、答案二简洁，二者实质内容一致。

同理，其他要素导则（如地表水、地下水、声环境等）也有规定污染源监测和环境影响监测的一般性内容，考生在学习中应擅于联想相似的规定。但是，考生一定要注意，环评工作中的环境质量现状监测与建设项目实施及运行期间的污染源监测及其环境影响监测（即通常在环评报告书中与环境管理为一章的“环境管理与环境监测计划”中的“环境监测计划”）不是一回事儿。

【扩展思考题】

1. 本项目为技改项目，环评中对现有项目应做哪些方面的工作？
2. 根据题干信息，环评时在固体废物处理处置方面还应说明哪些内容？

2023 年第 7 题视频讲解

试题四（2023 年考题）

西部省份某锂离子电池用石墨负极材料厂选址在新材料产业园，计划新建粉碎车间、造粒车间、炭化车间、石墨化车间、成品车间，配套原料库、产品库、办公化验楼以及供水、供气、供电、危废暂存间等公辅和环保设施。项目以针状焦、天然石墨、颗粒沥青为主要原料，经“粉碎整形→包覆造粒→焙烧炭化→高温石墨化→成品处理”等工序，年产锂离子电池用石墨负极材料 6 万 t。

项目原料形态为粒状和粉状，以吨袋包装入厂进原料库贮存，生产时由叉车送入粉碎车间开袋放料，不同原料分别碎磨、整形处理达粒度和形状要求后装袋运往造粒车间。处理后的针状焦粉、石墨粉与包覆剂沥青粉在造粒车间按配比经混料机常温混合后，进入氮气保护、电热升温的密闭搅拌反应釜，在最高 650℃条件下完成包覆造粒，再进入冷却釜经循环水间接冷却后出料送往炭化车间。包覆造粒产物在炭化车间内采用给料机装入多个石墨匣钵后再送入辊道窑，在氮气保护下以邻近焦化厂供应的净化焦炉煤气为燃料进行最高温度 1 150℃的焙烧炭化，该过程促使表面包覆剂转化为无定形碳包覆层，与内部材料共同形成核壳结构，改进负极材料与电池电解质的相容性。炭化结束自然降温后的产物转入石墨化车间，利用多功能天车将其装入箱式石墨化炉中部，外围以炭板封盖再装入冶金焦和煅后石油焦形成高电阻保温填充层，装炉完成并在上部加盖排烟罩后通入电流，在电极和电阻料共同作用下升温至最高 3 000℃，促使碳原子由乱层结构向三维晶体有序结构转化，提高产品导电性、化学稳定性和机械强度。停电冷却卸炉后的石墨化产物送成品车间，经解聚打散、磁选纯化后包装出厂。

项目包覆造粒工序反应釜和冷却釜废气采用“雾化喷淋+电捕焦油+焦炭吸附+活性炭吸附”措施净化后，经 20 m 高排气筒排放。焙烧炭化工序辊道窑烟气进入独立的废气处理系统净化后，经 25 m 高排气筒排放。石墨化车间多功能天车配柔性吸气罩，作业产生的含尘废气经收集后采用布袋净化；石墨化炉烟气经排烟罩收集，采用“钠碱法脱硫+湿式电除尘”措施净化后，经 30 m 高排气筒排放，钠基脱硫剂为纯碱（Na_2CO_3），反应产物为亚硫酸钠（Na_2SO_3）。其他原料粉碎、中间产物装卸转运和产品打散等工序的含尘废气采用各自配套的布袋除尘器净化，同时采用密闭或封闭措施减少厂区无组织废气排放。经建设单位确认，项目颗粒物、二氧化硫、氮氧化物、沥青烟有组织排放执行更为严格的中国炭素行业协会《炭素工业大气污染物排放标准》（T/ZGTS 001—2019）限值，其中焙烧工序排放限值为颗粒物≤20 mg/m^3、二氧化硫≤100 mg/m^3、氮氧化物≤100 mg/m^3、沥青烟≤20 mg/m^3，协会标准未规定的苯并[*a*]芘、非甲烷总烃有组织排放执行《大气污染物综合排放标准》（GB 16297—1996）二级标准限值。

项目湿法脱硫废水、湿式电除尘废水和捕焦油器清洗废水依水质分别进行处理后回用于各自工序，循环冷却系统排污水优先回用于烟气治理环节，办公生活污水经化粪池处理后排入园区污水处理厂，全厂设有初期雨水收集池和事故应急池。

环评文件编制单位确定项目大气环评工作等级为一级。经调查，评价基准年的区域环境空气质量达标，大气评价范围内除给本项目供气的焦化厂正在建设扩产及超低排放改造工程外，无其他在建、拟建项目，环评文件编制单位在掌握了污染源源强、地形数据和气象参数后开展了大气环境预测与评价。

根据“双碳”目标的管理要求，环评文件编制单位核算了企业焦炉煤气燃烧生产过程碳损失氧化、烟气治理碳酸盐转化、外购电力及厂内运输等活动的二氧化碳排放量。在计算石墨化炉烟气脱硫活动的年 CO_2 排放量时，石墨化炉烟气二氧化硫产生量按 504 t/a、钠碱法脱硫效率按 95%计算。

注：Na、C、O、S 的分子量分别为 23，12，16，32。

【问题】

1. 推荐炭化车间辊道窑烟气的治理措施并说明理由。（5 分）

【参考答案】

答案一：

（1）治理措施：SNCR+雾化喷淋+电捕焦油+焦炭吸附+活性炭吸附+钠碱法脱硫+湿式电除尘。（3 分）

（2）理由：

① 废气主要污染物为颗粒物、SO_2、NO_x、沥青烟、苯并[*a*]芘、非甲烷总烃（NMHC），且为高温烟气；② SNCR 去除 NO_x，雾化喷淋去除颗粒物并降温，电捕焦油去除沥青烟、颗粒物，焦炭吸附、活性炭吸附去除苯并[*a*]芘、NMHC，钠碱法去除 SO_2，湿式电除尘进一步去除颗粒物，确保稳定达标排放。（2 分）

答案二：

推荐治理措施为：SNCR+雾化喷淋+电捕焦油+焦炭吸附+活性炭吸附+钠碱法脱硫+湿式电除尘。（3 分）

理由：SNCR 去除 NO_x，雾化喷淋去除颗粒物并降温，电捕焦油去除沥青烟、颗粒物，焦炭吸附、活性炭吸附去除苯并[*a*]芘、NMHC，钠碱法去除 SO_2，湿式电除尘进一步去除颗粒物。（2 分）

考点分析与答题技巧：根据题干关于炭化车间辊道窑的内容：“包覆造粒产

物在炭化车间内采用给料机装入多个石墨匣钵后再送入辊道窑，在氮气保护下以邻近焦化厂供应的净化焦炉煤气为燃料进行最高温度 1 150℃的焙烧炭化，该过程促使表面包覆剂转化为无定形碳包覆层，与内部材料共同形成核壳结构，改进负极材料与电池电解质的相容性。”“焙烧炭化工序辊道窑烟气进入独立的废气处理系统净化后，经 25 m 高排气筒排放。”而关于烟气中的主要污染物只能根据题干中的使用原料情况和工艺说明来判定，苯并[*a*]芘、NMHC 是此类项目的特征污染物，SO_2、NO_x、颗粒物是常规污染物，不难识别。以下内容对理解和解答本小题具有指导意义：

（1）根据《炭素工业废气污染防治技术规范》（DB 41/T 2085—2020），炭素工业焙烧废气主要污染物为颗粒物、SO_2、NO_x、沥青烟、苯并[*a*]芘、TVOC/NMHC，推荐技术路线为“焚烧法+SCR 脱硝+湿法脱硫+湿式电除尘”“SNCR 脱硝+电捕焦油+湿法脱硫+湿式电除尘”，其中颗粒物、沥青烟、苯并[*a*]芘、TVOC/NMHC 治理可行技术包括焚烧法、电捕焦油法、吸附法，SO_2 治理可行技术包括湿法脱硫、半干法脱硫，NO_x 治理可行技术包括低氮燃烧、SCR、SNCR、氧化法脱硝。

（2）“项目颗粒物、二氧化硫、氮氧化物、沥青烟有组织排放执行更为严格的中国炭素行业协会《炭素工业大气污染物排放标准》（T/ZGTS 001—2019）限值，其中焙烧工序排放限值为颗粒物≤20 mg/m^3、二氧化硫≤100 mg/m^3、氮氧化物≤100 mg/m^3、沥青烟≤20 mg/m^3，协会标准未规定的苯并[*a*]芘、非甲烷总烃有组织排放执行《大气污染物综合排放标准》（GB 16297—1996）二级标准限值”，表明应同时针对颗粒物、SO_2、NO_x、沥青烟、苯并[*a*]芘、TVOC/NMHC 分别采取除尘、脱硫、脱硝、沥青烟治理措施。

（3）“项目包覆造粒工序反应釜和冷却釜废气采用‘雾化喷淋+电捕焦油+焦炭吸附+活性炭吸附’措施净化”，表明沥青烟治理宜采用“雾化喷淋+电捕焦油+焦炭吸附+活性炭吸附”措施。“石墨化炉烟气经排烟罩收集，采用‘钠碱法脱硫+湿式电除尘’措施净化”，表明除尘、脱硫宜采用“钠碱法脱硫+湿式电除尘”措施。

（4）不清楚炭素工业废气污染防治具体规定时，可根据题干信息给出的同种污染物治理措施，利用已经掌握的工业炉窑烟气除尘、脱硫、脱硝治理措施组合规律，提出治理水平不劣于题干信息的措施。故辊道窑烟气治理宜采用“SNCR+雾化喷淋+电捕焦油+焦炭吸附+活性炭吸附+钠碱法脱硫+湿式电除尘”，或“雾化喷淋+电捕焦油+焦炭吸附+活性炭吸附+钠碱法脱硫+湿式电除尘+烟气再热+SCR”，答案并不唯一。

本小题与本章试题三（2023 年考题）第 1 小问基本类似。答案一先识别出主要污染物，再根据污染特性给出治理措施，从逻辑上便于解答。答案二稍简洁，可节省书写时间。

2. 说明项目正常排放下大气环境影响预测内容。（5分）

【参考答案】

（1）短期、长期最大浓度贡献值占标率情况。（1分）

（2）叠加现状浓度后，SO_2、NO_2、PM_{10}、$PM_{2.5}$年平均质量浓度（1分）、保证率日平均质量浓度达标情况（1分），TSP、沥青烟、苯并[*a*]芘、NMHC短期浓度达标情况（1分）。

（3）大气环境防护距离设置中，短期浓度贡献值分布情况。（1分）

考点分析与答题技巧：本小题考察关于大气环境影响一级评价的主要内容。根据题干信息，项目所在区域为环境空气质量达标区，《环境影响评价技术导则 大气环境》（HJ 2.2—2018）的"表5 预测内容和评价要求"给出了预测评价的主要评价内容（本书"略"，请考生学习导则），参照该表进行解答即可。

3. 识别项目可能发生的环境风险事故情形。（6分）

【参考答案】

答案一：

（1）管线及辊道窑净煤气泄漏（1分）、火灾爆炸（0.5分），CO排放对大气环境产生影响。

（2）原料库颗粒沥青、造粒车间沥青粉泄漏（1分）、火灾爆炸（0.5分），颗粒物、CO、SO_2、NO_x、苯并[*a*]芘、NMHC排放对大气环境产生影响。

（3）反应釜、辊道窑、石墨化炉泄漏（每项0.5分，共1.5分）、火灾爆炸（0.5分），颗粒物、SO_2、NO_x、沥青烟、苯并[*a*]芘、NMHC排放对大气环境产生影响。

（4）火灾爆炸事故废水排放对雨水受纳、周边近地表水环境产生影响，废水站、危废暂存间防渗膜破损（1分），事故废水排放对地下水、土壤环境产生影响。

答案二：

（1）管线及辊道窑净煤气泄漏、火灾爆炸事故（1分），原料库颗粒沥青、造粒车间沥青粉泄漏、火灾爆炸（1分），反应釜、辊道窑、石墨化炉泄漏、火灾爆炸事故对环境空气的影响（1分）。

（2）火灾爆炸事故废水排放的影响（1分）。

（3）废水站（1分）、危废暂存间（1分）防渗膜破损，事故废水排放对地下水、土壤环境产生影响。

考点分析与答题技巧：环境风险一直是环评考试出题的高频考点和重点。常见的主要有识别环境风险源（尤其是重大风险源），识别风险单元或风险物质、风险类型，核算源强或风险潜势的判定、确定风险评价等级和评价范围，预测风险影响，提出风险防范措施或应急预案等。考生须认真学习《建设项目环境风险评价技术导则》（HJ 169—2018）。本小题问的是“事故情形”，实质上就是风险类型，常见的主要是泄漏、火灾、爆炸等，但解答本小题一定要与风险源结合起来，才有针对性，才更符合题意。答案一根据风险源逐个给出，有一定的逻辑性；答案二简洁，节省考试时间。

4．列出项目产生的危险废物。（2 分）

【参考答案】

（1）废气处理产生的电捕焦油（0.5 分）、废焦炭（0.5 分）、废活性炭（0.5 分）。

（2）捕焦油器清洗废水处理产生的含油污泥（0.5 分）。

考点分析与答题技巧：与环境风险一样，危险废物一直是环评考试的高频点或重点。因此，考生既需对《国家危险废物名录》充分熟悉，也需对固体废物污染环境防治法及危险废物的法规政策认真学习。

5．计算石墨化炉烟气脱硫活动的年 CO_2 排放量。（2 分）

【参考答案】

504×95%×44÷64＝329.175 t/a。（2 分）

考点分析与答题技巧：党中央、国务院及生态环境部和国家发展改革委、工信部等相关部委颁布了很多有关温室气体排放或控制的政策和规范性文件。在环境影响评价中也特别强调要实施节能减排降碳的规定，今后在环评工作及考试中应予重视。

题干中称“在计算石墨化炉烟气脱硫活动的年CO_2排放量时，石墨化炉烟气SO_2产生量按504 t/a、钠碱法脱硫效率按95%计算”。实质上CO_2与SO_2是等比例产生的（根据化学反应方程式“$SO_2+Na_2CO_3 = Na_2SO_3+CO_2\uparrow$”，每去除1 mol SO_2，排放1 mol CO_2），按照SO_2与CO_2的比例关系即可算出CO_2的排放量。

【扩展思考题】

1．给出本项目废水主要处理处置措施。

2．对本项目进行相关符合性分析应重点调查说明哪些内容？

试题五（2022 年考题）

某钢铁联合企业为包括烧结、球团、焦炉、高炉、转炉及轧钢等工序的长流程企业。现有焦化工序建有 4 座 55 孔 4.3 m 的捣固焦炉，1 套 150 t/h 的干熄焦装置和 1 套湿熄焦装置（备用）。年产焦炭 125×10^4 t，配套煤气净化系统和酚氰废水处理站。

本次拟对焦化工序进行技术升级改造，淘汰现有的 4 座捣固焦炉及配套煤气净化系统，在淘汰焦炉位置建设 2 座 48 孔的 6.25 m 捣固焦炉，配套建设 1 套 120 t/h 的干熄焦装置，不再备用湿熄焦装置，年产焦炭 100×10^4 t。在焦炉旁新设煤气净化装置，供水、供电及酚氰焦化废水处理站依托现有工程。拟建项目年副产焦炉煤气 4.13×10^8 m^3（标态），其他副产品包括焦油、硫黄、硫铵及粗苯等，主要生产工艺流程见下图。

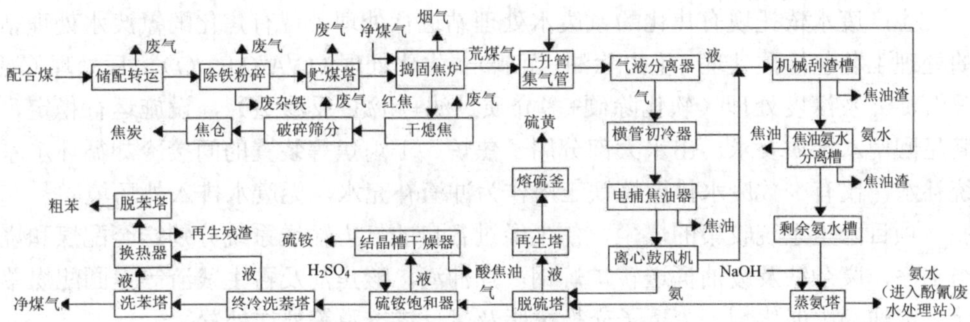

焦化生产工艺流程图

焦炭是高炉炼铁的骨架及还原剂，供高炉冶炼使用。本项目产品由封闭皮带运送至高炉做还原剂。焦炭减量置换满足工信部 1.25∶1 的要求，升级改造后因焦炭产量减少，不足部分可由外购焦炭解决，不影响高炉炼铁产量。

项目炼焦原料与产品焦炭比例为 1.33∶1，原料主要为肥煤、瘦煤、气煤及焦煤等按一定比例混合的配合煤，将配合煤捣固成煤饼后推入焦炉炭化室炉内进行炭化，每个炭化室两侧为燃烧室，其燃料为脱硫净化后的焦炉煤气，燃烧烟气经处理达标后通过焦炉排气筒排放。

炭化室中的配合煤在高温密闭环境下进行干馏（炼焦），干馏时间约为 22 h，煤中有机物以荒煤气形式进入煤气净化系统。出焦时，打开前后两侧炉门，将红焦从炭化室推出，送干熄焦装置采用氮气直接换热熄焦，再经破碎、筛分后，成品焦炭送焦仓储存。高温氮气经余热锅炉回收热量后循环使用。生产 1 t 焦炭需配合煤 1.33 t，配合煤的含硫率为 0.68%，焦炭含硫率为 0.6%。煤气净化工序中脱硫塔的脱硫效率≥98%，净化后煤气含尘≤10 mg/m^3（标态）、总硫≤150 mg/m^3（标态）。净煤气部分供焦炉燃烧室使用，其余送现有焦炉煤气柜储存，供企业内部其他用户使用。

对煤的转运、粉碎、装煤、出焦及干熄焦系统等生产过程颗粒物产生点均设置密闭收集罩及袋式除尘净化装置，对捣固焦炉两侧燃烧室净煤气燃烧产生的颗粒物、二氧化硫及氮氧化物烟气设置脱硫脱硝净化设施。煤、焦均采用封闭料仓储存并采用封闭皮带运输，焦炉采用弹性刀边炉门等一系列措施控制废气的无组织排放。煤气净化区域各类液体储槽废气均密闭收集后焚烧处理。对现有的酚氰废水处理站加盖密闭。收集的废气经碱洗+生物滤池+活性炭吸附处理达标后排放。项目采取的污染控制设施能够满足《关于推进实施钢铁行业超低排放的意见》（环大气〔2019〕35 号）及《炼焦化学工业污染物排放标准》（GB 16171—2012）的要求。

生产废水依托现有焦化酚氰废水处理站进行处理。现有焦化酚氰废水处理站的处理工艺包括预处理（重力除油+调节）、生化处理（O/A/O+A/O）、后处理（混凝沉淀）及深度处理（软化除硬+多介质过滤+超滤+反渗透），设施运行稳定，满足回用水水质要求。出水大部分用于焦炉、干熄焦等装置的间接冷却循环水系统补水，仅有少数废水排至炼铁工序作为冲渣补充水，无废水排入外环境。

项目除尘系统收集的煤尘、焦尘经过各自的气力输送系统分别送至配煤和烧结工序，废杂铁及废油桶送转炉炼钢。焦油渣、酸焦油及再生残渣等返回配煤单元，废油、废催化剂、废离子交换树脂及废反渗透膜等外送处置。

煤气净化系统产生的废水带出硫为 143 t/a，忽略“三废”、粗苯及其他工序物料带出硫等。

环评单位按照地下水导则确定地下水评价工作等级为一级评价，需进行包气带污染现状调查。现有拆除工程主要包括焦炉及煤气净化系统等。

【问题】

1. 计算经脱硫塔净化的原煤气中的总硫量。

【参考答案】

答案一：

（1）根据物料衡算法，荒煤气中的总硫量=投料配合煤总硫量−焦炭产品总硫量−脱硫塔前工序焦油和废水带出总硫量，即

$S_{荒煤气}=S_{配合煤}-S_{焦炭}-S_{焦油和废水}$

$=1.33\times0.68\%\times100\times10^4-1\times0.6\%\times100\times10^4-143$

$=9\ 044-6\ 000-143$

$=2\ 901$（t/a）

（2）按脱硫塔脱硫效率 98%计，则经脱硫塔净化后的煤气中的总硫量=荒煤气中的总硫量×（1–脱硫效率），即

$S_{净煤气}=S_{荒煤气}\times(1-\eta_{脱硫效率})=2\ 901\times(1-98\%)=58.02$（t/a）

答案二：

（1）年产 100×10^4 t 焦炭所需的配合煤中的硫含量：$100\times10^4\times1.33\times0.68\%=9\ 044$（t/a）。

（2）产品焦炭中的保留的硫量：$100\times10^4\times0.6\%=6\ 000$（t/a）。

（3）原煤气在进入脱硫塔之前被焦油和废水带出硫量为 143 t/a，则进入脱硫塔的原煤气中的硫含量为：9 044–6 000–143=2 901（t/a）。

（4）经脱硫效率 98%的脱硫塔净化后，净化煤气中的硫含量：2 901×（1–98%）=58.02（t/a）。

答案三：

$[(100\times10^4\times1.33\times0.68\%-100\times10^4\times0.6\%)-143]\times(1-98\%)=58.02$（t/a）

考点分析与答题技巧：本小题的设问显得很突兀，因为设问并未明确是核算企业生产一年的“量”，还是吨产品的“量”。但从题干最后的“煤气净化系统产生的废水带出硫为 143 t/a”来看，只能是核算一年的量。答案一和答案二体现了较好的思维及严密的逻辑关系，容易得分，答案三简洁、不需要书写文字，可以节省答题时间。

将“焦化生产工艺流程图”中的“储配运转”至进入脱硫塔之前的所有生产过程视为一个“暗箱模型”系统，硫投入项为配合煤、净煤气，产出项为焦油、废水、废气、焦油渣、焦炭、脱硫前荒煤气，注意题干信息未明确净煤气、废气、焦油渣含硫量，只能以 0 计。

题干“净煤气部分供焦炉燃烧室使用”，表明这部分净煤气属于“暗箱模型”系统内部循环的量，既是投入项、又是产出项，根据物料平衡原理等式两边同时约去，故不参与计算，计算结果“58.02 t/a”指其余作为副产品的净煤气总硫量。

题干中“拟建项目年副产焦炉煤气 $4.13\times10^8 m^3$（标态）”“净化后煤气含尘≤10 mg/m^3（标态）、总硫≤150 mg/m^3（标态）”，表明净煤气总硫限值 = $4.13\times10^8\times150\times10^{-9}\leqslant61.95$ t/a，注意净煤气实际含硫量应小于限值，确保计算结果具有合理性。

在解答本小题时注意，如果按照题干提供的“年副产焦炉煤气 $4.13\times10^8\ m^3$（标

态）”入手进行计算，则无法算出结果，这是本题的陷阱。另外，未净化的原煤气，也称荒煤气，而脱硫除尘后的煤气为净煤气或洁净煤气。

2. 简要分析依托现有酚氰废水处理站的可行性。

【参考答案】

答案一：

（1）本企业技改前，现酚氰废水处理站处理规模是为年产焦炭125万t配套建设的，而技改后，年产焦炭减少为100万t，则说明现酚氰废水处理站的处理规模是能够满足技改后企业生产规模。

（2）根据题干信息，现酚氰废水处理站设施运行稳定，满足回用水水质要求，且无废水排入外环境，而技改前后，企业酚氰废水的性质并未发生变化，处理可行。

答案二：

（1）可行。

（2）理由：

①废水含石油类、pH、COD、BOD、SS、氨氮、总氮等；②废水处理工艺可行，覆盖技改项目涉及的主要污染物；③满足依托现有酚氰废水处理站日处理能力、设计进水水质要求；④处理后的出水水质满足回用水水质要求。

考点分析与答题技巧：本小题根据题干提供的信息，主要从处理规模、处理污水种类、处理工艺方面考虑即可。答案一与答案二的内容基本一致，均可赋分。答案一确实进行了“简要分析”，而答案二更适合回答通常考试所问的“是否可行”“说明理由”之类的问题。

（1）根据《环境影响评价技术导则 地表水环境》（HJ 2.3—2018），“水污染影响型三级 B评价，可不开展区域污染源调查，主要调查依托污水处理设施的日处理能力、处理工艺、设计进水水质、处理后的废水稳定达标排放情况，同时应调查依托污水处理设施执行的排放标准是否涵盖建设项目排放的有毒有害的特征水污染物”。

（2）根据《排污许可证申请与核发技术规范 炼焦化学工业》（HJ 854—2017），酚氰废水宜采用除油+AO/AAO（A^2O）等生物脱氮除磷工艺，故废水处理工艺合理，注意煤焦化行业酚氰废水是煤焦化生产线蒸氨、脱酚、脱硫、脱氰工序工艺废水总称，并非含酚废水、含氰化物废水，无须除酚、破氰预处理，酚氰废水本质属于含油废水。

（3）本项目“焦炭减量置换满足工信部1.25:1的要求，升级改造后因焦炭产量减少，不足部分外购，不影响高炉炼铁产量”，注意单位产品废水量、污染物产生量恒定时，升级改造后焦炭产量减少，技改项目废水量减少、进水水质不变，表明满足依托现有酚氰废水处理站日处理能力、设计进水水质要求。

（4）“设施运行稳定，满足回用水水质要求”，注意废水处理工艺、污染物去除恒定时，处理后的出水水质不变，表明处理后的出水水质满足回用水水质要求。

也有人认为：“煤气终冷的直接冷却水，粗苯加工的直接蒸汽冷凝分离水，精苯加工过程的直接蒸汽冷凝分离水，焦油精制加工过程的直接蒸汽冷凝分离水、洗涤水，车间或设备清洗水等，以上废水与焦化过程中产生的剩余氨水一起称为酚氰废水。酚氰废水含有高浓度酚、氨、氰、硫化物等有毒污染物，无法直接进行生化处理，应当先进行物化脱酚（即酚深度处理）、脱氨处理后再进行生化处理。”依托现有酚氰废水处理站不可行，考虑得有些复杂了，并不符合题意。

3. 制定焦炉及煤气净化系统拆除方案应考虑哪些污染防控要求？

【参考答案】

答案一：

（1）拆除过程中产生的粉尘或扬尘可能造成的环境空气污染，可采取洒水降尘措施。

（2）拆除过程中产生的噪声对周边声环境质量的影响，可采取设置临时声屏障等措施。

（3）拆除产生的建筑垃圾，应及时转运或处置。

（4）焦煤或煤气系统遗留的危险废物应按危险废物防控要求采取相应的措施。

（5）环境监理与监测措施。

答案二：

（1）清空废气收集处理措施、放空后设备清洗废水集中收集处理、清空物料贮存污染控制及处理处置措施。

（2）拆除过程废气、废水、噪声、固体废物污染防治措施。

（3）周边环境空气、地表水、地下水、土壤、声环境及敏感点保护措施。

（4）环境风险防范措施、环境监测措施。

考点分析与答题技巧：解答本小题如果考虑得太复杂，会有很多内容，不便于考场解答。本小题问的是拆除现有设施的污染防控要求，一般性影响应考虑粉尘或扬尘的环境空气污染影响、噪声影响、固体废物的影响，但由于拆除的是焦炉及煤气净化系统，还应考虑在拆除过程中危险废物及其对土壤、地下水的影响。按照这个思路基本可以完整解答本小题。答案一与答案二主要内容相似，但个别内容有差异，值得讨论。

4．指出项目产生的固体废物，并说明其属性。

【参考答案】

答案一：

（1）除尘系统收集的粉尘（煤尘、焦尘）、废杂铁、废离子交换树脂为一般固体废物。

（2）焦油渣、废矿物油桶、废脱硝催化剂为危险废物。

答案二：

（1）一般工业固体废物：除尘系统收集的粉尘（煤尘、焦尘）、废布袋。

（2）危险废物：废煤焦油和废焦油渣、废矿物油、废矿物油桶、废脱硝催化剂、废反渗透膜、废水处理站污泥（含预处理油泥）、脱硫废催化剂等。

考点分析与答题技巧：本小题根据题干提供的信息，基于"除尘系统收集的粉尘进入配煤及烧结工序；焦油渣收集后掺煤炼焦；废矿物油桶收集后送现有炼钢工序回用；项目产生的其他废物包括废脱硝催化剂、废离子交换树脂及废反渗透膜等"基本可给出主要答案，如答案一，但不是很全面。答案二是根据题干提供的焦化生产工艺流程图进一步分析给出的，相对较为全面，但解答较为复杂。本小题的目的，就是要求考生对固体废物的类别（尤其是危险废物）应学会分类。另外需要注意的是：如果涉及实验室、化验室及检验工序，注意危废的产生。本题还需要重点关注的是废煤焦油和废焦油渣用于配煤（掺煤炼焦），废矿物油、废矿物油桶收集后送现有炼钢工序回用，利用过程则不作危废管理，其利用环节在管理上可"豁免"。但本小题只需要明确其属性即可，不应考虑处理或利用方式。以下内容对理解和解答本小题具有指导意义：

（1）根据《固体废物鉴别标准 通则》（GB 34330—2017），"任何不需要修复和加工即可用于其原始用途的物质，或者在产生点经过修复和加工后满足国家、地方制定或行业通行的产品质量标准并且用于其原始用途的物质"，不作为固体废物管理。"其他副产品包括焦油、硫黄、硫铵及粗苯等"，表明焦油、硫黄、硫铵及粗苯作为副产品管理，不作为固体废物管理，故不答。

（2）焦油渣、洗萘脱苯再生残渣、酸焦油、脱硫废液属于煤炭加工废物，列入《国家危险废物名录（2025 年版）》。

（3）根据《固体废物鉴别标准 通则》（GB 34330—2017），"不经过贮存或堆积过程，而在现场直接返回到原生产过程或返回其产生过程的物质"，不作为固体废物管理。但"项目除尘系统收集的煤尘、焦尘经过各自的气力输送系统分别送至配煤和烧结工序"，注意烧结不是煤尘、焦尘的产生过程或产生环节，故煤焦化产生的煤尘、焦尘送烧结利用属于固体废物自行处理处置，不属于现场返料。"废杂铁及废油桶送转炉炼钢。焦油渣、酸焦油及再生残渣等返回配煤单元"，注意废杂铁、废油桶的“废”，焦油渣、酸焦油及再生残渣的“渣”“残”，表明属于固体废物自行处理处置，不属于现场返料。

（4）废油属于含油废水处理污泥，废催化剂属于烟气脱硝过程中产生的废钒钛系催化剂，废离子交换树脂属于工业废水处理产生的废有机树脂，废反渗透膜、废活性炭属于含有或沾染毒性危险废物的废弃过滤吸附介质，列入《国家危险废物名录（2025年版）》。注意反渗透针对煤焦化废水中氰化物、挥发酚等生化处理未彻底、有效去除的有毒有害物质，故不能认为生化处理后的深度处理产生的固体废物肯定不具有危险特性。

（5）“出焦及干熄焦系统等生产过程颗粒物产生点均设置密闭收集罩及袋式除尘净化装置”，注意煤焦化过程产生的粉尘捕集物属于粉煤灰，列入《一般固体废物分类与代码》（GB/T 39198—2020），进而表明废布袋滤料属于一般工业固体废物。

（6）“现有焦化酚氰废水处理站的处理工艺包括预处理（重力除油+调节）、生化处理（O/A/O+A/O）、后处理（混凝沉淀）及深度处理（软化除硬+多介质过滤+超滤+反渗透）”，注意后处理（混凝沉淀）污泥来自二沉池，即生化处理污泥，《国家危险废物名录（2025年版）》将煤焦化废水生化处理污泥标注为“不包括”，故经鉴别属于一般工业固体废物。

（7）“对现有的酚氰废水处理站加盖密闭，收集的废气经碱洗+生物滤池+活性炭吸附处理达标后排放”，注意生物滤池废滤料性质类似生化处理污泥，故属于一般工业固体废物。

（8）“淘汰现有4座捣固焦炉及配套的煤气净化系统”，表明还可考虑拆除过程残留物料，残留物料主要包括焦油渣、洗萘脱苯再生残渣、酸焦油、脱硫废液等危险废物。

（9）该题涉及的固体废物种类繁多，考场答题时间紧张时可策略性选择有把握的答。

5. 简述开展包气带污染现状调查的主要内容。

【参考答案】

答案一：

（1）调查本项目现有污染源特征污染物。

（2）包气带岩性、结构、厚度、分布及垂向渗透系数等。

（3）对包气带进行分层采样，一般在0～20 cm埋深范围内取一个样品，其他取样深度应根据污染源特征和包气带岩性、结构特征等确定。样品进行浸溶试验，测试分析浸溶液成分。

答案二：

（1）调查企业可能造成包气带污染的污染源，包括捣固焦炉装置区、湿熄焦区、酚氰废水处理站、危废暂存间等。

（2）调查说明包气带水文地质结构。

（3）在污染源周边区域布设监测点，采样深度为 0～20 cm 及 20～100 cm，监测因子主要包括石油类、pH、耗氧量、TDS、氨氮、CN^-、挥发酚等。

考点分析与答题技巧：本小题是在考察关于地下水监测的技术要求，但本小题明确是对包气带污染现状的调查。如此，则首先应识别可能造成包气带污染的“污染源”，然后布点进行包气带地下水的监测。答案一和答案二基本相似，并无实质性差别。

《环境影响评价技术导则 地下水环境》（HJ 610—2016），地下水场地包气带环境现状调查内容与调查方法如下：

①所有评价等级，都应调查“包气带岩性、结构、厚度、分布及垂向渗透系数等”，注意该项调查内容属于“场地包气带特征及其防污性能”。

②“对于一、二级评价的改、扩建类建设项目，应开展现有工业场地的包气带污染现状调查”，表明改扩建项目一、二级评价在调查“场地包气带特征及其防污性能”基础上，还应调查“场地包气带污染现状”。

③“环境水文地质勘察与试验是在充分收集已有资料和地下水环境现状调查的基础上，为进一步查明含水层特征和获取预测评价中必要的水文地质参数而进行的工作”，表明收集资料无法满足要求时，通过环境水文地质勘察与试验确定场地包气带特征及其防污性能、现有项目场地包气带污染现状。

④“渗水试验：目的是测定包气带渗透性能及防污性能。渗水试验是一种在野外现场测定包气带土层垂向渗透系数的简易方法”。“土柱淋滤试验：目的是模拟污水的渗入过程，研究污染物在包气带中的吸附、转化、自净机制，确定包气带的防护能力”，表明通过地质勘察、现场渗水试验或室内土柱淋滤试验确定场地包气带特征及其防污性能。

⑤“对于一级、二级的改、扩建项目，应在可能造成地下水污染的主要装置或设施附近开展包气带污染现状调查，对包气带进行分层取样，一般在 0～20 cm 埋深范围内取一个样品，其他取样深度应根据污染源特征和包气带岩性、结构特征等确定，并说明理由。样品进行浸溶试验，测试分析浸溶液成分”，表明在可能造成（尤其是已造成）污染的现有主要产污装置区附近 0～20 cm、20 cm 以下对包气带分层取样，通过浸溶试验确定现有项目场地包气带污染现状。

特别提醒：考生必须认真学习生态环境部发布的各行业"建设项目环境影响评价文件审批原则"（累计已发布20余个行业）。2022年12月，生态环境部发布《关于印发钢铁/焦化、现代煤化工、石化、火电四个行业建设项目环境影响评价文件审批原则的通知》（环办环评〔2022〕31号），对原有钢铁、石化、火电三个行业的建设项目环评文件审批原则进行修订，并制订了现代煤化工行业建设项目环评文件审批原则，替代《现代煤化工建设项目环境准入条件（试行）》。

考生如果掌握了《钢铁/焦化建设项目环境影响评价文件审批原则》（共有16条，几乎都是考点），解答本案例就容易多了。

试题六（2022 年考题）

某公司拟建年产 3.2×10^9Ah 磷酸铁锂动力电池项目，建设内容包括联合厂房、*N*-甲基吡咯烷酮（NMP）罐区、原料仓库、软水和纯水制水站、循环冷却水系统、固体废物仓库、废水处理站以及燃气锅炉房等。项目用水、用电、天然气由所在工业园区统一供给。

联合厂房布置正、负极片生产线及电池组装、活化与检测生产线。正极片生产工艺为：将磷酸锂铁、镍钴锰酸锂、乙炔黑、聚偏氟乙烯（PVDF）等粉料与溶剂 NMP 混合制成浆料，涂覆在铝箔上，再经热压、分切、烘干、检验，合格正极片送电池组装工序。负极片生产工艺为：将石墨、羧甲基纤维素钠盐（CMC）等粉料与纯水混合制成浆料，涂覆在铜箔上，再经热压、分切、烘干、检验，合格负极片送电池组装工序。电池组装、活化和检测工艺主要为：正负极片叠片、极耳焊接、软包顶封、电芯干燥、电解液真空加注及封边、化成、老化、组装、检验，合格电池包装入库。

NMP 采用 50 m^3 罐车运输至 NMP 储罐；电解液及 PVDF 采用 200 kg 标准桶装，其他物料采用 25 kg 袋装，均贮存于原料仓库。NMP 罐区占地面积 400 m^2，布置泵房 1 个及 120 m^3 的 NMP 原料储罐和 NMP 废液储罐各 2 个。电解液含 10%的六氟磷酸锂、90%的碳酸乙烯酯和碳酸丙烯酯等挥发性有机物（VOCs）。

正极制浆、涂覆工艺 NMP 废气采取密闭罩收集，处理工艺流程见下图。

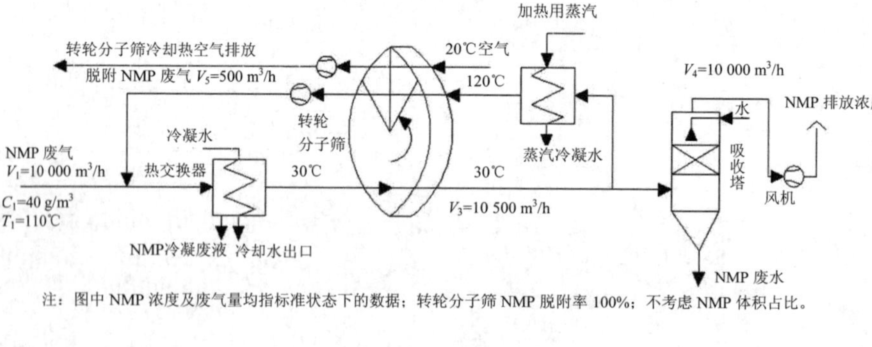

注：图中 NMP 浓度及废气量均指标准状态下的数据；转轮分子筛 NMP 脱附率 100%；不考虑 NMP 体积占比。

NMP 废气处理工艺流程图

NMP 废气经热交换器冷凝（110℃→30℃）和转轮分子筛吸附后，引出一部分经热交换器加热至 120℃后用于转轮分子筛的脱附，脱附产生的高浓度 NMP 废气返回热交换器入口继续冷凝回收 NMP；其余废气经水吸收净化后由 25 m 高排气筒排放。热交换器冷凝、转轮分子筛吸附和水吸收对 NMP 的去除效率分别为 95%、95%和 80%。电池组装线电解液真空加注工艺废气采用活性炭吸附/脱附+RCO 工艺处理后由 15 m 高排气筒排放。

NMP 废气处理产生的 NMP 冷凝废液，经管道输送至 NMP 废液储罐贮存，再委托 NMP 供货单位进行综合利用；水吸收产生的 NMP 废水送全厂废水处理站处理。

项目产生的废水水量及初始水质见下表。

项目废水水量及初始水质一览表 单位：mg/L

废水名称	平均水量	COD	SS	NH_3-N	磷酸盐	总氮
正极生产线设备清洗废水及水吸收塔 NMP 废水	20 m^3/d	25 000	500	140	4	200
负极生产线设备清洗废水	40 m^3/d	750	500	50	4	75
循环冷却水系统排污水	200 m^3/d	40	30	—	1	—
生活污水	100 m^3/d	400	250	30	6	—

项目可行性研究报告提出的废水处理方案为：正极生产线设备清洗废水及水吸收塔 NMP 废水采用沉淀、芬顿氧化、混凝沉淀预处理后，再与负极生产线设备清洗废水混合后采用调节、酸化、UASB 和 A/O 工艺处理，处理后的废水（设计出水水质 COD≤140 mg/L、磷酸盐≤1 mg/L）再与循环冷却水系统排污水、生活污水一并由总排放口排入园区污水处理厂进一步处理。

项目拟建厂址位于工业园区，占地面积 20 hm^2，厂址东面各规划道路现状为耕地，距东厂界 400 m 处有一村庄。本项目土壤环境影响评价工作等级为三级。环评文件编制单位制订的土壤环境现状调查方案为：在项目用地范围内设 3 个土壤表层样监测点，监测砷、镉、铬（六价）、铜、铅、汞、锌和镍等 8 项因子。

注：《电池工业污染物排放标准》（GB 30484—2013）规定，废水间接排放化学需氧量（COD）和磷酸盐最高允许排放浓度限值分别为 150 mg/L 和 2 mg/L。

【问题】

1．指出拟建项目的危险物质。

【参考答案】

答案一：

NMP、天然气、镍钴锰酸锂、电解液及 PVDF、废水处理站的底泥、废活性炭。

答案二：

拟建项目危险物质有：*N*-甲基吡咯烷酮（NMP）、电解液、正极生产线设备清洗废水及 NMP 废水（高浓废水）、天然气。软水处理装置的酸和碱；芬顿氧化用到的过氧化氢。

考点分析与答题技巧：由于本小题题干要求回答的是“危险物质”，而非仅仅是“危险废物”。以下内容对理解和解答本小题具有指导意义：

（1）根据《建设项目环境风险评价技术导则》（HJ 169—2018）附录 B.1，甲烷、镍及其化合物、钴及其化合物、锰及其化合物属于危险物质。天然气主要成分为甲烷，故答；镍钴锰酸锂粉料主要成分为镍及其化合物、钴及其化合物、锰及其化合物，故答。

（2）根据《建设项目环境风险评价技术导则》（HJ 169—2018）附录 B.1，“COD 浓度≥10 000 mg/L 的有机废液”属于危险物质。题干“项目废水水量及初始水质一览表”，表明正极生产线设备清洗及 NMP 废水的 COD 浓度＞10 000 mg/L，故答，进而表明 NMP 废液浓度＞10 000 mg/L，故答。

（3）参照广东省生态环境厅 2019 年 6 月 11 日公众问题回复，“锂离子电池未拆装时不属于危险废物，拆装后期电解液为危险废物”，表明电解液、废电解液、电解液废包装桶均属于危险物质，题干信息未明确存在废电解液，故不答。

（4）根据《建设项目环境风险评价技术导则》（HJ 169—2018），“物质危险性识别，包括主要原辅材料、燃料、中间产品、副产品、最终产品、污染物、火灾和爆炸伴生/次生物等”，故答火灾爆炸产生的次生污染物 CO、NO_x。

（5）*N*-甲基吡咯烷酮（NMP）比较特殊，目前尚不属于我国管控的危险化学品、危险废物，根据《关于 *N*-甲基吡咯烷酮是否属于危险化学品、危险废物事项的答复》（环信复字〔2007〕3 号），“*N*-甲基吡咯烷酮（NMP）不属于危险化学品，废弃 NMP 不属于危险废物”，故 NMP 是否属于危险物质在实践中尚存在争议。但参照《江苏省环保厅拟出具跨省转移审批决定的公示（2018 年 6 月 19 日）》等部分地方规定，NMP 废液属于危险废物，故可答 NMP。

答案一简洁，基本给出了解答的要点。答案二较为复杂，需要对芬顿氧化有所了解，而且考虑了题干“负极片生产工艺为：将石墨、羧甲基纤维素钠盐（CMC）等粉料与纯水混合制成浆料，涂覆在铜箔上，再经热压、分切、烘干、检验，合格负极片送电池组装工序”中仅仅提到“纯水”就联想到纯水制备工艺。因此，答案二并不完全符合题意。

2. 土壤环境现状调查方案确定的监测因子是否合理？说明理由。

【参考答案】

答案一：

（1）不合理。

（2）理由：

仅监测砷、镉、铬（六价）、铜、铅、汞、锌和镍等 8 项因子是不够的，还应监测《土壤环境质量　建设用地土壤污染风险管控标准（试行）》（GB 36600—2018）中的基本因子。

答案二：

（1）不合理。

（2）理由：

拟建项目属于土壤环境污染影响型，周边存在耕地，拟建项目占地 20 hm^2，属于中型建设项目，敏感，正极材料使用了有机涂覆，应为I类项目，土壤评价等级应为一级而非三级。现状监测布点应当为占地内 5 个柱状样点，2 个表层样点，占地外 4 个表层样点，并注意涵盖不同土壤类型。监测因子不仅应考虑砷、镉、铬（六价）、铜、铅、汞、锌和镍等 8 项因子，还应考虑基本因子等。

考点分析与答题技巧：本小题是考察对《环境影响评价技术导则　土壤环境（试行）》（HJ 964—2018）的熟悉及应用情况。根据题干信息："项目拟建厂址位于工业园区，占地面积 20 hm^2，厂址东面隔规划道路现状为耕地，距东厂界 400 m 处有一村庄。本项目土壤环境影响评价工作等级为三级。环评文件编制单位制订的土壤环境现状调查方案为：在项目用地范围内设 3 个土壤表层样监测点，监测砷、镉、铬（六价）、铜、铅、汞、锌和镍等 8 项因子。"项目占地面积 20 hm^2，评价区涉及耕地和村庄，土壤环境敏感，评价等级确定为三级显然是不符合导则规定的。应该按照土壤环境影响评价等级一级确定评价因子。但是，需要注意的是本小题只要求判定"评价因子"是否合理，不宜解答太多。答案一简洁，适合考试作答；答案二较复杂，并不适合考试。

3．计算运行稳定状态下 NMP 废气处理系统的 NMP 排放浓度 C_4 及 NMP 冷凝废液量。

【参考答案】

答案一：

（1）C_4=40 g/m^3×（1−95%）×（1−95%）×（1−80%）=0.02 g/m^3

（2）NMP 冷凝废液量=10 000 ×[40−40 ×（1−95%）×（1−95%）]=399 000 g/h（399 kg/h）

答案二：

（1）"冷凝+吸附/脱附"总去除率：[1 −（1 − 95%）×（1 − 95%）]×100% = 99.75%。

（2）NMP 冷凝废液量：40×10^4×99.75% = 399 000 g/h。

（3）NMP 排放浓度 C_4：40×（1 − 99.75%）×（1 − 80%）×10^3 = 20 mg/m^3。

答案三：

（1）设：冷凝处理的脱附 NMP 废气 V_5 中 NMP 量为 X g/h。

（2）X=（40×10^4+X）×（1－95%）×95%+（40×10^4+X）×（1－95%）×（1－95%）×（500/10 500）。

（3）解：X= 20 000 g/h。

（4）NMP 冷凝废液量：（40×10^4+20 000）×95% = 399 000 g/h。

NMP 排放浓度 C_4：（40×10^4+20 000）×（1－95%）×（1－95%）×（10 000/10 500）×（1－80%）×10^3 ÷ 10^4 = 20 mg/m^3。

考点分析与答题技巧：关于本小题，以下内容有助于理解和解答：

（1）将“NMP 废气处理工艺流程图”视为一个“暗箱模型”系统，NMP 投入项为初始废气，产出项为进入吸收塔废气、冷凝废液。

（2）吸附/脱附尾气属于“暗箱模型”系统内部循环的量，既是投入项、又是产出项，根据物料平衡原理等式两边同时约去，故不参与计算。

“暗箱模型”系统示意图如下：

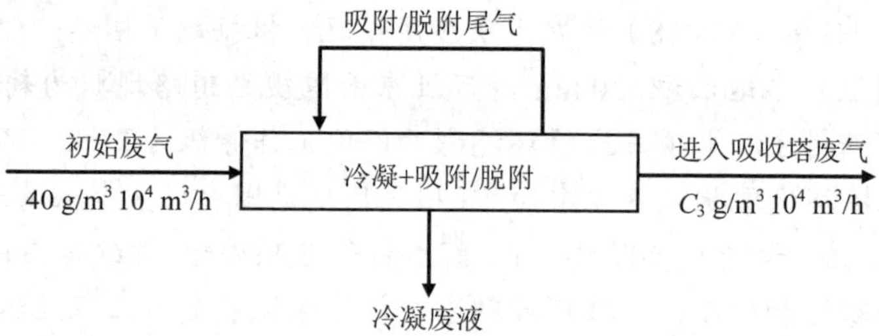

（3）题干“NMP 废气处理工艺流程图”表明：冷凝处理对象包括初始废气、脱附尾气、吸附尾气三部分；吸附尾气 500/10 500 比例用于脱附，10 000/10 500 比例进一步吸收处理，导致进入冷凝的脱附尾气包含吸附的量、500/10 500 比例的吸附尾气的量。

物料平衡图如下：

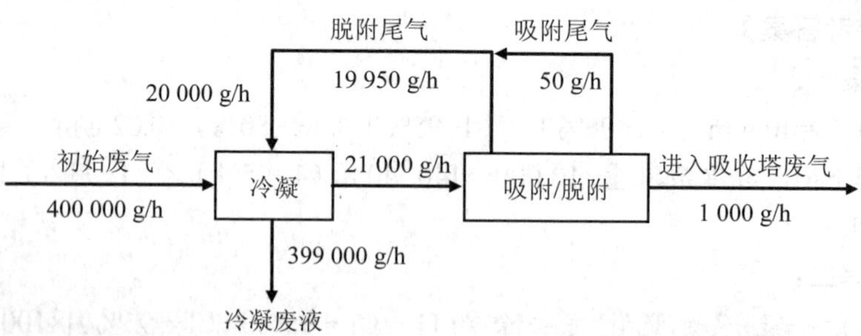

虽然该小题计算简单，但由于题干文字较多，信息量大，在考场上理解难度较大。对此类得分性价比较低的计算题，建议考生在考场答题时间紧张时可分步计算，或暂时搁置（即不着急或不花太多时间来解答此类题），或在时间不足的情况下果断放弃本小题。

答案一直接计算，简洁；答案二和答案三分步骤计量容易得分。

4．项目废水收集、处理方案是否合理？说明理由。

【参考答案】

答案一：

（1）不合理。

（2）理由：

鉴于题干所给出的表中各类废水浓度差别较大，应该按照“污污分流”的原则分别处理，不应该混合处理。

按照设计出水水质 COD 140 mg/L、磷酸盐 1 mg/L 计算。

① 废水总排口 COD 浓度为：

（60×140+200×40+100×400）/（60+200+100）=156.7 mg/L＞150 mg/L。

② 废水总排口磷酸盐浓度为：

（60×1+200×1+100×6）/（60+200+100）=2.4 mg/L＞2 mg/L。

COD 和磷酸盐排放浓度均超过《电池工业污染物排放标准》（GB 30484—2013）中规定的排放标准。

答案二：

（1）废水收集处理方案不合理。

（2）理由：

鉴于题干所给出的表中各类废水浓度差别较大，应该按照“污污分流”的原则分别处理，不应该混合处理。

按照设计出水水质 COD 140 mg/L、磷酸盐 1 mg/L 计算。

① 本项目总排口 COD 浓度：

[140 mg/L×（20 m^3/d+40 m^3/d）+40 mg/L×200 m^3/d+400 mg/L×100 m^3/d] ÷ 360 m^3/d= 156.7 mg/L＞150 mg/L。

② 总排放口磷酸盐浓度：

[1 mg/L×（20 m^3/d+40 m^3/d）+1 mg/L×200 m^3/d+6 mg/L×100 m^3/d] ÷ 360 m^3/d= 2.4 mg/L＞2 mg/L。

均超过《电池工业污染物排放标准》（GB 30484—2013）规定的排放标准。

考点分析与答题技巧：本小题从收集和处理两个方面要求回答。在收集方面，应该考虑不同类型、不同浓度废水分别收集、分别处理，这是废水收集、处理的基本原则之一。废水处理后“达标”是基本要求，本案例在最后的题干中提供了行业排放标准，即意味着废水处理后需要与该标准进行比较，达标是基本的要求。

题干“将磷酸锂铁、镍钴锰酸锂、乙炔黑、聚偏氟乙烯（PVDF）等粉料与溶剂 NMP 混合制成浆料，涂覆在铝箔上”，表明因使用镍钴锰酸锂粉料，导致正极生产线设备清洗含第一类水污染物总镍，应分类收集、单独预处理。“正极生产线设备清洗及水吸收塔 NMP 废水采用沉淀、芬顿氧化、混凝沉淀预处理后”，表明含镍废水未分类收集、单独预处理。

题干“项目废水水量及初始水质一览表”，计算表明除“清净下水”外，其他污水废水排放浓度 COD =（140×60+400×100）÷ 160 = 302.5 mg/L，磷酸盐 =（1×60+6×100）÷ 160 = 4.125 mg/L，超标，表明处理后超标的污水、废水与清净下水合并排放构成稀释排放嫌疑。注意处理后达标的污水废水与清净下水合并排放是否构成“稀释排放”应根据总排口实际排水量与基准排水量关系判定。

本小题实质是考察废水处理后主要因子浓度的计算方法，是比较简单的，只不过本小题增加了一个与排放标准的对比，以判定污水处理后是否能够达标，进而判定处理工艺是否合理（如果不达标，显然是不合理的）。本小题根据题干提供的信息计算即可。答案一与答案二并无实质性差别，只不过答案二在计算中带入了计量单位，在计算时更容易防止在计量单位转换方面出现错误（好在本小题计算并未涉及计量单位换算，但计算结果因计量单位换算而导致错误的时候很多，因此，须特别注意）。

5. 分别指出拟建项目的一般工业固体废物和危险废物。

【参考答案】

答案一：

一般工业固体废物：软水和纯水制水站的废离子交换树脂、电池废包装材料、废原料袋、废弃 PVDF 桶。

危险废物：不合格正极片、负极片和电池；污水处理站污泥；失去再生能力的废活性炭、废电解液桶、废 NMP 冷凝液。

答案二：

一般工业固废：废铝箔、废铜箔、软水处理装置的废离子交换树脂、未沾染危险品的废包装材料。

危险废物：废 NMP 溶剂、废电解液及其他废弃原料、检验不合格品、废活性炭、废转轮分子筛、废水处理站污泥、沾染危险品的废包装材料。检验工序不合格品、化验室危废。

考点分析与答题技巧：尤其注意如果涉及实验室、化验室及检验工序，注意实验室、化验室产生的危废及检验过程产生的危废。以下有关危险废物的内容有助于理解和解答本小题：

（1）根据《国家危险废物名录》（2021 年版，现已被 2025 年版替代），“湿法冶金、表面处理和制药行业重金属、抗生素提取、分离过程产生的废弃离子交换树脂，以及工业废水处理过程产生的废弃离子交换树脂”属于危险废物，表明软水和纯水制水站废膜、废离子交换树脂固体废物属性根据处理对象是否具有毒性、感染性确定，自来水、地表水等源水不具有危险特性。

（2）题干“合格正极片”“合格负极片”“合格电池”，表明应答不合格的正极片、负极片及锂电池。“电解液及 PVDF 采用 200 kg 标准桶装，其他物料采用 25 kg 袋装”，表明应答相应的废包装桶、废包装袋。

（3）参照广东省生态环境厅 2019 年 6 月 11 日公众问题回复，“锂离子电池未拆装时不属于危险废物，拆装后期电解液为危险废物”，表明不合格的正极片、负极片及锂电池属于一般工业固体废物，电解液废包装桶属于危险废物。

（4）废 RCO 催化剂未列入《国家危险废物名录》故需鉴别认定。根据《危险废物鉴别标准 毒性物质含量鉴别》（GB 5085.6—2007），铂、钯等有毒物质总含量大于等于 3%时属于危险废物。故废 RCO 催化剂鉴别结果为一般工业固体废物。实践中因危险废物鉴别费用远高于危险废物处理处置费用，故驱使企业将产生量通常较低的废 RCO 催化剂未经鉴别直接作为危险废物处理处置，从应试的角度，此做法不能作为废 RCO 催化剂属于危险废物的依据。

（5）锂离子电池制造废水处理污泥未列入《国家危险废物名录》故需鉴别认定，因镍钴锰酸锂是新型高安全性锂离子电池制造材料，*N*-甲基吡咯烷酮（NMP）、磷酸锂铁、乙炔黑、聚偏氟乙烯（PVDF）、石墨、羧甲基纤维素钠盐（CMC）等其他成分也不具有危险特性，故鉴别结果为一般工业固体废物。

（6）NMP 是否属于危险废物实践中尚存在争议。但《江苏省环保厅拟出具跨省转移审批决定的公示（2018 年 6 月 19 日）》等部分地方规定，NMP 废液属于危险废物，故危险废物可答 NMP 废液。

（7）根据《固体废物鉴别标准 通则》（GB 34330—2017），“任何不需要修复和加工即可用于其原始用途的物质，或者在产生点经过修复和加工后满足国家、地方制定或行业通行的产品质量标准并且用于其原始用途的物质”不作为固体废物管理。“NMP 废气经热交换器冷凝（110℃→30℃）和转轮分子筛吸附后，引出一部分经热交换器加热至 120℃后用于转轮分子筛的脱附”，“电池组装线电解液真空加注工艺废气采用活性炭吸附/脱附+RCO 工艺处理后由 15 m 高排气筒排放”，表明分子筛、活性炭因脱附处于再生状态未丧失原始用途，可不作为固体废物管理，故不答废分子筛、废活性炭。

（8）题干信息未明确“S、废、残、渣、不合格”等属于固体废物提示的诸如“废电解液”等可不答。

本小题与第 1 小题容易混淆。第 1 小题要求解答的是“危险物质”，本小题要求明确固体废物的属性。

试题七（2021 年考题）

某钢铁联合企业包括烧结、球团、炼铁、炼钢及热轧等主要生产工序，目前已形成年产烧结矿 1 155×10^4 t/a、球团矿 120×10^4 t/a、生铁 589×10^4 t/a、钢坯 660×10^4 t/a，以及钢材 650×10^4 t/a 的生产规模。

烧结工序现有 3 台 120 m^2 烧结机（近期 1 台已停产）和 4 台 180 m^2 烧结机，其中，产能为 358×10^4 t/a 的 3 台 120 m^2 烧结机因漏风率大、能耗高，企业拟将其拆除。拆除后，企业在厂区内北厂界旁已废弃的杂品库位置建设 1 台 360 m^2 烧结机，技改前后烧结工序的产能保持不变，项目拟于 2021 年底投产。

按照《关于推进实施钢铁行业超低排放的意见》（环大气〔2019〕35 号）要求，企业已于 2020 年开始对全厂原料系统、保留的烧结机、球团竖炉及炼铁系统进行超低排放改造工作，计划在 2021 年 8 月之前完成。

烧结机是将含铁原料配入燃料和熔剂烧结成矿的设备，其产品烧结矿是高炉炼铁的主要原料，烧结工序的主要生产工艺流程为：将来自不同产地的铁精矿粉配比成混匀矿，并与高炉返矿、各工序收集的除尘灰等含铁杂料，以及焦炭、石灰石、白云石、石灰等燃料和熔剂混合造球，之后均匀布在铺有底料的烧结机台车上，采用高炉煤气对烧结料面进行点火，在烧结机台车下设抽风机进行抽风（收集的烟气即为机头烟气），使物料自上而下逐渐燃烧，台车缓慢行进至烧结机机尾时，混合料全部熔融并固结成块。

机尾落料后先进行热破碎，再进入环冷机鼓风冷却，环冷机设有余热回收。冷却后的物料进入整粒筛分系统，将粒径小于 5 mm 的粉矿返回配料重新进入烧结过程，粒径在 5～10 mm 的物料进入成品仓，粒径在 10～20 mm 的物料部分作为烧结机铺底料使用，剩余部分进入成品仓，粒径大于 20 mm 的大块物料直接进入成品仓，成品仓中的烧结矿送炼铁工序使用，不在本工序贮存。

360 m^2 烧结机物料带入的总硫量为 3 577.32 t/a，其中 15%的硫进入烧结矿，剩余部分进入烧结机机头烟气，机头烟气设计排气量为 2 830 Nm^3/t 烧结矿，设计含氧量为 17%，采用双室四电场静电除尘器+活性焦脱硫脱硝一体化装置净化后排放。活性焦脱硫脱硝一体化装置主要包括吸附塔和解析塔，吸附塔内的活性焦富集硫后进入解析塔通过加热进行解析，富硫气体引至制酸系统制酸。双室四电场静电除尘器装置的除尘效率为 99.9%、除尘灰中带走硫量 23.55 t/a。活性焦脱硫脱硝一体化装置脱硫、脱硝效率分别为96%和80%。烧结机配料、机尾落料、整粒筛分及转运等处收集的废气均采用覆膜布袋除尘器净化后排放。

技改项目无废水排放。项目除尘设施收集的除尘灰返回烧结配料利用，机械设备使用后产生的废油桶送炼钢工序利用，活性焦脱硫脱硝一体化装置产生的碎活性焦返回高炉替代部分喷煤利用，机械设备废润滑油和制酸系统产生的废催化剂外送。风机、破碎机及水泵等产噪设备均配有隔声及消声措施。

经调查，企业东厂界外190 m处分布有1座村庄，北厂界外150 m和500 m处各分布1座村庄；企业所在的省级开发区钢铁精深加工产业园区属大气污染重点控制区，现有2个拟搬迁的企业。

环评文件编制单位判定项目的声环境影响评价范围为厂界外200 m、土壤环境影响评价工作等级为二级。为设置土壤环境现状监测点位，编制单位收集了区域土壤类型、当地主导风向和厂区的平面布置情况，调查了厂区污水处理站、危险废物暂存间等易造成垂直入渗装置位置。编制单位确定的土壤监测项目包括基本因子和本项目的特征因子二噁英。

按照大气污染重点控制区的环境管理要求，对项目排放的颗粒物、二氧化硫及氮氧化物实行现役源的2倍量削减。

注：①《关于推进实施钢铁行业超低排放的意见》（环大气〔2019〕35号）中烧结机机头烟气中颗粒物、二氧化硫及氮氧化物超低排放限值要求分别为10 mg/m^3、35 mg/m^3、50 mg/m^3，基准氧量为16%，烧结机机尾及其他生产过程排放颗粒物的超低排放限值要求为10 mg/m^3。②《钢铁烧结、球团工业大气污染物排放标准》（GB 28662—2012）及2020年修改单中的污染物包括：颗粒物、二氧化硫、氮氧化物、氟化物及二噁英类。

【问题】

1. 给出技改项目颗粒物、二氧化硫及氮氧化物的现役源削减方案。（4分）

【参考答案】

（1）现有拟拆除的2台120 m^{2}烧结机（1分）。

（2）进行超低排放改造工作的现有原料系统（0.5分）、保留的烧结机（0.5分）、球团竖炉（0.5分）及炼铁系统（0.5分）。

（3）现有2个拟搬迁的企业（1分）。

考点分析与答题技巧：本小题实质上是让考生从题干中识别出削减源。以下内容对理解和解答本小题具有指导意义：

（1）根据《关于加强重点行业建设项目区域削减措施监督管理的通知》（环办环评〔2020〕36号），“削减措施原则上应优先来源于纳入排污许可管理的排污单位采取的治理措施（含关停、原料和工艺改造、末端治理等）”，表明区域削减措施来源包括现有项目“以新带老”削减、其他项目区域削减。

（2）根据《生态环境部环境影响评价与排放管理司有关负责人就〈关于加强重点行业建设项目区域削减措施监督管理的通知〉答记者问》，“针对其新增排放量的污染物提出相应的区域削减措施，确保项目投产前腾出环境容量”，表明区域削减措施完成时间不能迟于本项目投产时间。

（3）设问针对现役源。“烧结工序现有3台120 m^2 烧结机（近期1台已停产）和4台180 m^2 烧结机”中的“120 m^2 烧结机（近期1台已停产）”为退役源，故不答。

（4）题干信息“其中，产能为 358×10^4 t/a的3台120 m^2 烧结机因漏风率大、能耗高，企业拟将其拆除”，表明其余现有拟拆除的2台120 m^2 烧结机为“以新带老”削减的现役源。

（5）题干“企业已于2020年开始对全厂原料系统、保留的烧结机、球团竖炉及炼铁系统进行超低排放改造工作，计划在2021年8月之前完成”，表明进行超低排放改造工作的全厂原料系统、保留的烧结机、球团竖炉及炼铁系统为“以新带老”削减的现役源，且削减措施完成时间早于“项目拟于2021年底投产”。

（6）题干“现有2个拟搬迁的企业”，表明属于其他项目区域削减的现役源。

2．评价360 m^3 烧结机机头烟气二氧化硫排放达标情况。（4分）

【参考答案】

（1）烧结机机头烟气含硫量：3 577.32×（1−15%）=3 040.72 t/a。

（2）除尘后机头烟气含硫量：3 040.72−23.55=3 017.17 t/a。

（3）脱硫后机头烟气 SO_2 量：3 017.17×（1−96%）×（64/32）=241.37 t/a。

（4）烧结机机头烟气 SO_2 排放浓度：$241.37\times10^9\div(2\,830\times358\times10^4)=23.82$ mg/m^3。

（5）烧结机机头烟气 SO_2 基准氧含量排放浓度：23.82×（21−16）÷（21−17）=29.78 mg/m^3，达标。

（以上答对四项即得满分。少答一项扣1分，最多扣4分）

考点分析与答题技巧：本小题属于考试大纲中关于工程分析污染源排放污染物源强的计算，在历年考题中出现的频率较高，计算难度不大。

（1）注意“机头烟气设计排气量为2 830 Nm^3/t 烧结矿”，计算废气量所需产能为新建的1台360 m^2 烧结机对应产能（即拟拆除的3台120 m^2 烧结机产能）358×10^4 t/a，而非全厂产能 $1\,155\times10^4$ t/a。

（2）大气污染物排放标准中的燃烧、焚烧类废气污染物排放浓度应折算为基准氧含量排放浓度，根据 $C_{基}=C_{实}\times(21-O_{基})\div(21-O_{实})$，将实际氧含量排放浓度折算为基准氧含量排放浓度。

3．给出对环境敏感点进行声环境影响评价的工作内容。（4分）

【参考答案】

答案一：

（1）敏感点为东厂界外190 m、北厂界外150 m的2个村庄。（1分。2个村庄各0.5分）

（2）调查评价2个村庄邻近项目侧房屋布局与朝向等基本情况，监测其声环境现状（1分），如超标应说明超标原因，包括噪声源调查。

（3）预测施工期施工机械和运行期风机、破碎机及水泵等产生噪声设备的新增贡献值与2个村现状值叠加后的预测值，明确是否超标。（1分）

（4）根据预测结果，如果超标，在分析超标原因的基础上，提出噪声污染防治措施或方案（1分），包括企业在采取隔声、消声措施后，还需要采取其他措施，如选用低噪声设备、优化或调整布置（特别是高噪声设备的布置）。

答案二：

（1）调查东厂界外190 m处村庄、北厂界外150 m处村庄名称、所在声环境功能区、人口数、建筑情况。

（2）在两村庄处布点进行现场监测，评价声环境质量现状及达标情况，如超标分析超标原因。

（3）预测两村庄噪声贡献值、预测值、与现状值的差值，评价预测值达标情况，说明影响范围和程度，如超标，分析超标原因。

（4）分析隔声降噪措施、两村庄防护措施及其效果，提出噪声监测计划。

考点分析与答题技巧：本小题要求回答的是环境影响评价的“工作内容”，不同于单纯的影响识别等，实质上是要求简要给出评价工作过程（程序）。工作内容可概括为：识别评价范围内的声环境保护目标（敏感区），识别项目的主要噪声源，预测对环境保护目标的影响性质和程度；提出切实可行的环保措施。当然实际的评价工作内容也可能较多，如还需要确定评价等级、给出声环境等值线图、明确是否可以接受的结论，甚至公众参与等。但回答时应结合题干信息，给出主要的即可。

还应注意的是，本案例属于改扩建项目，进行声环境预测的时候，需要体现改扩建项目的特征：现有噪声源对敏感点已经产生影响。改扩建项目对敏感点的噪声预测有两种方法，一种是用改扩建后全厂的噪声源贡献值与敏感点的背景值（不包含现有工程噪声影响）进行叠加，一种是用新增噪声源的贡献值与敏感点的现状值（包含现有工程噪声影响）进行叠加。

另外，由于评价范围确定为厂界外200 m，则500 m处的村庄不需要考虑。当然，实际工作中，如果遇到某项目噪声源很强，会对500 m以外的声环境保护目标产生噪声影响，则应根据实际情况确定。

答案一与答案二主要内容基本相同，只是表述方式不同而已。

4．指出技改项目产生的危险废物。（3分）

【参考答案】

机械设备使用后产生的废油桶（1分）、机械设备废润滑油（1分）和制酸系统产生的废催化剂（1分）。

考点分析与答题技巧：本小题属于“工程分析”污染源或污染物识别，本小题是识别危险废物。需要高度重视的是，“危险废物识别”在环评工程师考试中出题频率极高。考生应认真学习《中华人民共和国固体废物污染环境防治法》《国家危险废物名录》以及危险废物污染控制的相关标准等。注意题干中给出的“活性焦脱硫脱硝一体化装置产生的碎活性焦返回高炉替代部分喷煤利用”，并未提示碎活性焦为废弃物，且根据《固体废物鉴别标准　通则》（GB 34330—2017），“任何不需要修复和加工即可用于其原始用途的物质”不作为固体废物管理，返回高炉替代部分喷煤利用属于活性焦原始用途之一，故碎活性焦不作为固体废物管理，不应按照HW49其他废物（沾染毒性危险废物的废弃过滤吸附介质）管理。

5．为合理设置土壤环境现状监测点位，还应收集哪些基础信息？（5分）

【参考答案】

答案一：

（1）评价范围内的土地利用类型（规划及现状）、土壤构型、剖面结构、渗透性。

（2）评价区地形地貌及地面径流（方向）。

（3）评价区水文地质及地下水流向。

（4）收集调查项目周边相关土壤环境污染源分布情况。

（5）土壤环境敏感保护目标分布情况（包括受垂直入渗与地下水径流影响的饮用水水源地、受地面漫流和大气沉降影响的土壤环境保护目标）。

答案二：

（1）可能受现有项目影响的村庄位置。

（2）用地历史资料和现状调查情况、2个拟搬迁的企业及可能受影响最重的区域分布。

（3）污水站、危废间等垂直入渗装置基础埋深、土体构型，大气沉降装置位置，现有项目土壤环境保护措施情况、废弃的杂品库等现有主要产污装置区分布。

（4）气象气候、地形地貌特征资料、最大落地浓度点位置，土地利用现状图、土地利用规划图、土壤类型分布图。

考点分析与答题技巧：本小题主要考察《环境影响评价技术导则　土壤环境

（试行）》（HJ 964—2018）中关于土壤环境监测布点的相关规定。请考生根据考试大纲认真学习该导则。对于污染型项目土壤环境质量现状监测布点，应考虑的因素包括土壤环境影响类型（污染途径）、评价工作等级、土地利用类型（规划及现状）、土壤类型、主导风向、地形地貌、地面径流方向、污染源分布（已有及拟建）、已存在的土壤污染风险区域分布、土壤环境敏感目标分布、大气沉降最大落地浓度点位置等。但回答本小题时应注意题干信息：“为设置土壤环境现状监测点位，编制单位收集了区域土壤类型、当地主导风向和厂区的平面布置情况，调查了厂区污水处理站、危险废物暂存间等易造成垂直入渗装置的位置。编制单位确定的土壤监测项目包括基本因子和本项目的特征因子二噁英”。由于本小题问的是“还应收集哪些基础信息？”因此，题干已经出的信息是不需要答上去的。

答案一与答案二虽然基本内容相似，答案一较为原则，答案二更为具体、有针对性。

【扩展思考题】

1．若企业所在的省级开发区（钢铁精深加工产业园区）进行了规划环境影响评价，本项目技改环评应重点分析与园区规划及规划环评的哪些内容？

2．按照大气污染重点控制区的环境管理要求，对现有 2 个拟搬迁的企业应重点调查说明哪些内容？

3．根据《建设项目环境保护管理条例》，本次技改若要通过环评审批，必须解决哪些主要问题？

注：钢铁建设项目属于“两高”项目。是当前国家“严格限制”建设的项目类别，可行性研究报告必须充分论证项目建设的必要性和重要意义，采用先进的生产工艺，环境影响评价必须从清洁生产、循环经济、“4 节”（节能、节水、节地、节材），特别是要能够达到高质量发展、减量替代、改善环境质量等方面充分论证、综合预测评价对区域环境的影响的可接受性，在符合国家和地方环境保护法律法规、政策、规划等相关规定的前提下，才能得到批准、建设。关于“两高”项目的规定或要求，考生应从网上下载相关资料充分了解、学习。

试题八（2020 年考题）

某金属配件生产项目以铜为原料，采用金属加工和电镀工艺生产用于电气、电子行业的不同形状和规格的导电金属配件。新建机加工车间和电镀车间各 1 座，电镀车间设电镀线 1 条及废水处理站、废气处理设施、化学品仓库和固体废物暂存间等。设计年电镀加工金属配件 1.6×10^5 m^2。电镀车间电镀生产工艺流程见下图。

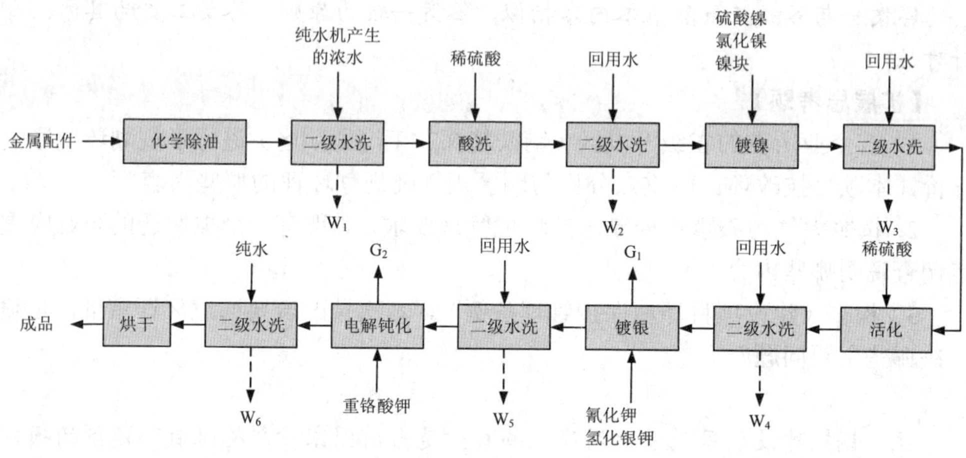

电镀生产工艺流程图

来自机加工车间的配件，在电镀车间经前处理、镀镍、活化、镀银、电解钝化、烘干等工序，被加工成产品。

在电镀车间设有自来水制备纯水的反渗透纯水机 1 台，年产纯水 5 000 m^3 和浓水 3 000 m^3。其中，4 200 m^3 纯水用于电解钝化工序后的水洗工序，800 m^3 纯水用于制备槽液或补充槽液蒸发损耗，3 000 m^3 浓水用于前处理工序化学除油后的水洗工序。电镀各水洗工序均采用二级逆流漂洗工艺。在不考虑水洗工序蒸发损失、废气处理设施用水和产生废水的情况下，电镀工序废水产生量为 10 800 m^3/a，经废水处理站处理后，60%回用于前处理化学除油、电解钝化工序外的水洗工序，40%外排。

金属配件镀镍层平均厚度为 5 μm，假设镀镍槽液中镍离子浓度保持不变，镀镍工序年消耗镍块 7 200 kg（镍的比重为 8.90 g/cm^3），硫酸镍 2 480 kg（其中镍含量为 22.30%）和氯化镍 960 kg（其中镍含量为 22.60%）。

镀银和电解钝化工序分别产生废气 G_1、G_2。

电镀车间要定期对化学除油、酸洗、活化、镀银、电解钝化工序槽液进行更换，定期利用离子交换树脂对金属配件表面回收残液槽中的含银回收液进行吸附处理。沾染有毒有害物质的废弃包装物定期交给有资质的单位处理。

项目位于机械加工园区，园区建有污水处理厂，40%外排水进入污水处理厂进一步处理。

【问题】

1. 计算电镀线的水重复利用率。（4 分）

【参考答案】

答案一：

水重复利用率=（串级用水量+循环用水量+回用水量）/（新鲜水用量+串级用水量+循环用水量+回用水量）=（4 200+3 000+10 800×0.6×2）/（8 000+4 200+3 000+10 800×0.6×2）×100%=71.59%

答案二：

根据题干信息，电镀各水洗工序均采用二级逆流漂洗工艺，即重复利用一次，则：

（1）电解钝化工序后纯水水洗重复用水量：4 200（m^3/a）。

（2）前处理工序化学除油后的水洗工序重复水量：3 000（m^3/a）。

（3）废水回用水量：10 800×60%×2=12 960（m^3/a）。

（4）新鲜水耗量为：3 000+5 000=8 000（m^3/a）。

水重复利用率=（4 200+3 000+12 960）/（8 000+4 200+3 000+12 960）×100%=71.59%。

答案三：

（1）重复用水量：3 000×2+4 200+10 800×2 = 31 800 t/a。

（2）水重复利用率：31 800÷（31 800+8 000）×100% = 79.90%。

考点分析与答题技巧：注意，答案三与答案一和答案二计算的结果是不同的。由于题干所给信息有限，且考场上时间有限易使人急躁，故对题干文字描述的理解产生困惑，导致本小题解答有较大难度。

重复用水率是指在一定的计量时间（年或月）内，生产过程中的重复利用水量与总用水量之比，即重复用水率=重复利用水量÷（生产中取用的新水量+重复利用水量）×100%，对于串级工艺，则重复用水率=（串级用水量+循环用水量+回用水量）/（新鲜水用量+串级用水量+循环用水量+回用水量）×100%。

再了解一下串级逆流漂流流程，如多级动态逆流漂洗，具有3个特征：①清洗槽不是单槽，工件要经过一级又一级的多道清洗；②清洗水不是静止不动的，而是在串联的多个清洗槽中，从末级清洗槽供水，从首级清洗槽排水；③被清洗工件的走向与水流方向相反。用不同清洗方式下的清洗方程式进行计算，发现在达到相同的清洗效果时，二级动态逆流漂洗所需用水量约为单槽清洗的3.1%，而三级动态逆流漂洗用水量仅约为单槽清洗的1%。多级动态逆流漂洗虽不能实现清洗水的零排放，但三级逆流动态漂洗已具明显的节水效果（2018年的考题水暖卫浴零部件电镀项目案例，采用的就是多级清洗工艺）。

根据题干信息，可知新鲜水量补水量（5 000 m^3/a+3 000 m^3/a），4 200 m^3/a纯水和3 000 m^3/a浓水分别用于不同环节的水洗工序，即二级逆流漂洗重复使用一次，而电镀工序产生的10 800 m^3/a废水经处理后60%又回用二级水洗工序，相当于被重复利用了2次。

理解了以上情况，就不难判断如果按重复用水率=（10 800×60%）/（10 800+800）×100%=55.86%，计算则是错的。

针对答案三，有以下内容可供参考，请大家参与讨论：

（1）根据《电镀行业清洁生产评价指标体系》（国家发展改革委2015年第25号公告），水重复利用率指“在一定的计量时间内，生产过程中使用的重复利用水量（包括循环利用的水量和直接或经处理后回收再利用的水量）与总用水量之比”，其中总用水量指“重复利用水量”与“取水量（新鲜用水量）”之和。

（2）根据《电镀污染物排放标准》（GB 21900—2008），“排水量指生产设施或企业向企业法定边界以外排放的废水的量，包括与生产有直接或间接关系的各种外排废水（如厂区生活污水、冷却废水、厂区锅炉和电站排水等）”，表明冷却废水、厂区锅炉和电站排水等“清净下水”属于废水范畴，经总排口排放时执行相应的水污染物排放标准。

（3）参照广东省生态环境厅《关于印发〈广东省工业污染源全面达标排放行业污染环境执法指引〉及钢铁、火电、家具等15个行业污染治理实用技术指南的通知》（粤环办〔2020〕79号），“膜浓水是指原水经过各种膜处理后的浓缩废水，包括纳滤（NF）膜浓水、反渗透（RO）膜浓水、超级反渗透（DTRO）膜浓水，一般以RO膜浓水为主”，注意反渗透等膜处理浓水又称浓缩废水，因含有较多盐分属于“清净下水”范畴，反渗透等膜处理浓水回用属于水重复利用。

（4）题干“电镀车间设电镀线1条及废水处理站、废气处理设施”，“在电镀车间设用自来水制备纯水的反渗透纯水机1台”，表明电镀车间建设内容包括配套的废水处理站、反渗透纯水机，故“电镀线的水重复利用率”计算应考虑废水处理站、反渗透纯水机。

（5）题干“电镀各水洗工序均采用二级逆流漂洗工艺”，表明各水洗工序各设置两个洗槽，各水洗工序第 2 个洗槽用水经清洗利用后，再供给第 1 个洗槽清洗利用，两个洗槽之间经历一次水重复利用。“逆流漂洗”指清洗水流动方向与工件移动方向相反的清洗方式，工件的移动方向为“洗槽 1→洗槽 2”，则清洗水流动方向为“洗槽 2→洗槽 1”，逆流漂洗可提高效率并节水。

（6）根据题干信息绘制的电镀车间水平衡图如下（加粗的数字为重复用水量）：

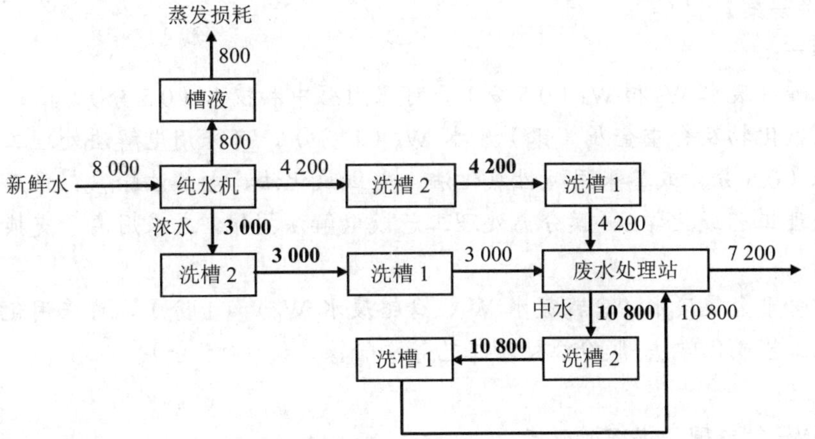

该题将水平衡图用晦涩的文字描述，导致解题难度陡增、消耗时间，此类得分性价比较低的计算题，考场答题时间紧张时可策略性分步计算，或暂时搁置，或果断放弃。

2．计算电镀工序的镍利用率。（4 分）

【参考答案】

答案一：

（1）配件镀层上的镍量：$1.6\times10^5\times5\times10^{-6}\times8.9\times10^6\times10^{-3}$=7 120（kg）。（1 分）

（2）镍投入量：镍块 7 200 kg+硫酸镍 2 480 kg×硫酸镍中的镍含量 22.30%+氯化镍 960 kg×氯化镍中的镍含量 22.60%=7 970 kg。（1 分）

（3）镍利用率=7 120/7 970×100%=89.3%。（2 分）

答案二：

镍利用率=配件镀层镍量/镍投入总量×100%=（$1.6\times10^5\times5\times10^{-6}\times8.9\times10^6\times10^{-3}$）/（7 200+2 480×22.30%+960×22.60%）×100%=89.3%。（4 分）

考点分析与答题技巧：本小题计算时关键在于计量单位的换算，涉及 5 个计量单位（m、cm、μm、g、kg）之间的换算。镀到配件镀层上的镍量即为利用量，再计算投入的量，之后计算百分比即可。根据《电镀行业清洁生产评价指标体系》（国家发展改革委 2015 年第 25 号公告），金属利用率计算公式为：

金属利用率（%）=[镀件镀层金属平均厚度（μm）×镀件镀层面积（m^2）×镀层金属密度（g/cm^3）]÷[金属原料（消耗的阳极和镀液中金属离子）消耗量（g）−阳极残料回收量（g）−其他方式回收的金属量（包括电镀污泥回收金属量）（g）]×100，注意其他方式回收的金属量指本项目厂区内回收的量或副产品中的量。该题不涉及阳极残料回收量、其他方式回收的金属量，但涉及较为复杂的计量单位换算。

3. 指出需单独预处理的废水类别，推荐相应的预处理措施。（4 分）

【参考答案】

答案一：

（1）酸性废水 W_2 和 W_4（0.5 分），可采用碱中和技术（0.5 分）。

（2）氰化物及含重金属（银）废水 W_5（1 分），可采用电解法处理工艺去除氰和银（0.5 分。或答采用碱性氯化法、臭氧氧化法、电解法除氰，采用化学沉淀法处理工艺或化学法+膜分离处理工艺或电解法提银，或采用离子交换法回收银）。

（3）含重金属废水（含镍废水 W_3、含铬废水 W_6）（1 分），可采用化学沉淀法处理工艺或化学法+膜分离处理工艺等去除镍、铬（0.5 分）。

答案二：

（1）W_2 含总铜，化学沉淀法。

（2）W_3 含总镍，化学沉淀法。

（3）W_5 含总氰化物、总银，“碱性氯化法+化学沉淀法”。

（4）W_6 含六价铬、总铬，“还原+化学沉淀法”。

考点分析与答题技巧：从题干中的电镀工艺流程图来看，主要有 6 股废水：W_1 为化学除油废水，应采用隔油技术除油（但也有企业对经化学除油后的废水不再进行隔油处理，这要看化学除油所用的化学物质，尤其是添加的其他油性物质及废水中的浮油含量等。所以，答案中如果有“含油废水 W_1 采用隔油技术除油”不会得分，但也不会被视为原则性错误而导致本小题得零分）；W_2 为酸洗废水，可采用碱中和技术处理；W_3 为镀镍后的水洗废水，可采用化学沉淀法处理工艺或化学法+膜分离处理工艺等除镍；W_4 为稀硫酸活化工序后的水洗酸性废水，可采用碱中和技术处理；W_5 镀银工序水洗废水，但同时含有氰化物，采用电解法工艺既可去除氰化物，又可以提取贵金属银；W_6 为重铬酸钾钝化后的水洗废水，可采用化学沉淀法处理工艺或化学法+膜分离处理工艺除铬。但要注意，本小题要求对废水进行分类，再提出预处理措施。另外，W_5 中的银已通过离子交换对槽液中的银进行了一次回收，废水中的银含量已大为减少，可以采用化学沉淀法或化学法+膜分离处理工艺去除，但该工艺不适用于氰化物，而电解法既适用于银，也适用于氰化物的去除。处理措施可参考《排污许可证申

请与核发技术规范　电镀工业》。以下内容有助于进一步理解和解答本小题：

（1）根据《排污许可证申请与核发技术规范　电镀工业》（HJ 855—2017），应单独预处理的电镀废水治理可行技术如下：

单独预处理的电镀废水治理可行技术

<table>
<tr><th colspan="2">废水类别</th><th>主要污染物</th><th>可行技术</th><th>备注</th></tr>
<tr><td colspan="2">含氰废水</td><td>总氰化物</td><td>碱性氯化法处理技术
臭氧法处理技术
电解法处理技术</td><td>处理后废水进入重金属处理系统</td></tr>
<tr><td colspan="2">含六价铬废水</td><td>六价铬</td><td>化学还原法处理技术
电解法处理技术</td><td>此系统仅还原六价铬，处理后废水进入重金属处理系统</td></tr>
<tr><td rowspan="7">重金属废水</td><td>含镉废水</td><td>总镉</td><td>化学沉淀法处理技术
化学法+膜分离法处理技术</td><td></td></tr>
<tr><td>含镍废水</td><td>总镍</td><td>化学沉淀法处理技术
化学法+膜分离法处理技术</td><td></td></tr>
<tr><td>含铅废水</td><td>总铅</td><td>化学沉淀法处理技术
化学法+膜分离法处理技术</td><td></td></tr>
<tr><td>含银废水</td><td>总银</td><td>化学沉淀法处理技术
化学法+膜分离法处理技术
电解法处理技术</td><td></td></tr>
<tr><td>含铜废水</td><td>总铜</td><td>化学沉淀法处理技术
化学法+膜分离法处理技术</td><td></td></tr>
<tr><td>含锌废水</td><td>总锌</td><td>化学沉淀法处理技术
化学法+膜分离法处理技术</td><td></td></tr>
<tr><td>重金属混合废水</td><td>总铬、六价铬、总镍、总镉、总银、总铅、总汞、总铜、总锌、总铁、总铝</td><td>化学沉淀法处理技术
化学法+膜分离法处理技术</td><td></td></tr>
<tr><td colspan="2">综合废水（含生活污水、初期雨水）</td><td>pH、悬浮物、化学需氧量、氨氮、总氮、总磷、石油类、氟化物、总氰化物</td><td>缺氧/好氧（A/O）生物处理技术
厌氧—缺氧/好氧（A^2/O）生物处理技术
好氧膜生物处理技术
缺氧（或兼氧）膜生物处理技术
厌氧—缺氧（或兼氧）膜生物处理技术</td><td></td></tr>
</table>

（2）题干“电镀工序工艺流程图”，表明 W_1 为铜件除油清洗废水。根据《汽车工业污染防治可行技术指南》（HJ 1181—2021），脱脂（除油）工件清洗废水石油类浓度为“50～75 mg/L”，属于“低浓度脱脂废水”，故《排污许可证申请与核发技术规范　电镀工业》（HJ 855—2017）未将除油工件清洗废水界定为含油废水，W_1 可不进行单独除油预处理。

（3）题干“电镀工序工艺流程图”，表明 W_2 为铜件酸洗清洗废水，注意酸洗的主要目的是去除铜等金属工件表面的氧化物、锈蚀和氧化皮等杂质，杂质主要成分为氧化铜等金属氧化物，氧化铜等金属氧化物在酸洗过程中与酸发生中和反应，导致酸洗废液、酸洗废水含铜等金属。根据有关资料“铜酸洗废液中含有大量的铜离子（经测定浓度为 30～40 g/L）”，铜件酸洗漂洗废水 Cu^{2+}浓度为“124.44～239.88 mg/L”。故 W_2 为含铜废水，应单独预处理。

（4）废水中同时含总氰化物、重金属时，应先行去除氰化物，否则既影响重金属化学沉淀法去除效果，还会在调节酸碱度过程中产生剧毒的氰化氢。

（5）三价铬较六价铬毒性更低、易化学沉淀法去除，故废水中六价铬还原为三价铬后再化学沉淀法去除。

（6）题干“定期利用离子交换树脂对金属配件表面回收残液槽中含银回收液进行吸附处理”，表明回收镀银废液中的银，W_5 含氰银废水无须电解法或离子交换法回收银。

（7）问题针对“需单独预处理的废水”，注意关键词“需”，代表强制、必须而非推荐、优先，故可不答单纯 COD 浓度高、B/C 可生化性差、硫酸盐氯化物等含盐量高、强酸强碱等在法律法规、通用标准规范中未做出强制分类收集、单独预处理要求的废水。

答案一较为复杂，答案二较简洁。

4．指出 G_1、G_2 废气的处理方法。（4分）

【参考答案】

（1）G_1 为氰化氢（1分），喷淋塔吸收氧化法（1分）。

（2）G_2 为铬酸雾（1分），喷淋塔凝聚回收法（1分）。

考点分析与答题技巧：根据工艺流程图来看，G_1 所在工序有氰化钾和氢化银钾投入，其排放的气体应该是氰化氢；G_2 所在工序有重铬酸钾加入，排放的气体应该是有铬酸雾。处理措施可参考《排污许可证申请与核发技术规范　电镀工业》。对于产生量小的此类气体，也可以采用活性炭吸附法。以下内容有助于解答本小题：

根据《排污许可证申请与核发技术规范　电镀工业》（HJ 855—2017），电镀废气治理可行技术如下：

电镀废气治理可行技术

序号	废气种类		污染因子	可行技术
1	铬酸雾		铬酸雾	喷淋塔凝聚回收法
2	氰化氢废水		氰化氢	喷淋塔吸收氧化法
3	酸碱废水	硫酸雾	硫酸雾	喷淋塔中和法
		氮氧化物	氮氧化物	
		氯化氢	氯化氢	
		氟化物	氟化物	

氰化氢废气的“喷淋塔吸收氧化法”，包含了含氰废气碱液喷淋吸收、含氰废水碱性氯化法两个过程。铬酸雾废气的“喷淋塔凝聚回收法”，包含了网格凝聚回收、碱液喷淋吸收两个过程。酸碱废气的“喷淋塔中和法”即碱液喷淋吸收。

5. 给出依托园区污水处理厂环境可行性应调查的内容。（4 分）

【参考答案】

答案一：

（1）本项目所排废水的水量（0.5 分）、水质（0.5 分）与园区污水处理厂接管标准或接管要求的水质（0.5 分）。

（2）污水处理厂处理工艺（0.5 分）、污水处理厂规模（0.5 分）、剩余容量或运行负荷（0.5 分）。

（3）接管标准（0.5 分）与接管条件（0.5 分）。

答案二：

（1）机械加工园区污水处理厂日处理能力、处理工艺、设计进水水质、处理后的废水稳定达标情况，执行的排放标准是否涵盖本项目排放的总镍、总氰化物、总银、六价铬、总铬等有毒有害特征水污染物。

（2）本项目废水接管量、总排口主要水污染物排放浓度、是否满足排污许可要求、机械加工园区污水管网建设覆盖情况等。

（3）本项目总镍、总银、六价铬、总铬各自预处理设施排放口达标情况。

考点分析与答题技巧：本小题为环评工作对废水依托处理工程可行性常规分析的内容，一般需要分析处理工艺是否满足接纳废水的种类、处理规模，特别是有无接纳本项目的剩余容量或运行负荷条件，污水处理厂的接管标准，以及是否有接管条件等。

根据《环境影响评价技术导则　地表水环境》（HJ 2.3—2018），“水污染影响型三级 B 评价，可不开展区域污染源调查，主要调查依托污水处理设施的日处理能力、处理工艺、设计进水水质、处理后的废水稳定达标排放情况，同时应调查依托污水处理设施执行的排放标准是否涵盖建设项目排放的有毒有害的特征水污染物”。本小题设问针对“环境可行性”，表明不仅仅调查污水依托处理设施，还应调查本项目预处理设施排放口、总排口水质、水量、污染物排放量等信息。

答案一较原则，答案二较具体。

【扩展思考题】

1. 指出本项目固体废物的类型，给出适宜的处理处置方式。
2. 给出本项目的环境监测方案。
3. 为进一步提高水资源重复利用率，可考虑哪些途径？
4. 指出化学品仓库和固体废物暂存间应采取的环保措施。

注：2013年，环境保护部发布了环境保护技术文件《电镀污染防治最佳可行技术指南（试行）》（HJ-BAT-11）；2017年，环境保护部发布了《排污许可证申请与核发技术规范 电镀工业》（HJ 855—2017），对进一步了解此行业及环评师考生解答此类案例考题具有重要的指导作用，请考生认真学习。

试题九（2019 年考题）

某 10.0 万 t/a 的铜冶炼企业位于有色金属产业园内，现有熔炼、制酸、电解和贵金属回收等生产车间，以及废气处理、废水处理、固废暂存、供配电、给排水、供热等环保、公辅设施。为提高资源利用水平，拟在现有厂区实施烟尘资源化综合利用项目。该项目以本企业熔炼车间产生的铜冶炼烟尘为原料，处理规模 0.5 万 t/a，产品为阴极铜和阴极锌，主要建设 1 座配置有烟尘储罐、硫酸贮槽、浸出槽、压滤机、萃取槽、电积槽和废水处理设施的烟尘综合利用车间。铜冶炼烟尘列入《国家危险废物名录》，主要元素含量见下表。生产工艺以回收烟尘中的铜、锌为主线，萃取流程见下图。

铜冶炼烟尘中主要元素分析结果（干基）

元素	Cu	Pb	Zn	Bi	As	Au	Ag
含量	10.54%	19.3%	1.95%	1.8%	5.2%	108 g/t	488 g/t

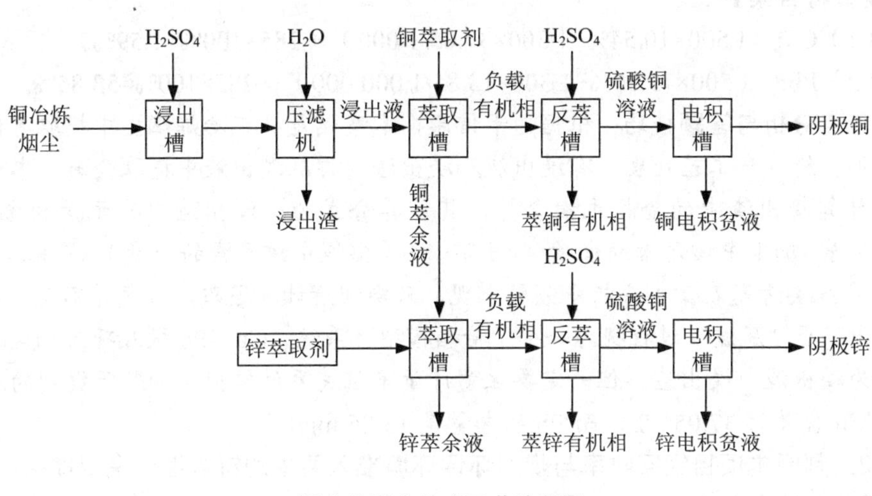

铜冶炼烟尘处理工艺流程图

在图中，首先采用硫酸将铜冶炼烟尘中的铜、锌以硫酸盐的形式浸出，经压滤得到浸出液和浸出渣，然后采用铜萃取剂（有机相，15%M5640+85%煤油）将铜从浸出液萃取至有机相，得到负载有机相和铜萃余液，铜萃余率 99.5%，再利用硫酸进行反萃取，将铜从负载有机相中反萃出来，得到硫酸铜溶液和萃铜有机相，铜反萃率 98%，最后硫酸铜溶液通过电积（铜回收率 99%）产出合格的阴极铜产品。锌回收与铜回收工艺类似，锌萃余液依次经萃取、反萃和电积得到合格的阴极锌产品。浸出渣送本企业贵金属回收车间回收铜、金、银等有价金属；锌萃余液送本项目配套的废水处理设施处理；萃铜有机相、铜电积贫液、萃锌有机相和锌电积贫液分别用于铜萃取、铜反萃、锌反萃和锌萃取。

烟尘浸出、压滤工段采用批次投料方式，每批次反应时间为 2 h，投入产出情况如下：

投入：烟尘，500 kg（干重）；98%H_2SO_4，25 L；H_2O，1 500 L。

产出：浸出液 1 300 L，其中硫酸浓度为 30 g/L，Cu、Pb、Zn、Bi 和 As 的含量分别为 37.05 g/L、13.85 mg/L、4.5 g/L、23.37 mg/L 和 14.09 g/L；浸出渣 285 kg（干重）。

根据园区规划环评提出的关于铜冶炼产业的环境准入清单要求，企业确定本项目烟尘综合利用生产阴极铜的铜回收率不应低于 90%。查相关资料，拟建车间场地天然包气带的防污性能分级为“弱”。

【问题】

1．计算浸出渣中 Cu、Pb 的含量（干基）。

【参考答案】

（1）Cu:（500×10.54%−1 300×37.05/1 000）÷285×100%=1.59%。

（2）Pb:（500×19.30%−1 300×13.85/1 000 000）÷285×100%=33.85%。

考点分析与答题技巧：根据题干信息，本案例是从铜冶炼烟尘中提取有价金属，烟尘经生产工艺处理，有浸出液和浸出渣，再从浸出液中提取金属。本小题要求计算浸出渣中的金属元素含量，其计算公式为：浸出渣中某元素的含量=（烟尘量×烟尘中该元素的含量−浸出液量×浸出液中该元素的含量）÷浸出渣量×100%。此类考题在案例分析中频繁出现，只要理清计算思路，难度并不大，可将“浸出”至“压滤”过程视为一个“暗箱模型”系统，Cu、Pb 投入项为烟尘，产出项为浸出液、浸出渣。但一定要注意计量单位关系的转换（如题干提到的浸出液中 Cu 含量为 37.05 g/L，而 Pb 的含量是 13.85 mg/L）。

2．判断本项目铜回收率与规划环评环境准入要求的符合性，说明理由。

【参考答案】

答案一：

（1）不符合。

（2）理由：

[（1 300×37.05/1 000）×99.5%×98%×99%]÷（500×10.54%）=88.23%＜90%

答案二：

（1）烟尘 Cu 含量：500×10.54% = 52.7 kg。

（2）浸出液 Cu 含量：1 300×37.05×10^{-3} = 48.165 kg。

（3）阴极铜 Cu 含量：48.165×99.5%×98.0%×99% = 46.496 kg。

（4）铜回收率：46.496 ÷ 52.7×100% = 88.2% < 90%，不符合。

考点分析与答题技巧：根据题干信息，回收铜就是从浸出液中萃取、反萃、电积三道工序提取铜（阴极铜），而每道工序都有不同的效率需要考虑，最后得到的纯铜量与烟尘中的总铜量相比，即得回收率（回收的量与投入量的百分比），然后与规划环评要求的 90%进行比较即可。类似考题已多次考过。

（1）题干信息“铜萃取率 99.5%”，“铜反萃率 98.0%”，“铜回收率 99%”，表明浸出液中的铜 99.5%进入负载有机相，负载有机相中的铜 98.0%进入硫酸铜溶液，硫酸铜溶液中的铜 99%进入产品阴极铜。

（2）目前，根据《铜冶炼行业清洁生产评价指标体系》（发改环资规〔2024〕45 号）（当年考试时是 2019 年，该体系还没有发布），“铜冶炼综合回收率指采用铜精矿生产粗铜或阳极铜的企业，产品中的铜元素质量占铜精矿中此种元素质量的百分比”“企业确定本项目烟尘综合利用生产阴极铜的铜回收率不应低于 90%”，表明回收的是烟尘中的铜（计算公式分母），回收得到的是阴极铜中的铜（计算公式分子）。

（3）题干信息“浸出渣送本企业贵金属回收车间回收铜、金、银等有价金属”，注意未明确具体回收得到的铜量，故浸出渣中的铜无法作为回收得到的铜。

答案一为一步计算，简洁；答案二分步计算，容易得分。

3. 指出锌萃取液的主要污染物，推荐可行的处理方法。

【参考答案】

（1）pH、Cu、Pb、Zn、Bi、As、Au、Ag、SO_4^{2-}、石油类（或 M5640、煤油）。

（2）可行的处理方法：除油+石灰（中和）—铁盐（铝盐）法（或絮凝法）。

考点分析与答题技巧：本小题根据表和图中提供的信息基本可以回答完整，但是如果粗心大意，也可能会遗漏一些污染物或指标（如 pH、石油类）。另外，如果照题干抄上“有机相”则不得分。关于处理方法，考生可以根据《铜冶炼污染防治可行技术指南（试行）》（生态环境部发布过一系列不同行业或工艺的污染防治可行技术指南）推荐的方法解答，也可以直接根据污染物特性提出（萃取液中加入了硫酸，呈酸性，可考虑中和方法；加入了有机相，应该除油；有各种金属离子，可采取絮凝剂络合沉淀去除）。

4．本项目是否需要申请危险废物经营许可证？说明理由。

【参考答案】

（1）不需要。

（2）不属于《中华人民共和国固体废物污染环境防治法》中关于危险废物经营许可的规定（或答“不属于《危险废物经营许可证管理办法》规定的许可范围”，或答“不存在危险废物经营活动”）。

考点分析与答题技巧：尽管铜冶炼烟尘列入了《国家危险废物名录》（已发布2025年版，考生应认真学习），但题干信息“以本企业熔炼车间产生的铜冶炼烟尘为原料”“浸出渣送本企业贵金属回收车间回收铜、金、银等有价金属”，表明均为企业自行处理处置、利用自身产生的危险废物，故不存在危险废物经营活动，理由也可答“未接收其他企业危险废物”。2017年的案例题也曾考过针对废电路板运输环节的豁免管理。另外，经营许可是一种行政行为，行政管理部门应该实施监督管理，依法为经营单位办理相关手续。《中华人民共和国固体废物污染环境防治法》中对生活垃圾和危险废物的管理更加严格，考生应注意该法的颁布实施时间，并认真学习。

5．判定烟尘综合利用车间的地下水污染防渗分区等级，提出相应的防控措施。

【参考答案】

（1）重点防渗区。

（2）地面采取防渗措施，等效黏土防渗层 $M_b \geq 6.0$ m，$K \leq 10^{-7}$ cm/s，或参照《危险废物填埋场污染控制标准》执行。

考点分析与答题技巧：地下水防渗等级分为重点防渗区、一般防渗区和简单防渗区。本案例题干信息有：查相关资料，拟建车间场地天然包气带的防污性能分级为“弱”，加之铜冶炼烟尘为涉及重金属的危险废物，为确定该车间为“重点防渗区”提供了依据。关于防控技术应体现针对地下水的，如果提一些针对“跑、冒、滴、漏”或逸散等无组织排放应采取的堵漏或负压措施、集中收集（集尘罩）措施，则不得分。2019年3月28日，生态环境部等五部委联合发布了《关于印发地下水污染防治实施方案的通知》（环土壤〔2019〕25号），所附的4个附件（1. 地下水污染防治分区划分技术要求；2. 加油站防渗改造核查要求；3. 地下水污染场地清单公布技术要求；4. 地下水污染防治实施方案）、《环境影响评价技术导则　地下水环境》及危险废物污染控制的相关标准等，考生应认真学习。

【扩展思考题】

1. 简要说明对现在工程回顾性评价的重点内容。
2. 指出本次扩建地下水污染防治的重点防治区。
3. 计算浸出渣中的As、Pb含量（干基）。
4. 根据工艺流程，指出本项目的危险废物及处理处置要求。
5. 制订本项目土壤环境现状监测方案时，需调查收集哪些信息？

试题十（2018 年考题）

H 企业拟在现厂区内建设水暖卫浴零部件电镀项目。项目建设内容包括：电镀厂房和电镀生产线、电镀废水处理站、工艺废气净化装置、化学品库和固体废物暂存库等。电镀生产工艺流程和产污节点见下图。各清洗工序均采用逆流漂洗。其中，镀镍工序多级清洗废水经离子交换处理后全部回用，树脂定期更换；其他工序清洗废水排入电镀废水处理站。

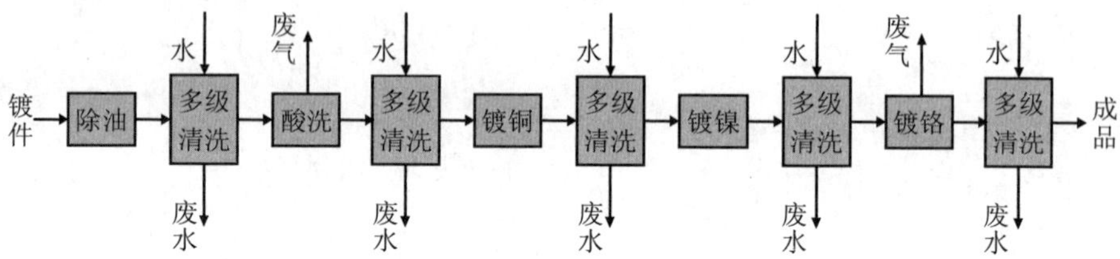

电镀生产工艺流程和产污节点图

电镀废水处理站对废水进行分类预处理后再集中处理，达到《电镀污染物排放标准》（GB 21900—2008）后，通过企业现有排放口排入沙河。酸洗槽、镀铬槽产生的工艺废气分别经配套的集气设施收集，送各自的废气净化装置处理后排放。除油、酸洗、镀铜、镀镍、镀铬工序使用的主要化学品分别为液碱、硫酸、氰化亚铜、硫酸镍和氯化镍、铬酸盐。槽液定期更换。

H 企业现有排放口位于沙河右岸。经初步调查，沙河 H 企业排放口所在断面多年平均流量为 120 m^3/s，水质功能为Ⅲ类。H 企业现有排放口的上游 3 km 和下游 10 km 处设有常规水质监测断面。H 企业于 2018 年 3 月委托开展环评工作。环评机构收集有沙河相关水文资料、2013 年 1 月至 2015 年 1 月各常规监测断面的水质资料。

【问题】

1. 分别指出电镀生产过程中酸洗、镀铬工序产生的主要大气污染因子。（2 分）

【参考答案】

（1）酸洗工序：硫酸雾。（1 分）

（2）镀铬工序：铬酸雾。（1分）

考点分析与答题技巧：根据题干信息，酸洗工序使用的主要化学品为硫酸，因此硫酸雾是主要大气污染因子，但答成“硫酸”“硫酸根”不得分。而镀铬工序使用的主要化学品为铬酸盐，铬酸雾是电镀工艺工序中产生的浓度较大的一种酸雾。根据有关资料，铬酸雾废气处理采用网格式、挡板式、填料式回收并且加以净化的工艺效果较好，而且网格式回收净化器的体积小、阻力小、结构简单、维护管理方便，更为适用。其工作原理为：铬酸雾密度较大，易于凝聚，不同粒径的铬酸雾滴在气流中相互碰撞形成较大颗粒，进入净化箱体后，气流速度降低，在重力场作用下分离出来；当一定气速的铬酸雾经过过滤网格层时，在惯性效应和咬合效应作用下附着于网格上，不断附着使雾滴增大而沿网格降落，最后流入积液箱。这种过滤的效率与雾滴大小、气速和气量有关。铬酸雾废气处理的网格式净化器采用菱形塑料气液过滤网，不易产生二次雾滴，又可保证较高的除雾效率，一般网层数以10～12层为宜（一层一层纵横交错在过滤网格的外框内）。

2. 分别指出镀铜、镀镍、镀铬工序多级清洗废水中的主要污染因子。（6分）

【参考答案】

（1）镀铜工序：铜离子（或总铜）、氰化物（或总氰化物、氢氰根离子）。（每一项1分，共2分）

（2）镀镍工序：镍离子（或总镍）（1分）、硫酸根离子（1分）和氯离子（1分）。（共3分）

（3）镀铬工序：总铬或六价铬。（1分）

考点分析与答题技巧：根据题干附图，每一工序后均有“多级清洗”，镀铜工序使用的是氰化亚铜，则废水中的污染因子会有铜离子（答“总铜”也得分，因为对应《污水综合排放标准》应该是总铜）和氢氰根离子（答“CN^-”或“氰化物”均可）；镀镍工序使用的化学品主要是硫酸镍和氯化镍，则主要污染因子是镍离子（对应《污水综合排放标准》答“总镍”也是正确的），还会有少量的硫酸根离子、氯离子；镀铬工序使用的主要化学品为铬酸盐，显然总铬是其主要污染因子（鉴于六价铬毒性最大，答“六价铬”也得分）。污染因子识别是工程分析的基本工作，上一小题考了大气的污染因子，本小题考废水污染因子。类似考题出现频率很高，考生应该特别注意。

3. 指出本项目产生的危险废物。（7分）

【参考答案】

污油、废碱液、废硫酸液、废离子交换树脂、电镀废水处理站的污泥、定期更换的废槽液、使用后的化学品容器或空桶。（各1分，共7分）

考点分析与答题技巧：根据题干及附图，项目有化学品库，则应该有盛装化学品的容器或桶；有镀件除油工序；虽然有碱液清洗和酸洗环节去除，但污油或含污油的物品（如含油抹布）应该是有的；除油工序使用后的废碱液、酸洗工序使用后的废硫酸，均为危险废物。

4．说明进行沙河水环境影响评价需要进一步调查收集的资料。（5 分）

【参考答案】

（1）调查评价河段是否有集中式饮用水水源地或保护区。（1 分）

（2）收集现排污口上下游常规水质监测断面最新资料（1 分），并分析既有常规水质断面监测资料是否满足要求。

（3）补充监测河流底质（底泥，特别是铜、镍、铬等重金属指标）。（1 分）

（4）补充鱼类等水生生物调查。（1 分）

（5）H 企业现有排放口的废水排水量和主要污染物浓度（包括总镍、六价铬、总铜）。（1 分）

考点分析与答题技巧：题干提供了沙河水环境功能、H 企业在沙河的排放口所在断面多年平均流量，H 企业现有排放口的上游和下游常规水质监测断面及 2013 年 1 月至 2015 年 1 月各常规监测断面的水质资料。通常，需要调查是否有水环境保护目标——水源保护区、水环境现状、现有污染源情况、河流及河道水文、河势等情况。据此，该小题即可很顺利地答出。注意，要求回答的是“进一步收集”的资料，如果答“流速、水环境功能”等题干已经给出的信息，则均不得分。现状资料要求采用最新的，2018 年 3 月委托开展环评，收集的“2013 年 1 月至 2015 年 1 月各常规监测断面的水质资料”已超过 3 年，不可利用。另外，题干已明确“环评机构收集有沙河相关水文资料”，考生答“水文资料”将不得分。

试题十一（2018 年考题）

某新建汽车柴油发动机项目位于工业园区，生产纲领为年 250 d 双班生产 11～12 L 增压直喷单列柴油机 5 万台。工程内容包括机加、装配、试验车间等主体工程，柴油库、空压站、综合仓库等公用工程，全厂废水处理站、工业固体废物暂存库等环保工程。

机加车间设加工线两条，分别对外购缸体、缸盖半成品进行精细加工。装配车间设 1 条装配生产线，对其他外购件进行清洗、装配。试验车间设 16 个试验工位，对发动机产品进行磨合试验，合格的发动机返回装配车间喷涂工段进行补充喷涂。精细加工过程采用水基切削液冷却工件和刀具。含杂质的切削液通过架空管道送车间切削液集中处理间进行处理，经隔油、沉淀、离心分离除去杂质后返回加工线循环使用。缸体切削液两年更换一次，每次 300 m^3；缸盖切削液两年更换一次，每次 200 m^3。

机加车间加工设备产生的油雾废气经收集后由多级过滤系统净化后排放，排放浓度≤2 mg/m^3；多级过滤系统产生废油。试验车间各工位发动机磨合试验排气的温度 450℃，排气 800 m^3/h，污染物初始浓度为氮氧化物 600 mg/m^3、颗粒物 20 mg/m^3。喷涂工段对发动机产品裸露的加工面采用丙酮擦洗除油、喷水性涂料并烘干（温度 60℃）处理。丙酮及涂料用量均为 5.0 t/a，涂料中挥发性有机物占比 20%。擦洗、喷涂及烘干废气采用水喷淋方式净化，挥发性有机物去除效率 80%。

全厂废液（水）产生情况见下表，处理工艺见下图。

全厂废液（水）产生情况一览表

废液（水）类别	排放规律	石油类/（mg/L）	COD/（mg/L）	BOD_5/（mg/L）
废切削液	定期更换	10 000～20 000	6 000～8 000	1 500～2 200
外购件废清洗液	8 m^3/d	1 000～2 000	2 000～4 000	500～1 100
喷涂废气净化废水	1 m^3/d	—	1 000～2 000	250～550
全厂生活污水	15 m^3/d	—	350	150

废液预处理单元处理能力为 32 m^3/d，综合废水处理单元处理能力为 30 m^3/d。废液及超滤清液贮槽容积均为 360 m^3。园区工业废水处理厂、供热中心均已投运。

园区所在地区主导风向为北风，厂址北面 800 m 为规划的 A 集中居住区，南面 300 m 有 B 自然村（待搬迁）。评价机构拟设 A、B 两个监测点位进行环境空气质量现状监测。

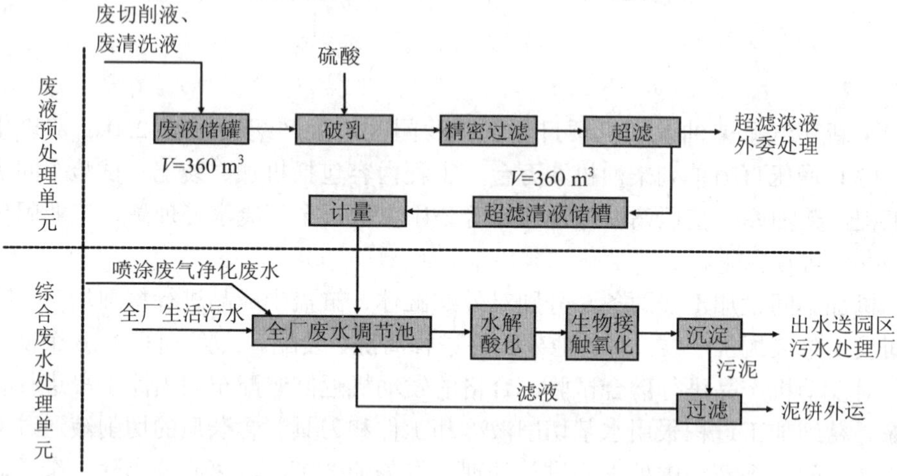

全厂废水处理工艺流程图

注：柴油发动机磨合试验废气排放执行《大气污染物综合排放标准》GB 16297—1996，NO_x 240 mg/m^3，颗粒物 120 mg/m^3。

【问题】

1．给出环境空气质量现状监测因子。（3 分）

【参考答案】

（1）特征污染物：丙酮、VOCs（或 NMHC）。（共 2 分，各 1 分）

（2）常规污染物：NO_x（或 NO_2）、颗粒物（PM_{10}、$PM_{2.5}$）、SO_2、O_3。（1 分）

考点分析与答题技巧： 建设项目的环境质量现状监测一般既要考虑常规因子，又要考虑项目排放的特征因子。项目有柴油库，机加工车间有油雾废气，多级过滤系统会产生废油，使用的擦洗剂用到丙酮，使用的涂料中有挥发性有机物。答题时可以分特征污染物和常规污染物分别给出答案，也可以一并给出。

2．简要说明全厂废水处理工艺的合理性。（5 分）

【参考答案】

（1）生活污水进入工业废水处理厂处理不合理。因为生活污水具有较强的可生化性，与工业废水的性质不同，应该分别进行处理。（2 分）

（2）废切削液、废清洗液，石油类浓度高，应先进行隔油处理，再对残留的油类进行破乳处理，有助于减少硫酸的用量。（2 分）

（3）其他处理方式合理，符合废水特性。（1分）

考点分析与答题技巧：废（污）水处理的基本原则是分类分别处理。从表及图中可以看出，生活污水的水质与工业废水的水质有明显的区别，是两类不同的废（污）水，应该分别处理。

3．指出超滤浓液和废油的固体废物属性。（2分）

【参考答案】

超滤浓液和废油均属于危险废物。

考点分析与答题技巧：污染因子识别是工程分析的基本工作。超滤浓液含有切削下来的金属杂质及污油。本小题指明即可，并未要求说明判断理由、原因或依据。此类考题出现的频率高，考生一定要高度重视。

4．计算装配车间喷涂工段挥发性有机物年排放量。（2分）

【参考答案】

（5+5×20%）×（1−80%）= 1.2（t/a）（列出计算公式即得2分）。

考点分析与答题技巧：污染因子识别是工程分析的基本工作。根据题干提供的信息"喷涂工段对发动机产品裸露的加工面采用丙酮擦洗除油、喷水性涂料并烘干（温度60℃）处理。丙酮及涂料用量均为5.0 t/a，涂料中挥发性有机物占比20%。擦洗、喷涂及烘干废气采用水喷淋方式净化，挥发性有机物去除效率80%"。

5．推荐柴油发动机磨合试验废气处理工艺，并说明理由。（8分）

【参考答案】

试验车间各工位发动机磨合试验台设集尘、吸气罩，对于氮氧化物处理适宜选择性催化还原法（SCR）脱硝装置（2分）。理由如下：

（1）各工位发动机磨合试验排气的温度450℃，适合采用选择性催化还原法（SCR）脱硝。（2分）

（2）NO_x标况浓度：600×（450+273）÷273=1 589（mg/m^3），根据排放标准要求，达标去除率应达到（1 589−240）÷1 589=84.9%。选择性催化还原（SCR）处理效率在90%以上，满足要求，可达标排放。（2分）

（3）颗粒物标况浓度：20×（450+273）÷273=53（mg/m^3）＜120（mg/m^3），收集后排放即可。（2分）

考点分析与答题技巧：根据题干信息"试验车间设16个试验工位，对发动机产品进行磨合试验"，"各工位发动机磨合试验排气的温度450℃，排气800 m^3/h，污染物初始浓度为氮氧化物600 mg/m^3、颗粒物20 mg/m^3"。尽管设问为"处理工艺"，但实际上就是让写环保措施，根据废气中主要污染物种类，此题并不难解答，虽然计算过程简单，但在考场上会浪费一些时间，需要认真并加快书写速度。

试题十二（2017 年考题）

某新建年产 10 万辆纯电动乘用车项目，建设内容包括冲压、焊接、涂装、电池组装、整车总装等生产车间，试车跑道、配送中心、化学品库、成品停放场、综合站房、燃气锅炉房、充电站、污水处理站、危险废物暂存间等公用、辅助工程和环保设施。

项目生产工艺为：定尺钢板→冲压（下料、涂油脂、压制成型）→焊接→涂装→总装（含电池组装）→成品。电池组装工艺为：外购磷酸铁锂电池单体→组装→电池包。

涂装车间主要包括车身脱脂、锆化、电泳底漆及水性中涂涂装、水性色漆涂装、溶剂型清漆涂装等工段。

脱脂工段采用碱性脱脂剂（氢氧化钠、阴离子表面活性剂等），在脱脂槽内脱除油脂，锆化工段采用六氟化锆溶液在锆化槽内进行车身表面改性。脱脂、锆化后的工件均采用喷、浸结合的方式用水清洗。

电泳底漆工段包括电泳、UF 超滤液清洗和纯水清洗 3 个单元，电泳单元采用阴极电泳工艺，配套 UF 超滤系统回收电泳漆，电泳漆成分主要是树脂及水、少量醚酮醇类溶剂，电泳底漆工段工艺流程及用排水节点见下图。

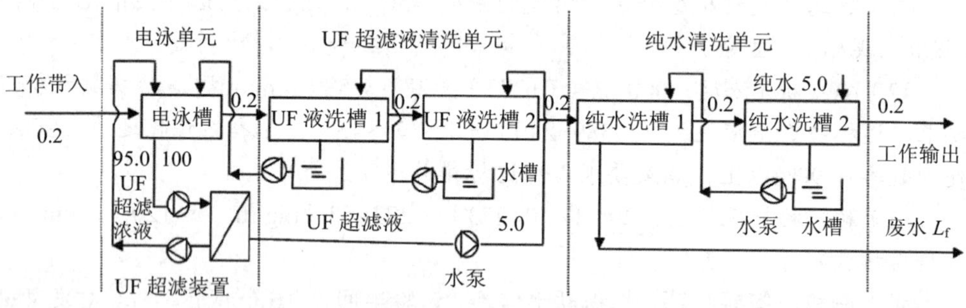

电泳底漆工段工艺流程及用排水节点图（单位：m^3/h）

车身清漆涂装工段包括喷漆、晾干和烘干等工序，使用的溶剂型清漆主要成分是树脂及甲苯、二甲苯、醚酮醇类溶剂，烘干工序以天然气为能源。喷漆室气流组织方式为上送下排，采用机器人喷涂方式进行车身涂装。喷漆废气经纸袋过滤脱除漆雾（脱除效率为 98%）后，经分子筛转轮吸附装置吸附挥发性有机物（VOCs 脱除效率为 90%）后由 35 m 高的 1#排气筒排放；采用 125℃热空气脱出分子筛转轮吸附装置吸附 VOCs，脱出的含 VOCs 废气经 TNV（热回收式热力焚烧系统）焚烧炉装置净化（VOCs 脱除效率为 97%）后由 20 m 高的 2#排气筒排放。清漆涂装线有机溶剂的总输入量为 100 kg/h，其中 60%进入喷漆废气，40%随车身进入晾干废气。

环评机构确定本项目大气环境影响评价工作等级为三级，拟订的环境空气质量监测方案设 2 个监测点位，收集有 1 号、2 号监测点 2016 年 PM_{10}、SO_2 和 NO_2 环境空气常规监测数据。环评机构拟直接利用收集的环境空气常规监测数据进行现状评价，不再进行环境空气质量现状监测。

【问题】

1．分别指出脱脂、锆化工段清洗废水的主要污染因子。（5 分）

【参考答案】

（1）脱脂废水：pH、阴离子表面活性剂、油脂。（3 分，每项 1 分）

（2）锆化工段：F^-、锆离子。（2 分，每项 1 分）

考点分析与答题技巧：污染因子识别是工程分析的基本工作。根据题意“脱脂工段采用碱性脱脂剂（氢氧化钠、阴离子表面活性剂等），在脱脂槽内脱除油脂，锆化工段采用六氟化锆溶液在锆化槽内进行车身表面改性。脱脂、锆化后的工件均采用喷、浸结合的方式用水清洗”，据此可基本判断、识别主要污染因子。

2．计算图中 UF 超滤液清洗单元超滤液总用量和纯水清洗单元的废水量 L_f。（6 分）

【参考答案】

答案一：

（1）UF 超滤清洗单元超滤液总用量。

由图可知，进入 UF 清洗单元的超滤液总用量为：0.2+5.0=5.2（m^3/h）。（3 分）

（2）纯水清洗单元的废水量 L_f。

由图可知，（5.0+0.2）−0.2=5.0（m^3/h）。（3 分）

答案二：

（1）UF 超滤清洗单元超滤液总用量。（3 分）

① 由电泳单元电泳槽进入 UF 液洗槽 1 的量：0.2 m^3/h。② 由电泳单元的超滤装置进入 UF 超滤清洗单元的超滤液量：5 m^3/h。③ 总用量：0.2+5.0=5.2（m^3/h）。

（2）纯水清洗单元的废水量 L_f。

① 由 UF 超滤清洗单元进入纯水清洗单元的量：0.2 m^3/h。② 该单元添加的

纯水量：5.0 m^3/h。③ 纯水清洗单元工作输出量：0.2 m^3/h。④ 纯水清洗单元废水量 L_f=0.2+5.0–0.2=5.0（m^3/h）。（3 分）

考点分析与答题技巧：本小题实际上是工程分析中的计算物料平衡与水平衡。由图可知，由电泳单元电泳槽进入 UF1 液洗槽的量为 0.2 m^3/h；由电泳单元的超滤装置进入 UF 超滤清洗单元的超滤液量为 5 m^3/h。无论其内部如何调配或输入输出，进来的量就是总用量。同理，纯水清洗单元进来的总量减去工作输出的量，就是图中的 L_f 量。该小题实际上由图中能够看出答案来的，但要求“计算”，答题时需要体现计算过程。

3．计算 2#排气筒的 VOCs 排放速率。（4 分）

【参考答案】

答案一：

100 kg/h×60%×（1−98%）×90%×（1−97%）=0.032 4 kg/h。（算式列正确，即得 4 分）

答案二：

（1）喷漆室有机废气量：100 kg/h×60%=60 kg/h。（1 分）

（2）经纸袋过滤脱除后吸附在分子筛转轮吸附装置内的量：60×（1−98%）×90%=1.08 kg/h。（1 分）

（3）分子筛转轮吸附装置中的有机物经 TNV 焚烧炉装置净化（VOCs 脱除效率为 97%）后，则由 2#排气筒排放量为：1.08 kg/h×（1−97%）=0.032 4 kg/h。（2 分）

考点分析与答题技巧：回答本小题关键在于弄清喷漆室废气的来源及产生量，以及后续工序中的处理情况。根据题干可知，100 kg/h 有机溶剂中 60%进入喷漆室废气（而不是 40%）；喷漆室的废气经纸袋过滤掉 98%（即 98%留在纸袋中了）之后（1−98%）进入分子筛转轮吸附装置（90%被吸附在该装置中了）。之后，该装置中的有机物经高温脱出、TNV 焚烧净化处理后由 2#排气筒排放，由此可计算获得排放速率。其中的关系不认真琢磨很难理清（2018 年版就因忽视而弄错了），更何况在考场上由于时间紧张，更难以理清（建议在草稿纸上绘制流程图）。本小题要求“计算”，因此算式列正确即可得满分。另外，1#排气筒和 40%进入晾干室废气是干扰项。

4．环评机构“不再进行环境空气质量现状监测”的做法是否合适？请说明理由。（5 分）

【参考答案】

（1）不合适。（2 分）

（2）理由：需核实常规监测数据的真实性与代表性、分析是否可用；仅收集

PM_{10}、SO_2、NO_2的常规监测数据是不够的，还需要监测特征污染物 VOCs（或答甲苯、二甲苯、醚酮醇类）。（3 分）

考点分析与答题技巧：环境质量现状评价可以利用常规监测资料，但需要进行复核，分析其时效性、代表性和可用性。此外，本项目有特征污染物 VOCs 排放，有必要监测现状 VOCs。修订后的《环境影响评价技术导则 大气环境》（HJ 2.2—2018）中有关于环境质量现状补充监测的规定，考生一定要认真学习技术导则和有关标准。

试题十三（2017 年考题）

某新建的年处理 2 万 t 废电路板再生资源综合利用项目位于城市循环经济园区，建设内容主要包括原料仓库、原料破碎及配料系统、熔炼系统、烟气处理系统、废水处理系统、固体废物暂存库，供配电、给排水、空压站和液氧站等。

项目处理的废电路板属《国家危险废物名录》中的 HW49 类危险废物，由企业采用满足防雨、防渗漏、防遗撒要求的汽车，按普通货物从产生单位运输进厂。废电路板的典型组成见下表。

废电路板典型组成表

组分	含量	主要成分及含量
金属	约 40%	铜（20%）、铝（6%）、锡（4%）、铁（4%）、镍（2%）、铅（2%）、锌（1%）、锑（0.4%）、金（0.1%）、银（0.2%）、钯（0.005%）
耐火材料	约 30%	二氧化硅（16%）、三氧化二铝（6%）、氧化钙（6%）、钛酸盐（2%）等
有机物	约 30%	聚乙烯（10%）、溴化环氧树脂（溴化阻燃剂，10%）、聚丙烯（5%）、聚氯乙烯（2.5%）、聚四氟乙烯（2.5%）等

项目生产工艺为：废电路板经破碎后，与按比例配入的石英砂、焦炭等辅料通过皮带加料机加入富氧顶吹熔炼炉进行火法冶炼作业（燃料为天然气，冶炼温度≥1 200℃），产出粗铜产品（含铜≥80%，富含金、银等稀贵金属）。废电路板破碎和配料工序产生的粉尘，经集气罩、布袋收尘器收集后，返回熔炼系统，冶炼过程产生的冶炼渣经水淬后外售水泥厂生产矿渣水泥，产生的冶炼烟气依次经二次燃烧、余热回收、布袋收尘和脱酸等处理单元处理后达标排放。烟气处理系统工艺流程见下图。

烟气处理系统收集的飞灰送固体废物暂存库贮存；脱酸塔产生的脱酸废液含溴化钠、氯化钠和氟化钠等，经中和沉淀去除重金属离子、钙法除氟、多效蒸发（热源来自烟气处理系统余热锅炉产出的低压蒸汽）浓缩得到溴盐副产品，外售溴化钠或溴素生产企业。脱酸废液中和沉淀产生的中和渣以及钙法除氟产生的废渣，分别经板框压滤机脱水后送固体废物暂存库贮存。多效蒸发器产生的冷凝水回用于冶炼渣水淬工序。

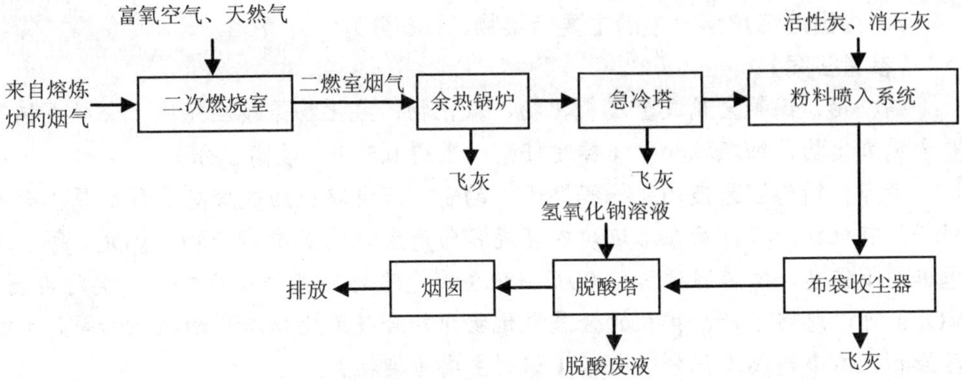

烟气处理系统工艺流程图

项目所在的循环经济园区属环境空气质量二类区，环境空气质量现状符合《环境空气质量标准》二级标准，且具有较大的环境容量，项目已列入循环经济园区规划，已审查的园区规划环评要求项目应注重有价非金属资源的回收，并严格控制重金属污染物的排放。

【问题】

1．判断废电路板采取的运输方式是否符合规定，并说明理由。（5分）

【参考答案】

（1）符合规定。（2分）

（2）理由：根据《国家危险废物名录》，废电路板运输属于危险废物管理的豁免环节（1分），且运输车辆采取了防雨、防渗漏和防遗撒措施（2分）。

考点分析与答题技巧：危险废物由于其危险特性（腐蚀性、毒性、易燃性、反应性、感染性等），除安全方面有严格的要求外，在环境管理方面也有一系列法律法规及污染控制标准的规定，如《危险废物收集、贮存、运输技术规范》（HJ 2025—2012）。其运输应由取得危险废物经营许可证的单位按其许可证经营范围组织实施，使用按标准设置标志的专用车辆或特种车辆运输。但是，2016年版和2021年版的《国家危险废物名录》（2025年版已颁布）根据实际情况及管理要求，对某些危险废物管理提出了“豁免清单”附录，包括豁免环节、豁免条件、豁免内容，其中废电路板的运输属于豁免环节。2017年，环境保护部发布了《建设项目危险废物环境影响评价指南》（环境保护部公告 2017年第43号），规定了危险废物从其产生、收集、贮存、运输、利用和处置等全过程以及建设期、运营期、服务期满后等全时段环境影响评价与管理要求。固体废物方面的试题出现频率较高（全部四科考试中均会频繁出现），考生须认真学习法律法规和相关标准。本小题的目的是考查法规、标准在案例分析中的应用。

2．指出熔炼炉烟气中的主要污染物。（5 分）

【参考答案】

铜、铅、镍等金属或金属氧化物、氟化物、氯化物等酸性气体、含硅或钙等非金属氧化物、细颗粒物。（答对任意一个得 0.5 分，最高 5 分）

考点分析与答题技巧：根据题干中的表，废电路板组成含有多种金属、耐火材料、有机物。有机物在熔炼炉内焚烧容易产生二噁英类污染物、VOCs 等，但根据题干信息，冶炼温度≥1 200℃且配备有急冷塔，其排放的二噁英类污染物、VOCs 可以忽略不计。排放的金属氧化物、非金属氧化物以及细颗粒物等是主要污染物。本小题属工程分析内容（识别主要污染物）。

3．说明急冷塔的设置目的及急冷塔出口烟气温度控制要求。（2 分）

【参考答案】

主要是为控制产生二噁英类污染物（1 分），控制温度 200℃以下（200～400℃区间外）（1分）。

考点分析与答题技巧：根据题干中的表，由于有大量的有机物，容易产生二噁英类污染物，为控制其产生，温度控制是必要的。本小题重点考查特征污染物及其控制措施。

有关二噁英的研究报道较多。二噁英的来源或产生途径在当今社会也是较为广泛的，对其控制也提出了很多方法，其中温度控制是主要方法之一。但不同的研究给出了不同的温度控制范围，有研究认为二噁英的最佳生成温度为 300℃，但在 400℃以上时仍有二噁英生成的可能，当温度达到 850～1 000℃时，二噁英将无法生成。因此，控制在温度达到 850℃的区域停留时间≥2 s 可彻底分解烟气中的二噁英。有研究认为，必须将焚烧炉出来的烟气在短时间内骤降在 150℃以下才能确保有效遏止二噁英的再生成。也有认为选用新型袋式除尘器，控制除尘器入口处的烟气温度低于 200℃，并在进入袋式除尘器的烟道上设置活性碳等反应剂的喷射装置，进一步吸附二噁英是可行的。因此，生产实践中需要考虑不同的情况，采用先进、完善和可靠的全套自动控制系统是必要的。

4．分别指出中和渣、除氟废渣和烟气处理系统收集的飞灰的固体废物属性。（3 分）

【参考答案】

（1）中和渣：危险固体废物，因为中和沉淀含有重金属离子等。

（2）除氟废渣：不能确定（或需要进一步鉴定），因为除氟废渣只是除去了氟，其他污染物仍有可能存在超标问题。

（3）飞灰：属于危险废物，成分复杂，含有重金属、非金属、VOCs、二噁英类污染物等。

考点分析与答题技巧：根据题干信息"脱酸塔产生的脱酸废液含溴化钠、氯化钠和氟化钠等，经中和沉淀去除重金属离子、钙法除氟。脱酸废液中和沉淀产生的中和渣以及钙法除氟产生的废渣，分别经板框压滤机脱水后送固体废物暂存库贮存"。本小题是工程分析中固体废物类型及其属性识别的相关内容。

5. 项目建设方案中哪些方面体现了与园区规划的联动要求？（5分）

【参考答案】

（1）本项目所在的循环经济园区进行了规划环境影响评价，本项目列入了规划。（1分）

（2）项目所在循环经济园区环境空气质量有较大的环境容量。本项目产生的冶炼烟气依次经二次燃烧、余热回收、布袋收尘和脱酸等单元处理后达标排放，能够满足区域环境空气质量保护的要求。（1分）

（3）园区规划环评要求项目应注重有价非金属资源的回收。本项目采取多效蒸发浓缩得到溴盐副产品，外售溴化钠或溴素生产企业，体现了回收有价非金属资源的要求。（1分）

（4）园区规划环评要求严格控制重金属污染物的排放。本项目冶炼产出粗铜产品（含铜≥80%，富含金、银等稀贵金属），废电路板破碎和配料工序产生的粉尘，经集气罩、布袋收尘器收集后，返回熔炼系统，通过采取一系列措施严格控制重金属污染物排放量，满足规划环评要求。（1分）

（5）本项目冶炼过程产生的冶炼渣经水淬后外售水泥厂生产矿渣水泥，烟气余热回收，体现了循环经济园区的循环经济思想。（1分）

考点分析与答题技巧：规划环评与建设项目环评联动才能发挥规划环评对建设项目环评的指导作用。2015 年 12 月 30 日，环境保护部发布了《关于加强规划环境影响评价与建设项目环境影响评价联动工作的意见》（环发〔2015〕178 号），进一步明确了相关要求；2019 年和 2020 年，生态环境部发布了一系列行业规范性文件，进一步强调了规划环评作为建设项目环评的前置条件及联动要求。解答本小题，似乎不难，但在考场上不好下笔，担心答不全。因此，要紧紧抓住题干最后一段"项目所在的循环经济园区属环境空气质量二类区，环境空气质量现状符合《环境空气质量标准》二级标准，且具有较大的环境容量，项目已列入循环经济园区规划，已审查的园区规划环评要求项目应注重有价非金属资源的回收，并严格控制重金属污染物的排放"，并将其分解为：环境空气容量、本项目已列入园区规划、园区规划环评对本项目有两个要求、园区为循环经济园区 5 个方面，就容易解答了。答题时可以在文字表述上进一步精练，以节省时间。

试题十四（2016 年考题）

某公司拟在工业园区新建多层印制电路板生产项目。项目建设内容包括印制电路板生产车间、原辅料储存设施、废水处理站、废气处理设施和固体废物临时贮存库等。印制电路板生产包括内层图形制作和外层图形制作。其中，外层图形制作中的图形电镀锡—涂敷阻焊油墨段的工艺流程和产污节点见下图，日工作时间为 10 h。

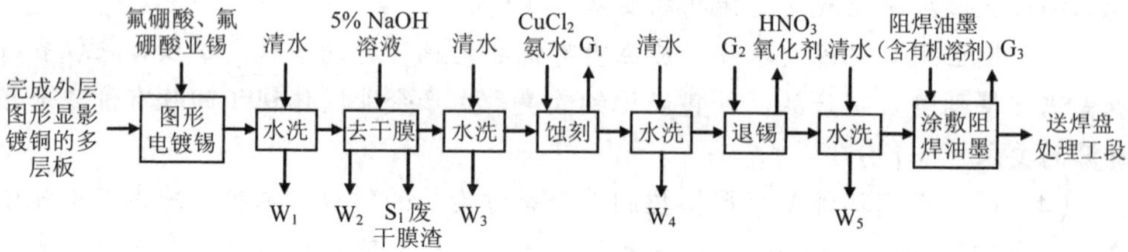

图形电镀锡—涂敷阻焊油墨段工艺流程和产污节点示意图

上图所示工艺流程中各水洗工段均采用逆流漂洗。其中，蚀刻后水洗工段清水补充量 60 m^3/d、中水回用水补充量 50 m^3/d。生产废水包括各水洗工段的清洗废水，去干膜工段的高浓度有机废水。废水处理站设一般废水处理回用系统和综合废水处理系统。其中，W_3 和 W_5 废水经一般废水处理回用系统处理后回用于各水洗工段。综合废水处理系统对 W_1、W_2、W_4 和一般废水处理回用系统产生的浓水进行分类预处理后再集中处理。W_4 废水量为 110 m^3/d，氨氮浓度为 400 mg/L，拟采用吹脱塔碱性条件吹脱法进行除氨。设计的氨吹脱效率为 80%，吹脱出的氨经 15 m 高排气筒排放。

蚀刻、退锡、涂敷阻焊油墨工段产生的工艺废气分别经配套的集气设施收集，送各自废气净化装置处理后排放，少量无组织排放的工艺废气经车间 5 m 高窗口排放。其中，G_3 废气量为 15 900 m^3/h，主要污染物为丙烯酸酯类，浓度约为 160 mg/m^3，拟采用活性炭吸附净化方法进行处理。

生产过程产生的废干膜渣与定期更换的镀锡、蚀刻、退锡工序槽液送固体废物临时贮存库贮存。

注：《恶臭污染物排放标准》（GB 14554—93）规定，15 m 高排气筒氨排放量限值为 4.9 kg/h；

氨厂界标准为 1.5 mg/m^3。

【问题】

1. 分别指出图中 G_2 和 W_1 的污染因子。

【参考答案】

（1）G_2：氮氧化物（硝酸雾）。

（2）W_1：pH、氟化物、Sn^{2+}（亚锡）。

考点分析与答题技巧：本小题属于工程分析中的“污染因子识别”，在环评实际工作中十分重要。根据《电镀污染物排放标准》（GB 21900—2008）和《大气污染物综合排放标准》（GB 16297—1996），退锡工序硝酸使用产生的污染因子为氮氧化物，由于加的是 HNO_3 氧化剂，会有“硝酸雾”产生，虽然与标准不完全相符，但也不算错。从工艺来看，W_1 是酸性，因此 pH 是其污染因子；此外，由于使用液中有氟硼酸、氟硼酸亚锡，则废水中应含有一定的氟离子、锡离子。尽管《污水综合排放标准》（GB 8978—1996）和《城镇污水处理厂污染物排放标准》均未对锡的排放浓度做出限制，但不能否认其为污染因子。有学者查得，德国工业行业水污染物排放标准中总锡排放限值一般为 2 mg/L。

2. 给出两种适合 G_3 废气净化处理的方法。

【参考答案】

（1）燃烧。

（2）冷凝回收。

考点分析与答题技巧：根据题意，尽管有机废气处理的方法较多，但回答本小题只需给出两种方法即可。G_3 主要为丙烯酸酯类，为挥发性有机物，废气量为 15 900 m^3/h，浓度约为 160 mg/m^3，说明 G_3 为高浓度、大气量挥发性（含有机溶剂）有机废气，拟采用活性炭吸附净化方法进行处理不合理。根据 2013 年环境保护部第 31 号公告《挥发性有机物（VOCs）污染防治技术政策》，源头上应采取封闭措施，严控挥发性有机物排放，以回收（冷凝回收、吸附回收）、燃烧（催化燃烧、热力焚烧）、吸附浓缩燃烧为主要措施，还有生物技术、吸收技术、等离子体技术或紫外光高级氧化技术等。

3. 本项目是否必须对氨吹脱塔尾气进行净化处理？请说明理由。

【参考答案】

（1）不能确定。

（2）理由：

① 氨吹脱塔尾气中氨排放量为 $400\times10^{-3}\times110\times80\%\div10=3.52$ kg/h，符合《恶臭污染物排放标准》（GB 14554—93）中 15 m 高排气筒氨排放量限值 4.9 kg/h 要求。3.52 kg/h 低于排放标准 4.9 kg/h 的要求。② 排放浓度不清。③ 排气筒半径

200 m 范围内最高建筑物高度不清。④ 需要预测是否满足厂界浓度限值 1.5 mg/m^3 的要求。

考点分析与答题技巧：根据对排放速率的计算结果，似乎确无必要对氨吹脱塔的尾气进行净化处理。但工业生产废气仅排放速率达标是不够的，还需要满足浓度达标、排气筒高度满足高出半径 200 m 范围内最高建筑物 5 m 的要求（否则按排放标准限值严格 50%控制执行），而且需要保障厂界达标。鉴于此，不能确定是否必须进行净化处理。本小题氨排放速率的计算是关键，但难度很小，只要弄清计量单位之间的换算关系，勿忽略题干第一段的“日工作时间为 10 h”，很快便可算出。

4．指出图形电镀锡—涂敷阻焊油墨段中应作为危险废物管理的固体废物。

【参考答案】

S_1废干膜渣、退锡工序废槽液、镀锡工序废槽液、蚀刻工序废槽液。

考点分析与答题技巧：根据题干已经明确指出“生产过程产生的废干膜渣与定期更换的镀锡、蚀刻、退锡工序槽液送固体废物临时贮存库贮存”。进一步分析判断，废干膜渣、镀锡废槽液、蚀刻废槽液、退锡废槽液为危险废物。为答此类考题有必要了解《国家危险废物名录》（该名录多次修订，目前 2025 年版已发布，考生应认真学习），但答题时并不要求将危险废物代码写出。另外，本小题是明确针对该工段指出其危险废物，因此，污水处理站的污泥可不答。本小题答上污水处理站的污泥是不可以的，因为不是在该工段产生的。

试题十五（2015 年考题）

某机械装备制造厂，始建于 1970 年，厂区东西长 800 m、南北宽 600 m。生产部门有铸造、铆焊、机加、电镀、涂装、总装等车间，公用部门有锅炉房、油化库等，环保设施有车间污水处理站、全厂污水处理站等。其中，锅炉房现有 2 台 10 t/h 燃煤蒸汽锅炉（1 用 1 备），烟气脱硫系统改造正在实施中。

拟在现在厂区实施改、扩建工程，建设内容包括：更新部分铸造、机加工设备，扩建电镀车间、铆焊车间和锅炉房，改造全厂给排水管网，计划 2016 年年底全部建成。

扩建锅炉房，在预留位置增加 1 台 10 t/h 燃煤蒸汽锅炉，采用布袋除尘+双碱法处理新增锅炉烟气。锅炉房扩建后锅炉 2 用 1 备。

扩建电镀车间，新增 1 条镀铬生产线，采用多级除油、预镀镍、中镀铜、终镀铬复合工艺。其中，中镀铜工段生产工艺如下图所示，所用物料有氰化钠、氰化亚铜等。

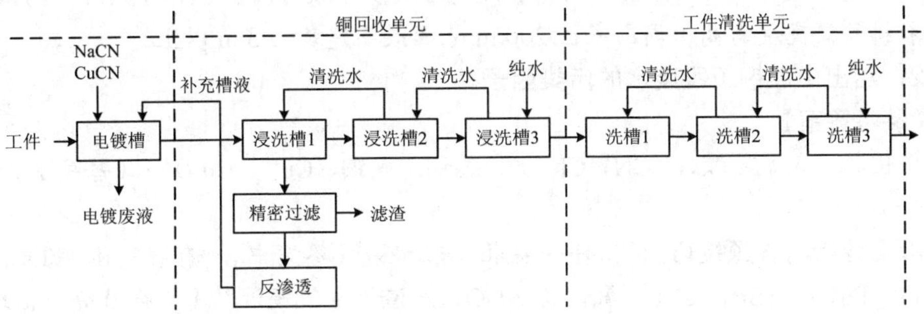

中镀铜工段生产工艺流程图

2010 年，企业所在地及周边 5 km^2 范围已规划为装备制造产业园区。目前规划用地范围内居民搬迁安置工作基本完成，园区市政给排水管网已建成，污水处理厂正在调试，热力中心正在建设。预计 2016 年年初热力中心开始向园区供热供汽，区内分散锅炉房逐步拆除。

扩建的铆焊车间紧邻东厂界。经调查，与厂界距离最近的 A 村位于园区规划用地范围以东，与厂界相距 180 m。

东厂界现状噪声略有超标。近期区域 1#测点 PM_{10}、SO_2 24 h 平均浓度监测结果见下表。

区域 1#测点 PM_{10}、SO_2 24 h 平均浓度监测结果汇总　　单位：μg/m³

监测时间	1 月 10 日	1 月 11 日	1 月 12 日	1 月 13 日	1 月 14 日	1 月 15 日	1 月 16 日
PM_{10}	90.0	101.3	125.5	118.2	123.4	161.7	180.0
SO_2	180.0	165.1	140.5	120.5	135.6	160.5	155.3

注：根据《环境空气质量标准》（GB 3095—2012），园区 PM_{10}、SO_2 的 24 h 平均浓度限值均为 150 μg/m³。

【问题】

1．锅炉房扩建是否合理？请列举理由。（6 分）

【参考答案】

（1）不合理。（2 分）

（2）理由：区域供热中心投产时间能够满足企业建设要求（或答区域供热中心正在建设）（1 分）；区域规划逐渐拆除分散锅炉（1 分）；项目所在区域 PM_{10} 和 SO_2 均有超标现象（或答没有容量）（2 分）。

考点分析与答题技巧：根据评分要求，第（1）条如果答“合理”，则本小题得 0 分。关于锅炉（尤其是燃煤锅炉）是环境监管的重要领域，国家颁布了很多法规和规范性文件，而且修订了《锅炉大气污染物排放标准》（GB 13271—2014）并要求排气筒高度需高出周围半径 200 m 范围最高建筑物 3 m 以上。

2．给出中镀铜工段废水的污染因子。

【参考答案】

氰化物（或氰氢酸、HCN、CN^-）、总铜（或铜、Cu^{2+}、Cu^+）。（每项 2 分，共 4 分）

考点分析与答题技巧：根据评分要求，概念不清（答案中含“有害气体、VOCs、有机物、PM_{10}、TSP、氨气、氧化物、DO、废渣、电镀废液”），得 0 分。出现非本工序废水污染因子（总磷、磷酸盐、氨氮、重金属、Ni、Cr^{6+}、Zn、热量）的，扣 1 分。此外，氰化亚铜、氰化钠不应视为氰化物，氰化亚铜不应视为总铜。

3．给出噪声现状监测布点原则。（4 分）

【参考答案】

A 村庄、四周（东南西北）厂界。（每项 2 分，共 4 分）

考点分析与答题技巧：根据评分要求，答厂界噪声（或东厂界），计 1 分。声环境保护（或敏感）目标，不计分。

4．对题干附表中的 PM_{10} 监测数据进行统计分析，给出评价结果。（6 分）

【参考答案】

（1）标准指数范围为：0.60～1.20。（2 分）

（2）超标率为：2/7×100%=28.57%（或 28.60%）。（2 分）

（3）最大超标倍数为：180/150−1=0.2（倍）或（180−150）÷150=0.2（倍）。（2 分）

考点分析与答题技巧：根据评分要求，答案（1）仅给出最大标准指数 1.2 给 1 分。答案（2）仅有结果无计算过程的给 1 分。答案（3）最大超标倍数写 1.2 的不得分。

试题十六（2015 年考题）

某高新技术工业园区成立于 2005 年，截至 2014 年年底已开发土地面积占规划用地面积的 75%，工业园区污水处理厂已于 2014 年年底投入运行。A 企业在工业园区建设初期入园，占地面积 200 m×180 m，年产 2.5 万只压电陶瓷频率器件。

A 企业提供的资料表明：该企业污水尚未纳入工业园区污水处理系统，现有研磨腐蚀清洗废水经车间预处理达标后，与厂区生活污水一并排入厂区污水处理站，经生化处理后排入工业园区东侧 B 河，总排放口水质达标；厂区污水处理站污泥送城市生活垃圾卫生填埋场处置；喷雾造粒机废气经布袋除尘系统处理，由高 15 m 的排气筒排放。现有工程“三废”产生量及处理情况如下表所示。企业负责人称，现有工程配套的环保设施完善，“三废”处理符合环保要求。

现有工程“三废”产生量及治理情况

编号	污染源名称	产生量	主要污染物	治理措施及去向
W_1	混配机冷却水	46 m^3/d	—	经总排口直接排放
W_2	研磨腐蚀清洗废水	88.4 m^3/d	Pb、Cu	W_2 经车间预处理后与 W_3 一并进入厂区污水处理站，处理后排入 B 河
W_3	生活污水	50 m^3/d	COD、NH_3-N	
G_1	喷雾造粒机废气	0.022 kg/h	铅及其化合物	布袋除尘，风机风量 2 000 m^3/h
S_1	污水处理站污泥	150 kg/d		送城市生活垃圾卫生填埋场处置

注：铅及其化合物最高允许排放浓度 0.7 mg/m^3，15 m 高排气筒最高允许排放速率 0.004 kg/h。

拟在现厂区内扩建 1 条 2.5 万只年压电陶瓷频率器件生产线，生产工艺与现有工程相同；配套建设 1 座含质检中心的四层（层高 3.2 m）综合办公楼；改造和扩建的喷雾造粒机废气经布袋除尘系统处理（效率 95%），由现有的排气筒集中排放；拟改造现在厂区污水处理站，专门预处理扩建工程研磨腐蚀清洗废水。全厂研磨腐蚀清洗废水经预处理达标后与厂区生活污水一并排入工业园区污水处理厂。

【问题】

1. 指出“现有工程的‘三废’处理符合环保要求”说法的可疑之处，并说明理由。（6 分）

【参考答案】

（1）有布袋除尘设施，未见除尘效率数据，无法判断其是否达标。（3 分）

（2）污泥是否属于危险废物，还需进行鉴别，才能确认其可否送城市生活垃圾填埋场。（3分）

考点分析与答题技巧：根据评分要求，答案（1）用扩建工程的除尘效率进行分析的不给分。答案（2）答“危险废物，不能送垃圾填埋场”的给1.5分；答“不可混”，给1.5分；有“鉴别”两字的给3分。需注意的是，W_2为含铅污泥，W_4中的经预处理已达标。

2．扩建工程研磨腐蚀清洗废水的预处理方案是否可行？请说明理由。（4分）

【参考答案】

（1）可行。（2分）

（2）扩建工程研磨腐蚀清洗废水含有第一类污染物Pb，要求单独预处理达标。（2分）

考点分析与答题技巧：根据评分要求，答案（1）若答“不可行”，本小题得0分。

3．评价扩建工程完成后，喷雾造粒机废气排放达标情况。（5分）

【参考答案】

（1）排放浓度：$0.022\times2\times10^6\div4\,000\times(1-95\%)=0.55(mg/m^3)<0.7(mg/m^3)$。

（2）排放速率：$0.022\times2\times(1-95\%)=0.002\,2(kg/h)>0.002(kg/h)$。

（3）因排气筒高度不满足高出200 m内建筑物5 m的要求，因此，按严格50%排放速率要求，本项目排放速率不满足达标排放要求。（2分）

考点分析与答题技巧：根据评分要求，（1）和（2）没有计算过程，只有结果的给1分；但如果用文字说明数据来源，应视为全对。以产生速率当排放速率，答案（2）不给分。对于答案（3）排放速率减半的回答，只罗列原则（如“若低于200 m内建筑物5 m要求，则减半；若高于，则不减半”）的不给分。

4．简要说明废水预处理站污泥的处理处置要求。（5分）

【参考答案】

（1）污泥中含Pb、Cu，需进行固体废物属性鉴别。（2分）

（2）若属危险废物，应按要求暂存（1分）、转移（1分）和最终处置（1分）。

考点分析与答题技巧：根据评分要求，答案（2）答“按危险废物处置”或“属危险废物，交有资质单位处置”或“属危险废物，交有资质单位转移、处置”，给2.5分。

2014年之前考题（冶金机电案例）

二、水利水电及风电案例

试题一（2024 年考题）

2024 年第 3 题视频讲解

西南某省拟建的抽水蓄能电站已纳入国家《抽水蓄能中长期发展规划（2021—2035 年）》和《龙船江流域综合规划》，为一等大（Ⅰ）型工程，装机容量 1 200 MW，设计年平均发电量 12.29 亿 kW·h，年平均抽水用电量 16.38 亿 kW·h。工程由上水库、下水库、输水系统、地下发电厂房及地面开关站等组成，主要承担该省电网调峰、填谷、调频、调相、储能、紧急事故备用等任务。

电站上、下水库均位于龙船江右岸一级支流南界河流域内，两库相距约 3 km，高差约 460 m，通过输水系统相连。上水库利用南界河左岸山顶低洼地形开挖围挡成库，挡水坝为混凝土面板堆石坝，最大坝高 82.5 m，正常蓄水位 2 423 m，死水位 2 393 m，调节库容 729 万 m^3。下水库在南界河干流下游河段筑坝成库，挡水坝距离南界河入龙船江汇口约 7.5 km，为混凝土面板堆石坝，最大坝高 117 m，正常蓄水位 1 966 m，死水位 1 936 m，调节库容 733 万 m^3，正常蓄水位时水库长度约 1.1 km。为满足电站过机含沙量要求，在下水库库尾处设一座拦沙坝形成拦沙库，拦蓄上游来沙。拦沙坝为混凝土重力坝，溢流坝段坝顶高程 1 979 m，最大坝高 27 m，上游来水经溢流坝段坝顶溢流进入下水库。下水库泄洪建筑物布置在右岸，为泄洪放空洞，进水口底板高程为 1 900 m，用于泄放超水位洪水以及正常运行时上游多余来水。地下发电厂房拟安装 4 台单机容量 300 MW 的立轴混流可逆式水泵水轮机一发电电动机组，4 台机组满发时发电流量 310 m^3/s，抽水流量 229.3 m^3/s，连续满发利用小时数 6 h。

电站具日调节能力，根据电网运行需求和风电、光伏电站等新能源的出力情况，日内在上、下水库间完成抽水充库和放水发电过程。电站典型日内运行过程为：0 点至上午 10 点，上、下水库水位处于稳定状态，下水库水位接近正常蓄水位，上水库水位接近死水位，上午 10 点至下午 6 点，在新能源出力高峰时进入抽水工况，通过机组从下水库抽水至上水库，上水库水位逐渐抬升至正常蓄水位，下水库水位逐渐消落至死水位；下午 6 点至次日 0 点，在新能源出力低谷时进入发电工况，上水库水经输水系统进入地下厂房机组发电后进入下水库，上水库水位逐渐消落至死水位，下水库水位逐渐回升至正常蓄水位，水量在上、下水库之间完成 1 次交换，1 个抽水/发电周期结束。由于两库水体每日交换一次，水位变化频繁，水体掺混强烈。

工程分施工期、初期蓄水期和运行期三个阶段，各阶段取水水源均为南界河。施工期供水取水点位于下水库库尾，最大供水规模为 640 m^3/h，最大取水流量 0.18 m^3/s。初期蓄水期下水库先拦蓄南界河来水进行蓄水，再通过机组抽水至上水库进行上水库蓄水，蓄水期共 4 年 5 个月。运行期上、下水库存在少量的蒸发渗漏损失水量，当损失量达到一定程度时，通过下水库拦蓄南界河上游来水进行补水，其余时期南界河上游均通过下水库泄洪建筑物下泄入坝下河道。

电站建设征占地不涉及自然保护地、世界自然遗产地、生态保护红线等各类法定生态保护区域。工程影响区内分布的自然植被有 5 个植被型 13 个群落类型，以半湿润常绿阔叶林和暖温性针叶林为主，分布有凤头鹰、红隼、白腹锦鸡、猕猴、豹猫等 10 种国家二级保护动物。南界河河长约 28 km，河口处多年平均流量 1.56 m^3/s，占所汇入的龙船江干流断面多年平均流量的 3.5%。电站下水库坝址处多年平均流量 0.39 m^3/s，其中最枯月平均流量 0.11 m^3/s。

据调查，南界河共有红尾荷马条鳅、华坪南鳅等 5 种小型鱼类，为当地土著种，不属于国家及地方重点保护鱼类。5 种鱼类均不具有典型洄游习性，完成生活史所需空间不大，在环境适宜区域即可产卵、育幼、索饵。鱼类在南界河的分布范围随着季节变化而变化：5—10 月，流量丰沛，鱼类从南界河河口段上行，全河段均有分布；11 月—翌年 4 月，流量减少，且上游河源段存在结冰现象，鱼类下行至河口段及龙船江干流越冬。为减缓本工程对南界河鱼类的影响，环评文件编制单位提出了定期向下水库库内及坝下河段投放 3 种已人工繁育成功的鱼类幼苗进行鱼类资源补偿，并采取人工过坝措施实现下水库上、下游鱼类种群基因交流。

《龙船江流域综合规划》及规划环境影响报告书将南界河划为可开发河流，并提出了河流开发建设过程中的最小生态流量控制要求。为此，环评文件编制单位根据下水库坝下河段生态环境需水要求，提出了水库初期蓄水期生态流量泄放措施，即以优先满足下游河道生态流量为前提进行水库蓄水，当上游来水不足时暂停蓄水。

【问题】

1. 给出本工程不同阶段地表水环境影响评价的主要内容。（4 分）

【参考答案】

答案一：

（1）施工期：施工从河道取水导致河道水文情势的变化（0.5 分。或答导致河道水量减少、水位下降均给分），拦沙坝和下水库大坝施工截流导致河道水文情势变化（0.5 分），施工期生产废水和生活污水排放可能对南界河水质的污染影响（0.5 分），施工生态破坏产生的水土流失对南界河水环境的影响（0.5 分）。

（2）初期蓄水期：蓄水导致下水库库区及坝下水文情势的变化（0.5 分。或答下水库坝下水量减少、水位下降等均给分）以及由此导致的水环境影响（0.5 分。或答导致的水质和水生生物的影响也给分）。

（3）运行期：水库运行补水导致的水文情势变化（0.5 分。或答补水导致的坝下流量的减少也给分），库区水量蒸发导致的库区水体矿化度升高（0.5 分）。

答案二：

（1）施工期：坝址处截流使南界河坝下流量降低，取水使库尾下游水量降低，导致水文情势变化，施工期产生的施工废水、生活污水等处理不当对南界河水质污染。

（2）初期蓄水期：蓄水使南界河坝址下游水量降低，上库下库库区水位上升，水域面积增大，水文情势变化。

（3）运行期：库区水位流量变化频繁。坝址下游水量降低，水文情势变化。

（4）以上三阶段下泄生态流量符合性分析。

考点分析与答题技巧：对于本小题，题干提供了这样的信息“工程分施工期、初期蓄水期和运行期三个阶段，各阶段取水水源均为南界河。施工期供水取水点位于下水库库尾，最大供水规模为 640 m^3/h，最大取水流量 0.18 m^3/s。初期蓄水期下水库先拦蓄南界河来水进行蓄水，再通过机组抽水至上水库进行上水库蓄水，蓄水期共 4 年 5 个月。运行期上、下水库存在少量的蒸发渗漏损失水量，当损失量达到一定程度时，通过下水库拦蓄南界河上游来水进行补水，其余时期南界河上游均通过下水库泄洪建筑物下泄入坝下河道”。必须分三个阶段（施工期、初期蓄水、运行期）来解答，施工期对地表水的影响是施工从河道取水、下水库施工的库尾拦沙坝和下水库大坝的截流、施工管理不善可能会发生的废水排入河道、施工生态破坏导致的水土流失泥沙入河；初期蓄水主要是拦蓄上游来水而导致下游河道的水文情势的改变，而蓄水期时间较长，这种改变的影响也是显著的；运行期则主要是补水而导致的不利影响。抓住了这些关键信息，解答本小题就比较容易了。虽然蓄水和运行也可能存在坝址下游水量降低，稀释能力下降的影响，但考试时应根据题干信息，答上“要点”即可。答案一与答案二主要内容基本一致，只是表述方式不同而已。

2. 环评单位提出的鱼苗投放点是否合理?说明理由。（2分）

【参考答案】

答案一：

（1）不合理。（1分）

（2）理由：下水库水文情势及水环境不适合鱼苗生活。（1分）

答案二：

（1）坝下河段投放合理（0.5分），下水库库内投放不合理（0.5分）。

（2）理由：下水库水文情势及水环境不适合鱼苗生活。（1分。或答运行期下水库库盆内，水位变化频繁，水体掺混强烈；由于水量蒸发矿化度会升高；挡水坝和拦沙坝对鱼类洄游会产生阻隔作用的任意一项也给分）

考点分析与答题技巧：题干提供的信息为“为减缓本工程对南界河鱼类的影响，环评文件编制单位提出了定期向下水库库内及坝下河段投放3种已人工繁育成功的鱼类幼苗进行鱼类资源补偿，并采取人工过坝措施实现下水库上、下游鱼类种群基因交流”。答案一简洁，答案二与题干信息结合较密切，具有针对性。

从考后的讨论情况来看，很多考生错误地认为鱼类分布广泛且完成生活史所需空间不大，增殖放流点选在库区是合理的，显示只关注了鱼类的生活习性，忽略项目运行日内水量、水位变化大，显然不是适宜育幼的区域。另外，如果运行期间上下水库自然生长鱼类则属于正常，但作为人工增殖放流鱼苗投放点则是不合理的。鱼苗合适的投放点就是自然河道。

3. 本工程还应采取哪些鱼类保护措施?说明理出。（5分）

【参考答案】

（1）将库区上游河段和南界河河口段作为鱼类栖息地保护（1分）。理由：由于5—10月鱼类全河段均有分布，11月—翌年4月鱼类下行至河口段及龙船江干流越冬，上下游河段均可作为栖息地保护（1分）。

（2）设置运行期间的生态流量下泄专门设施（1分）和监控设施（1分）。理由：题干中的“通过下水库泄洪建筑物下泄水量”未说明泄洪建筑物的结构与泄流方式及其能否满足下泄生态流量的需要，是不能确定的（1分）。

考点分析与答题技巧：关于鱼类保护措施，在生态环境部发布的一系列文件中[包括《关于深化落实水电开发生态环境保护措施的通知》（环发〔2014〕65号）、《水电水利建设项目水环境与水生生态保护技术政策研讨会会议纪要》((环办函〔2006〕11号))、《关于印发〈水电水利建设项目河道生态用水、低温水和过鱼设施环境影响评价技术指南（试行）〉的函》（环评函〔2006〕4号）、“水电建设项目环境影响评价文件审批原则（试行）”等]给出了十分明确和具体的措施，考生应认真学习这些文件。关于本小题，题干提供的主要信息有“据调查，南界河共有红尾荷马条鳅、华坪南鳅等 5 种小型鱼类，为当地土著种，不属于国家及地方重点保护鱼类。5 种鱼类均不具有典型洄游习性，完成生活史所需空间不大，在环境适宜区域即可产卵、育幼、索饵。鱼类在南界河的分布范围随着季节变化而变化：5—10 月，流量丰沛，鱼类从南界河河口段上行，全河段均有分布；11 月—翌年 4 月，流量减少，且上游河源段存在结冰现象，鱼类下行至河口段及龙船江干流越冬。为减缓本工程对南界河鱼类的影响，环评文件编制单位提出了定期向下水库库内及坝下河段投放 3 种已人工繁育成功的鱼类幼苗进行鱼类资源补偿，并采取人工过坝措施实现下水库上、下游鱼类种群基因交流”。可以考虑优化调度运行，在鱼类生活史的不同时期下泄合适的生态流量，也可以考虑实施生态监测，监测鱼的种类、数量、分布、保护措施效果等，通过监测研究进一步的保护措施。或加强科研，对其余 2 种尚未人工繁育成功的鱼类进行人工繁育研究等。鉴于题干给出了“5 种鱼类均不具有典型洄游习性”则不应考虑过鱼设施。

4. 为评价本项目对白腹锦鸡的影响，应调查哪些内容？（5 分）

【参考答案】

答案一：

（1）白腹锦鸡的种群结构（0.5 分）、数量（0.5 分）、生存状况（0.5 分）、受威胁因素（0.5 分）、生境状况（0.5 分。或适宜生境范围与面积、生境类型）和迁徙活动规律（0.5 分）。

（2）抽水蓄能电站工程布局与白腹锦鸡生境的位置关系（1 分）。

（3）工程行为或活动（包括永久占地、临时占地，以及施工噪声和灯光等）与白腹锦鸡生境及其活动的关系（1 分）。

答案二：

（1）白腹锦鸡的分布、种群数量和动态。（1 分）

（2）饮水、觅食、繁殖、是否迁徙等行为，尤其是繁殖、迁徙等时间，迁徙路径。（1 分）

（3）食源、水源、栖息地、繁殖场所、越冬地、迁徙通道等生境面积、质量、连通性，与大坝或者库区位置关系。（1 分）

（4）临时永久占地占用面积、类型，占用白腹锦鸡生境面积。项目施工时间、施工场地与生境位置关系。（1 分）

考点分析与答题技巧：题干给的信息是“电站建设征占地不涉及自然保护地、世界自然遗产地、生态保护红线等各类法定生态保护区域。工程影响区内分布的自然植被有 5 个植被型 13 个群落类型，以半湿润常绿阔叶林和暖温性针叶林为主，分布有凤头鹰、红隼、白腹锦鸡、猕猴、豹猫等 10 种国家二级保护动物”，虽然本小题仅以白腹锦鸡为例设问，但对其他动物的调查也基本是一样的。答案一与答案二实质上是一样的，只是表述略有不同。

注意本小题的设问“为评价本项目对白腹锦鸡的影响，应调查哪些内容”。据题意，既然是“影响”调查，理应一方面是对白腹锦鸡的调查，另一方面是对工程的调查，即工程的哪些行为或活动会影响到白腹锦鸡。但考试不同于环评报告书编写，考试要抓住重点、要点，本小题显然是要求说明针对白腹锦鸡的调查内容。关于鸟类调查，环评师考试中已多次出现过，生态环境部发布了《生物多样性观测技术导则　鸟类》（HJ 710.4—2014），实际工作中可参照该导则进行鸟类调查。

5. 环评单位提出的生态流量泄放方案是否满足流域规划环评要求?说明理由。（4分）

【参考答案】

（1）不满足。（1分）

（2）理由：环评单位仅对水库初期蓄水期提出生态流量泄放措施不全面（3分）。或分别答缺少施工期（1分）和运行期（1分）的下泄最小流量和红尾荷马条鳅、华坪南鳅等鱼类产卵、育幼、索饵期、结冰期等特殊时期下泄的水量（1分）。

考点分析与答题技巧：题干给的信息是“《龙船江流域综合规划》及规划环境影响报告书将南界河划为可开发河流，并提出了河流开发建设过程中的最小生态流量控制要求。为此，环评文件编制单位根据下水库坝下河段生态环境需水要求，提出了水库初期蓄水期生态流量泄放措施，即以优先满足下游河道生态流量为前提进行水库蓄水，当上游来水不足时暂停蓄水”，同样题干中也给出了“工程分施工期（大坝截流属于施工期）、初期蓄水期和运行期三个阶段，各阶段取水水源均为南界河。施工期供水取水点位于下水库库尾，最大供水规模为640 m^3/h，最大取水流量 0.18 m^3/s。初期蓄水期下水库先拦蓄南界河来水进行蓄水，再通过机组抽水至上水库进行上水库蓄水，蓄水期共 4 年 5 个月。运行期上、下水库存在少量的蒸发渗漏损失水量，当损失量达到一定程度时，通过下水库拦蓄南界河上游来水进行补水，其余时期南界河上游均通过下水库泄洪建筑物下泄入坝下河道”。因此，三个阶段均应考虑生态流量的泄放。

近年来，抽水蓄能电站发展迅猛，而且多为地市级生态环境部门审批其环境影响报告书，此类电站的功能主要是调峰、填谷、调频、调相、储能、紧急事故备用等。抽水蓄能电站的显著特点是有上下两个水库，而发电厂一般在两个水库之间的山体内，上水库需要挖出一个硕大的库盆，主要是对陆生生态的影响，下水库则往往是在河道筑坝形成，对河道水文情势及水生生态的影响更为突出。考生应充分了解此类水电站的特点。

试题二（2024 年考题）

2024 年第 1 题视频讲解

拟建海上风电示范项目位于某北方沿海城市临港工业区外东部海域，规划装机容量 204 MW，设计使用年限 20 年，主要建设内容包括 24 台风力发电机、1 座 220 kV 海上升压站、1 座陆上集控中心和相应的海底电缆、陆上电缆敷设工程等。

海上风电场东西长 8.4 km，南北宽 2 km，水深 11～14 m。24 台风力发电机（轮毂高度 127.7 m，叶片半径 113 m）间隔有序排列在场区边界上，距海岸的最近和最远距离分别为 32 km 和 40.4 km，单个桩基占用海域 0.185 hm^2。风电场每 3 台发电机组成一条集电回路，8 条集电回路通过 35 kV 海底电缆（8 条总长 39.6 km）接入位于场区中心的 220 kV 海上升压站低压端。升压站高压端通过 1 条 220 kV 海底电缆（长 36.2 km）和 220 kV 陆上电缆（长 7.2 km）与陆上集控中心相连。海上升压站为四层结构海上平台，平面尺寸 40.5 m×35.5 m，4 根桩基占用海域 0.16 hm^2。海上升压站采用无人值守运行方式，在二层设有一个柴油发电油罐间（油罐储量 13 t），事故排放的油污和消防产生的废水排入布置在一层的 1 座 150 m^3 事故油罐。风机等设备定期维修产生的固废及含油废水等，由专用装置收集后送陆域处理。

海底电缆敷设采用“管沟法”，专用设备在海底挖出管沟并将电缆置于沟内。施工完成后，管沟经自然回淤得以恢复。发电机桩基、升压站桩基以及海底电缆敷设工程所在海域大部分为农渔业功能区，主要经济鱼类有中国对虾、小黄鱼、三疣梭子蟹、白姑鱼、叫姑鱼、鲲和绵鳚等。风电场距叫姑鱼产卵场的最近距离为 1.6 km。根据底栖生物调查结果，该海域水动力环境稳定，底栖生物密度 22.65 g/m^2。

根据鸟类现状调查报告，项目区鸟类的生态类群以游禽最为丰富，其次为涉禽和鸣禽。鸟类居留型以冬候鸟为主，其次为旅鸟，留鸟种类较少。大部分鸟类集中在沿岸陆域及海岸滩涂区活动，海上风电场所处海域为单纯的开阔海洋生境，在此栖息和觅食的鸟类种类和数量均较少。观察期间，风电场所在海域的鸟类种类及数量均处于较低水平。

环评文件编制单位确定项目海洋水质环境评价等级为 1 级，现状评价拟引用评价范围内 2022 年春、秋两季已有的海洋水质环境调查资料。该调查资料春、秋季设置的海洋水质环境调查站位分别为24个和22个。

【问题】

1. 指出本项目海洋工程类型、工程规模、工程所在海域特征和生态环境类型。（3分）

【参考答案】

（1）工程类型：海洋风力发电（0.5分）和海底电缆工程（0.5分）。

（2）规模：发电规模204 MW（0.5分）、海底电缆39.6+36.2=75.8 km（0.5分）。

（3）海域特征和生态环境类型：涉及重要渔业水域（0.5分），为生态环境敏感区（0.5分）。

考点分析和答题技巧：本小题主要考察在环评实际工作中一定要应抓住建设项目的特点和项目所在区域（或评价范围）的环境特征，这样环评报告才能写出特色，体现了《建设项目环境影响评价技术导则　总纲》（HJ 2.1—2016）的要求。对于本小题，根据《海洋工程环境影响评价技术导则》（GB/T 19485—2014）（该导则已经被《环境影响评价技术导则 海洋生态环境》（HJ 1409—2025）替代），海洋生态环境敏感区主要包括自然保护区、珍稀濒危海洋生物的天然集中分布区、海湾、河口海域，领海基点及其周边海域，海岛及其周围海域，重要的海洋生态系统和特殊生境（红树林、珊瑚礁等），重要的渔业水域、海洋自然历史遗迹和自然景观等。本案例中涉及重要渔业水域，属于生态环境敏感区。

鉴于《海洋工程环境影响评价技术导则》（GB/T 19485—2014）已被《环境影响评价技术导则　海洋生态环境》（HJ 1409—2025）替代，考生一定要认真学习新导则。

2. 海水水质环境现状调查站位数量是否满足要求?说明理由。（5分）

【参考答案】

（1）满足。（1分）

（2）理由：本项目涉及海洋生态环境敏感区（1分），结合发电规模和海底电缆长度判定海洋水质环境评价等级为一级（1分），其他海域调查站点个数不少于10个（1分）。该调查资料春、秋季设置的海洋水质环境调查站位分别为24个和22个（1分）。满足要求。

考点分析和答题技巧：本小题考察了《海洋工程环境影响评价技术导则》（GB/T 19485—2014）中关于海水水质现状调查站位布设的规定。

（1）根据GB/T 19485—2014，海洋风力发电≥100 MW、涉及生态环境敏感区，水质环境评价等级为一级；海底电缆20～100 km、涉及生态环境敏感区，水质环境评价等级为一级。综合考虑本项目水质环境影响评价等级为一级。

（2）不同评价等级最少调查站位数量与项目所处海域有关：

评价等级	最少调查站位数量/个		
	河口、海湾和沿岸海域	近岸海域	其他海域
1	20	15	10
2	12	10	8
3	8	8	6

近岸海域：指距大陆海岸较近的海域，已公布领海基点的海域指领海外部界限至大陆海岸之间的海域，渤海和北部湾一般指水深 10 m 以浅海域。

沿岸海域：近岸海域之内靠近大陆海岸，水文要素受陆地气象条件和径流影响大的海域，一般指距大陆海岸 10 km 以内的海域。

本项目风电场水深 11～14 m，距海岸的最近和最远距离分别为 32 km 和 40.4 km，不属于近岸海域和沿岸海域，属于其他海域，因此，近岸海域调查站点个数不少于 10 个。

另外，根据新颁布的 HJ 1409—2025（替代 GB/T 19485—2014），本项目占用海域面积 0.185×24+0.16=4.6 hm^2＜100 hm^2，三级，海底电缆总长度 39.6+36.2=75.8 km，二级，涉及海洋生态环境敏感区的一般敏感区，综合判定为二级，沿岸海域的调查站点个数不少于 10 个。该调查资料春、秋季设置的海洋水质环境调查站位分别为 24 个和 22 个，满足要求。

3. 计算海上风电场桩基用海 20 年底栖生物损失量。（2 分）

【参考答案】

答案一：

（0.185×24+0.16）$\times10^4\times22.65\times20\times10^{-6}$=20.8 t。（2 分）

答案二：

占海面积=（0.185×24+0.16）$\times10^4$=46 000 m^2。（1 分）

生物损失量=46 000$\times22.65\times20\times10^{-6}$=20.8 t。（1 分）

考点分析和答题技巧：扰动海底面积包括 24 台风力发电机桩基占地、海上升压站占地和海底电缆占地，海底电缆缺少数据没法计算面积。本小题只是常规的一种计算，基本没有难度。只需要根据本小题的设问，考虑使用年限 20 年，以及整个风电场 24 台风机而非单台风机。

4. 识别风电场运营期危险单元、危险物质、环境风险类型。（5分）

【参考答案】

答案一：

危险单元	危险物质	环境风险类型
柴油发电油罐间	柴油	油罐发生泄漏、火灾、爆炸，排放的柴油、含油废水、NO_x、CO
收集风机等设备定期维修产生的固废专用装置	废机油	专用装置发生泄漏、火灾、爆炸，排放的废机油、含油废水、NO_x、CO

答案二：

（1）危险单元：柴油发电油罐间（0.5分），收集风机等设备定期维修产生的固废专用装置（0.5分）。

（2）危险物质：柴油（0.5分）、废机油（0.5分）。

（3）环境风险类型：柴油油罐泄漏（0.5 分）、固废专用装置废机油泄漏（0.5分），以及可能存在的火灾爆炸（0.5分），及事故伴生的废气（0.5分。石油气/非甲烷总烃/挥发性有机物、CO），事故排放的含油废水（0.5分）和消防废水（0.5分）等。

考点分析和答题技巧：风险源为存在物质或能量意外释放，并可能产生环境危害的源。值得注意的是，危险废物也属于危险物质，贮存危险废物的装置也属于风险源。因此油罐间和收集风机等设备定期维修产生的固废专用装置分别属于两个危险单元。环境风险类型包括危险物质泄漏，以及火灾爆炸等引起的伴生/次生污染物排放，回答环境风险类型的时候，要将具体是什么污染物种类写清楚，以体现本行业的特征，而不能只用伴生/次生污染物一带而过。

答案一与答案二在内容上是一致的。

5. 从保护鸟类角度，风电场选址是否合理?说明理由。（5分）

【参考答案】

答案一：

合理。（2分）

理由：

（1）选址不涉及濒危、受保护的鸟类，不涉及鸟类自然保护区等重要生境，没有制约因素。（1分）

（2）海上风电场距海岸比较远，轮毂高度不高，噪声、灯光、风叶转动等对冬候鸟和旅鸟的越冬、停歇等迁徙行为影响较小，对鸟类生境质量干扰较小。（1分）

（3）大部分鸟类集中在沿岸陆域及海岸滩涂区活动，选址所处海域为单纯的

开阔海洋生境，距离海岸比较远，在此栖息和觅食的鸟类种类和数量均较少，对鸟类栖息、觅食行为和生境面积影响比较小。（1分）

答案二：

合理。（2分）

理由：

（1）选址不涉及鸟类重要生境。（1分）

（2）距海岸比较远，鸟类生境不在风机噪声影响范围内。（1分）

（3）风电场不在鸟类迁徙的主要路径上。（1分）

考点分析和答题技巧：应从环境制约因素和生态影响程度来论述选址合理性。题干提供的主要信息为："根据鸟类现状调查报告，项目区鸟类的生态类群以游禽最为丰富，其次为涉禽和鸣禽。鸟类居留型以冬候鸟为主，其次为旅鸟，留鸟种类较少。大部分鸟类集中在沿岸陆域及海岸滩涂区活动，海上风电场所处海域为单纯的开阔海洋生境，在此栖息和觅食的鸟类种类和数量均较少。观察期间，风电场所在海域的鸟类种类及数量均处于较低水平。"

答案一与答案二主要内容相近。答案一基本参照题干信息解答，与题干结合密切；答案二较简略，根据题干内容进行了提炼和总结。

试题三（2023 年考题）

2024 年第 3 题视频讲解

拟建黑河水库工程位于云贵高原兰江水系黑河上，是已通过规划环评审查的《兰江流域水资源综合利用规划修编报告》中推荐近期实施的重点跨流域调水工程，开发任务为城乡生活、工业及灌溉供水，兼顾防洪。水库建成后，优先满足坝下黑河两岸农村生活供水及农田灌溉供水，并通过输水线路向位于盘江流域的 A 市提供城市生活及工业用水，以缓解 A 市水资源供需矛盾，促进 A 市社会经济的可持续发展。

黑河为兰江右岸一级支流，河道全长 46.5 km，流域面积 383 km^2。黑河水库工程坝址位于黑河河口以上 13.7 km 处，控制流域面积 297 km^2，多年平均年径流量为 12 960 万 m^3。坝上、坝下河道均有较小支流分布。拟建坝址上游 210 m 处现有 1 座小（1）型水库，1957 年建成投产，其功能为向下游黑河两岸 3 840 亩[①]灌区提供灌溉用水。黑河水库建成后将淹没该小（1）型水库并完全取代其灌溉功能，并新增黑河两岸灌溉面积 7 167 亩。

黑河水库为大(2)型水库，大坝为混凝土面板堆石坝，坝高 55 m，坝长 333 m。水库正常蓄水位 1 995 m，死水位 1 970 m，总库容 13 500 万 m^3，兴利库容 10 932 万 m^3，具有多年调节性能。水库设计多年平均年供水量 4 715 万 m^3，其中向坝下黑河两岸供水 438 万 m^3，包括农村生活供水 32 万 m^3，农田灌溉供水 406 万 m^3，合计灌溉面积 11 007 亩（现有灌溉面积 3 840 亩，新增灌溉面积 7 167 亩）；向 A 市供水 4 277 万 m^3，包括城市生活供水 1 336 万 m^3，工业供水 2 941 万 m^3。

A 市调水取水口位于黑河水库坝前库区左岸，由取水箱涵和进水塔组成。向 A 市供水的输水线路总长 18.7 km，包括 11.2 km 隧洞、1.6 km 箱涵及 5.9 km 钢管道，隧洞穿越兰江与盘江两流域的分水岭地带。水库工程向坝下黑河两岸的供水方式为水库放水至河道，再经下游供水工程向沿岸进行供水。水库运行管理用房布置在右坝肩上游，日常管理人员约 44 人。

水库工程征占地总面积 1 395 hm^2，其中永久征地 1 224 hm^2，临时占地 171 hm^2，规划水平年搬迁安置人口 2 992 人，共设 5 个集中安置点，其中 4 个安置点在库区周边就近后靠建设。移民集中安置点均配套建设有公厕、污水处理站

① 1 亩≈666.67 m^2。

及生活垃圾中转站等基础设施。

根据相关水环境功能区划，兰江及黑河均为III类水环境功能类别，现状水质均能满足水质目标要求。兰江在黑河汇入口下游 3.8 km 处已建有大（1）型水库工程兰江水库，黑河汇入口处于兰江水库库区河段。为保护兰江水库及兰江水环境，地方政府发布了《兰江保护条例》，对兰江流域实行分区保护，将兰江水库坝址以上集水区域划为兰江流域上游保护区，并进一步划分为水源保护核心区、重点污染控制区和重点水源涵养区。其中，黑河流域在黑河水库坝上为重点水源涵养区，坝下为重点污染控制区。根据条例规定，重点水源涵养区内禁止盗伐、滥伐林木和破坏草地，禁止使用高毒、高残留农药以及《中华人民共和国水污染防治法》中所禁止的行为；重点污染控制区除重点水源涵养区禁止行为以外，还禁止新建、扩建对水体污染严重的项目，禁止围河造地、围垦河道、网箱养殖、规模化畜禽养殖、挖砂、采石、取土、采矿等行为。

A 市受水区退水（受水区用水户排放的污废水）汇入盘江，退水河段为IV类水环境功能类别。A 市污染源以城镇生活和工业废水为主，建有城镇污水处理厂，出水执行《城镇污水处理厂污染物排放标准》一级 A 类标准。

环评文件编制单位调查显示：黑河流域内无工业污染源，分布有国家二级保护鱼类金线鲃、兰江特有鱼类德泽华吸鳅和兰江似原吸鳅。三种鱼类均产黏沉性卵，产卵期主要集中在每年 4—6 月，产卵场较为分散，无集中的规模性产卵场。为保护黑河鱼类资源，环评文件编制单位提出了建设过鱼设施、采用卧管分层取水、鱼类增殖放流、加强渔政管理等对策措施减缓项目对鱼类的不利影响。

【问题】

1. 判定本工程水文要素影响型地表水环境评价等级，并说明理由。（4 分）

【参考答案】

（1）一级。（1 分）

（2）理由：（以下理由给出任意三项得 3 分）

① 影响范围涉及国家二级保护鱼类金线鲃、兰江特有鱼类德泽华吸鳅和兰江似原吸鳅产卵场，不低于二级。

② 本项目为跨流域调水项目，评价等级不低于二级。

③ 多年调节型水库，评价等级应为一级。

④ β=10 932÷13 500×100%=81＞20，评价等级应为一级。

⑤ r=4 715÷12 960×100%=36.4＞30，评价等级应为一级。

综合考虑评价等级为一级。

考点分析与答题技巧：在多年的案例考试中，有关“地表水”导则多考察确定评价范围。本小题考察对《环境影响评价技术导则　地表水》（HJ 2.3—2018）

关于水文要素影响型评价等级确定的规定（导则中的“表2 水文要素影响型建设项目评价等级判定表”）。考生需认真学习 HJ 2.3—2018。

2. 为加强对黑河鱼类的保护，除本案提出的对策措施外还需考虑哪些措施？（4分）

【参考答案】

（1）施工期尽量避开产卵期。

（2）人工营造产卵场。

（3）划定鱼类栖息地保护河段。

（4）设置专门的生态流量下泄孔，并实施在线监测。

（5）产卵期生态调度。

（6）对金线鲃、德泽华吸鳅和兰江似原吸鳅等重点保护鱼类实施生态监测。

（7）拆除拟建坝址上游现有小（1）型水库。

（8）若现有兰江水库未建设过鱼设施，则应考虑建设过鱼设施。

考点分析与答题技巧：本小题只要答上5项即可得满分。本小题并不易答，因为题干已给出主要鱼类保护措施（为保护黑河鱼类资源，环评文件编制单位提出了建设过鱼设施、采用卧管分层取水、鱼类增殖放流、加强渔政管理等对策措施减缓项目对鱼类的不利影响），不太容易想出其他措施，而且要归纳总结出能够准确表述的方式，有一定的难度。

3. 提出本工程运行期黑河水库库区周边应采取的水质保护对策措施。（4分）

【参考答案】

（1）库区周边应落实水源涵养保护要求，农田应退耕还林，提高库周植被覆盖率；确需保留的永久基本农田应采取节水灌溉措施，减少农田退水。

（2）库区周边水源涵养区的农村应考虑搬迁，搬迁后就地进行生态修复；确实不能搬迁的应对生活污水集中收集处理后回用或达标排放。

（3）调查库区周边村镇分布情况，本次环评规划的移民安置点应安置在水源涵养区以外；将水源涵养区未纳入移民安置规划的村镇纳入移民安置规划。

（4）灌溉区禁止使用高毒、高残留农药以及《中华人民共和国水污染防治法》中所禁止的行为；

（5）落实地方政府颁布的《兰河保护条例》。

（6）合理处理处置水库管理用房的污水，禁止进入库区。

（以上任意答上4个得满分）

考点分析与答题技巧：本小题是针对水污染防治的，给出任意五项可得满分。回答本小题时应注意：一是营运期，二是水库库区周边。题干指出“坝址上游为重点水源涵养区”“共设5个集中安置点，其中4个安置点在库区周边就近后靠建设。移民集中安置点均配套建设有公厕、污水处理站及生活垃圾中转站等基础设施”，而且已经提供了较多的措施（重点水源涵养区内禁止盗伐、滥伐林木和破坏草地，禁止使用高毒、高残留农药以及《中华人民共和国水污染防治法》中所禁止的行为；重点污染控制区除重点水源涵养区禁止行为以外，还禁止新建、扩建对水体污染严重的项目，禁止围河造地、围垦河道、网箱养殖、规模化畜禽养殖、挖砂、采石、取土、采矿等行为），可以摘录选取引用，并根据题干信息简要回答。虽然“4 个就近后靠安置点及公厕、污水处理站、生活垃圾中转站选址在水源保护区范围之外，环卫及环保基础设施建设时做好防渗处理”也是可采取的措施，但不属于营运期的措施。题干提到《兰河保护条例》，黑河是兰河的支流，也应落实该条例。解答该小题应抓住库区为“重点水源涵养区”的要求。

类似考题在 2016 年的供水工程案例中考过。考生应注意相似考题在不同案例内容中的不同解答，即应与题干信息密切结合。

4．提出减缓本工程坝下黑河两岸受水区退水影响的环境保护对策措施。（4 分）

【参考答案】

（1）坝下两岸农田节水灌溉，减少退水。

（2）坝下两岸灌溉区禁止使用高毒、高残留农药以及《中华人民共和国水污染防治法》中所禁止的行为。

（3）建设生态沟渠，截污净化灌溉退水。

（4）坝下两岸农村生活污水集中收集处理回用（灌溉）或达标排放。

（5）监测坝下水质，根据水质情况，合理确定黑河水库下泄流量。

（6）禁止坝下退水区内新建、扩建对水体污染严重的项目，禁止围河造地、围垦河道、规模化畜禽养殖、挖砂、采石、取土、采矿等行为。

（7）落实地方政府颁布的《兰河保护条例》。

（答上以上任意 4 项得满分）

考点分析与答题技巧：本小题与上一小题的不同在于要求回答的是“坝下”“黑河两岸”，而且是针对受水区退水的环保措施。根据题干信息，黑河两岸受水主要是农村生活用水和灌溉用水，且坝下为重点污染控制区（重点污染控制区除重点水源涵养区禁止行为以外，还禁止新建、扩建对水体污染严重的项目，禁止围河造地、围垦河道、网箱养殖、规模化畜禽养殖、挖砂、采石、取土、采矿等行为）。解答该小题应抓住坝下河段为“重点污染控制区”的要求。

5. 为分析A市受水区退水对盘江水环境的影响，应开展哪些方面的工作？

【参考答案】

答案一：

（1）调查A市城镇污水处理厂情况（0.5分）。

（2）调查A市受水区退入盘江的水量（0.5分）、退水口位置（0.5分）、退水方式（0.5分）及主要污染物浓度（0.5分）等。

（3）盘江退水河段河道特征（0.5分）、水文情势或相关水文特征值（0.5分）调查或测量及近3年水环境质量数据资料（0.5分）或补充监测。

答案二：

（1）调查A市的调水量、产生的退水量，退水排放方式、退水口位置。退水中污染物种类、废水排放的速率、浓度等退水情况。

（2）调查A市目前城镇污水处理厂、工业污水处理能力，是否满足增加受水后的污废水治理能力，是否需要扩建升级改造污水治理设施；调查盘江流域水污染治理规划。

（3）监测盘江水质现状，判断是否满足Ⅳ类水环境功能，调查盘江是否有饮用水保护区等水环境保护目标，盘江区域水污染源调查。

（4）调查监测盘江流量、流速等水文水动力参数，有没有支流汇入（地表水系）。

考点分析与答题技巧：根据本小题设问，应开展哪些方面的工作，实质上是通过模型预测退水对河流水环境的影响，模型预测参数的获取即是应开展的相关工作。根据题干信息“A市受水区退水（受水区用水户排放的污废水）汇入盘江，退水河段为Ⅳ类水环境功能类别。A市污染源以城镇生活和工业废水为主，建有城镇污水处理厂，出水执行《城镇污水处理厂污染物排放标准》一级A类标准”。本小题主要考察对HJ 2.3—2018关于地表水环境影响预测的熟悉情况。答案一和答案二主要内容基本类似，答案一较为简洁、答案二稍复杂。

本案例后3个小题均与退水有关，很容易混淆答案。想要有针对性、清晰、有区别地解答这3个小题是有一定难度的，受第3小题和第4小题的影响，甚至第5小题也会被误答为应采取的环境保护措施。

试题四（2022年考题）

西南某地溪水江自北向南流，左岸自上游往下有A、B两条主要支流汇入。汇口间相距144 km，A河全长83 km，流域面积1 581 km^2，河口处多年平均流量42.7 m^3/s。清溪县位于A河右岸，距河口42～44 km，县城临河展布，以A河支流作为供水水源。目前供水保障率低，县城生活污水经集中处理后排入A河。B河自东向西穿过临江市区，河流全长32 km，河口处多年平均流量6.3 m^3/s，为临江市的主要排污受纳水体。临江市目前以城区北侧的红旗水库作为供水水源。随着城市发展，现有水源的水资源量已无法满足其发展需求。

为提高清溪县供水保证率和满足临江市发展对水资源的需求，临江市拟在A河距河口61 km处新建R水库工程以及清溪县取水工程和临江市调水工程。清溪县取水工程在R水库坝下10 km右岸取水，经6.8 km取水管道接入县自来水厂；临江市调水工程在R水库坝上100 m左岸取水，经20 km输水隧洞向红旗水库补水。

R水库坝址处多年平均流量8.79 m^3/s，水库正常蓄水位2 380 m，死水位2 310 m，水库长9.3 km，总库容9 437万m^3，具有年调节能力。R水库由大坝枢纽、泄水建筑物和发电厂组成。大坝最大坝高96 m，泄水建筑物包括1条溢洪道、1条放空洞和1根生态泄放管。发电厂房位于坝下，根据下游综合需水量进行发电，当发电机组无法下泄水量时，R水库通过生态流量泄放管下泄生态流量。

R水库调度方式为6—11月为蓄水期，在满足防洪需求的情况下蓄水，下泄流量小于等于天然来流量；12月至翌年5月为供水期，下泄流量大于天然来流量。

A河上游受地形地质、气候等因素影响，生态环境极为脆弱。中下游河段具有较典型的干热河谷特征，河谷区植被以灌丛、灌草为主。调水工程输水隧洞穿越山区，在隧道中段设1条施工支洞。隧洞及支洞口附近分别设有弃渣场、施工场地与临时道路，山区植被以云南松林、桤木林、杜鹃灌丛等为主，野生动植物较丰富。

A河现状水质为Ⅱ～Ⅲ类，渔业资源较丰富，距河口约10 km的河段分布有一处鱼类产卵场。B河为Ⅲ类水环境功能类别，受临江市排污影响，市区以下河段现状水质仅为Ⅳ～Ⅴ类。

【问题】

1. 给出地表水环境影响评价范围。

【参考答案】

A 河坝址上游 9.3 km 至汇入溪水江入河口、红旗水库、B 河临江市段至汇入溪水江入河口段。

考点分析与答题技巧：本小题类似考试已多次出现过，既是考察地表水导则的应用，也是考察在水利水电建设项目环评实际工作中地表水评价范围确定的方法。解答本题的难度不大，只要画图即可确定。但是如果将 20 km 的输水隧洞作为地表水评价范围，显然是错误的。

2. 为计算 A 河生态需水，应考虑哪些主要因素？

【参考答案】

（1）维护坝下鱼类资源及其产卵场生境条件的需水量。

（2）维护干热河谷植被的需水量。

（3）维护下游河段Ⅱ～Ⅲ类水环境质量所需的稀释净化水量。

考点分析与答题技巧：本小题解答时应针对题干信息，具体地、有针对性地解答，不能原则性地回答。如答工农业生产和生活需水量、维持水生生态稳定所需水量、维护河道水质的最小稀释净化水量等，均不够具体。另外，尽管下泄生态用水考虑的因素较多，但根据题干信息，回答主要的即可。

3. 从退水环境影响角度，分析临江市增加供水的环境制约因素，提出解决对策。

【参考答案】

（1）穿越临江市的 B 河临江市区以下河段为Ⅳ～Ⅴ类水，不符合Ⅲ类水环境功能区划。

（2）B 河为临江市的主要排污受纳水体，应截断城市污水直排 B 河的排污口。

（3）临江市应建设污水处理厂，收集、处理城市生产和生活污水，处理达标后，方可排入 B 河。

（4）整治 B 河穿越市区段及下游河道。

考点分析与答题技巧：本小题要求从退水影响角度回答问题，即引调水在利用之后产生的废水再退入地表水体则会产生污染。解决退水造成的环境污染问题，目的就是改善水环境质量，做到“增水不增污”。因此，必须针对临江市退水所入河流或河段进行分析和解答。一方面退入或排入 B 河的废污水必须达标，另一方面须针对 B 河存在的现状环境问题提出解决措施或方案。

4．开展输水隧洞施工期环境影响评价需关注哪些主要生态影响？

【参考答案】

（1）隧洞及支洞设置的弃渣场占地的生态影响。

（2）隧洞施工疏排地下水，对洞顶植被的影响。

（3）支洞施工、施工场地及临时道路占地对植被及野生动物的影响。

（4）对洞口植被及景观的影响。

（5）施工人员及机械作业、车辆运输等活动对野生动物的影响。

考点分析与答题技巧：解答本小题应特别注意要求回答的是“施工期”，如果答上营运期的内容则可能得零分。而且只需要答上主要生态影响即可，不要求解答污染影响。题干提供的信息主要有“调水工程输水隧洞穿越山区，在隧道中段设1条施工支洞。隧洞及支洞口附近分别设有弃渣场、施工场地与临时道路，山区植被以云南松林、杞木林、杜鹃灌丛等为主，野生动植物较丰富。”这些主要信息需要在答案中体现。

隧洞工程是很多建设项目（公路、铁路、输油管道、输气管道、输水管道等）的重点工程，在环评工程师考试中已经以不同的形式多次出现，考生应予重视。

试题五（2021 年考题）

（**航电枢纽案例。题干信息不全**）西南地区 A 江干流下游（河段总长 150 km）为地方通航河段，现已建有 3 座航电枢纽工程，均采用河流径流式开发。根据 A 江干流下游航运发展规划，拟提升该河段的航道等级，规划方案为：近期对已建 3 座航电枢纽进行提标改造，远期在已建的最下面两座航电枢纽之间规划新建 1 座航电枢纽，最终形成 4 级开发的规划布局（自上游向下的第一级、二级、四级为改建，第三级为新建）。现拟首先对第二级航电枢纽进行改建，并开展改建工程环境影响评价工作。

第二级航电枢纽现有工程为于 20 世纪 80 年代末建成并通航发电，坝址位于 A 江河口上游约 80 km 处，与第一级、第三级（规划）、第四级航电枢纽坝址之间的距离分别为 31 km、28 km、65 km，坝址多年平均流量为 388 m^3/s。坝址上游约 13 km 右岸有支流汇入，支流 B 河河道全长 70.8 km，河口处多年平均流量为 17.9 m^3/s。枢纽建筑物由船闸、溢流坝、泄洪冲沙闸和发电厂房组成，最大坝高 8.9 m，船闸等级为Ⅵ级，电站装机容量 12.8 MW。水库正常蓄水位 260.2 m，无调节性能，干流回水长度 25.2 km，支流 B 回水长度 9 km。上游来水主要通过发电机组下泄，船只过闸用水量可忽略不计；当来水流量大于最大发电量流量时，多余的水量经溢流坝或泄洪冲沙闸下泄。

工程的改建方案为：发电厂房和发电机组维持现状不变，船闸提标为Ⅳ级，将原溢流坝、泄洪冲沙闸拆除后改建为泄洪冲沙闸全闸坝，并增加坝高 2.8 m。工程改建后水库正常蓄水位 263.0 m，干流回水至第一级枢纽坝下，支流 B 回水长度增加 2 km。同时工程增设死水位 262.5 m，水库进行日调节运行，日内库水位在正常蓄水位和死水位之间变化；上游来水仍主要通过发电机组下泄。此外，因现有工程坝址水域泥沙淤积较为严重，改建工程设计提出在原坝址拆除时进行清淤；清除出的淤泥回用于农田造地或建设用地回填。

A 江干流下游航电发展规划环评结论显示：历史记载的 A 江下游鱼类种类丰富，水生生物多样，部分鱼类具有洄游习性；已建航电枢纽阻隔部分鱼类洄游和种质交流，鱼类生境破碎化，近年来鱼类种类和资源量均有所减少。为此，规划环评从长远影响考虑，规定了拟建的第三级枢纽需在流域受损水生生态系统得到有效恢复的前提下才允许建设实施的规划优化调整建议，并拟定了保护鱼类生境、恢复河道连通性、增殖放流等鱼类保护措施体系。

A江干流下游分布有翘嘴鲌及其产卵场。改建工程环评文件编制单位调查显示：现有工程因建设时间较早，建设时未开展环境影响评价。经过长期的自然恢复过程，工程临时占地区域及周边陆域植被恢复良好。支流B生境条件较好，是A江下游除干流外鱼类的主要分布水域，于2012年被批准建立为国家级水产种质资源保护区，其中河口段25 km为实验区，以上为核心区，主要保护对象为流域主要经济鱼类翘嘴鲌，翘嘴鲌为我国广布种，喜栖息于宽大水体中，具有生殖洄游习性，5～6月在流水或缓流浅水区产卵，卵具黏性，鱼苗孵化时对水位的稳定性有一定要求。翘嘴鲌产卵场在B河主要分布于水产种质资源保护区核心区，在实验区的库区河段也有零星分布。

【问题】

1. 给出改建工程水生生态影响评价范围。（3分）

【参考答案】

A江第一级航电枢纽至第四级航电枢纽（96 km）江段或第一级航电枢纽至现状第三级航电枢纽江段（1分）、支流B河河口至回水末端［9+2=11（km），1分］、支流B河国家级水产种质资源保护区（1分）。

考点分析与答题技巧：本小题要求给出的是“水生生态”评价范围。根据题干信息，本次改建的是第二级航电枢纽，其上31 km处有已建成的第一级枢纽，其下28 km是规划建设但尚未建设的第三级枢纽，65 km是已建第四级枢纽。题干信息“工程改建后干流回水至第一级枢纽坝下，支流B回水长度增加2 km。”即明确评价范围上至第一级坝下，下至第四级电站。解答本小题时可在阅读题干时快速画一个草图，根据图示即可确定评价范围，然后以文字说明写在答题卡上。本小题的迷惑项是第三级是没有建设的规划枢纽，目前该处还是河道而不是枢纽，稍有疏忽就会答错（错答为“下至第三级航电枢纽”）。

2. 给出现有工程地表水环境影响回顾性评价重点内容。（5分）

【参考答案】

答案一：

（1）水体理化性质及其变化情况。

（2）水生生物现状及变化情况。

（3）水体富营养化程度。

（4）水文情势变化。

（5）鱼类“三场”河段水环境质量。

（6）河口水质及水生生物状况。

（7）工程运行以来是否发生过水污染事件或环境风险事故等的调查、评价。

（以上答任意5个得满分）

答案二：

（1）现有枢纽使A江、支流B形成回水段，水位升高、水域面积增大，使A江坝下减水，稀释自净能力降低，对水量、水质、泥沙情势等水文情势的实际影响。

（2）现有工程通航过程含油废水、船只发生事故导致溢油漏油或者货物（尤其是危险化学品）泄漏到A江，对A江造成的实际影响。

（3）评价减缓水文情势影响、防范船只事故水环境风险防范措施的有效性。

考点分析与答题技巧：本小题问的针对现有工程对地表水影响的回顾评价重点，看似简单，但解答并不容易。因为关于"水环境"的内涵存在不同的理解，有人认为水环境只是水质理化性质而与水生生物或水生生态分开，有人却认为水生生物、水生态与水环境就是一体的，密不可分，应该整体考虑。如果本小题问"现有工程环境影响回顾性评价重点"则比较容易解答：现有工程有3个航电枢纽，其环境影响回顾性评价的重点显然是3个航电枢纽的环境影响评价与竣工验收情况调查、各枢纽采取的环保措施及其有效性调查、各枢纽存在的环境问题调查，3个枢纽的累积环境影响，包括对河流水环境影响、对河流水文情势的影响、对鱼类等水生生物洄游的影响、对鱼类"三场"的影响等。但实际上本小题问的是"现有工程"对"地表水"环境影响，结合"地表水导则"应该考虑水环境、水文情势及与其关系密切的水生生态，是正确的。

答案一简洁，符合地表水环境评价的技术要点。答案二较为复杂，虽然在实际评价工作中会考虑这些内容，但在考试现场不容易解答。

3. 为分析改建工程对翘嘴鲌产卵繁殖的影响，还需重点开展哪些生态调查？（4分）

【参考答案】

答案一：

调查该类鱼种的生物学及生态学特性（1分），包括其所产鱼卵为沉黏性还是漂流性、产卵所需的水文条件、产卵季节或时间段等，特别是对支流B河被划定为国家级水产种质资源保护区的调查（1分），应明确翘嘴鲌在该保护区的产卵场的数量、分布或位置、范围（1分），底质、水质及饵料生物条件（1分）等。

答案二：

（1）对支流B划定为国家级水产种质资源保护区进行调查。

（2）调查翘嘴鲌种群数量、分布、生活习性，是否洄游生态学特征，洄游时间，洄游路径及与大坝位置的关系。

（3）产卵时间、产卵繁殖需要的流速、水温等水文条件，项目施工时间。

（4）产卵场数量、分布及与项目大坝位置关系，产卵场的水文条件。

（5）库区淹没占用产卵场的个数和面积；下游水位、水量、流速等水文情势变化范围与产卵场位置的关系。

（以上答任意4项得满分）

考点分析与答题技巧：根据本小题的设问，要求为评价改扩建工程（即对现有第二级枢纽的改扩建）对翘嘴鲌产卵繁殖生命活动影响分析需开展的生态调查工作。

根据题干信息“支流B生境条件较好，是A江下游除干流外鱼类的主要分布水域，于2012年被批准建立为国家级水产种质资源保护区，其中河口段25 km为实验区，以上为核心区，主要保护对象为流域主要经济鱼类翘嘴鲌，翘嘴鲌为我国广布种，喜栖息于宽大水体中，具有生殖洄游习性，5~6月在流水或缓流浅水区产卵，卵具黏性，鱼苗孵化时对水位的稳定性有一定要求。翘嘴鲌产卵场在B河主要分布于水产种质资源保护区核心区，在实验区的库区河段也有零星分布”。

如此，则需要调查该类鱼种的生物学及生态学特性，包括其所产鱼卵为沉黏性还是漂流性、产卵所需要水文条件、产卵季节或时间段、产卵场的位置、范围、底质、水质及饵料生物条件等，是应该着重调查的生态信息，其中，支流B河被划定为国家级水产种质资源保护区，显然是调查的重点。

4. 为判断清除出的坝前淤泥处置方式的合理性，应开展哪些工作？说明理由。（2分）

【参考答案】

答案一：

（1）对淤泥进行检测鉴定。（1分）

（2）用于农田造地和建设用地回填，须满足土壤环境质量农用地和建设用地标准。（1分）

答案二：

（1）对淤泥成分进行检测判定是否属于危险废物、是否满足农田使用的相关标准要求。（1分）

（2）理由：因为A江属于通航河段，船只发生事故导致溢油漏油或者货物（尤其是危险化学品）泄漏到A江，导致淤泥中可能含石油类和其他有毒有害物质，可能属于危废、污染农田土壤。（1分）

考点分析与答题技巧：本小题实质上是考察是否了解土壤环境质量相关的两个标准。根据题干信息“因现有工程坝址水域泥沙淤积较为严重，改建工程设计提出在原坝址拆除时进行清淤；清除出的淤泥回用于农田造地或建设用地回填”。一般而言，自然河道的淤泥用于农田是无须进行检测鉴定的，城市纳污河道清出的淤泥是需要鉴定的。本项目所在河道已有 3 个航电枢纽工程，存在底泥受到污染的可能性，应予检测鉴定。

5. 提出改建工程应采取的鱼类保护措施，说明理由。（6 分）

【参考答案】

（1）工程需采取过鱼设施、增殖放流，对翘嘴鲌等实施栖息地保护、人工营造产卵场，在翘嘴鲌产卵繁殖期采取下泄流量调度等措施，实施生态监测，包括生态流量和鱼类资源等监测。（3 分，答上任意三项即可）

（2）理由：大坝阻隔河道连通性、库区水位升高、下泄流量受控、破坏鱼类生境，破坏翘嘴鲌产卵场，导致渔业资源下降。（或答“落实规划环评要求”）

考点分析与答题技巧：根据题干信息，可以对本小题做出解答。因为规划环评是建设项目环评审批的前提条件，规划环评的重要作用就是指导建设项目环评，建设项目环评应落实规划环评的总体要求。

试题六（2019年考题）

（由于未能有效回忆2019年度的水利工程考题，本书只能将考生回忆的问题列出，并根据4个小问题及可能的题干情况提供一个思考方向或答题思路，供考生参考。2020年度水利水电类考题是以竣工环保验收案例的形式出的，放在了本书竣工验收类别中。）

【问题】

1. 指出本项目的现状污染源。

考点分析与答题技巧：注意，本小题设问为“本项目的现状污染源”，表明该项目为改扩建或升级改造项目，针对的是既有项目本身的现状污染源。

一般而言，水利工程（尤其是建成后水库作为饮用水源的）环评，是需要调查项目所在流域或水库周边的现状污染源情况，以便划分饮用水源保护区并采取相应的环保措施。从本小题来看，如果题干并未给出项目本身的污染源，则调查的应该是所在区域现状污染源，则题干中应该是给出了项目所在流域或评价范围内的工矿企业或城镇生活等污染源，考生只需从题干中将其全部找出来，属于建设项目环境影响评价中现状调查、评价中的“区域污染源调查”。一方面是考试，另一方面也是告诉考生在环境影响评价实际工作中，是需要对现状污染源进行调查的。

但是，如果确实是改、扩建项目，则“本项目的现状污染源”主要是针对本项目改、扩建前的现状污染源。因为改、扩建项目要求对项目存在的现状环境问题提出解决方案，即“以新带（代）老”，所以对现状污染源进行调查是必要的。

两种情况一定要弄清楚，不能搞混了。

2. 指出本项目运行期对库区下游鱼类生境的影响因素。

考点分析与答题技巧：从本小题来看，题干一定指明了库区下游鱼类生境，而影响鱼类生境的因素主要是河流水文情势的变化以及底质条件。考生只要紧紧抓住这两个方面，就抓住了答题的重点。但是一定要根据题干的信息，看项目的哪些因素改变了河流的水文情势或导致河段底质发生改变，如闸坝建设会导致水文情势明显改变，即本项目的大坝是影响鱼类生境的重要因素。此外，电站或水库运行方式，特别是泄流方式，也是影响下游鱼类生境的主要因素。如果考生回忆没有错的话，本小题是十分别扭的，库区的涵义有广义和狭义之分，广义上水库及周边区域或一定流域范围均为“库区”，而狭义上库区应为大坝上游至回水段的淹没区。因此考试时用“库区下游”这个概念是令人头痛的，不明白出题者的“库区下游”究竟是指坝上河道型水库的库区下游，还是指坝下河段。因为河道型水库，库区即河道回水段，也可以划分为库区上游和库区下游。如果是指大坝下游，还不如直接说“大坝下游”更有利于解答。另外，类似考题已多次考过，考生应特别重视。

3．水库库区监测如何布设断面？

考点分析与答题技巧：在水利水电案例考试中，关于水环境监测断面的布设以不同的方式已考过多次，属于高频考点（2017 年水利水电案例第 1 小题与本小题类似的考题）。但本小题只是针对库区，考生应根据题干信息，凡是库区范围内的河流均应布设断面监测。需要注意的是，河流和湖泊的水质监测布点是不同的。但是，作为河道型水库，其水质监测断面的布设仍然应该按照河流进行断面的布设。断面布设原则可参照新修订发布的《环境影响评价技术导则　地表水环境》（HJ 2.3—2018）和《环境影响评价技术导则　水利水电工程》（HJ/T 88—2003）（该导则正在研究修订）中的有关规定。

4．在不考虑二期灌溉工程回归水的前提下，栖息地最枯月生态需水有什么要求？

考点分析与答题技巧：解答本小题需要根据题干提供的信息进行适当的计算。由于无题干信息，这里无法进行计算。本小题所指的“栖息地”应该是坝下鱼类的栖息地（生境），为维护鱼类的栖息地，应该维护其生态需水量，这就需要大坝下泄一定的生态流量。这是水利水电工程建设项目最关注、最重要的方面，已经成为水利水电建设项目水生态环境保护的基本要求。同类考试在以前的案例中已出现多次，考生要牢记。尽管在下泄生态流量时，可以考虑回归水、天然降水形成的地面径流汇入水，但也是有争议的。本小题在解答时要求不要考虑灌溉回归水，可见题干中应该有一期或二期回归水的相关信息。

试题七（2017 年考题）

西南山区某水库位于 A 江支流 B 河的中游河段，坝址距 B 河河口 35 km，是《A 江流域防洪规划》中确定的一座近期建设的大（2）型防洪控制性水库工程。工程开发任务以防洪为主，兼顾发电和改善下游供水条件。

该工程由混凝土重力坝（最大坝高 39.8 m）、电站厂房、泄水建筑物等组成。水库总库容 1.15 亿 m^3，防洪库容 0.75 亿 m^3，为年调节水库。电站装机容量 7 MW，多年平均发电量 0.22 亿 kW·h。水库回水长 27.6 km，工程建设征地面积 8.07 km^2。

B 河大致呈北—南流向，坝址处多年平均流量 33.1 m^3/s。支流 C 在坝址上游 3.7 km 处 B 河右岸汇入，河道长 68 km，河口处多年平均流量 6.9 m^3/s；支流 D 在坝址下游 11 km 处 B 河左岸汇入，河道长 43 km，河口处多年平均流量 8.0 m^3/s。

库区及 B 河下游河段水域环境功能为Ⅲ类，现状水质总体良好；坝下区间流域水污染源主要是城镇生活源和农业面源。坝址下游 0.5 km 处有一个农灌提水泵站，每年只在灌溉期 3—5 月取水，取水量 400 m^3/d。灌溉水稻等喜温性作物，作物生长适宜水温一般不低于 20℃；坝址下游 3 km 处有一个集中式生活饮用水取水口，全年无间断取水，取水量 3.0 万 m^3/d。

据现场调查，B 河坝下干流无拦河筑坝的水利水电工程。B 河干支流共有包括鳡和岩原鲤 2 种省级重点保护鱼类在内的 69 种鱼类，上述鱼类均无长距离洄游习性，但部分鱼类会在产卵和索饵时做短距离的迁移。鱼类产卵期主要集中在 3—7 月，大部分鱼类产黏沉性卵，少部分鱼类产漂流性卵。产黏沉性卵鱼类的产卵场相对集中的有 6 个，坝下 3 个产卵场上边界距坝址分别为 6.5 km、10 km、22.4 km，产卵场长度分别为 0.3 km、3.8 km、3.3 km；坝上 3 个在水库建成蓄水后将被淹没。B 河干支流无产漂流性卵鱼类的集中产卵场。鳡和岩原鲤均喜流水生境，特别是在产卵时需要一定水流刺激；鳡为产漂流性卵鱼类，产卵水温在 16～32℃，近几年已无捕获记录；岩原鲤为产黏沉性卵鱼类，产卵水温 14℃左右，目前尚有一定资源量。

工程设计采用底层取水方式。水库运行后，受径流调节影响，汛期（5—10 月）坝下流量有所减少，枯期（11 月—翌年 4 月）流量增加较大。电站在日调峰运行时，枯期流量、流速和水位有较大变化，汛期变化较小。

环评机构判别该水库为水温稳定分层型水库，经数值模拟预测，鱼类产卵期坝址处月平均下泄水量温度为 8.6～24℃，其中 5 月水温下降幅度最大，比同期自然月平均降低 2.1℃。为保护 B 河水域生态系统及鱼类资源，环评机构提出鱼类人工增殖放流、下泄生态流量、水库生态调度、加强运行期水生生态监测及渔政管理等多种鱼类保护措施。其中增殖放流种类为岩原鲤等 7 种鱼类。

【问题】

1. 本项目水质现状监测布点方案中，至少应有哪些代表性断面？（5 分）

【参考答案】

（1）B 河：坝址上游库尾处、库区河段、坝址处、坝下 0.5 km 农灌提水泵站处、坝下 3 km 集中式生活饮用水取水口处、坝下代表性产卵场处、坝址下游入 A 江前河口处。（每个断面 0.5 分）

（2）C 河：入 B 河前回水淹没处。（0.5 分）

（3）D 河：入 B 河前回水淹没处。（0.5 分）

（4）A 江：B 河汇入口下游水文情势稳定处。（0.5 分）

考点分析与答题技巧：根据题意，要求答“至少”而且要求是“代表性断面”。首先，水库建在 B 河上，B 河坝址处、库区河段、上游库尾处是应该布设断面的，基本能代表该河段水质。至于坝下农灌提水泵站处、集中式生活饮用水取水口处、代表性产卵场处的断面，是为了解农灌提水水质、集中式生活饮用水取水口处水质而设，而坝下入 A 江河口处，是为了解进入 A 江前的水质现状。C 河、D 河为 B 河支流，在其汇入口处设断面监测其入 B 河前水质情况即可。由于 B 河是 A 江支流，工程建设在 B 河中游，会对 A 江产生一定的影响，在 B 河汇入口下游布设 A 江水质监测断面也是必要的。关于水环境监测断面布设，2018 年之前主要根据《环境影响评价技术导则　地面水环境》（HJ/T 2.3—93）和《建设项目环境影响评价技术导则　水利水电工程》来确定监测断面。2018 年《环境影响评价技术导则　地表水环境》（HJ 2.3—2018）发布，考生应认真学习。另外，答题时，支流 C 和 D 的断面可能容易丢失。关于现状监测点位或断面（河流监测一般称断面而不称“点位”）布设，此类问题已多次考过，回答此题比较好的方法就是先在草纸上画图。

2. 给出本项目水生生态现状调查的主要内容。（5 分）

【参考答案】

（1）评价河段水生生物（浮游生物、着生生物、底栖动物等）情况（0.5 分）及其生物量或生产力（任答一项 0.5 分）。

（2）调查评价河段 6 个产卵场的分布或范围（0.5 分）、适合黏性卵的产卵条件（0.5 分）、水文情势（0.5 分）等。

（3）重点调查保护鱼类鳡的情况（在收集资料的基础上了解重点保护鱼类

鳡的生理生态特性，调查其在评价河段及流域内是否确实已经多年捕获不到）。（1分）

（4）调查重点保护鱼类岩原鲤的情况（种群数量及其产卵特性、洄游特性、生境条件等）。（1分）

（5）其他鱼类的种群数量、洄游特性等。（0.5分）

考点分析与答题技巧：河流水生生态一般调查鱼类及饵料生物情况，特别是列入国家和地方重点保护或珍稀濒危鱼类，而且应重点关注其“三场”情况、产卵条件、洄游特性，也包括其水环境与水文情势等。由此，根据题干提供的信息进行总结、提炼便可给出答案。回答本小题难在总结、提炼上，因为题干给出的鱼类信息很多。参考答案中括号内的答案供选择或理解参考（答上不算错误）。维持鱼类等水生生物生境的适当水位和流量等是水电工程生态流量下泄需重点考虑的内容，而前提就是做好鱼类等水生生物及其生境条件的调查。

3．计算本项目的下泄生态流量时应主要考虑哪些类型的用水需求？（5分）

【参考答案】

（1）坝下3处鱼类产卵场水文情势等生境条件。（1分）

（2）鳡和岩原鲤产卵时人造洪峰，满足其足够水流刺激的需求。（1分）

（3）坝下提灌站农业取水的需求。（1分）

（4）坝下集中式饮用水水源地取水的需求。（1分）

（5）坝下河段水环境质量，确保饮用水水源地水质的需求（或坝下水体自净能力的需要）。（1分）

考点分析与答题技巧：下泄生态流量有多方面的需求。此类问题已多次考过，属于高频考点。本小题只要求根据“本项目”给出主要的即可。本项目坝址下的实际情况是：有鱼类产卵场3处、有提灌站、有集中式饮用水水源地取水口，同时题干还提示“坝下区间流域水污染源主要是城镇生活源和农业面源”，需要维持河段的水环境容量，否则汇入的生活源和农业面源污染物得不到净化，水质将恶化。本小题与上一小题及下一小题，构成了2017年度水利水电案例考题关于鱼类等水生生物调查、生态流量下泄和保护措施的3个要点。《环境影响评价技术导则　地表水环境》（HJ 2.3—2018）对生态流量计算有相关规定和要求，同时生态环境部发布的水利水电工程环境影响评价相关规范性文件，特别是《关于深化落实水电开发生态环境保护措施的通知》（环发〔2014〕65号）中亦有相关规定或要求，考生需认真学习。

4．环评机构提出的鱼类保护措施是否完善？请说明理由。（5分）

【参考答案】

（1）不完善。（1分）

（2）低温水。水温稳定分层型水库，需考虑低温水下泄对鱼类产卵的影响，采取措施（如叠梁门分层取水）解决低温水影响问题。（1分）

（3）洄游性鱼类过坝。河道鱼类有洄游习性，虽然“无长距离洄游习性，但部分鱼类会在产卵和索饵时做短距离的迁移”，需要考虑鱼类过坝措施。（1分）

（4）库区淹没的3处产卵场。应采取补偿措施，在上游或支流人工营造产卵场。（1分）

（5）增殖放流。除岩原鲤等7种鱼类外，还应研究受影响的其他鱼类的增殖放流。（1分）

考点分析与答题技巧：从题干最后一段来看，似乎鱼类保护措施是完善的，容易误导考生。题干称河道鱼类均无长距离洄游习性，却又称部分鱼类在产卵和索饵时有短距离的迁移，更迷惑人的是说了低温水的情况，但却没有提解决措施。重点保护鱼类鯮“近几年无捕获记录”。因此，低温水问题、短距离迁移受阻问题要解决，“近几年无捕获记录的鯮”（但不等于灭绝），一旦能够捕获到或在本流域其他河流中捕获到，则作为重点保护鱼类（鯮），仍应作为增殖放流研究的重点鱼种。

试题八（2016 年考题）

西北地区某市拟建一城市供水项目，由取水工程、净水厂工程及输水工程组成。取水工程包括水源取水口、取水泵房和原水输水管线。取水口设在 A 水库取水池内，取水泵房位于取水池北侧 500 m，原水输水管线由取水口至城区净水厂，全长 28 km。净水厂工程包括净水厂和净水厂供水管线。净水厂选址位于城区东北侧 3 km 处，设计规模为 13 万 m^3/d，采用混合—沉淀—过滤—加氯、加氨消毒净水工艺。净水厂占地面积 6.25 万 m^2，绿化率 40%，主要建（构）筑物有配水井、混合池、反应池、沉淀池、滤池、消毒池、加氯间、加氨间、加药间、贮泥池、污泥浓缩池、污泥脱水机房、中控室、化验室及综合办公楼。净水厂供水管线从净水厂清水池至市区供水管网，全长 3.6 km。

工程永久占地 8.2 万 m^2，主要为取水口、取水泵房、净水厂及沿线排气井和排泥井占地；临时占地 23 万 m^2，主要为管沟开挖、弃渣场和临时便道占地。取水泵房现状用地为耕地；原水输水管线沿途为低山丘陵，现状用地主要为耕地、园地和林地，途经 3 个村庄，穿越河流 2 处、干渠 3 处、道路 3 处；净水厂选址为规划的市政建设用地，现状用地为苗圃；净水厂供水管线主要沿道路和绿化带敷设。原水输水管线工程沿线拟设置 2 处弃渣场，总占地 0.6 万 m^2，$1^{\#}$弃渣场位于丘陵台地，现状用地为耕地；$2^{\#}$弃渣场位于低谷地，现状用地为草地，渣场平整后进行覆土复耕和绿化。

A 水库为山区水库，主要功能为防洪、城镇供水和农业灌溉供水。库区周边主要分布有天然次生林，覆盖率为 20%，库区内现有多处网箱养鱼区，库区周边散布有零星养殖户。库区上游现有两个乡镇，以农业活动为主，有少数酒厂、板材加工厂和小规模采石场，上游乡镇废水散排入乡间沟渠。

净水厂内化验室为生活饮用水 42 项水质指标分析室，常用药品有氰化物、砷化物、汞盐、甲醇、无水乙醇、石油醚以及强酸、强碱等。加药间主要存放聚丙烯酰胺、聚合氯化铝和粉末活性炭，其中，活性炭用于原水水质超标时投加使用。净水厂沉淀池排泥水量为 1 900 m^3/d（含水率 99.7%），排泥水送污泥浓缩池进行泥水分离，泥水分离排出上清液 1 710 m^3/d，浓缩后的污泥（含水率 97%）经污泥脱水机房脱水后外运（污泥含水率低于 80%）。

【问题】

1．针对库区周边环境现状，需要采取哪些水源保护措施？（4 分）

【参考答案】

（1）划定水源保护区，设置隔离防护带。

（2）控制水源保护区内的养殖规模，严禁养殖污水进入水库。

（3）控制农田退水入库。

（4）两乡镇应建设污水处理厂，将散排入乡间沟渠的废水收集后集中处理，作为中水回用或达标排放；各酒厂废水经处理后进入乡镇污水处理厂或自建污水处理厂（站）处理，处理后回用，不能回用的达标排放。

（5）采石场不得破坏水源涵养林，应强化水土保持措施，严控采石场污水排入库区上游河道。

（6）板材加工厂生产不得砍伐水源涵养林。

考点分析与答题技巧：根据题意，本小题要求针对库区周边环境现状提出水源保护措施。实际上是要求识别出库区周边可能造成水污染的污染源或环境问题。从题干提供的信息来看，库区周边环境状况主要有“散布有零星养殖户，库区上游现有两个乡镇，以农业活动为主，有少数酒厂、板材加工厂和小规模采石场，上游乡镇废水散排入乡间沟渠”。据此可给出相关答案，比较容易。至于“库区网箱养鱼”，虽然不属于“库区周边环境现状”，但为了保护水源地水质，取缔或控制网箱养鱼也是可行的措施，答上“取缔库区网箱养鱼或控制库区网箱养鱼规模”不算错。该小题只要答上 4 项即可得满分。2023 年也考了类似的问题。

2．说明原水输水管线施工期的主要生态影响。（4 分）

【参考答案】

（1）管沟开挖及施工作业带清理，将破坏沿线低山丘陵区的耕地土壤层及农作物、破坏园地和林地区植被，造成水土流失。

（2）施工穿越河流、干渠，若采取大开挖方式会对鱼类等水生生物造成不利影响。

（3）占用耕地的 1#弃渣场将对农田土壤和农作物造成破坏和水土流失。

（4）占用草地的 2#弃渣场将对草地生态造成破坏。

（5）管线施工对野生动物生境有分割影响，对其迁徙也将造成阻隔等不利影响。

考点分析与答题技巧：本小题并不陌生，此前在输油管线、输气管线、油田开发类案例考试与授课时均多次涉及。答题时，只需结合案例的内容解答即可。需要注意的是，本小题要求回答“原水输水管线施工期的生态影响”。因此，只针对“施工期”来回答，答运行期的影响将不得分；而且针对的是“原水输水管线”，答净水厂的供水管线也不得分。途经3个村庄和穿越道路主要是社会环境影响而非生态环境影响，可以不答。另外，第（5）条由于题干并未提到有关野生动物方面的内容，可以不答，但答上也不算错。

3．给出污泥浓缩池上清液的合理去向，并说明理由。（4分）

【参考答案】

（1）上清液可返回净水车间再净化，或作为中水使用。（2分）

（2）泥水分离排出上清液量较大（1 710 m^3/d），且水质较好，应首先考虑再净化或回用（清洗、冲厕等）。（2分）

考点分析与答题技巧：污泥浓缩池上清液产生量较大，且水质较好，虽然能够达标排放，但从节水的角度来看，应首先考虑再净化或作为中水回用，避免或减少排放量。从本小题及下一小题来看，本案例是水利工程（水库）与供水的市政工程（供水厂及输水管线）相结合的综合性工程案例，是一个很好的案例，考生应该从此案例中学习水库工程和供水工程环境影响评价的基本要求。

4．计算脱水机房污泥的脱出水量。（4分）

【参考答案】

算法一：

设脱水机房污泥的脱水量为 W（m^3/d），则根据污泥量质量守恒可得下式：

1 900×（1−99.7%）=（1 900−1 710−W）×（1−80%）（4分）

解此方程可得：W=161.5（m^3/d）

算法二：

（1）浓缩前的污泥：

污泥量 M=排泥水量−上清液=1 900−1 710=190（m^3/d）（含水率97%）

脱水前污泥中的含水量=190×97%=184.3（m^3/d）

干基量（理想状的无水干泥）=190×（1−97%）=5.7（m^3/d）（也就是190−184.3=5.7）

（2）浓缩后的污泥：

已知浓缩后污泥含水率=80%

则干基在污泥中的百分比=1−80%=20%

由（1）可知，干基质量=5.7（m^3/d）

（3）脱水后污泥量（剩余污泥量或外运量）=5.7÷20%=28.5（m^3/d）

脱水后污泥中水的量=28.5−5.7=22.8（m^3/d）

脱水过程脱出水量=184.3−22.8=161.5（m^3/d）

算法三：

（1）入脱水机的污泥中的水量：1 900×99.7%−1 710=184.3（m^3/d），根据水

平衡，污泥总含水−浓缩分离上清液=进入脱水机的水（无须再乘以97%）。

或者：（1 900−1 710）×97%=184.3（m^3/d）。

（2）出脱水机房中污泥的水量：污泥脱水前后含水率从97%降至80%，设脱水后污泥量为 y，根据泥质平衡（1 900−1 710）×（1−97%）=y（1−80%），得出 y=28.5（m^3/d）。

出脱水机房中污泥的水量：28.5×80%=22.8（m^3/d）

（3）因此，脱出水量为184.3−22.8=161.5（m^3/d），或者直接根据污泥质量守恒计算，（1 900−1 710）−28.5=161.5（m^3/d）。

算法四：

进入脱水机的污泥量为1 900−1 710=190（m^3/d），脱水前后含水率从97%降至80%，浓缩了6.67（即20÷3）倍之多。由此估算脱出的水量为190×［1−1÷（20÷3）］=161.5（m^3/d）。

考点分析与答题技巧：本小题按干泥平衡或水平衡理念均可以计算，但需注意题干给出的信息，计算时不要将理想的无水“干泥”与泥水、理想的无泥“纯水”与泥水弄混了。实际上即使题干不给出浓缩后污泥含水率，也可以计算出来，假定其为 x，则1 900×（1−99.7%）=（1 900−1 710）×（1−x），x=0.97。（此类小题看似容易，如果“想当然”或疏忽则很容易出错。感谢各位同人为本小题解答提供的计算方法。）

5. 净水厂运行期是否产生危险废物？请说明理由。（4分）

【参考答案】

（1）会产生危险废物。（2分）

（2）因为净水厂实验室常用药品有氰化物、砷化物、汞盐以及强酸、强碱等，在使用过程中会产生一定的危险废物。（2分）

考点分析与答题技巧：本小题十分简单，因为题干已列举出净水厂实验室的常用药品，这些药品在使用过程中或废弃后将产生或成为危险废物。注意，关于危险废物在各行业案例考试中频繁出现，请考生结合新修订颁布的《固体废物污染环境防治法》，认真学习《国家危险废物名录》（目前修订后的2025年版已发布）以及相关的法规、污染控制标准等。

试题九（2016 年考题）

西南地区某山区河流 A 河为 L 江的一级支流，共规划四级电站，均采用引水式开发。上游 3 级电站已建成发电，现拟建第 4 级电站，与上游第 3 级电站发电尾水衔接。

拟建电站坝址位于 A 河河口上游约 11.5 km 处，距离上游衔接梯级电站坝址 18 km，坝址处多年平均流量 37 m^3/s，经右岸引水隧洞引至下游 10.5 km 处建地面厂房发电。拟建坝址下游左岸 0.5 km 有支流 B 河汇入，以下河段无其他支流。B 河河口处多年平均流量 5 m^3/s。拟在支流 B 河河口上游约 1 km 处修建一座小型取水工程，将支流 B 河约 80%的水量引至电站库区用于发电。电站装机容量 10 万 kW，设计最大坝高 35 m，水库正常蓄水位 1 248 m，回水长度 1.5 km，水库面积 0.1 km^2，相应库容 113 万 m^3，具有日调节性能，在电力系统中承担日调峰任务。

据调查，拟建电站库尾至 A 河河口段沿岸无工矿企业，散布有农村居民点与少量耕地和园地，农村人畜饮水及农业生产用水均不在 A 河干流取用。

根据历史资料记载，A 河流域共有 6 种鱼类，均为喜流水性鱼类，无洄游习性，仅在鱼类产卵季节（3—4 月）进行短距离迁移，未发现珍稀濒危与保护物种；鱼类广泛分布于干、支流，资源量丰富，且在各河段分布有多个鱼类产卵场。近期的水生生态现状调查发现，A 河流域鱼类种类未发生变化，但受已建 3 级电站影响，目前鱼类主要分布于拟建电站坝址以下干、支流河段，且仅在 A 河河口上游 0.5 km 及支流 B 河河口上游 0.3 km 处尚存 2 处小型鱼类产卵场；已开发河段鱼类资源量严重萎缩。

已审查通过的 A 河水电规划环境影响报告书提出，支流 B 河应划定为 A 河流域鱼类保护河流，在电站建设项目环评阶段应充分论证需采取的鱼类保护措施。

【问题】

1. 从水生生态保护角度提出工程方案优化调整意见，并说明理由。

【参考答案】

（1）取消在支流 B 河河口上游修建小型取水工程。因 B 河河口上游 0.3 km 处尚存 1 处小型鱼类产卵场，在 B 河河口上游 1 km 处修建取水工程将破坏该产卵场；规划环评已提出支流 B 河应划定为 A 河流域鱼类保护河流。

（2）将引水式电站改为堤坝式电站。因引水式电站坝下会产生减（脱）水段，改为堤坝式有利于减缓运行期坝下减（脱）水河段对水生生态不利的影响。

（3）优化电站位置（或降低大坝高度或电站低水位运行）。保障有较长的流水河段，满足喜流水性鱼类生境的要求。

考点分析与答题技巧：根据题干，B河河口上游0.3 km处尚存1处小型鱼类产卵场，在B河河口上游1 km处修建取水工程将破坏该产卵场，是不可行的；已审查通过的A河水电规划环境影响报告书提出，支流B河应划定为A河流域鱼类保护河流，在B河河口上游建设取水工程是不符合规划环评的。至于答案（3），仅是一个可供论证的参考答案。如果引水式电站不能改为堤坝式，采取低坝方案或低水位运行也是可以考虑的方案，因为拟建电站坝址位于A河河口上游约11.5 km处，经右岸引水隧洞引至下游10.5 km处建地面厂房发电，在A河河口上游0.5 km处存1处小型鱼类产卵场，也就是说厂房距离产卵场仅500 m，电站尾水对产卵场影响较大，优化电站位置也是有必要考虑的。需要说明的是，规划环境影响评价是特别重视规划方案的优化调整的，建设项目环境影响评价也是十分重视从环境保护角度对项目选址、布局等建设方案进行优化的，这是环境影响评价的基本功能和重要作用。

2. 指出拟建电站鱼类现状调查的重点范围与时段。

【参考答案】

（1）上一级电站大坝至拟建本级电站坝下入L河河口段（或拟建电站库尾至入L河河口段）、支流B河。

（2）3—4月鱼类产卵及短距离迁移时段。

考点分析与答题技巧：根据《环境影响评价技术导则　水利水电工程》（HJ/T 88—2003）（该导则正在研究修订中），环境现状调查范围应为工程影响区域，包括工程上下游河段、河口区等。需要注意的是，回答本小题时应抓住“鱼类”“现状调查”“范围”“时段”这4个方面的要求，不必答出具体的调查内容。

3. 指出拟建电站坝下河段水文情势变化对环境的主要影响。

【参考答案】

（1）日调节运行下游水位涨落导致水生和两岸陆生生境的改变，特别是导致坝下入L河河口上游0.5 km处的鱼类产卵场生境的改变。

（2）流速变化，对河道喜流水性鱼类造成不利影响。

（3）水位、流量变化，引水式电站坝下减脱水导致水位降低或河床裸露，影响景观生态。

（4）下游土地盐碱化。

考点分析与答题技巧：类似题目已考过多次，诸如水文情势变化对鱼类的影响等。2018年修订颁布的《环境影响评价技术导则　地表水环境》（HJ 2.3—2018）

将地表水环境影响评价分为污染类和水文情势影响两大类，可见对水文情势影响的重视，特别是在河道上建闸筑坝的建设项目，其生态影响评价等级还需考虑上调一级，这在《环境影响评价技术导则 生态影响》（HJ 19—2011）及修订后替代该版本的新导则 HJ 19—2022 中均有规定。需要注意的是，本小题要求回答对环境的影响，内容相对较多。但答题时并不需要赘述，只需结合题干信息，简要答出即可。在《关于印发水电水利建设项目水环境与水生生态保护技术政策研讨会会议纪要的函》（环办函〔2006〕11号）、《关于规范火电等七个行业建设项目环境影响评价文件审批的通知》（环办〔2015〕112 号）附件中的“水利水电建设项目环境影响评价文件审批原则（试行）”、《关于深化落实水电开发生态环境保护措施的通知》（环发〔2014〕65号）中均有相应的要求。

4．提出两项可采取的鱼类保护措施，并说明理由。

【参考答案】

答案一：

（1）设置过鱼设施。大坝阻隔了鱼类洄游通道。

（2）建设鱼类增殖放流站。已开发河段鱼类资源量严重萎缩。

答案二：

（1）设置专用生态泄水孔及监控设施或增设生态小机组。A 河坝下河段须下泄满足喜流水性鱼类的流水生境和入 L 河河口上游鱼类产卵场的水文条件。

（2）取消拟在 B 河上建设的取水工程。保护 B 河河口上游的小型鱼类产卵场。

考点分析与答题技巧：保护鱼类首先要考虑资源状况，其次要考虑其迁徙要求，最后需考虑其产卵场及栖息生境条件。可在《关于规范火电等七个行业建设项目环境影响评价文件审批的通知》（环办〔2015〕112 号）中的《水利水电建设项目环境影响评价文件审批原则（试行）》《关于深化落实水电开发生态环境保护措施的通知》（环发〔2014〕65号）中查找。本小题只需给出两项措施即可，但不要忘记说明理由。需要注意的是，关于鱼类的保护措施在以上规范性文件和导则中是比较多的，但一定要根据考试要求来解答（如本小题，只需提出两项主要的）。在实际工作中，所提环保措施一定要具体、明确，并具有可操作性、可行性和可靠性（“三性”），这也是《建设项目环境影响评价技术导则 总纲》（HJ 2.1—2016。该总纲正在修订待发布，考生应予关注）的要求。

试题十（2015 年考题）

拟在桂江流域上游一级支流桂溪江建设桂溪口水库，工程任务为防洪、供水。库坝址以上集雨面积约 300 km^2，水库校核洪水位 180.2 m，总库容 3.6 亿 m^3，正常水位 170.0 m，正常蓄水位相应库容 2.9 亿 m^3。主要建筑物包括挡水建筑物（最大坝高 130 m）、泄水建筑物、取水建筑物、导流建筑等。拟建水库为水温分层型水库，配套建设分层取水装置。

拟选的 3 个沙砾料场分布在坝址下游河漫滩，2 个石料场分布在坝上游，其中 1#石料场距大坝 1.5 km，石料开采高程控制在 170.0 m；2#石料场距大坝 5 km，石料开采高程控制在 150.0 m。

流域多年平均气温 18.5℃，年平均最高气温 23.0℃，年平均最低气温 14.0℃，多年平均降水量 1 855 mm。流域内植被覆盖良好，山林茂盛，多松、栎和竹；上游河谷山高谷深，河道蜿蜒，河岸陡峭，河漫滩及阶地不发育；中游河谷地势稍缓，河道曲折，两岸有零星小台地和滩地。河床大部为沙砾覆盖。河流中分布有多种鱼类。项目可研报告中给出了坝址及下游河道典型断面流量水位关系曲线，建库前后典型断面、典型年、月、日径流量和水位过程线，建库前后枯水年年径流量和最枯月流量。

拟建坝址处多年平均径流量 11.2 m^3/s，工程拟按坝址多年平均流量的 10%泄放河道最小生态基流。坝址下游河流生态需水分析结果见下表。

桂溪口水库下游河道生态需水量　　单位：m^3/s

月份	1	2	3	4	5	6	7	8	9	10	11	12
良好状态生态流量	3.0	3.0	3.5	5.5	5.5	6.5	5.5	5.5	5.5	3.5	3.0	3.0
一般状态生态流量	1.2	1.2	2.5	3.8	3.8	3.8	3.8	3.8	3.8	2.5	1.2	1.2

水库蓄水后河流沿岸有两个自然村落被淹没，库区无文物古迹和具开采价值的矿产。库区下游 8 km 处河道现有 1 座鱼类增殖放流站。

经分析，4—10 月，上层取水的低温水影响范围 2～10 km，底层取水的低温水影响范围达到 20 km。

【问题】

1. 指出本案例中可以表明坝址下游水文情势变化特征的信息。（4分）

【参考答案】

（1）大坝下游典型断面（日、月、年）径流量（1分）和水位过程线（1分）。

（2）大坝下游最枯年径流量（1分）和最枯月流量（1分）。

考点分析与答题技巧：此小题的答案已在题干中给出，抄录下来即可。但应知道，本小题考查的是“水文情势”，这也说明“水文情势”在水利水电建设项目环境影响评价中是十分重要的。另外，需要注意的是，本小题只问“坝址下游”的“水文情势”，不可答上游的任何信息。此外，虽然库区存在水温分层，有低温水问题，坝下也需要考虑下泄低温水的影响，即本题考虑低温水是正确的，题干也确实有这方面的信息。但根据本题设问的含义，不答低温水也不影响评分（答上也不算错），答上主要的即可。

2. 指出本项目可能影响下游鱼类生境的主要因素，并说明理由。（6分）

【参考答案】

（1）（最小）生态基流（1.5分），低水温（1.5分）。

（2）理由：（最小）生态基流一般小于生态流量；4—10月上层取水（1.5分）；低温水的影响范围为2～10 km，而下游8 km的鱼类增殖放流站在此影响范围内（1.5分）。

考点分析与答题技巧：水文情势是鱼类生境的重要内涵，泄放生态基流的重要作用之一是为了保护鱼类的生境条件。本小题的答案在题干中均可以找出。此外，不仅上层取水的低温水会影响到放流站的鱼类，底层取水的低温水由于其影响范围大，更会影响下游鱼类生境，因此，答上底层取水也是可以的。本小题提问的是影响鱼类生境的主要因素，按照一般思维应该是工程方面或工程行为对鱼类生境的影响，应该从工程方面来解答，但答案是“生态基流”和“低温水”，属于由于工程建设或运行引起的变化或问题（例如，大坝阻隔导致坝下流量减少；水温分层型水库，库区低温水）对鱼类生境产生影响。由于与工程建设内容未充分结合，该赋分答案似乎有些别扭。类似考题在2013年的水利水电案例中也考过。

3. 简要说明沙砾场、石料场生态环境影响评价应关注的重点。（4分）

【参考答案】

（1）沙砾场影响景观（1分），造成河岸冲刷，漫滩取沙造成河床下切，影响河岸稳定性（1分）。

（2）采石场影响生态景观（1分），采石场场址植被类型，动植物，有无珍稀动物和植物（1分）。

考点分析与答题技巧：3个沙砾料场在坝址下游的河漫滩，2个石料场在坝址上游的库区淹没范围内，因此，应该分别解答。从答案（1）来看，所答并非一般的生态影响评价内容，而是河岸稳定的地质问题；虽然其景观影响包含生态系统影响，为较高层次的影响，但往往人们关注的是对美景的影响，而非景观生态学意义上的景观影响。答案（2）中的“采石场影响生态景观”也是不妥的表述，因为景观是高于生态系统的一个层次，可以说“景观生态”，但一般不应该说“生态景观”。此外，由于采石场位于库区正常蓄水位以下，景观影响主要是施工期及蓄水期，达到正常蓄水位则无影响。

4．指出本项目陆地生态调查应包括的主要内容。（6分，每项1.5分）

【参考答案】

（1）评价范围内野生动物情况。

（2）评价范围内珍稀（濒危）动植物情况。

（3）工程建设永久、临时占地情况。

（4）坝址和淹没区土地利用类型、植被类型、生物量。

考点分析与答题技巧：此小题考查了陆生生态现状调查的内容。在环境影响评价实际工作中，《环境影响评价技术导则　生态影响》（HJ 19—2011）及修订后替代该版本的HJ 19—2022中关于建设项目陆生生态现状调查与评价的内容要求是很多的。因此，确切地说，此评分答案并不全面，远不如实际工作中现状调查和编写环评报告时的内容那么全面、完整，但要点还是给出来了。该评分要点也是实际工作中通常调查的内容，难度不大，并未要求一定要按照导则的原话来答题，即对于可能有很多答案的内容，也并未要求面面俱到。尽管答案（3）是工程分析的内容，但在现状调查时也需说明；答案（4）有坝址和淹没区，并未写评价范围或调查范围，只是突出一下坝址和淹没区而已。可见，答题一定要结合问题要求和题干提到的信息，而不是摘抄导则。另外，需要注意的是，由于本小题问的是陆生生态，不可答鱼类等水生生态的内容。

2014年之前考题（水利水电及风电案例）

三、公路铁路与港口码头案例

试题一（2023 年考题）

2023 年第 1 题视频讲解

华南某省现有连接武原市和清平市的高速公路，整体呈东西走向，起自武原市，向西终于清平市，全长 158 km，水泥混凝土路面，双向四车道，设计车速 100 km/h，路基宽 25 m。公路起点～K58 路段为低山丘陵区，K58～终点路段为平原区。公路沿线分布的环境保护目标包括 1 处市级鸟类自然保护区、50 个村庄和 8 所学校。

鸟类自然保护区位于公路 K35～K36 段的北侧，保护对象为鹭鸟及其生境。保护区以兴利村附近水塘为中心大致呈圆形分布，总面积 350 hm^2，由里及外分别为核心区、缓冲区和实验区，与公路边界线的最近距离分别为 700 m、500 m 和 230 m。保护区鹭鸟的活动规律为昼间觅食、夜间栖息，每年 6～7 月为繁殖高峰期。觅食区域主要集中在保护区及分布在其周边的池塘、水田、沟渠，主要食物为昆虫、鱼虾、两栖动物和底栖动物。夜间栖息场所主要为核心区林地。经调查，现有公路未对鹭鸟栖息觅食造成明显影响。

黎家湾村位于 K63+200～K63+460 路段北侧，平行公路分布有 5 排 1～2 层房屋共 120 家住户，各排房屋临路侧距公路中心线的距离分别为 30 m、58 m、75 m、95 m 和 120 m。该路段地势较平缓，村庄附近无工矿企业和其他交通噪声源，高速公路在该路段也未设置声屏障。

现拟实施高速公路扩建工程，车道数由现有双向四车道扩建至双向八车道，设计时速维持 100 km/h 不变。扩建工程路基加宽方案以路基两侧整体拼接为主，部分路段采用路基单侧加宽方式。其中，邻近鸟类自然保护区的路段，采取路基南侧加宽四车道方案，加宽部分将占用水田、池塘、荒地及林地；邻近黎家湾村的路段，采取两侧加宽方案，公路边界线与中心线距离由现状的 19 m 扩至 26 m。

扩建工程全线设弃渣场和取土场若干，其中一处弃渣场位于 K21+100～K21+400 路段南侧缓坡地带，占地面积 2.18 hm^2，占地范围内植物群落以蒲桃林、桃金娘林和五节芒丛为主。

经当地生态环境主管部门确认，本扩建工程公路边界线外 35 m 区域内执行《声环境质量标准》（GB 3096）的 4a 类标准，35 m 外的区域执行 2 类标准，面向交通干线一侧高于三层以上（含三层）建筑至交通干线边界线划定为 4a 类区域。

环评文件编制单位对黎家湾开展了噪声现状监测，测点分别为黎家湾临路第一排中间建筑物和第五排最东端建筑物的外窗前 1 m、离地面高 1.2 m 处（N1 和 N2 测点），以及距公路中心线 200 m 的农田处（N3 测点）。

【问题】

1．黎家湾村噪声监测布点方案是否合理？说明理由。（4 分）

【参考答案】

（1）不合理。（1 分）

（2）理由：

① N2 测点错误，N2 应该在第二排中间建筑物外窗前 1 m、离地面高 1.2 m 处（1 分）。

② 不同功能区分别设置监测点（0.5 分）。

③ 第一排距离现有工程边界线 30−19=11 m＜35 m，执行 4a 类标准（0.5 分），第二排距离边界线距离为 58−19=39＞35 m（0.5 分），从第二至第五排执行 2 类声功能区（0.5 分），N2 监测点位应设置在第二排。

考点分析与答题技巧：《建设项目环境影响评价技术导则　声环境》（HJ 2.4—2021）“7.3.1.1 监测布点原则”规定“当声源为移动声源，且呈现线声源特点时，现状测点位置选取应兼顾声环境保护目标的分布状况、工程特点及线声源噪声影响随距离衰减的特点，布设在具有代表性的声环境保护目标处”。本小题第一排监测了位于 4a 类功能区的敏感点，第二排和第五排均位于 2 类功能区，但第五排受前四排建筑的阻挡，相当于“声屏障”影响不能反映 2 类功能区受现状交通噪声实际影响情况。所以，N2 应该在第二排布设。

2024 年 4 月 16 日，生态环境部发布了《环境影响评价技术导则 公路建设项目》（HJ 1358—2024），在“8.2.2 声环境现状监测”中明确规定：

“b）监测点位布设。无明显噪声源影响的声环境保护目标，可选取距离拟建公路最近噪声敏感建筑物前设置监测点位。有明显噪声源影响的声环境保护目标，应在不同的声环境功能区布设监测点位，噪声源较为复杂的，应适当增加监测点位；当保护目标为高于三层（含）的建筑物时，还应按照噪声垂直分布规律，选取代表性建筑物的代表性楼层设置监测点位。

c）改扩建公路建设项目，除按本条 b）款要求布设监测点位外，还应在不受拟改扩建的既有公路噪声影响的区域布设监测点位；必要时，还应选取地形相对平坦、开阔路段布设断面（可在垂直于拟改扩建的既有公路不同水平距离处布设衰减测点）开展噪声监测，并同步记录交通量等相关参数。”

2. 选择N3作为背景值进行黎家湾村声环境影响预测是否合理？说明理由。（2分）

【参考答案】

答案一：

（1）合理。（1分）

（2）理由：N3距公路中心线200 m的农田处，不包含现有道路噪声影响，可以作为背景点。（1分）

答案二：

（1）不能确定。（1分）

（2）理由：不能确定N3的具体位置（1分。或不能确定N3点是否确实不受现状高速公路的影响）。

考点分析与答题技巧：背景噪声值（background noise value）是指评价范围内不含建设项目自身声源影响的声级。答案一和答案二截然不同，说明题干信息不全（可能考生回忆得不全）。一方面，本项目N3点设置在距离公路中心线200 m，若既不受现有道路影响，也不受村镇等生活噪声影响，显然是合理的。若N3点受现有道路影响，则是不合理的。但从题干信息来看“黎家湾村位于K63+200～K63+460路段北侧，平行公路分布有5排1～2层房屋共120家住户，各排房屋临路侧距公路中心线的距离分别为30 m、58 m、75 m、95 m和120 m。该路段地势较平缓，村庄附近无工矿企业和其他交通噪声源，高速公路在该路段也未设置声屏障。”未设声屏障，说明现状高速公路并未对邻近的村庄造成影响（但需要通过监测数据来说明，无监测数据是不能说明现状高速公路沿线噪声达标或村庄未受噪声影响）。我们只能根据考生回忆的题干信息做出这样的两个答案。仅供参考。2017年的公路案例考过与此类似的问题。

3. 说明位于K21+100～K21+400路段南侧弃渣场生态保护恢复内容。（4分）

【参考答案】

答案一：

（1）在弃渣前先行剥离表土单独堆存保护好用于生态恢复。

（2）合理设置挡墙和导排水沟。

（3）合理设置边坡，并及时进行生态恢复。

（4）植被恢复时选用当地适生植物蒲桃、桃金娘和五节芒等物种。

答案二：

（1）合理调配土方减少弃渣场个数，取消该弃渣场，或者该弃渣场的选址避让林地，减少对蒲桃林等植被的破坏。

（2）弃渣场表土单独剥离妥善保存，用于后期植被恢复。

（3）建设挡渣墙、截水沟、排水渠等水土保持设施。

（4）对临时占用的 2.18 hm^2 土地全部恢复为原有蒲桃林、桃金娘林和五节芒丛。

（5）定期监测恢复植被的生长状况。

考点分析与答题技巧：本小题设问的是要求说明弃渣场生态恢复内容。根据题干信息“公路起点～K58 路段为低山丘陵区”“弃渣场位于 K21+100～K21+400 路段南侧缓坡地带，占地面积 2.18 hm^2，占地范围内植物群落以蒲桃林、桃金娘林和五节芒丛为主。”答案一直接针对问题“生态恢复内容”进行解答，直接了当，具有较强的针对性。答案二虽然包含了应有的恢复内容，但较为复杂，不够简洁。本小题实质上是考察《环境影响评价技术导则　生态影响》（HJ 19—2022）中关于生态恢复的要求。关于“生态恢复”的技术研究很多，有关法规及规范性文件也较多，实践中遇到的各种情况也很多，考生可以在学习中自行总结，也可以认真学习 HJ 19—2022。

4．给出鸟类自然保护区现状调查应包括的主要内容。（5 分）

【参考答案】

答案一：

（1）该鸟类保护区的设立的历史沿革。（可不答，但答上不算错）

（2）保护区级别及重点保护对象。

（3）鹭鸟等重点保护对象的生态特性。

（4）保护区功能区划及各功能区与公路的方位、距离。

（5）保护区生物多样性状况。

（6）保护区及分布在其周边的池塘、水田、沟渠等栖息地、觅食区生境状况。

（7）保护区的管理及保护情况。

（8）存在的环境问题。

（给出以上（2）至（8）任意 5 项得满分）

答案二：

（1）自然保护区保护级别、保护现状、保护要求，生物多样性，各个功能分区与公路位置关系。

（2）鹭鸟等受保护鸟类种类、数量、分布，觅食、喝水、繁殖、栖息的生活习性（活动规律）、繁殖高峰期时间，是否迁徙。灯光、噪声敏感性等生活习性。

（3）食源、水源、栖息地、繁殖地等（尤其是池塘、水田、沟渠）生境质量、分布，与公路位置关系。

（4）调查现有公路对自然保护区尤其是对鹭鸟栖息觅食造成的实际影响，已采取的生态保护措施有效性和存在问题。

考点分析与答题技巧：题干关于鸟类保护区的内容较多（公路沿线分布的环境保护目标包括 1 处市级鸟类自然保护区、50 个村庄和 8 所学校。鸟类自然保护区位于公路 K35～K36 段的北侧，保护对象为鹭鸟及其生境。保护区以兴利村附近水塘为中心大致呈圆形分布，总面积 350 hm^2，由里及外分别为核心区、缓冲区和实验区，与公路边界线的最近距离分别为 700 m、500 m 和 230 m。保护区鹭鸟的活动规律为昼间觅食、夜间栖息，每年 6—7 月为繁殖高峰期。觅食区域主要集中在保护区及分布在其周边的池塘、水田、沟渠，主要食物为昆虫、鱼虾、两栖动物和底栖动物。夜间栖息场所主要为核心区林地。经调查，现有公路未对鹭鸟栖息觅食造成明显影响），可以提炼总结一下直接作为答案写下来。关于生态敏感区的调查与评价，《环境影响评价技术导则　生态影响》（HJ 19—2022）要求："7.2.3 收集生态敏感区的相关规划资料、图件、数据，调查评价范围内生态敏感区主要保护对象、功能区划、保护要求等""e）涉及生态敏感区的，分析其生态现状、保护现状和存在的问题；明确并图示生态敏感区及其主要保护对象、功能分区与工程的位置关系"。可以参照导则要求，结合实际工作解答本小题。答案一和答案二虽然表述方式略有不同，但实质内容基本相当。但是，回答本小题如果直接照抄照搬题干内容，恐怕是不能得满分的。

5. 提出减缓扩建工程对鸟类栖息觅食可能造成的不利影响的对策措施。（5 分）

【参考答案】

答案一：

（1）施工期避开 6—7 月鸟类繁殖高峰期，控制施工噪声和夜间光照时间、强度；运行期间路面不设置强光灯，采用降噪减振材料，车辆禁鸣等措施。

（2）严格控制施工带宽度，减少对栖息觅食生境的破坏。对道路加宽部分临时和永久占用的池塘、水田、沟渠等栖息生境及时恢复和补偿，对破坏的昆虫、鱼虾、两栖动物和底栖动物等食物进行补偿。

（3）加强施工期教育，禁止捕鱼虾，捕鸟。

答案二：

（1）临近保护区段施工避开 6—7 月鸟类繁殖高峰期。

（2）严格控制高噪声机械施工作业时间。

（3）避免夜间施工。

（4）严格控制车辆等施工机械的行驶路线和作业范围。

（5）严格控制施工人员的活动范围。

（6）采取减振降噪路面。

（7）道路两侧采取遮光防护措施。

（8）对加宽部分占用的水田、池塘、荒地及林地进行补偿。

（9）加强“野生动物保护法”等的宣传教育，严格保护鸟类及其栖息地和觅食地。

（答上任意 5 项得满分）

考点分析与答题技巧：本小题设问是要求针对“鸟类栖息觅食”提出环境保护对策措施，而题干提供了重要信息“保护区鹭鸟的活动规律为昼间觅食、夜间栖息，每年 6—7 月为繁殖高峰期。觅食区域主要集中在保护区及分布在其周边的池塘、水田、沟渠，主要食物为昆虫、鱼虾、两栖动物和底栖动物。夜间栖息场所主要为核心区林地。”HJ 19—2022 指出“项目建设对重点保护野生动物、特有动物及其生境造成不利影响的，应提出优化工程施工方案、运行方式，实施物种救护，划定生境保护区域，开展生境保护和修复，构建活动廊道或建设食源地等措施。”“项目建设和运行噪声、灯光等对动物造成不利影响的，应提出优化工程施工方案、设计方案或降噪遮光等防护措施。”考生根据导则要求并结合题干即可解答本小题。不利影响为行为的干扰和栖息地觅食地的破坏，针对这两项采取有针对性的措施。本小题考察的是针对重点保护对象应采取的保护措施。鉴于题干提供的信息较多，只要紧紧抓住题干信息，不偏离本小题要求的鸟类“栖息觅食”影响这个方向，解答本题难度并不大。答案一与答案二仅是表述方式不同，实质性内容并无明显区别。

总结：噪声影响和生态影响是公路建设项目的主要影响。本案例考察了两个噪声监测、三个生态方面的问题，体现了这类项目环境影响评价的重点。难度不大。当然，在实际工作中，其他方面的影响也是不能遗漏的。考生需要认真学习 HJ 1358—2024。

【扩展思考题】

1. 简要说明现有道路回顾性评价应重点评价的内容。

2. 说明工程取弃土场现状调查与影响评价的重点。

3. 除鸟类保护区外，对沿线其他环境保护目标应调查说明的主要内容有哪些？

4. 给出本项目环境监测计划。

试题二（2021 年考题）

某新建 3 000 t 级成品油码头项目位于西南某省桃江右岸规划的港口岸线利用区，占用岸线 140 m，由码头平台、系缆墩、栈桥、控制楼、输油管线等组成。码头平台长 50 m、宽 15 m，水工结构采用透水高桩梁板型式，布置有 4 台输油臂、2 个消防塔。系缆墩为 6 m×6 m 的高桩墩台，分别位于码头平台上、下游水域，每侧各 2 个。栈桥用于连接码头平台与陆域，桥长 16 m、宽 4.5 m。控制楼为 2 层建筑物，位于临岸陆域，设有装卸控制中心和环境应急物资用房，楼外设消防水池、泡沫罐和油气处理装置。输油管线沿码头平台、栈桥敷设并与陆域埋地输油干管相连，连接处设紧急截断阀。成品油储存依托后方相距约 1 200 m 的油库工程（陆域埋地输油干管和油库工程均已建成，不属于本项目建设内容）。

桃江现有主航道满足 3 000 t 级成品油船通航条件，油船锚泊利用河流下游 16 km 的已有危险化学品锚地。因吃水条件不足，码头前沿的港池和回旋水域需采用挖泥船进行水下土方开挖，开挖面积 0.6 万 m^2，挖出的泥沙用于附近工业区场地平整回填。为保持码头区岸滩稳定，部分岸滩在完成表层清理、削坡处理后，需抛石防护，防护面积 0.1 万 m^2。水工桩基采用钻孔灌注桩，钻孔前设置钢护筒，桩底嵌入中风化岩层，钻孔泥浆送陆域干化后再用于周边工业用地回填。桩基施工时搭设水上施工平台。码头设计装卸能力 33 万 t/a（其中汽油卸船 15 万 t/a、柴油卸船 12 万 t/a、汽油装船 6 万 t/a），每次作业只安排一艘油船靠泊。油品装卸流程：油舱⇔输油臂⇔平台及栈桥输油管⇔紧急截断阀⇔陆地输油干管⇔油库（油品装船和卸船流向相反）。用于卸船的输油管 3 根，管径均为 DN250，其中 2 根输送汽油，1 根输送柴油，单根卸船流量均为 200 m^3/h：用于装船的输油管 1 根，管径 DN200，装船流量 100 m^3/h。

装船作业时，船舱内挥发的油气经船舱呼吸孔、船上管道收集后，引入控制楼外的油气处理装置，采用“冷凝+吸附”工艺进行处理，处理后的尾气经 15 m 高排气筒排放。油气处理装置的非甲烷总烃（NMHC）的去除率和排放浓度满足《储油库大气污染物控制标准》（GB 20950—2020）的规定。卸船时产生的油气依托油库工程处理。

码头平台外缘有 10 cm 高混凝土集水围坎，梁板下方有集水池，用于收集码头平台区初期雨水，兼做码头平台面少量溢油的事故应急池。到港船舶油污水、集水池内污水和控制楼生活污水泵送油库工程配套的环保设施处理。

桃江自南向北流，码头所在河段河道较顺直，河宽约 300 m，岸滩分布点状或连片的辣蓼、喜旱莲子草等植物。根据近年调查资料，桃江有鱼类 55 种，码头所在河段有底栖生物 17 种；码头下游 10 km 范围内没有大型鱼类产卵场、越冬场、索饵场，无饮用水水源保护区、水生生物自然保护区、水产种质资源保护区和渔业养殖区；码头周边 500 m 范围没有集中居民区。环境质量现状调查显示，桃江评价范围河段现状水质达到《地表水环境质量标准》（GB 3838—2002）Ⅲ类标准；所在区域为环境空气达标区，补充监测的 NMHC 浓度低于《大气污染物综合排放标准》提出的 2.0 mg/m^3 限值。

环评文件编制单位判定本项目为水文要素影响型建设项目，按照码头平台投影面积确定了地表水环境影响评价工作等级。按照行业技术规范《水上溢油环境风险评估技术导则》（JT/T 1143—2017）、《港口建设项目环境影响评价规范》（JTS 105—1—2011）确定了地表水环境风险评价等级为一级，预测分析了码头事故溢油对桃江的影响，并根据预测结果提出水上溢油应急物资配置和环境风险应急预案编制原则要求。

【问题】

1．本项目地表水环境影响评价工作等级判定考虑的因素是否完整？说明理由。（4 分）

【参考答案】

（1）不完整。（1 分）

（2）理由：

① 确定评价等级不仅要考虑码头平台投影面积，还需考虑栈桥投影面积，以及码头平台和栈桥投影面积的外扩范围。（1分）

② 水文要素型评价等级确定还需考虑水下土方开挖等工程扰动水底面积。（1 分）

③ 本项目存在污染水环境的因素（如到港船舶油污水、集水池内污水和控制楼生活污水），所以还需考虑水污染型评价等级。（1 分）

考点分析与答题技巧：本小题是考查《环境影响评价技术导则　地表水环境》（HJ 2.3—2018）关于建设项目地表水影响评价等级确定的原则，其中水文要素影响型须考虑工程垂直投影面积及外扩范围（A_1，km^2）；工程扰动水底面积（A_2，km^2）；过水断面宽度占用比例或占用水域面积比例（R，%）。对比题干给出的信息，即可识别出其确定评价等级考虑的因素是不完整的。题干提供的信息已经明确“码头下游 10 km 范围内没有大型鱼类产卵场、越冬场、索饵场，无饮用水水源保护区、水生生物自然保护区、水产种质资源保护区和渔业养殖区；码头周边 500 m 范围没有集中居民区”，所以答题时可不考虑这些敏感保护区。另外，此类项目既是水文要素影响型建设项目，也是污染影响型建设项目，只考虑水文要素影响显然是不完整的。

2. 识别码头施工期的水生生态影响，给出减缓影响的措施。（5分）

【参考答案】

答案一：

（1）码头前沿港池和回旋水域采用挖泥船进行水下土方开挖（0.5分），部分岸滩削坡处理抛石防护（0.5分），水工桩基施工搭设施工平台、钻孔灌注作业（0.5分）及钻孔泥浆（0.5分）等。

（2）减缓措施：围堰施工（0.5），采用环保型挖泥船作业（0.5），控制开挖面积（0.5）和抛石防护面积（0.5）并采取不损害鱼类的防护方式（0.5），确保施工作业泥浆转运安全（0.5分）。

答案二：

（1）土方开挖、抛石防护、钻孔灌注桩、水上施工平台施工破坏水生植物，破坏桃江河底，破坏鱼和底栖生物及其生境，使悬浮物增加导致水质变差，影响水生生物（尤其是喜旱莲子草等水生植物、底栖生物和鱼）的种类、生物量和生物多样性。

（2）减缓措施：尽量减少或严格控制开挖和防护面积，尽量减少施工平台临时占用水面和河底面积。施工期避开底栖生物和鱼的产卵繁殖等重要时期。严格管理泥浆，禁止排入桃江。增殖放流底栖生物和鱼，对喜旱莲子草等进行植被恢复。

考点分析与答题技巧：本小题识别施工期水生态影响，属于“工程分析”的“环境影响因素识别”范畴。但应注意，本小题要求针对施工期解答，如果答上营运期则属于原则性错误。题干提供了施工期的工程涉水作业行为，这些涉水行为即是水生生态影响的因素，解答时从题干中找出即可，随之提出相应的减缓措施便完成了本小题的解答。答案一简洁，答案二将对水生生态的影响一并给出，无原则性错误，也是可以的。注意，解答本小题时，必须环境影响和减缓措施同时考虑，不能识别出不利影响而无措施。

3. 指出营运期环境监测计划中大气污染源监测点位。（3分）

【参考答案】

答案一：

（1）有组织：油气处理装置15 m高排气筒（1分）。

（2）无组织：码头下风向边界外可等距布设（1分）3处以上无组织废气监控点（1分）。

答案二：

（1）有组织：

① 油气处理装置 15 m 高排气筒；② 污水集水池有机废气收集处理装置排气筒（如果有）。

（2）无组织：

① 输油管、截断阀、油库、油气处理装置等可能泄漏点；② 码头边界无组织废气监控点。

考点分析与答题技巧：本小题的设问很明确，一是营运期（不得考虑施工期，答施工期不得分），二是大气污染源（答废水、噪声等其他污染源不得分），即要求给出针对营运期排放大气污染物污染源制订监测计划。关于建设项目实施环境监测，尽管是《中华人民共和国环境影响评价法》规定的环评报告内容，但很多编写人员不重视该内容的编制，建设单位在实际管理过程中完整、有效地实施环境监测的力度也不大。但关于环境监测（环评阶段的现状监测、施工期及生产运行期的环境监测计划等）的内容均在环评师考试中出现过，考生应重视。本案例题干提供的有关油气排放的内容较多，但从工作流程上只能判定有无组织排放，无法确定监测点位。但题干称“装船作业时，船舱内挥发的油气经船舱呼吸孔、船上管道收集后，引入控制楼外的油气处理装置，采用‘冷凝+吸附’工艺进行处理，处理后的尾气经 15 m 高排气筒排放”，则明显表示了针对排气筒应该设置监测点位。另外，题干称“梁板下方有集水池，用于收集码头平台区初期雨水，兼做码头平台面少量溢油的事故应急池”，如果没有收集排放设施，只能按无组织排放考虑。另外，解答本小题一定要注意是针对污染源的监测，而不是广泛意义的环境质量监测，尤其是不受本项目影响的区域或对象是不需要监测的（因为不属于建设项目或企业的职责）。答案一较为简洁、具体，答案二较为原则。

4. 针对输油管线事故泄漏情形，计算事故泄漏量时应考虑哪些参数？（5 分）

【参考答案】

汽油柴油泄漏速率、管道内压力、环境压力、汽油柴油密度、裂口之上液位高度、裂口形状与对应的泄漏系数、裂口面积、泄漏时间。（答上任意 5 个可得满分）

考点分析与答题技巧：本小题是考查《建设项目环境风险评价技术导则》（HJ 169—2018）环境风险预测时需要的预测参数。考生在学习导则预测模型时应注意这些参数。对于做过模型预测的考生来说是很容易的，没有做过此类预测的考生只能认真学习、记忆。环境风险是涉及危险品或危险废物的很多建设项目环境影响评价的重点，在环评师考试中也是出题频率较高的考点，考生一定要认真学习国家有关法律法规、规范性文件和技术导则、标准等。

5. 分析本项目污染物依托油库工程环保设施处理的可行性，需调查哪些内容？（3 分）

【参考答案】

答案一：

（1）卸船油气依托油库工程处理，应调查油库处理油气的环保设施的规模（或能力。0.5 分）、处理工艺及处理效率（0.5 分）和处理后尾气的排放方式及能否满足环保要求（0.5 分），包括卸船作业时，船舱内挥发的油气收集方式，以及引入油库工程油气处理装置的方式，处理工艺（是否为“冷凝+吸附”工艺）。

（2）油库配套的废水处理设施的处理规模（能力）或剩余处理量（0.5 分）、处理工艺或入厂水质要求（0.5 分）、处理后中水的综合利用去向或能否确保满足达标排放要求（0.5 分）等。

答案二：

（1）卸船油气依托油库工程处理，需调查卸船油气浓度、气量；油库工程的油气处理设施设计进气浓度、处理量，处理工艺、规模，剩余处理能力，处理后废气稳定达标排放情况。

（2）含油废水和生活污水依托油库工程处理，需调查污废水水质、水量；油库工程配套的废水处理设施设计进水浓度、处理能力，处理工艺，剩余处理能力，处理后废水稳定达标排放情况，执行排放标准是否涵盖本项目排放的石油类等特征水污染物。

考点分析与答题技巧：在环评实际工作中，对依托工程进行可行性分析是很普通的一项分析、评价内容，一般对依托工程调查其环评及批复情况、竣工环保验收情况，然后进行相关分析即可。但本小题要求解答的是本项目污染物依托油库环保设施的可行性，并非要求分析本项目成品油依托陆上油库的可行性，如果考生解答为成品油依托陆上油库的可行性，则属于原则性错误。为解答本小题，首先要根据题干识别本项目哪些污染物依托了陆上油库的环保设施，而题干仅有两句话表述，即“卸船时产生的油气依托油库工程处理”和“到港船舶油污水、集水池内污水和控制楼生活污水泵送油库工程配套的环保设施处理”。卸船时产生的油气的处理需参照装船时产生的油气的处理方式来解答（不是照抄），而装船油气的处理方式题干给出的是“装船作业时，船舱内挥发的油气经船舱呼吸孔、船上管道收集后，引入控制楼外的油气处理装置，采用‘冷凝+吸附’工艺进行处理，处理后的尾气经 15 m 高排气筒排放”。答案一相对简单，答案二较为具体，均无原则性差别。

注：我国各类港口、码头建设项目众多，几乎沿海地区及主要大江大河均有港口、码头，但此前的环评师考试中一直没有此类案例，2021 年为首次，2024 年度案例考试第一题便是海上风电场建设项目。另外，《环境影响评价技术导则 海洋生态环境》（HJ 1409—2025）已于 2025 年发布，今后要特别重视。

试题三（2020 年考题）

现有某高速公路连接 A、B 两市，自北向南走向，双向 4 车道，K0～K65 在 A 市，K65～K98 在 B 市，沿线为平原、微山丘及平原地带。K73～K76 经过 X 县建成区西边缘，属城镇规划区。

拟对其进行改扩建，扩建后整体为双向 8 车道。K0～K70 及 K85～K98 桩号采取单侧或两侧原地扩建，K70～K85 先向东 8 km，然后向南 10 km，再向西南接入原线路，改线段长 27 km。K60～K60+630 段经过 R 河，R 河 3 km 后汇入 S 河。跨越 R 河上建设 H 大桥，在原有桥旁边建设同等规模桥梁。原有跨越 R 河桥梁设 3 排水下桥墩，桥面宽 20 m，桥长 630 m，扩建 H 桥同样设置 3 排水下桥墩。桥面设置径流收集系统（含收集管及事故池），桥梁采取围堰施工。

跨越的 R 河及下游 S 河均为Ⅲ类水。河流上游 3 km 至下游 18 km 为某鱼类水产种质资源保护区，4—5 月是产卵期。河流枯水期有砂砾出露，桥梁背面是平地及低山。植被以农业和灌草丛为主。

K81+0～K81+350 为 3 m 高路基段，路基宽 42 m，中心线距离边界 26 m。周边村庄 C 分 C1 及 C2，平行道路分布，详细情况见下表。村庄主要为 1～2 层建筑，在距离道路 25 m 处为一土堤，长 40 m。根据规定，环评单位将土堤当成声屏障处理，边界外 35 m 范围内为 4 类区，35 m 范围外为 2 类区。

敏感点分布情况

名称	桩号	长度/m	各排与中心线距离/m	排数	每排户数/总户数
C1	K81+0～K81+150	150	60/85/110/135/160/185/210	7	12/84
C2	K81+150～K81+350	200	85/110/135/160/185/210	6	15/75

【问题】

1．为分析 H 大桥扩建径流收集系统有效性，需要调查哪些内容？（5 分）

【参考答案】

（1）桥面导流孔（或泄流板）设置情况。（1 分）

（2）收集管与导流孔的连接情况。（1 分）

（3）收集管与事故池的连接情况。（1分）

（4）事故池位置（或与导流孔的高差）、容积。（1分）

（5）桥面初期雨水应收集量。（1分）

考点分析与答题技巧：本小题类似内容此前曾考过，只不过本次换了个说法。关于桥面径流收集系统的有效性，一是要保障桥面径流能够顺畅泄放，二是泄放后能够排入收集池（事故池）而不是直接进入河流，三是收集池要有足够的容积。此外，还应调查当地平均降雨强度、径流系数等，以计算收集池容积与桥面初期雨水收集量的符合性。当然，收集管的材质与密封性、收集池的防渗措施、阀门及切换方式等也很重要。另外，应注意本小题问的是“径流收集系统”并未问及危险品泄漏的收集问题，可以不答危险品泄漏的有关内容（危险品泄漏是环境影响评价应该考虑的，答上危险品泄漏的相关内容不算错误）。

2. 评价扩建桥梁对河流鱼类影响，应调查哪些生态内容？（5分）

【参考答案】

（1）既有桥梁对鱼类及水产种质资源保护区的生态影响回顾调查及存在的生态环境问题（或对鱼类造成的不利生态影响，或采取的生态保护措施与效果）。（1分）

（2）水产种质资源保护区的具体范围及与桥梁的位置关系（图示）。（1分）

（3）鱼类种群情况（特别是需要调查是否有重点保护鱼类）。（1分）

（4）主要鱼类生态特性（如产卵期）、鱼卵类型（漂流性或黏沉性）、洄游规律。（1分）

（5）生境状况（包括产卵场底质情况、水环境质量与饵料生物等水生生物状况）。（1分）

考点分析与答题技巧：根据题干信息，跨越的R河及下游S河均为Ⅲ类水，该河流有鱼类水产种质资源保护区河段，有必要调查其水环境质量是否满足或优于Ⅲ类水；题干已明确“河流上游3 km至下游18 km为某鱼类水产种质资源保护区”，说明保护区的范围已经确定，但题干并未交代桥梁穿跨越位置、长度等；题干指出“4—5月是产卵期”“河流枯水期有砂砾出露，桥梁背面是平地及低山”，说明有必要调查鱼类的生态特性和河流的生境情况。注意，本小题设问强调的是“生态内容”，因此，不应写上非生态的内容。本小题属于水生生态现状调查，2020年生态导则尚未修订，需按旧导则考虑来解答本题。2022年之后，可参照《环境影响评价技术导则　生态影响》（HJ 19—2022）关于水生生态调查的要求来解答。

3. 给出C村2类声环境功能区的户数，并说明理由。（5分）

【参考答案】

（1）C村2类声环境功能区户数为：84–12+75=147户。（2分）

（2）理由：

答案一：根据题干信息“边界外 35 m 范围内为 4 类区”，则 C1 的前排在 4 类声功能区范围内（1 分），其余户数在 2 类声功能区范围（1 分），则 C1 在 2 类声功能区的户数为 72 户（84–12），而 C2 距离公路较远，均为 2 类区（1 分），则 C1 和 C2 合计 C 村 2 类声功能区户数为 84–12+75=147。

答案二：① C1 第一排距离中心线 60 m，距离边界 60–26=34 m＜35 m，处于 4a 类功能区，第二排距离中心线 85 m，距离边界 85–26=59 m＞35 m，因此，其余 6 排均处于 2 类区。户数为 6×12=72（户）；② C2 第一排距离中心线 85 m，距离边界 85–26=59 m＞35 m，因此 6 排均处于 2 类区，户数为 75 户。

考点分析与答题技巧：本小题难度较小，基本是给考生送分（但简单问题往往被一些考生复杂化），本小题是在考查《声环境功能区划分技术规范》（GB/T 15190—2014）的应用。解答中的理由“答案一”侧重于文字说明，便于书写解答；理由“答案二”侧重于用数据说明，比较有说服力。由于公路相邻村庄为 2 类区，则公路在该段的声环境功能区 4a 类范围为边界外（35 ± 5）m（但题干已明确为 35 m，在答题时不应再考虑 ± 5 m 的变化），再往外，便属于 2 类区。如此，除 C1 首排被纳入 4a 类区外，其他均处于 2 类功能区。计算 C 村 2 类功能区户数为：84−12+75=147（户）。本小题考试实际意义不大，因为实际工作中，根据现场调查结果，立即可以确定声环境功能区范围和各功能区户数。解答本小题的有效方法是在草稿纸上画图。画出图之后，答案和理由就可以写出来了，难度不大。当然，不画图来解答本小题则会花费较多的时间，显然是不利的。

4．为计算土堤对 C 村噪声的削减量，需要收集哪些信息？（5 分）

【参考答案】

（1）交通噪声源强。

（2）土堤宽度。

（3）土堤高度及与 C1 和 C2 住宅的高差。

（4）土堤与 C1 和 C2 前排居民区住宅的距离。

（5）无土堤路段交通噪声扩散情况。

考点分析与答题技巧：只有已知噪声源强、距离、屏障的遮挡情况，才可计算屏障的削减量。噪声源强需要通过不同时段的车流量、车型比等进行计算，由于该声屏障为土堤，需要考虑长度、高度、宽度，而土堤宽度既是“声屏障材质”的反映，也是准确确定土堤与公路、村庄距离的重要参数。另外，通过与无土堤路段噪声扩散情况相比，才能有助于确认土堤的削减效果。

试题四（2019年考题）

梅林市拟对连接城市近郊和市西北乡镇武源镇的四级公路进行扩建。武源镇位于山岭重丘区。现在公路全长 56 km，为砂石路面，沿线土地利用类型主要为林地、草地和耕地，公路穿越市级森林公园的一般游憩区，不涉及自然保护区、风景名胜区。武源河发源于市域西北部，流经武源镇、市级森林公园和梅林市中心区。梅林市城区上游 6.0 km 处建有一座梅林水库，主要功能为防洪和农业灌溉。

工程拟将现有四级公路改、扩建为二级公路，铺设沥青路面。工程可行性研究报告拟定的工程方案为：沿现有公路改、扩建，局部改移路段累计长度约 5.6 km（其中森林公园改造段 3 处累计长度 1.2 km），在梅林水库回水区上游 2.5 km 原桥址处新建 S 大桥跨越武源河，线路全长 54.2 km。拟定的工程方案部分技术指标见下表。

拟定工程方案部分技术指标

项目	单位	数量	备注
线路长度	km	54.2	
大桥	m/座	182/1	没有水中墩
中小桥	m/座	420/6	
涵	道	37	
高填深挖路段	m	1 903	
取/弃土场	处	3/5	占地类型均为草地

S 大桥至城市近郊路段东侧山坡有一处敬老院，院内有前后相距 12 m 的平行布置的 A、B 两栋二层建筑，楼宽 8 m，层高均为 3 m，B 栋一层室内地面较 A 栋一层室内地面高 7 m，敬老院围墙高 2 m。扩建后公路红线距正对公路的敬老院围墙 10 m，距首排正对公路的 A 栋建筑 40 m，路面比 A 栋建筑一层室内地面低 1 m。评价技术单位拟在敬老院围墙前 1 m、A 栋建筑二层窗前 1 m 各设 1 处声环境监测点。

【问题】

1. 评价施工期生态环境影响还需了解哪些工程建设信息？

【参考答案】

（1）改、扩建道路的宽度。

（2）高填深挖路段分布及挖方量和填方量，以及破坏植被的类型与面积。

（3）取弃土场的位置、面积与新修运输道路情况。

（4）改移路段的位置及 3 处森林公园改造段的长度、施工作业带宽度及施工方式。

（5）施工营地及沥青拌和站等施工场地数量、分布及占地类型与面积。

考点分析与答题技巧：注意本小题是针对"施工期""生态影响"需要了解的工程建设信息。如果答上营运期的、以污染影响为主的或有环境风险的工程内容将不得分。由于题干表中已明确说明大桥不设水中墩（大桥不设水中墩，中小桥就更不用考虑了），因此不必答水生生态影响；由于表中已明确取弃土场占地类型为草地，也不必答占地类型。关于生态影响，主要与占地类型、占用不同类型植被的面积以及施工方式关系最为密切，因此答题应针对施工期的工程占地情况（包括永久占地和临时占地）和施工方式两个方面来考虑。此类考点（"了解工程建设信息"的问题）已经考过多次。在建设项目环境影响评价工作中属于工程概况内容，尽管现行《建设项目环境影响评价技术导则 总纲》（HJ 2.1—2016）将工程概况并入工程分析，但是工程概况绝对不是工程分析。工程分析的实质是识别工程的环境影响源（污染源、生态影响源和环境风险源）、核算源强（如污染源的源强就是污染物排放的强度，即速率或浓度；而与"占地"有关的信息是生态影响源的源强之一）。当然，不充分了解工程概况是不可能有针对性地进行工程分析的，所以充分了解工程信息是工程分析的基础，本小题即如此。

2. 开展森林公园的路线评价，需关注哪些主要影响（列举四项）？

【参考答案】

（1）征占森林公园土地造成的植被破坏及对主要林木资源、野生动物栖息条件的影响和对通行的阻隔影响。

（2）对森林公园整体或完整性的影响。

（3）对森林公园的景观影响。

（4）对穿越森林公园一般游憩区的功能影响。

考点分析与答题技巧：从题干信息来看，公路穿越了森林公园的一般游憩区，且改造路段有 3 处，共 1.2 km。本小题结合题干提供的信息列出主要影响即可。当然也可以分施工期和营运期来解答：施工期主要是占地对森林公园植被及主要林木砍伐的影响，土石方作业的影响；营运期主要是交通噪声对野生动物的影响，道路对动物通行的阻隔影响。实际环评工作中，对于涉及环境敏感区的建设项目，首先考虑的应该是“避让”，在确实无法避让的情况下，再进行深入分析、论证，采用尽可能减少（缓）不利影响的方案。

3. 为评价 S 大桥施工期水环境影响，需要收集哪些资料？

【参考答案】

（1）武源河的水文情势（如，至少一个水文年内不同时段的流量、流速、水位、水深或泥沙量等）。

（2）武源河及下游梅林水库的水生生物，特别是洄游性鱼类及其“三场”情况。

（3）工程所跨河段水环境功能及现状水质监测资料。

（4）现有大桥情况、对河流产生的实际影响及环境保护措施或环境风险防范措施。

（5）武源河河道自然属性及两岸工程地质资料。

考点分析与答题技巧：与本小题类似的问题此前考过，属于针对某一类或某一阶段的环境影响，进行资料收集或现场调查的工作内容。对于本小题，尽管题干的表中已说明大桥建设不设水中墩，但仍需对所跨河流的水文情势、水环境质量、水生生物及河道自然属性进行调查，收集必要的资料；由于本项目为改、扩建工程，新建大桥在原桥址处，需要对原有大桥的基本情况及其环境影响、采取的环保措施，特别是环境风险防范措施进行调查。

4. 对敬老院的声环境监测布点应做何调整？

【参考答案】

答案一：

调整为：在 A 栋和 B 栋的一层和二层窗前 1 m 均需设 1 处声环境监测点。

答案二：

可取消围墙前的监测点，但应在 A 栋一层、B 栋一层和二层 1 m 前各增设 1 个监测点。

答案三：

调整为：在现有道路红线外、围墙前后、A 栋和 B 栋的一层和二层窗前 1 m 设 1 处声环境监测点。

考点分析与答题技巧：本小题考查改、扩建工程中针对声环境敏感点的环境现状监测布点要求。答案一和答案二较为简洁，内容一致，均重点关注受影响的 A、B 两栋建筑，是正确的；答案三虽然有一定道理并在实际工作中常用，因为作为敬老院的声环境影响源，现状公路交通噪声源有必要了解并监测，围墙对 A 栋有部分遮挡功能，有必要了解其减噪效果，但答案三更适合“为评价对敬老院的声环境影响，给出现状监测布设的监测点位”的提问。解答本小题时可以在草稿纸上先根据题干信息画一个剖面图来考虑布点情况（当然，对于从事环评工作的技术人员或监测人员来说不画图也基本能够判断）。类似考题在2012年的公路案例中是以临路一所小学的监测要点来考查的，其中布点是最重要的监测要点。

关于交通噪声监测布点的要求，可以参照现行《环境影响评价技术导则　声环境》（HJ 2.4—2021），另外，《环境影响评价技术导则　公路建设项目》（HJ 1358—2024）已经发布，考生需要认真学习这两个导则。

【扩展题】

1．确定本项目生态影响评价等级与范围。

【参考答案】

（1）本项目涉及森林公园，为重要生态敏感区，线路长度大于50 km，根据《环境影响评价技术导则　生态影响》（HJ 19—2011），生态影响评价等级为二级。

（2）生态影响评价范围以公路中心线两侧300 m为宜（或答200～300 m）。

考点分析与答题技巧：根据题干信息本小题比较简单，根据当年的HJ 19—2011的评价等级判定表即可确定评价等级为二级。关于评价范围，HJ 19—2011并未确定，但对于编制过公路、铁路、管道等线路工程环境影响报告的技术人员来说，确定该项目的生态影响评价范围不是问题。高速公路一般按300～500 m考虑，但本项目公路等级较低，按200～300 m考虑是适宜的。需要说明的是，修订后的HJ 19—2022给出了一系列关于评价等级和评价范围的规定，考生必须认真学习。

2．除森林公园外，本项目生态现状调查与评价还应确定哪些内容？

【参考答案】

（1）沿线主要生态系统类型、植被类型及主要植物，特别是重点保护野生动植物。

（2）需明确改、扩建工程是否征占天然林或生态公益林、永久基本农田和基本草原以及征占面积与分布等。

（3）山岭重丘深挖高填段植被类型及重点保护野生动植物。

（4）武源河及梅林水库水生生态现状。

（5）现状生态问题。

考点分析与答题技巧：本小题主要考查生态现状调查、评价的主要内容。根据《环境影响评价技术导则　总纲》（HJ 2.1—2016）及当时还有效的《环境影响评价技术导则　生态影响》（HJ 19—2011）（修订后编号为HJ 19—2022），生态现状调查与评价的内容较多，但考试时一定要结合题干信息，给出主要调查、评价内容即可。本小题设问已明确“除森林公园外”，答案中不得出现有关森林公园的内容，否则可能得零分。

3．对既有大桥进行回顾性评价，应调查清楚大桥的哪些内容？

【参考答案】

（1）调查大桥的基本情况，包括长度、宽度，结构形式等。

（2）调查大桥是否设置了水中墩及墩数。

（3）调查大桥是否采取了桥面径流及环境风险防范措施。

考点分析与答题技巧：根据题干信息，尽管本次扩建工程新建的S大桥不设水中墩，但原大桥是否设置了水中墩并未说明。需要注意的是，本小题并未要求调查、评价既有大桥的环境影响或回顾其环境影响，而是要求对既有大桥本身进行调查。如果是对既有大桥的环境影响回顾，则主要是大桥对所跨武源河造成的实际环境影响，以及回顾大桥采取的环境保护措施，特别是环境风险防范措施的有效性。另外，虽然题干给出梅林水库的功能为防洪和农业灌溉，但武源河的水环境功能并未给出。

4．为减少山岭重丘段的生态影响，可考虑采取哪些工程技术措施？

【参考答案】

（1）深挖路段应考虑以隧道形式替代。

（2）高填路段应考虑以桥梁形式替代。

（3）土石方移挖作填。

（4）路堤路堑边坡应视情况采取有效的工程防护和生态恢复措施。

考点分析与答题技巧：对于山岭重丘区，往往涉及高填深挖工程。由于挖填作业会破坏地表植被，土石方量较大，对生态影响较大，而采取隧道替代深挖，采取桥梁替代高填，则是减少生态影响的较好方式。但需要考虑挖深和填埋高度、工程地质条件及施工的便利性及投资大小等综合因素。而土石方“移挖作填”也是减少场外取土或弃土，进而减少生态影响的措施之一。高填路段会产生路堤边坡，深挖路段会产生路堑边坡，均需采取工程防护与生态恢复措施。需要注意的是，本小题要求回答的是“工程技术措施”，不应答环境管理、监测等非工程技术方面的措施。

5．经现状监测，临近公路的敬老院A、B两栋建筑声环境质量均有不同程度的超标，应该考虑采取哪些可行的降噪措施？

【参考答案】

（1）在公路路基临近敬老院路段设置声屏障。

（2）给A、B两栋建筑安装隔声窗。

（3）适当加高围墙高度。

（4）加大公路与敬老院之间的绿化密度并种植高大乔木。

（5）在该段设置减速标志，降低行车速度。

考点分析与答题技巧：根据题干信息，解答本小题一定要注意公路是在山坡下，而敬老院与公路之间有围墙，且院内两栋二层小楼也是有高差的。因此，实际上A栋建筑是比公路路面高出7 m的建筑，而B栋建筑相对公路是14 m高建筑。因此，2 m高的围墙对A栋一层降噪效果不明显，对B栋则几乎无降噪效果。为减少公路对敬老院的影响，应考虑在公路路基处设置声屏障、给学校安装隔声窗，也可以考虑适当加高临近公路一侧的围墙高度。

试题五（2018 年考题）

南方某城市轨道交通建设规划共包含 5 个项目，总规模 170 km。其中 3 号线穿越城市中心区域，全长 37 km（K0+000～K37+000）。采用 B 型车 6 辆编组，设计速度 100 km/h；根据规划，3 号线 K0+000～K11+000 区段基本按民主路布线，包括高架线路 6 km（K0+000～K6+000）、地下线路 5 km（K6+000～K11+000），设高架车站 4 座、地下车站 4 座、停车场（红旗停车场，仅供停车使用）1 座。红旗停车场在红旗湖汇水范围内，位于红旗湖东侧 1 km，占地面积 10 hm^2，现状用地为林地。红旗湖为Ⅲ类水环境功能水体。

规划环评文件载明：3 号线 K0+000～K6+000 区段所在的民主路道路红线宽度 40 m，临街第一排分布有 40 栋 14～24 层高的集中居民住宅。3 号线实施后，该区段临街第一排建筑声环境预测值超标，需在此区段设置全封闭声屏障。规划环评审查意见要求：3 号线 K0+000～K6+000 区段应进一步优化线位或采用地下线敷设方式，减轻对沿线区域声环境质量的影响。

与建设规划及规划环评文件对比，3 号线设计阶段对部分路由及线路敷设方式进行了调整：将 K0+000～K4+000 区段由民主路调整至解放路中段，采用单箱梁桥梁结构，桥梁高 9 m、宽 13 m；将 K4+000～K6+000 区段调整为民主路地下线路，采用盾构法施工。工程设计全线车站均采用明挖法施工。3 号线设计阶段委托开展环评。根据项目环评调查，K0+000～K4+000 区段所在的解放路道路红线宽度 50 m，居民住宅建筑退红 12 m，沿线临街第一排分布有 30 栋、8 层高（每层层高 3 m）的商业与居住混合建筑。该区段受既有道路交通噪声影响，临街第一排居民住宅现状声环境质量超标，昼、夜间最大超标量分别为 2.9 dB（A）、6.8 dB（A）。工程设计提出在高架区段桥梁边缘处设置高于桥面 4 m 的直立式连续声屏障，环评预测采取声屏障措施后，营运近期临街第一排居民住宅噪声预测值昼间最大超标量 3.0 dB（A），夜间最大超标量 7.0 dB（A）。K4+000～K6+000 地下区段沿线临街第一排敏感建筑环境振动现状达标，环评预测营运期临街第一排敏感建筑近期昼、夜最大铅垂向 Z 振级 70.9 dB。工程设计阶段红旗停车场用地已调整为城市建设用地，3 号线全线区域已覆盖城市污水管网。

注：①《城市区域环境振动标准》（GB 10070—88）规定：居民、文教区铅垂向 Z 振级限值：昼间 70 dB，夜间 67 dB；混合区、商业中心区铅垂向 Z 振级限值昼间 75 dB，夜间 72 dB；交通干线道路两侧铅垂向 Z 振级限值昼间 75 dB，夜间 72 dB。② 声源位置可简化为：位于桥

梁中心线与桥面等高处。

【问题】

1.3 号线 K0+000～K6+000 区段设计是否落实了规划环评的审查意见要求？请说明理由。（5 分）

【参考答案】

落实了规划环评审查意见的要求（1 分）。理由如下：

（1）将 K0+000～K4+000 区段由民主路调整至解放路中段，受影响楼栋数量及人数较调整前有所减少（1 分），道路红线变宽且居民住宅退红 12 m，距离较远（1 分），而且噪声影响基本未增加［1 分，昼夜仅增加 0.1 dB（A）、0.2 dB（A）可以忽略］。

（2）K4+000～K6+000 区段由高架线调整为地下线路，落实了规划环评审查意见的要求。（1 分）

考点分析与答题技巧：只要写“落实”两个字就至少给 1 分。根据题干提供的信息，规划环评审查意见要求“3 号线 K0+000～K6+000 区段应进一步优化线位或采用地下线敷设方式，减轻对沿线区域声环境质量的影响”。理由说明中优化线位一方面应体现与调整前相比受影响楼栋及人数是否明显减少，另一方面是调整后不会对沿线居民造成明显不利影响（如距离是否较调整前更远、噪声与振动影响是否显著减少）。线路 K0+000～K4+000 由民主路调整到解放路中段后受影响楼栋数量明显减少，而且红线较调整前为宽，居民住宅退红后，距离变远，更重要的是临街第一排居民住宅噪声基本无所增加，落实了规划环评审查意见中的“优化线位”。本小题体现了考试大纲中“案例分析”科目关于规划环境影响评价“结合规划环境影响评价工作成果提出对规划所包含的建设项目环境影响评价的指导意见”。

2. 为保护红旗湖水质，给出红旗停车场施工期和营运期的水污染防治措施。（4 分）

【参考答案】

（1）施工期：

① 严格控制施工范围，尽可能少破坏周边林地，控制水土流失。（0.5 分）

② 施工废水经处理（隔油、沉淀）后回用不外排或排入城市污水管网。（0.5 分）

③ 各类物料（土石料等）应布置在远离红旗湖水库的一侧，采取苫盖或设置拦挡设施，施工结束后及时清运。（0.5 分）

④ 尽可能不设施工营地或施工营地设置在红旗湖汇水范围外，生活及施工垃圾及时清理。（0.5 分）

⑤ 施工结束后，对施工临时占地及时进行生态恢复。（0.5 分）

（2）营运期:

① 停车场周边应加大绿化力度，防止面源污染或水土流失。（0.5 分）

② 停车场初期雨水及站场污水（车辆整备保养废水，地面、设备、车辆冲洗废水）收集处理后回用（或排入城市污水管网，或达标排放）。（0.5 分，或答停车场设置污水处理站或处理设施）

③ 停车场管理人员产生的生活污水处理后用于场外绿化（或洒水降尘，或达标排放，或排放城市污水管网）。（0.5 分）

考点分析与答题技巧：题干提供的信息“红旗停车场在红旗湖汇水范围内，位于红旗湖东侧 1 km，占地面积 10 hm^2，现状用地为林地。红旗湖为Ⅲ类水环境功能水体”，而且题干告知沿线城市污水管网已覆盖。因此，答题时在思路上既要避免或减缓污染影响，也要注意保护、恢复生态。沿线污水管网覆盖，说明污水可以进入市政管网，Ⅲ类水环境功能允许纳污，但须处理后符合排放标准要求。按照这个思路答题，答案均是正确的（语言可以自行组织）。在答题时，还需注意本小题要求给出“施工期和营运期”，而且是针对红旗湖的水污染防治措施，所以分别只给出施工期，或仅给出营运期是不完整的。

3. 依据声屏障声程差计算结果，判断该线段解放路两侧临街第一排 8 层高建筑是否位于声屏障声影区范围内？（4 分）

【参考答案】

答案一：

（1）声屏障声程差计算:

如图所示，声程差=OA+OB−AB。

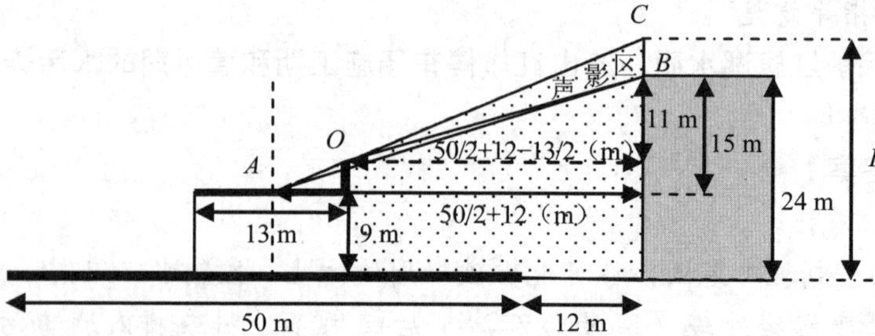

① $OA=\sqrt{(13\div2)^2+4^2}$ =7.63（m）；

② $OB=\sqrt{(11)^2+(50\div2+12-13\div2)^2}$ =32.42（m）；

③ $AB=\sqrt{(15)^2+(50\div2+12)^2}=39.92$（m）。

因此，声程差= 7.63+32.42−39.92=0.13（m）。

（2）根据声屏障衰减公式 $A_{bar}=-10\lg[1\div(3+20N_1)]$（$N_1=2\times$声程差$/\lambda$）可知，如果 $N_1=0$，$A_{bar}=5$ dB，本项目 $N_1>0$，$0<[1\div(3+20N_1)]<0.3$，$A_{bar}>5$ dB 有一定衰减量，因此第一排 8 层高建筑在声影区范围内。

答案二：

（1）设轨道交通声源位置到声屏障顶端的距离为 a，$a=(6.5^2+4^2)^{0.5}=7.63$ m。

（2）声屏障顶端到临街第一排建筑顶部的距离为 b，$b=(11^2+30.5^2)^{0.5}=32.42$ m。

（3）轨道交通声源位置到临街第一排建筑顶部的距离为 c，$c=(15^2+37^2)^{0.5}=39.92$（m）。

（4）声屏障声程差为：$\delta=a+b-c=0.13$ m。

（5）声程差为正数，根据声屏障衰减公式，可知衰减量的存在，从而判断第一排 8 层高建筑位于声屏障声影区范围内。

考点分析与答题技巧：一般而言，依据声屏障高度与建筑物高度之差，大致可以估算建筑物是否在声影区。本小题要求依据声屏障声程差计算结果来判断，考点也就是计算声程差。所以，计算声程差是本小题的答案关键。据《环境影响评价技术导则　城市轨道交通》（HJ 453—2018）附录 C 计算声屏障插入损失时应考虑声程差δ。HJ 453—2018 是对 HJ 453—2008 的修订，虽然考试大纲中并未规定此类行业导则的考试内容，但在相关技术方法及案例考试中时常会出现。

4. K4+000～K6+000 区段民主路两侧临街第一排建筑环境振动是否满足标准要求？请说明理由。（3 分）

【参考答案】

不满足。（1 分）

理由：环评预测营运期该段临街第一排敏感建筑近期昼、夜最大铅垂向 Z 振级 70.9 dB，均超过应执行的居民、文教区铅垂向 Z 振级昼间 70 dB，夜间 67 dB 限值，特别是夜间超标显著，不达标。（2 分）

考点分析与答题技巧：根据 HJ 453—2008 或其修订后的 HJ 453—2018，无论按 VL_{Z10}，还是 VL_{Zmax}，只要评价量存在超标问题，就可以确定其不满足标准要求。

5．给出本项目施工期和营运期环境监测计划中的监测对象和监测因子。（4 分）

【参考答案】

（1）施工期

废水：SS；废气：TSP；噪声：L_d、L_n；地下水：水位。

沿线居民住宅区的环境空气质量：颗粒物；声环境质量：昼夜等效声级（L_d、L_n）；红旗湖：pH、SS、COD、BOD_5、石油类、氨氮等。

（2）营运期

沿线第一排有代表性的居民住宅楼：噪声昼间、夜间等效 A 声级；振动、铅垂向 Z 振级。

风亭：氨、硫化氢、臭气浓度。

车站、停车场废水和生活污水：pH、SS、COD、BOD_5、石油类、氨氮。

地下水：水位、溶解性总固体、总硬度、硫酸盐、氯化物、硝酸盐氮、亚硝酸盐氮、氨氮等。

考点分析与答题技巧：环评报告中的监测计划实质上就是环评后的跟踪监测，是《中华人民共和国环境影响评价法》规定的环评工作内容之一。尽管在实际环评报告编写中很少引起关注，甚至不作为评估重点。但是，随着事中事后监管的强化与实施，环评所提出的监测计划的实施就十分重要了。关于工程建设的环境监测一般分为污染源监测及其对保护目标（或对象）造成的环境影响监测（环境质量监测）。本小题只要求给出施工期和营运期的监测对象和监测因子，而本工程为城市轨道交通，施工期监测为常规监测，营运期主要是噪声和振动监测；另外，并未要求施工期和营运期分别解答，可以集中在一起分别解答。本小题看似容易，但在实际考试作答时会感觉十分难答（得满分或高分不易）。因为监测对象是比较广泛的，既包括项目的污染源设施或设备监测，也包括废水、废气、噪声以及环境保护目标或受影响对象的监测；至于监测因子则更为广泛。因此，在考场只能答主要的。对于本小题，可以考虑列表，分施工期和营运期在列表中给出答案。

试题六（2017 年考题）

东南沿海某市拟建的西北绕城高速公路工程由主线和一条连接线组成。主线全长 57.55 km，按照双向六车道高速公路标准建设，设计行车速度 100 km/h，路基宽度 33.5 m。主线起点（K0+000）接城西已建高速互通，在城区外围向东北方向展线，以桥梁形式（K26+120～K28+480）跨越 H 江后向东延伸，终点接城东北另一在建高速互通。连接线全长 12.32 km，按照一级公路标准建设，设计行车速度 80 km/h，路基宽度 23 m，起点（LK0+000）从主线 T 互通（K32+310）处引接，向北延伸至终点 C 镇（LK12+320）。连接线起点～LK6+330 为新建段，LK6+330～终点为利用现有二级公路扩建段。

工程沿线地势总体平缓，局部为山地丘陵。H 江大致呈西北—东南流向，径流随季节变化，夏丰冬枯。H 江大桥桥位附近河道平顺微弯，桥位处大堤之间河道宽度 600 m，水域环境功能为Ⅲ类。大桥在河道中设有桥墩，采用钢围堰临时围护进行涉水桥墩基础施工。

根据历史资料，H 江鱼类资源丰富，有鳗鲡等 3 种珍稀保护鱼类，3 种鱼类均有洄游习性，洄游期为 3—5 月、10—11 月。H 江大桥桥墩处无珍稀保护鱼类的产卵场、索饵场和越冬场分布，但桥墩位于鱼类洄游通道上。H 江大桥桥位上游 190～5 000 m 段右岸江滩为市级湿地自然保护区，保护区主要保护对象为中华结缕草等保护植物、冬候鸟（越冬时间 11 月至翌年 3 月上旬）及其栖息生境。环评机构拟于 4—5 月在大桥桥位附近开展水域和陆域生态现状调查。

工程可行性研究报告的数据模拟计算结果表明，大桥桥墩建设对桥位附近 H 江水文情势影响较小，但提出跟踪监测该河段江滩冲刷或淤积情况，并根据监测结果采取抛石护滩等措施。工程可行性研究报告环境保护篇章提出：大桥桥墩围堰在枯水期 11 月至翌年 3 月施工，施工期控制夜间光照时间和强度；运行期桥台不设置强光灯，桥面采用降噪减振材料、车辆禁鸣等措施；为防止化学品运输车辆事故泄漏物直接流入河道，大桥设置桥面径流收集管，河堤两侧设置事故池。

连接线扩建段中心线两侧 200 m 范围内有 7 处居民点，其中 A 居民点住宅多为二层建筑物，呈三排沿路（LK8+000～LK8+200）平行布置，临路第一排、第三排建筑物距离公路中心线分别为 40 m、80 m，该居民点无工业企业、交通噪声源。为预测公路建设后对 A 居民点的声环境影响，环评机构拟在公路 LK8+100 处垂线方向设置 3 个声环境现状监测点。测点 N1、N2 分别设置在临路第一排、第三排建筑物窗前，测点 N3 设在距离公路中心线 160 m 的农田处。

【问题】

1．大桥桥位附近生态现状调查时间安排是否合理？请说明理由。（4 分）

【参考答案】

（1）不合理。（2 分）

（2）理由：

① H 江现有鳗鲡等 3 种珍稀保护鱼类，有两个洄游时间段（洄游期为 3—5 月、10—11 月），环评机构仅调查一个时间段（4—5 月）是不够的（应该分别在这两个时间段进行调查）。（1 分，或简答为：错过了 10—11 月鱼类洄游的时间段）

② 桥位上游有市级湿地自然保护区，冬候鸟的越冬时间在 11 月至翌年 3 月上旬，环评机构 4—5 月的调查时间错过了候鸟越冬时间。（1 分，或简答为：错过了冬候鸟的越冬时间）

考点分析与答题技巧：本小题属于现状调查内容，但考了一个调查时间的确定问题。在实际工作中，现状调查有很多方法，但调查时间和频率在报告编写中常被忽略。在此特提醒大家。题干提供的信息较为丰富，而且给出了时间情况，如“H 江鱼类资源丰富，有鳗鲡等 3 种珍稀保护鱼类，3 种鱼类均有洄游习性，洄游期为 3—5 月、10—11 月。H 江大桥桥墩处无珍稀保护鱼类的产卵场、索饵场和越冬场分布，但桥墩位于鱼类洄游通道上。H 江大桥桥位上游 190～5 000 m 段右岸江滩为市级湿地自然保护区，保护区主要保护对象为中华结缕草等保护植物、冬候鸟（越冬时间 11 月至翌年 3 月上旬）及其栖息生境。环评机构拟于 4—5 月在大桥桥位附近开展水域和陆域生态现状调查”，那么调查时间应该与生物活动时间相结合，而不是避开。

2．给出本项目鸟类现状调查应包括的主要内容。（4 分）

【参考答案】

（1）应调查鸟类种类及种群（0.5 分）、数量（0.5 分）、分布（0.5 分）、稀有性及保护级别（0.5 分）等。（1 分，答上任意 3 项给 1 分）

（2）候鸟的迁徙习性与规律（1 分）、生境或栖息地条件（1 分）等。

（3）湿地保护区保护状况。（1 分）

考点分析与答题技巧：上一小题考查的是调查时间的确定，本小题主要考查某一类动物的调查内容。对于鸟类，除种群、分布等一般调查内容外，更重要的是调查迁徙特性和生境条件。生态环境部发布了一系列《生物多样性观测技术导则》（HJ 710.1～710.13），考生应注意学习。由此可以扩展学习 HJ 710 系列导则关于两栖爬行类、哺乳类等的调查方法与调查内容等。2023 年又考了类似问题，考生应注意对相似问题的思考。

3. 从环境保护角度说明跟踪监测H江大桥桥位附近河段冲淤变化的目的。（5分）

【参考答案】

（1）监测冲刷对右岸江滩湿地自然保护区（1分）及重点保护对象中华结缕草等野生植物和冬候鸟及其生境的影响（1分）。

（2）因桥墩位于鱼类洄游通道（1分），需监测桥墩处泥沙淤积对鱼类洄游的影响（1分）。

（3）根据冲淤监测结果，便于落实抛石护滩措施（1分）。

考点分析与答题技巧：根据题干提供的信息，可行性研究模拟计算结果为"大桥桥墩建设对桥位附近H江水文情势影响较小，但提出跟踪监测该河段江滩冲刷或淤积情况，并根据监测结果采取抛石护滩等措施"。很显然，首先是为了观测对江滩冲刷的影响，保护湿地自然保护区；其次，桥墩位于鱼类洄游通道上，对鱼类洄游的影响也是跟踪监测的目的。此外，冲淤导致河床变化，河段水文情势将有所变化，尽管模拟结果认为影响较小，但究竟影响如何，也应该进行监测[要注意的是，本小题跟踪监测的是冲淤变化，答案（3）可不答]。本小题实际上考查了环评中监测计划内容，只是用了跟踪监测的表述方式。

4. 给出确定大桥事故池容积应考虑的因素。（3分）

【参考答案】

桥面面积（1分）、化学品运输车辆在该桥段的最大泄漏量（1分）、当地短时最大降雨量（10 min）或消防用水量（1分）。

考点分析与答题技巧：事故池以收纳事故径流为目的，其容积应能满足一般危化品事故径流收纳要求。鉴于事故的发生具有突发性、不确定性，泄漏量也具有不可预知性。但是作为环境风险应急，设置一个事故池从理论上讲是合理的，但事故池容积究竟该设计多大才能满足要求存在争议。但设计事故池容量总得有个依据或理由，那就只能考虑泄漏在桥面上的化学品最有可能进入河流的因素了（即危险品泄漏后的桥面径流处理），以桥面上泄漏的化学品在短时最大降雨量或消防用水量情况下进入河流的量作为参考。根据相关行业专业人员的调查，目前我国常见的运输液态危化品的车辆包括运输油品的槽罐车和化工液体运输车，其容积为2～50 m^3，较常见的多在30 m^3以下。国外对油罐车发生事故时不同泄漏量概率的研究结果表明，油罐车特定事故的泄漏总概率为0.064%。虽然全部泄漏的概率较小，但事故池容积设计时应考虑极限情况，即假设在设计暴雨强度条件下，危化品运输车辆所载液态危化品在桥上全部泄漏，且泄漏物与雨水混合后形成的事故径流全部通过截流管进入事故池。因此，事故池的容量应为液态危化品体积与危化品从开始泄漏至从桥面上冲刷干净期间的雨水体积之和。

5. 选择N2作为背景值进行A居民点声环境影响的预测是否合理？请说明理由。（4分）

【参考答案】

不合理。（2分）

理由：N2点不具备作为背景值的条件（2分）。或答：①测点N2设在第三排建筑物窗前易受社会生活噪声等人为活动影响，不能反映背景值；②受前两排建筑物阻挡，交通噪声衰减情况不清楚，不能反映背景值；③该测点只能反映现状公路运行情况下第三排建筑物窗前噪声，不能反映背景值。

考点分析与答题技巧：背景通常是指未受任何人为影响，此情况下的监测值即背景值。显然，N2点不具备这个条件。简言之，N2点不具备作为背景点的监测条件。（N3作为背景值是可行的，距离公路较远，也不受前三排建筑物遮挡影响。）2023年的公路案例考了类似的问题。需要注意的是很多人将背景值与现状值弄混，背景值是一种自然状态，既不受现状道路等交通噪声的影响，也不受社会生产生活噪声的影响。而现状值却是当前的状态（可能已经受到现有交通噪声或社会生产生活噪声的影响）。2023年的公路案例又考了类似问题，考生应注意类似问题的解答。

试题七（2016 年考题）

拟建连接甲、乙两市的高速公路，采用新建+改、扩建方案，全长 152 km。新建段以甲市为起点，向南布线 75 km（K1～K75），在 K75 通过互通 H 与现有高速公路相接。改、扩建段为自互通 H 向东至乙市的长 77 km（K75～K152）的现有高速公路路段。新建路段为双向四车道，路基宽度 24.5 m，沥青混凝土路面，设计车速 100 km/h。

工程施工期在 K72 附近设置 1 处沥青拌和站，站内设拌和楼、沥青储罐、料场、辅助生产建筑物等。采用间歇式热拌工艺，矿粉、烘干的碎石和砂与经柴油导热油炉加热的沥青在拌和楼内搅拌后出料。

公路 6+000～K9+400 路段与西侧已建铁路平行布线，公路红线距铁路外轨中心线 60 m，距西侧居民点 M1 临路建筑 100 m。

公路 K30～K45 路段经过山岭区，植被以天然林为主，郁闭度较高。其中，K32～K36 东侧有一省级自然保护区，公路距保护区边界最近距离为 300 m，保护区主要保护对象为森林生态系统及野生保护动物大灵猫、林麝。K30～K45 路段部分为桥梁、隧道，部分为路堤、路堑，工程可行性研究提出拟在该路段设置动物保护通道。

公路 K59～K66 路段经过平原区，分布有人工林地、水田、鱼塘、沟渠、小型河流，河流均由西向东流向湖泊 L。K61～K62+600 东侧有一市级湿地自然保护区，距公路最近距离为 500 m，主要保护对象为湖泊湿地生态系统、两栖保护动物虎纹蛙和鸟类繁殖地，公路跨越小河处设置桥梁，其他路段采用高路基（平均高度 3.5 m）。

公路 K145～K146 路段向南单侧扩建。居民点 M2 位于该路段北侧，距离公路红线 55 m，执行 2 类声环境质量标准[昼间 60 dB（A）、夜间 50 dB（A）]。原路堤边设有一道声屏障，现状监测降噪效果 4 dB（A）。在不考虑插入损失情况下，工程运行中期 M2 的昼夜间噪声预测值分别为 63 dB（A）、57 dB（A）。工程可行性研究针对居民点 M2 声环境质量中期达标要求，拟保留现有声屏障，增设一道降噪效果相同的声屏障。

拟在居民点 M1 临路建筑物前 1 m（距地面 1.2 m）处设噪声监测点，昼夜各测 1 次，测 2 d，每次 20 min。在回收的 500 份公众问卷中有 5%的公众建议 K61～K62+600 路段架桥替代高路基。

【问题】

1. 给出沥青拌和过程中的主要大气污染因子。

【参考答案】

沥青烟、苯并[*a*]芘、VOC、TSP（或颗粒物、粉尘）。

考点分析与答题技巧：本小题属于工程分析内容的考查，是对沥青拌和过程中的主要大气污染因子的识别。这 4 个因子是主要的，答对 1 个可得 0.5 分。答上 NO_x、SO_2 和烟尘、燃油烟气等均不影响得分。但是，如果答噪声、废水等均为原则性错误，不得分，因为本小题问的是“大气污染因子”。

2. 针对居民点 M1 的监测方案是否合适？请说明理由。

【参考答案】

（1）不能确定。

（2）未明确监测时铁路列车的通行情况。另外，监测时还需考虑居民点临路建筑物类型（平房、楼房及层数等）、结构、有无围墙及高度，以及铁路采取的降噪措施等。

考点分析与答题技巧：根据题意，拟建公路与居民点 M1 之间有铁路。若监测时无列车通过，则监测值是居民点 M1 的现状值；但如有列车通过，则监测值反映的是铁路对居民点 M1 的影响情况。根据敏感点现状监测的要求，监测时应避开主要噪声源，而影响评价时则需要考虑与现有噪声源对其影响的叠加影响。

3. 为确定保护动物通道位置，应了解 K30～K45 路段哪些生态关键信息？

【参考答案】

（1）野生保护动物大灵猫和林麝的迁徙路线和迁徙活动规律。

（2）拟建公路路堤和路堑段是否处于保护动物迁徙通道段。

考点分析与答题技巧：本小题是针对动物通道而设问需要提供的生态信息，显然，动物迁徙路线是最关键的。另外，拟建公路在该段既有桥梁、隧道，也有路堤和路堑，只有路堤和路堑段位于动物迁徙通道上时才需要考虑设置专门通道，而桥梁和隧道段是不需要设置动物通道的。至于有考生答野生保护动物大灵猫、林麝的类型、分布、保护级别、保护状况、生境、生活习性、K32～K36 东侧省级自然保护区的功能区划、保护要求等野生动物现状调查内容，均不是关键信息（因为与“通道”关系不密切），不得分。

4. 居民点 M2 采取工程可行性研究提出的降噪措施是否可行？请说明理由。

【参考答案】

答案一：可行。

既有声屏障+增设的一道降噪效果相同的声屏障能够使居民点 M2 处声环境质量满足 2 类声环境质量标准要求。

答案二：无法确定。

增设的一道声屏障位置不明确。

考点分析与答题技巧：本小题可以给出两个不同的答案，个人认为答任意一个均可得分。设一道声屏障，理论上是可行的，但实际上在公路降噪方面很少看到两道并列的声屏障。此外，由于增设的声屏障位置不确定，因此无法确定可行性研究提出的降噪措施是否可行。在实际工作中，增设声屏障的情况会在可行性研究或初步设计报告中有具体说明并会有图示，即使没有，也可以通过与可行性研究或设计单位沟通清楚，从而有针对性地分析其提出的降噪措施是否可行。但考试与实际工作还是有区别的。此题告诉从业人员对可行性研究、设计提出的环保措施应根据评价结果结合实际进行可行性分析，从而优化可行性研究、设计的环保措施。

5. K61～K62+600 路段方案是否应采纳公众建议？请说明理由。

【参考答案】

（1）应采纳。

（2）以桥代路基，可避免阻隔湿地水力联系，满足两栖保护动物虎纹蛙通行的需要。

考点分析与答题技巧：本小题比较容易解答，因为题干已有明确信息。桥梁具有保障河流、湿地水力联系的功能，同时也可作为动物通道。至于答法可以有多种，如保障市级湿地自然保护区的水力联系，或维护湿地面积，或保障鸟类繁殖地生境条件，为虎纹蛙提供通道（或生物通道或穿行通道），均可。从 2017 年 1 月 1 日起，建设单位为环评公众参与的唯一责任主体。修订后的《环境影响评价公众参与办法》已于 2019 年 1 月 1 日实施，公众参与需按新规定执行。虽然公众参与的责任主体是建设单位，且按现行要求是由建设单位单独编制公众参与说明，不再在环境影响报告中过多地体现，但公众参与仍然是环境影响评价工作中的一项重要工作，需要严肃对待。

2014 年之前考题（公路铁路与港口码头案例）

四、油气管道工程案例

试题一（2022 年考题）

某新建天然气管道干线工程起自 H 站，止于 M 站，全长 120 km。管径 1 219 mm，压力 10.0 MPa，设计年输送能力 400.0 亿 m^3，工程全线包括首站、末站共 6 座场站和 8 座监控阀室。全线管道外防腐采用普通级三层 PE 防腐层。设置阴极保护站对管道进行保护，对全线采用监控与数据采集系统，监控阀室设置终端装置，场站设置站控系统和安全仪表系统等措施，提高系统的安全性。

其中 K 分输站的主要功能为过滤分离、调压和计量。主要建设内容包括新建过滤分离系统（3 座旋风分离器和 3 座过滤分离器）、放空系统（1 具放空立管）、计量调压系统（4 套计量撬和 4 套调压撬）和环保工程（1 座污水暂存池和 1 座化粪池）等。过滤分离系统是对输送介质中含有的沙粒和其他固体杂物进行过滤分离，过滤分离器每年定期进行一次监测，泄漏的少量天然气和系统超压天然气泄放均通过放空系统的放空立管放空，超压放空频率为每年 1～2 次。运营期 K 分输站产生的生活污水经化粪池处理后暂存，定期由罐车清运至城镇污水处理厂处理。

管道干线工程沿线经过平原区和丘陵区，用地类型有农田、荒地、一般林地和公益林区。其中，穿越高速公路和等级公路等交通设施 12 处、小型河流 4 处。在第三、第四监控阀室之间在大岗省级自然保护区（以下简称大岗保护区）外围经过的管道长度为 1 000 m，横跨了湿地汇流区，距实验区最近距离 100 m，距核心区最近距离 2 000 m。

大岗保护区主要保护对象为湿地生态系统及其珍稀濒危鸟类等，涉及鸟类达 140 多种，其中有国家保护野生动物一级鸟类 6 种，二级鸟类 17 种。大岗保护区也是东亚鸟类迁徙中的驿站，候鸟迁徙为 4—5 月和 9—11 月。工程穿越段的区域生境与保护区生境相似，管道沿线现状主要为农田和虾池，涉及部分鸟类的栖息地与觅食地。

管道建设施工方案有挖沟池、定向钻法和顶管法。挖沟法用于管线穿越平原区和丘陵区的农田、荒地、一般林地和公益林地处的施工，作业带宽度24～26 m，管顶埋深不小于1.2 m，土方全部用于管沟回填或场地平整，不设置取弃土场。顶管法用于管线穿越交通设施处施工，管顶最大埋深5 m，最大穿越长度100 m。定向钻法适用于管线穿越环境敏感区或河流处的施工，最大穿越深度15 m，最大穿越长度 1 200 m，定向钻法施工所采用泥浆的主要成分是膨润土和少量（一般为5%左右）的添加剂（羟基纤维素钠，CMC）。

大岗保护区附近的管段采用定向钻法施工，在施工场地定向钻的出、入土点，布置泥浆配置间、泥浆池，材料和管材堆放场及定向钻等。泥浆池底采用可降解防渗透膜进行防渗处理，泥浆池的大小按30%的余量设计以防止雨水冲刷外溢。施工结束后泥浆经固化后覆土复垦。

管道工程安装完成后，分段试压以监测管道的强度和严密性，管道试压采用清洁水，试压排水含少量悬浮物（SS），经沉淀处理后用于沿线农田和林地灌溉。

对大岗保护区附近的管段，工程设计单位提出如下进一步提高系统安全性的措施：提高监控与数据采集系统（SCADA）监控报警的设定精度、降低紧急截断系统（ESD）控制关断阀值、减少自动控制响应时间，同时强化人员值守和巡线。

根据《环境影响评价技术导则　生态影响》（HJ 19—2022）开展生态影响评价工作，大岗保护区段涉及自然保护区，因采用定向钻施工，且未在自然保护区设置永久和临时工程，确定生态影响评价工作等级由一级降为二级。

【问题】

1. 分析临近大岗保护区段管道采用定向钻敷设方式的合理性。

【参考答案】

答案一：

（1）管线在该段管道长度为1 000 m，横跨了湿地汇流区，而定向钻最大穿越长度1 200 m，施工可以避开湿地汇流区，可行。

（2）最大穿越深度15 m，既不影响湿地汇流区地表植被生长，也较为安全，不易发生环境风险。

答案二：

（1）定向钻方式最大穿越长度1 200 m，大于需要穿越长度1 000 m，技术上可行。

（2）避免地表清理、开挖等对农田和虾池的破坏，保护农业及珍稀濒危鸟类的栖息、觅食地。避免破坏湿地汇流条件，保护湿地的水力联系。

（3）穿越深度15 m，满足管道安全要求，对大岗保护区环境风险较小。

考点分析与答题技巧：答案一与答案二的实质性内容并无区别，仅仅是表述方式有所不同。本小题属于环评实际工作中“施工方案合理性分析、论证”内容。

定向钻法施工穿越深度大，不会对穿越段地表形态及植被等造成破坏，是穿越敏感区时较为环保和安全的施工方式。但是，定向钻施工也有不利的方面，如出入口施工场地较大，出入口处环境影响较大，工期相对较长，且受地质条件的制约，实际施工时应考虑各种条件，综合论证。

2．提出临近大岗保护区段敷管施工过程中的主要生态保护措施。

【参考答案】

（1）严格控制施工作业带宽度。

（2）不得在保护区内及其湿地汇流区内设置各类施工场地。

（3）施工避开4—5月和9—11月候鸟迁徙时间。

（4）保护管道沿线涉及鸟类的栖息与觅食地的农田和虾池。

考点分析与答题技巧：注意本小题属于"生态保护措施"范畴。类似考题已考过多次。但回答本小题必须结合保护区这个生态敏感区提出，而且应突出施工过程这一要求。有关施工期的生态环境保护措施很多，但作为考试只需给出主要的即可。

3．识别K分输站场运行期废水的主要污染因子，给出应执行的排放标准。

【参考答案】

（1）K分输站运行期废水包括生活污水和管道试压排水，生活污水主要污染因子为pH、COD、BOD_5、氨氮、总氮、总磷、恶臭气体、油类等，管道试压排水主要为SS。

（2）生活污水执行排入城镇污水处理厂水质标准；管道试压排水执行农田灌溉水质标准。

考点分析与答题技巧：本小题是考试大纲要求的工程分析"污染因子识别"和"评价标准确定"范畴。根据题干信息：运营期K分输站产生的生活污水经化粪池处理后暂存，定期由罐车清运至城镇污水处理厂处理。管道工程安装完成后，分段试压以监测管道的强度和严密性，管道试压采用清洁水，试压排水含少量悬浮物（SS），经沉淀处理后用于沿线农田和林地灌溉。

4．管道工程设计中，为防范环境风险，临近大岗保护区的管段还应在哪些方面加强管道本质安全措施。

【参考答案】

（1）优选管材。

（2）增加管材壁厚。

（3）采用加强级PE防护。

（4）减少焊缝或保证焊接质量。

考点分析与答题技巧：本小题是环评工作中特别关注的"环境风险"评价中

防范环境风险措施。根据题干信息："对大岗保护区附近的管段，工程设计单位提出如下进一步提高系统安全性的措施：提高监控与数据采集系统（SCADA）监控报警的设定精度、降低紧急截断系统（ESD）控制关断阀值、减少自动控制响应时间，同时强化人员值守和巡线"。有关环境风险防范的措施也是很多的，但应根据考试"小题"要求回答的"要点"进行作答。在实际工作中，题干提到的监控措施，以及环境风险应急预案等均是十分重要的。"本质安全"，顾名思义，就是本身质量方面的安全。

5. 给出生态现状评价中关于大岗自然保护区的工作内容。

【参考答案】

（1）核实并明确保护区与线路的关系（图示），包括出入点及穿越长度、穿越方式。

（2）调查说明保护区类型、级别、功能区划（图示）、主要保护对象、保护要求、现状环境问题等。

（3）调查、评价保护区湿地生态系统结构、功能、湿地主要植物、湿地水力联系、水环境质量及生物多样性。

（4）调查评价保护区重点保护鸟类及其迁徙等生态特性与生境条件。

考点分析与答题技巧：根据题干信息：确定生态影响评价工作为二级。大岗保护区主要保护对象为湿地生态系统及其珍稀濒危鸟类等，涉及鸟类达140多种，其中有国家保护野生动物一级鸟类6种，二级鸟类17种。大岗保护区也是东亚鸟类迁徙中的驿站，候鸟迁徙为4—5月和9—11月。本小题根据这些信息即可解答。但要注意，本小题要求解答的是生态现状评价，如果答上生态影响评价或生态保护措施方面的内容则是不符合要求的。

试题二（2021 年考题）

某新建输油管道工程位于 Q 市，设计输油规模 1 000 万 t/a，全长 55.1 km，管道材质为 L415MPSL2 直缝埋弧焊钢管，管径 DN711 mm，设计压力 6.3 MPa。全线设首站、分输清管站和末站 3 座站场和 1 个截断阀室。管道路由为：东起设在 D 港区原油油库内的首站，向西敷设 5 km 后折向南，再敷设 20.1 km 到达分输清管站，从分输清管站继续向南敷设 15.3 km 至截断阀室，从截断阀室向南再敷设 14.7 km 至 H 炼化厂内的末站。

管道工程永久占地 8 132 m^2，用于布置站场和“三桩”（里程桩、转角桩、标志桩）；临时占地 145 万 m^2，用于布置施工带（宽度 18 m）和施工便道（总长 14 km）。管材防腐采用双层 PE，管道壁厚 8.8 mm，穿越河流等特殊敷设段采用 3 层 PE，并将壁厚增加至 11.9 mm，全线设阴极保护。根据地貌地质特征及地面既有设施情况，管道敷设施工方法有挖沟法、顶管法和定向钻法。其中，挖沟法应用于管道经过的平原区和丘陵区，包括一段 3.8 km 的一般林地段和一段 0.7 km 的公益林区段；顶管法应用于管道穿越等级公路和铁路，包括 1 条等级公路和 1 条铁路；定向钻法应用于管道穿越河流河、引水干渠，包括 1 条中型河流和 1 条引水干渠。挖沟法施工的管道埋深为管道的管顶距地面 1.2 m。顶管法施工的最大穿越深度为 5 m，最大穿越长度 100 m。定向钻法施工的最大穿越深度为 15 m，最大穿越长度 1 200 m，施工场地设在河流或干渠两岸的出、入土点附近，布置有泥浆配置间、泥浆池、材料和管材堆放场及定向钻机等。

站场工艺包括输油和清管两个流程。输油流程：来自油库的原油通过首站输油泵输送至分输清管站，再通过分输清管站内的分输阀组和输油泵输送至末站；末站接收的原油经过滤、计量后，通过输油泵输送至 H 炼化厂储罐。清管流程：采用清管球去除黏附在管道内壁上含有岩屑的蜡质油泥等附着物，清管球由设置在分输清管站内的发送设施发出，由设置在末站的接收设施接收。管道全线设智能检测监控系统（SCADA），在截断阀室设有阀组间，配 1 个远控切断阀，在首站、分输清管站和末站均设有进、出站紧急切断阀（ESD）。

拟采取的生态保护措施：挖沟法施工采用分层开挖、分层堆放、分层回填和施工带临时占地植被恢复等措施。顶管施工采用弃渣土处置措施。定向钻施工采用及时清理机械设备漏油、异地处置废弃泥浆等措施。管道试压废水经沉淀处理后排入附近河沟。

拟采取的污染防治措施;3座站场均设1台10 m^3 的卧式污油罐和1台污油泵，收集泄压或检修产生的污油。各站场输油泵均采用减振基础。分输清管站和末站各设置1处10 m^2 的危险废物暂存间，暂存检修产生的含油抹布、污油及清管废物(末站)。首末站均设1座50 m^2 的含油污水池和1座10 m^2 的生活污水暂存池，污水处理分别依托油库和H炼化厂的污水处理设施。在分输清管站和截断阀室配备干粉灭火器等消防设施，全线抢、维修和溢油应急均依托油库和H炼化厂的应急物资库配备的溢油围栏堵排设施和物资。

管道工程沿线主要经过平原区，土地现状多为农田，主要种植高粱、玉米和小麦等农作物；有7 km管线经过丘陵区，土地现状为林地和农田，林地主要分布有杨树、槐树、松树等乔木。全线评价范围无珍稀濒危野生动植物分布，河道两侧及田间多分布灌丛和草本植物。引水干渠为自西向东流向，在当地生态保护红线区块登记表上被列为饮用水水源保护红线区，保护范围为输水渠道的水域和两岸堤坝背水面坡角外延30 m范围内的陆域。干渠在管道穿越处下游55 km汇入M水库。每年5−7月、12月—次年2月干渠输水量较少。

根据土地类型、占地面积、项目类别等，环评文件编制单位初步判定分输清管站土壤环境影响评价工作等级为二级。可研文件载明该站占地区内工艺设施、输油管道及仪表控制室等均在地面布置，站界处的进、出站管道埋地敷设。

【问题】

1. 列出末站工艺废气排放源，并提出控制措施。（5分）

【参考答案】

（1）根据末站工艺流程，其工艺废气排放源主要有：进站紧急切断阀（0.5分）、过滤设施（0.5分）及计量设施（0.5分）、输油泵（0.5分）、末站收球装置（0.5分）、出站紧急切断阀（0.5分）。

（2）采用密闭性能高的设施或设备（0.5分），过滤及收球含油残渣及时收入污油罐（1分）、收集泄漏的废气（0.5分）。

考点分析与答题技巧：注意本小题设问的3个关键词："末站""工艺废气""排放源"，如果答的是首站或截断阀室的废气，或答上废水、噪声、固体废物等则为原则性错误。"工艺废气"是在工艺流程及相应设施或节点产生、排放的废气。根据题干提供的工艺流程："站场工艺包括输油和清管两个流程。输油流程：来自油库的原油通过首站输油泵输送至分输清管站，再通过分输清管站内的分输阀组和输油泵，输送至末站；末站接收的原油，经过滤、计量后，通过输油泵输送至H炼化厂储罐。清管流程：采用清管球去除黏附在管道内壁上含有岩屑的蜡质油泥等附着物，清管球由设置在分输清管站内的发送设施发出，由设置在末站的接收设施接收。管道全线设智能检测监控系统（SCADA），在截断阀室设有阀组间，配1个远控切断阀，在首站、分输清管站和末站均设有进、出站紧急切断阀（ESD）。”因此，只能在这个工艺流程中查找排放源。至于末站内的“收集泄压和检修污油的卧式污油罐和污油泵、危险废物暂存间、含油污水池和生活污水暂存池”属于配套环保设施，并不属于末站工艺流程的设施。

另外，如果本小题去掉“工艺”两个字，则以下内容是合适的解答：

排放源	控制措施
过滤及计量设施	密闭管道输送，在密闭空间内操作，废气经收集处理后达标排放
卧式污油罐、污油泵、输油泵、进出站紧急切断阀等设施	开展泄漏检测与修复工作
危险废物暂存间	含油抹布、污油及清管废物采用容器密封贮存，暂存间设置气体导出口，废气经收集处理后达标排放
含油污水池	加盖密闭、负压收集，处理后达标排放

2. 给出分输清管站场内土壤调查3个柱状样点和1个表层样点的布设方案和特征监测因子。（5分）

【参考答案】

（1）3个柱状样：在分输阀组和输油泵（1分）、卧式油污罐（1分）、污油泵（1分）位置各设置1个柱状样点。

（2）1个表层样：在危险废物暂存间位置设置一个表层样点（1分）。

（3）特征监测因子：石油烃（1分）。

考点分析与答题技巧：本小题主要考察《环境影响评价技术导则　土壤环境（试行）》（HJ 964—2018）中监测布点的原则。本小题虽然针对的是“分输清管站”，但本项目总体上是一个线性工程。按照该导则关于线性工程的布点原则“线性工程应重点在站场位置（输油站、泵站、阀室、加油站及维修场所等）设置监测点，涉及危险品、化学品或石油等输送管线的应根据评价范围内土壤环境敏感目标或厂区的平面布局情况确定监测点布设位置”。再看题干提供的分输清管站主要设施（分输阀组和输油泵、污油罐、污油泵和危废暂存间），便可确定监测样点。由于分输阀组和输油泵、污油罐、污油泵均有处于地下的设施，以垂直入渗影响为主，而危险暂存间位于地表，以地面漫流影响为主，因此分别设柱状样和表层样。至于监测的特征因子，很显然就是石油类了。

3．针对引水干渠穿越段还应补充哪些施工期水环境保护措施？（4分）

【参考答案】

答案一：

（1）施工场地设置在干渠两岸30 m范围外（避开生态红线）。（1分）

（2）选择在5—7月、12月—次年2月期间施工（枯水期）。（1分）

（3）泥浆循环利用或合理处置，严禁排放至水体。（1分）

（4）施工结束后及时整理场地、恢复生态。（1分）

答案二：

（1）施工场地和出入土地点不在生态保护红线内，尽量远离河道布置。

（2）施工废水、生活污水处理后回用，不排入干渠。钻屑和泥浆禁止排入干渠。

（3）避开雨季施工。临河侧设置拦挡或者截水沟。

（4）施工期定期监测干渠水质。

考点分析与答题技巧：注意本小题的设问关键词“引水干渠穿越段”“施工期”“水环境保护措施”。题干中关于穿越引水干渠，提供了3个方面的信息：①本项目采用定向钻穿越引水干渠；②施工场地设在干渠两岸的出、入土点附近，布置有泥浆配置间、泥浆池、材料和管材堆放场及定向钻机等；③引水干渠为自西向东流向，在当地生态保护红线区块登记表上被列为饮用水水源保护红线区，保护范围为输水渠道的水域和两岸堤坝背水面坡角外延30 m范围内的陆域。干渠在管道穿越处下游55 km汇入M水库。每年5—7月、12月—次年2月干渠输水量较少。由此可以提出相应的措施，施工场地设置在干渠两岸30 m范围外（避开生态红线），选择在5—7月、12月—次年2月施工（枯水期），泥浆循环利用或合理处置，严禁排放水体。施工结束后及时整理场地、恢复生态。答案一与答案二主要是表述方式不同，二者内容基本一致，无原则性差别。

4．给出公益林区段生态环境影响最小的管道敷设替代方案，并说明理由。（4分）

【参考答案】

答案一：

（1）定向钻替代挖沟法。（1分）

（2）理由：公益林段恰好在定向钻最大施工距离范围内（1分），定向钻施工深度不影响林木根系生长（1分），定向钻施工既不破坏生态公益林，公益林也不影响管道安全（1分）。

答案二：

（1）定向钻。（1分）

（2）理由：定向钻最大施工距离1 200 m，大于公益林长度700 m（1分），技术上可行。定向钻最大施工深度15 m，在满足一定深度条件下地下施工，可以避免大开挖地表清理占用公益林造成的直接生物量损失，保护土壤、保护公益林根系（1分），不会影响林木生存，避免大开挖工艺管线中心线两侧5 m范围内不能恢复为林地的生物量损失（1分），保护景观。

考点分析与答题技巧：关于替代方案，一般包括选址选线的替代、项目组成和内容的替代、工艺和生产技术的替代、施工和运营方案的替代、生态保护措施的替代等。该内容在历年考试技术方法科目的选择题和案例分析科目中出现过。本小题属于施工方案的替代。根据题干信息，生态公益林段长度为0.7 km，定向钻法施工的最大穿越深度为15 m，最大穿越长度1 200 m，用定向钻替代挖沟法是一个可行的替代方案，而且不需要像挖沟法那样破坏施工作业带范围内的植被（公益林），由于定向钻深度在公益林根部之下，既不影响管道安全，也不影响林木生长。答案一与答案二只是语言表述不同，无原则性区别。

5. 说明管道经过的一般林地段生态恢复内容。（2分）

【参考答案】

答案一：

（1）分层开挖，分别堆放，分层回填土壤。表土妥善保存用于后期植被恢复。

（2）管道中心线两侧5 m范围内恢复当地浅根易成活的草本或耕地。（1分）

（3）管线中心线两侧5 m范围外恢复原有一般林木种类。（1分）

答案二：

（1）中心线两侧5 m范围内，选择沿线浅根系的灌丛和草本植物恢复生态。（1分）

（2）中心线两侧5 m范围外的施工场地和施工便道，可恢复为原来的一般林地类型。（1分）

（3）对于平原段的一般林地，也可以恢复为耕地。

（4）对于丘陵段的一般林地，可结合水土保持方案恢复生态。

考点分析与答题技巧：注意本小题的设问是要求说明"生态恢复"内容，诸如严格控制施工作业带宽度、分层开挖、分层堆放、分层回填等均属施工方式，而非生态恢复内容，但与生态恢复又有密切的关系。根据题干提供的信息"3.8 km的一般林地段采用的是挖沟法，施工采用分层开挖、分层堆放、分层回填和施工带临时占地植被恢复等措施""挖沟法应用于管道经过的平原区和丘陵区，包括一段 3.8 km 的一般林地段和一段 0.7 km 的公益林区段”（未明确一般林地段处于平原区还是丘陵区，或者既占用平原区也占用丘陵区）且题干提供“施工作业带宽度为 18 m”。关于生态恢复的内容较多，但考试有时间限制和赋分限制，不要求答太多。答案一结合题干信息有所拓展，答案二侧重于生态恢复，两个参考答案中的其他内容虽然没有赋分，但均不属于原则性错误。

试题三（2020 年考题）

华东某原油管道工程建于 1978 年，全长 65 km，总体走向自东向西，设计年常温输出量为 1 800 万 t，设计压力为 4.2 MPa。全线共设 A～H 8 座输油站，32 个截断阀，其中 A 为首站，H 为末站，B～G 为中间站。管道采用外径 720 mm、壁厚 6 mm 的螺旋焊缝钢管，钢管外壁采用石油沥青玻璃布防腐和阴极保护措施。C、D 中间站之间的管道位于平原区，走向为管道出 C 中间站，向西 12 km 处穿越 R 河，穿越 R 河后继续西行 23 km 设手动截断阀，然后向西再经过 15 km 到达 D 中间站。

C 中间站具有分输功能，站内主体设施包括 4 座用于中转和存储原油的 10 万 m^3 的外浮顶罐；2 座分别用于储存污油和泄放油的 2 000 m^3 的固定储罐，4 台输油泵，8 个紧急切断阀，1 个中控室；环保设施包括 1 套含油污水处理设施，1 套生活污水处理设施，1 个约 30 m^2 的危废暂存间，1 座备有围油栏、收油机、布栏艇等应急物资库。

该管道工程目前实际年输油量为 1 500 万 t。

安全隐患整治发现，受上游沙闸长期汛期排洪影响，穿越 R 河的管段有 70 m 露出河床，需实施相应的改线。改线工程拟将穿河管线向下游平移 0.8 km，再自东向西敷设 1.2 km 并穿越 R 河，最后自北向南敷设 0.8 km 至 L 点与原管连接。改线工程建议内容为：新建管线总长 2.8 km，拆除旧管道总长为 1.2 km，在 C 站以西 14.3 km 外新建一个永久占地 30 m^2 的截断阀（内设一个远控截断阀），改线工程管材为直缝埋弧焊钢管，外径和壁厚不变，外壁采用 3 层 PE 加强防腐和阴极保护措施。改线段运营由 C 站负责，改线工程实施后，该管道工程每千米管段内原油最大存在量为 400 t。

C、D 两中间站之间沿线多为耕地，农作物有小麦、玉米、蔬菜等，距 L 连接点南侧 110 m 和 340 m 分别有甲村（350 户，1 440 人）、乙村（200 户，1 000 人），R 河为三类水体，自南向北流向，改线管道穿越河槽宽 100 m，两堤间宽 220 m，两岸有耕地，分布有杨树、低矮灌丛，下游 7.5 km 处为某饮用水水源保护区上边界。

陆地管线施工设置 12 m 宽施工带，管沟挖深 2.5 m，宽 2 m。施工过程包括挖沟、布管、吊管入沟、组焊、试压、回填及场地恢复。

改线管道R河穿越段施工采用定向钻穿越方式，在河床底部最深处可达15 m，穿越长度500 m，在R河两岸分别设占地2 000 m^2的施工场地，场地内布置有料棚、泥浆配制间和泥浆池等设施，泥浆主要成分为膨润土，添加少量纯碱和羟甲基纤维素钠，定向钻施工过程产生的钻屑、泥浆循环利用，施工结束后，废弃泥浆及钻屑属于一般工业固体废物。

旧管道拆除包括开挖、管道两段的封堵、抽出原油、管道清洗、分段切割、取出管道及回填恢复地貌等作业，旧管道拆除抽出的原油及管道清洗产生的油泥、含油污水等依据C站现有设施处理或暂存。经测定，本项目环境风险评价等级为二级，新建阀室土壤环境影响评价等级为三级，改线管道土壤环境影响评价等级为二级。

根据《建设项目环境风险评价技术导则》，原油的临界量为2 500 t。

【问题】

1. 收集与处理旧管道拆除环节的原油、油泥及含油废水可分别依托C站哪些设施？（3分）

【参考答案】

（1）原油，依托4座外浮顶罐。（1分）

（2）油泥，依托危废暂存间。（1分）

（3）含油废水，依托C站的含油污水处理设施。（1分）

考点分析与答题技巧：根据题干，从中直接提取信息即可（无难度）。但要注意，油泥是危险废物，应依托危废暂存间，而不应答“2座分别用于储存污油和泄放油的2 000 m^3的固定储罐”，因为油泥毕竟不同于污油和泄放油。本小题设问只需指出可依托的设施即可，并未要求进行可行性分析，但在环境影响评价实际工作中，如果污染物需要依托既有工程或已建成的环保设施，则需要分析依托工程的可行性。

2. 给出陆地管道开挖与回填施工应采用的生态保护措施和恢复措施。（5分）

【参考答案】

（1）开挖应尽可能缩小并严格控制施工作业带宽度（0.5分），严格保护表土（熟土）层（0.5分），采取分层开挖（0.5分）、分层堆放（0.5分）、反序回填（或分层回填，或先回填生土层，最后将表土层覆盖在最上面。0.5分）。

（2）占用的耕地应优先恢复耕地（0.5分），占用的灌草丛土地应采用当地植物种（0.5分），在管道两侧5 m范围内（0.5分）及占用的杨树林地区域（0.5分）应种植浅根系植物（或严禁种植深根系植物，0.5分）。

考点分析与答题技巧：本小题已在此前的管道案例中多次出现，解答几乎无难度。本小题的回答应注意几个关键点：作业带宽度的控制，表土层的保护与利用，生态恢复植物种的选择等。注意，本小题设问是针对陆地开挖和回填的，不得答任何穿越河流施工的信息（尽管题干中关于河流施工的内容很多），否则为原则性错误。另外，表土层（土壤层或耕作层）的保护与利用已被纳入《中华人民共和国土壤污染防治法》《中华人民共和国黑土地保护法》《表土剥离及其再利用技术要求》（GB/T 45107—2024），今后应进一步注意，不得将表土层作为弃渣随意抛弃。

3. 指出截断阀与改线管道段土壤环境质量现状监测点的布点类型和数量。（4 分）

【参考答案】

（1）截断阀室，在占地范围内设置 3 个表层采样点。（1 分）

（2）改线管道，应在占地范围内设置 3 个柱状采样点（1 分）、1 个表层采样点（1 分），在占地范围外设置 2 个表层采样点（1 分）。

考点分析与答题技巧：本小题实质上考查的是《环境影响评价技术导则　土壤环境（试行）》（HJ 964—2018）的应用，根据导则中的“表 6　现状监测布点类型和数量”解答即可。导则中的表 6 分为污染影响型和生态影响型，但本案例题干并未明确“污染影响型”，因为此类项目大多是 HJ 964—2018 中的污染影响型，故不应判断为生态影响型。本小题看似容易，但答起来较难：一是导则中的表 6 不容易记住；二是题干虽然给出了阀室和管道的土壤环境影响评价等级，但与导则中的表 6 分为污染影响型和生态影响型有差别；三是题干给了很多内容，容易引起考生心理烦躁。至于题干指明的“新建阀室土壤环境影响评价等级为三级，改线管道土壤环境影响评价等级为二级”，可以写在答案中，也可以不写，不影响赋分。2020 年案例分析考试中的“危险废物处置中心改扩建项目”第一小问就考了土壤环境监测布点问题，2019 年案例分析科目以“铜矿采选项目案例”考查了土壤环境监测布点方面的内容。考生需要牢记 HJ 964—2018 中的表 6。

4. 计算改线管道段环境风险评价的 Q 值。

【参考答案】

（1）新设的远控截断阀室距离 C 站的管线总长度：14.3+2.8−1.2=15.9（km）。

（2）改线工程实施后每千米管段内原油最大存在量为 400 t，原油的临界量为 2 500 t，则 Q=15.9×400/2 500=2.544（t）。

考点分析与答题技巧：本小题主要考查对《建设项目环境风险评价技术导则》（HJ 169—2018）及附录 C 的应用，根据题干信息很容易计算出改线后 C 站与新建远控截断阀室间的线路长度。题干已告知“改线工程实施后，该管道工程每千米管段内原油最大存在量为 400 t”，且题干结尾也给出“原油的临界量为 2 500 t”，由此便很容易算出 Q 值。但是，由于题干内容太多，而且存在很多干扰项或干扰数据，如果考生选择在草稿纸上画图来理解这个问题，则会浪费很多时间。

5. 环境风险评价时，用甲、乙两村总人数判断大气环境敏感程度是否合理？请说明理由。

【参考答案】

（1）不合理。

（2）不应考虑乙村。因为其不在管道环境风险大气环境敏感性分级确定范围 200 m 之内。

考点分析与答题技巧：本小题考查了对《建设项目环境风险评价技术导则》（HJ 169—2018）附录 D“环境敏感程度（E）的分级”的熟悉程度。该附录中的“表 D.1　大气环境敏感程度分级”指出了油气、化学品输送管线管段周边 200 m 范围内每千米管段人口数。

【扩展思考题】

1．改线方案是否可以进一步优化？

2．为评价改线段的水环境风险，应重点调查清楚哪些内容？

3．指出本项目的固体废物类型，并给出合适的处理处置措施。

4．除题干提出的风险防范措施外，还应采取哪些环境风险防范措施？

注：管道项目在此前案例考试中常见，主要考查生态影响和环境风险。但本案例除生态影响和环境风险外，主要考查新颁布实施的土壤导则和新修订的环境风险导则。虽然该案例总体难度不大，但题干内容太长且表述有些繁琐，很容易让考生越读越烦躁而处于紧张和混乱状态。很多考生阅读题干会花费较长的时间，导致考试失误。考生在学习本案例时，应注意延伸学习导则的相关内容，如针对本项目的改线工程，为进一步有效防范环境风险，还可以考虑哪些方案？对管线穿越河流设置的两处施工场地，应考虑采取哪些环境保护措施？

试题四（2019 年考题）

华北某天然气管道工程首站东起 T 市，末站西迄 S 市，全长 194 km。管材为内径 914 mm 的直缝埋弧焊钢管，设计输气压力 12 MPa，输气规模 300 亿 m^3/a。工程全线设 5 座站场（首站、末站、2 个分输站和 1 个分输清管站）、11 个截断阀室。工程于 2016 年 4 月取得环评批复。

环评文件载明：各站场均配置一定数量的旋风分离器、过滤分离器、计量设施和调压设施，配套建设 1 根 20 m 高放空立管、电加热取暖设施和 1 套一体化生活污水处理设施。分输清管站设有收、发球装置，配收球筒和发球筒。站场输气流程为：上站来气先进入旋风分离器，分离后气体再进入过滤分离器滤出岩屑等杂质后，经计量设施计量后部分外输到用户，其余经调压后输送到下游管道。

陆地管道敷设采用挖沟法，施工作业带宽度为 18 m。穿越工程包括采用顶管 9 次穿越等级公路；采用挖沟法（辅以围堰导流）穿越 A 河；采用定向钻法从河床下 15 m 深处穿越 B 河。工程采取的主要环保措施为：管沟采用分层开挖、分层堆放、分层回填和施工带临时占地恢复措施；定向钻施工产生的废弃泥浆异地处置，顶管产生的弃土渣用于铺路；站场污水经处理后用于绿化，清管废物在储存罐暂存并定期送填埋场处置；旋风分离器和过滤分离器等设备采用减振降噪措施后噪声低于 75 dB（A）。

设计阶段工程发生以下变化：管道路由总体走向不变，但为使管道两侧 100 m 范围内无村庄，调整了局部管道路由，调整段总长度共 45 km，调整后管道总长度 200 km；管道设计输气规模不变，但内径增大至 1 016 mm，压力降至 10 MPa；全线陆地管道施工作业带宽度增至 24 m；截断阀室增至 14 个；1 个分输站改为压气站，调整后的压气站站场边界长 320 m，是边界最长的站场，站内增设电机驱动压缩机及配套的空压机各 6 台。电机驱动压缩机和空压机设备声功率级分别为 105 dB（A）和 90 dB（A）；因管道穿越 A 河点位于新设立的国家湿地公园宣教和综合管理区，该段管道施工方式采用定向钻法，在 A 河及湿地公园外部设施工场地和出入土点；地质勘探发现 B 河河床下存在 40 m 厚连续砾石层，不适合定向钻法施工，经对挖沟法、定向钻法、顶管法、隧道法、盾构法和多跨桁架法等穿越方式的工程比选，设计推荐挖沟法。建设单位界定工程属于重大变动，拟重新批环评文件。

变更环评编制单位调查得知：管道沿线陆地穿越段土地利用类型主要为耕地，间有少量林地，农作物为小麦、水稻和棉花等。压气站西侧 165 m 处有 1 个村庄共 20 户居民；A 河国家湿地公园面积为 387 hm^2，划分为湿地保育区、恢复重建区、合理利用区、宣教和综合管理区，植被以柽柳、芦苇、红蓼和香蒲等湿地植物群落为主，主要保护动物有鸳鸯、大天鹅、游隼、红脚隼等国家重点保护野生动物以及鲫鱼、黑斑蛙等省级重点保护野生动物。湿地保育区是鸟类主要栖息地和产黏性卵鱼类的产卵区。

【问题】

1．指出界定工程重大变动的因素。

【参考答案】

（1）路由调整（包括线路长度变化和线位摆动）。

（2）管道内径变大。

（3）站场工艺发生变化（分输站改为压气站，工艺发生变化）。

（4）管道敷设方式发生变化（或答施工方案发生重大变化——作业带宽度及重要点段穿跨越方案）。

（5）管线穿越涉及新建环境敏感区（或答设计阶段所穿越 A 河点位在新设立的国家湿地公园内）。

考点分析与答题技巧：注意，本小题并不是要求界定本项目是否发生了重大变动，而是要求给出界定重大变动的因素。环境保护部发布的《关于印发环评管理中部分行业建设项目重大变动清单的通知》（环办〔2015〕52 号）涉及九个行业建设项目重大变动清单，明确规定当建设项目的性质、规模、地点、生产工艺和环境保护措施五个因素中的一项或一项以上发生重大变动，且可能导致环境影响显著变化（特别是不利环境影响加重）的，界定为重大变动。因此，本项目的重大变动界定，应从建设项目的性质、规模、地点、生产工艺和环境保护措施五个方面来考虑。但是，如果不结合题干信息，而是答“性质、规模、地点、生产工艺和环境保护措施”五个方面内容，则不得分。

环办〔2015〕52 号文的附件中有“油气管道建设项目重大变动清单（试行）”，本小题应该结合该清单进行解答。

2018 年，环境保护部发布了 14 个行业建设项目重大变动清单（环办环评〔2018〕6 号）；2020 年 12 月 13 日，生态环境部发布了《污染影响类建设项目重大变动清单（试行）》，以后仍将会陆续发布不同行业的重大变动清单，考生应留意。

2. 分析工程重大变动后的环境影响，说明变更环评的重点工作内容。

【参考答案】

（1）重大变动后的主要环境影响。

答案一：

① 生态影响：由于线路长度增加和线位摆动、施工作业带宽度增大、站场面积增加等，特别是穿越A出入点位于新建国家级湿地公园内和穿越B河改为挖沟方式对湿地和B河的水生生态影响。

② 环境风险：由于管道内径变大（尽管输气压力有所减小）、阀室增加及站场功能的变化，环境风险与原环评阶段相比将有所不同。

③ 污染影响：由于一分输站改为压气站，且面积增大，高噪声设施增加，施工期污染影响和运行期噪声影响将有所增加。

答案二：

① 由于线路长度变化和线位摆动，施工期生态影响和污染影响将发生不同变化。

② 管道内径变大，施工作业带宽度改变，不利生态影响将增大，且由于管道内气体容量增加，运行期环境风险有增大的可能性。

③ 站场工艺发生变化（分输站改为压气站，工艺发生变化），占地面积增加且增加了高噪声设施，对土地利用类型、植被破坏面积及场外声环境保护目标（西侧村庄居民）噪声影响均有所增加。

④ 穿越A河和B河的管道敷设方式发生变化，且A河涉及新建国家级湿地公园，施工期水生生态的敏感性和影响程度均增加。

（2）评价重点。

答案一：

生态影响、环境风险。

答案二：

① 管线穿越A河国家级湿地公园的生态影响以及挖沟法施工对B河的水生生态影响。

② 环境风险：管线内径增大及站场、阀室变化的环境风险。

考点分析与答题技巧：本小题与第1小题是密切结合的，因此，主要环境影响就根据变动情况回答即可。但由于本小题前后两部分（重大变动后的环境影响、变更环评的重点工作内容）的重点不好把控，而可写的内容又很多，所以，答好本小题有较大难度，会消耗较多的时间。对于本书的解答，虽然看似答案一比答案二有所简化，但实质内容并未改变，考生在考场上也可以给出不同的解答方式。

3．对国家湿地公园应补充哪些生态现状调查内容？

【参考答案】

（1）湿地公园不同功能区的面积与布局，收集湿地公园功能区划图。

（2）湿地水环境质量（或湿地水质类别）。

（3）湿地水文特征。

（4）湿地公园的现状生态问题。

考点分析与答题技巧：本小题属于对生态敏感保护目标的现状调查。敏感保护目标是环境影响评价工作关注的重中之重，此前类似考题已频繁出现。虽然本小题问的是对湿地公园的生态现状调查，但此前关于湿地的现状调查、影响预测评价、保护措施等均考过。但是，需要注意的是本小题要求回答的是“补充”生态现状调查内容。鉴于题干已给出“A 河国家湿地公园面积为 387 hm^2，划分为湿地保育区、恢复重建区、合理利用区、宣教和综合管理区，植被以柽柳、芦苇、红蓼和香蒲等湿地植物群落为主，主要保护动物有鸳鸯、大天鹅、游隼、红脚隼等国家重点保护野生动物以及鲫鱼、黑斑蛙等省级重点保护野生动物。湿地保育区是鸟类主要栖息地和产黏性卵鱼类的产卵区”，答案中再出现这些内容则不属于补充调查内容，不得分。

4．指出穿越 B 河不同施工方式的环境比选主要内容。

【参考答案】

（1）对 B 河鱼类等水生生物的影响（或水生生态影响）。

（2）对 B 河水环境质量的影响（或水环境功能、水质的影响）。

（3）对 B 河底质的影响。

考点分析与答题技巧：对建设项目的不同施工、建设方案进行环境影响比较并从中选择环境影响可行的方案，是环境影响评价的重要工作，在环境影响评价相关法规、规范性文件、原 HJ 19—2011（已被 HJ 19—2022 替代）和 HJ 2.1—2016（总纲）等技术导则中也有要求。虽然不同的穿河方案环境影响有所不同，但本小题只要求回答穿越 B 河的不同施工方案的环境影响比较或环境比选，即突出“环境”或“环境影响”，非环境因素（如施工难度、投资等）在解答本小题时不宜考虑。解答本小题需要一点儿技巧，如果将不同的施工方式分别答上再比较其不同的环境影响，则会导致答得太多、太复杂，将花费很多时间，而且还不能确保将本小题要求的“主要内容”答上，是得不偿失的。

5．识别本项目环境风险评价的危险单元。

【参考答案】

首站、末站、1 个分输站、1 个压气站和 1 个分输清管站、14 个截断阀室、两个阀室间的输气管道。

考点分析与答题技巧：本小题要求识别的是“危险单元”，与2019年案例分析的“水泥窑协同处理生活垃圾项目”第5小题是一致的。危险单元是由一个或多个风险源构成的具有相对独立功能的单元，事故状况下应可实现与其他功能单元的分割；风险源是指存在物质或能量意外释放，并可能产生环境危害的源；危险物质是指具有易燃易爆、有毒有害等特性，会对环境造成危害的物质。如果只是原则性或泛泛地答为“站场、阀室、两阀室间的输气管道”恐怕不得分。修订后的《建设项目环境风险评价技术导则》（HJ 169—2018）是一个非常重要的技术规范，无论在导则科目考试、技术方法科目考试，还是案例分析科目考试中均会频繁出现，考生一定要认真学习。

【扩展思考题】

1．建设单位将本项目界定为重大变动是否正确？请说明理由。

2．穿越B河改为开挖方式，应采取哪些必要的环境保护措施？

3．指出本项目的主要环境保护目标。

4．为减少对压气站西侧村庄的噪声影响，应采取哪些必要的措施？

5．简要分析本项目针对湿地公园的主要生态影响。

试题五（2015 年考题）

某原油管道工程设计输送量为 800 万 t/a，管径 720 mm，壁厚 12 mm，全线采用 3 层 PE 防腐和阴极保护措施。经路由优化后，其中一段长 52 km 的管线走向为：西起 A 输油站，向东沿平原区布线，于 20 km 处穿越 B 河，穿越 B 河后设 C 截断阀室，管线再经平原区 8 km、丘陵区 14 km、平原区 10 km 布线后向东到达 D 截断阀室。

A 输油站内有输油泵、管廊、燃油加热炉、1 个 2 000 m^3 拱顶式泄放罐、紧急切断阀、污油池和生活污水处理设施等。

沿线环境现状：平原区主要为旱地，多种植玉米、小麦或棉花；丘陵山区主要为次生性针阔混交林和灌木林，主要物种为黑松、刺槐、沙兰杨、枸杞、沙棘、荆条等，林下草本植物多为狗尾草、狗牙根和蒲公英等；穿越的 B 河为Ⅲ类水体，河槽宽 100 m，两堤间宽 200 m，自北向南流向，丰水期平均流速为 0.5 m/s，枯水期平均流速为 0.2 m/s，管道穿越河流处下游 15 km 为一县级的饮用水水源保护区上边界。

陆地管道段施工采用大开挖方式，管沟深度 2～3 m，回填土距管顶 1.2 m 左右，施工带宽度均按 18 m 控制，占地为临时用地。管道施工过程包括清理施工带宽地表、开挖管沟、组焊、下管、清管试压和管沟回填等。

B 河穿越段施工采用定向钻穿越方式，深度在 3～15 m，在河床底部最深处可达 15 m，穿越长度为 480 m，在西河堤的西侧和东河堤的东侧分别设入、出土点施工场地，临时占用约 0.8 hm^2 的耕地，场地内布置钻机、泥浆池和泥浆收集池、料场等。泥浆池规格为 20 m×20 m×1.5 m，泥浆主要成分为膨润土，添加少量纯碱和羟甲基纤维素钠。定向钻施工过程产生钻屑，泥浆循环利用。施工结束后，泥浆池中的废弃泥浆含水率 90%。废弃泥浆及钻屑均属于一般工业固体废物。

为保证 B 河穿越段管道的安全，增加了穿越段管道的壁厚，同时配备了数量充足的布栏艇、围油栏及收油机等应急设施。

工程采取的生态保护措施：挖出土分层堆放、回填时反序分层回填，回填后采用当地植物恢复植被。

【问题】

1．识别 A 输油站营运期废气源及其污染因子。（3 分）

【参考答案】

（1）废气源为燃油加热炉（0.5 分），污染因子包括 SO_2（0.5 分）、NO_2（0.5 分）、烟尘（或颗粒物、TSP、PM_{10}）（0.5 分）。

（2）另一废气源为泄放罐或无组织源（0.5 分），污染因子为非甲烷总烃或 VOC（0.5 分）。

考点分析与答题技巧：本题问的是“废气源”“污染因子”，而且是“营运期”的，因此，如果考生答“施工期”的则不得分，而且本小题应答出“源”和“因子”两部分内容。从题干信息可知，废气污染源有两个，分析可得二者共有 4 个污染因子。本题的考点属于工程分析内容。

2．给出大开挖段施工带植被恢复的基本要求。（6 分）

【参考答案】

（1）管沟开挖土分层堆放，表层土单独堆放，回填按照反序分层回填方式覆土。（1 分）

（2）恢复种植时优先采用当地物种。（2 分）

（3）5 m 内恢复种植浅根系植物。（3 分）

考点分析与答题技巧：根据评分要求，第（1）条只答分层堆放或表层土单独堆放的，给 0.5 分。其实这个评分要点是比较别扭的，因为已在题干中明确，不必再在答案中给出。第（3）条评分要求“没有明确 5 m，只答丘陵山区恢复种植浅根系植物的（2 分）；明确 5 m 内恢复种植的（3 分）”。由于问的是“植被恢复”要求，本小题的关键答案就是采用当地的（或原有的）、浅根系植物种。至于 5 m 的要求，是《石油天然气管道保护法》第三十条的规定“在管道线路中心线两侧各五米地域范围内，禁止下列危害管道安全的行为：（一）种植乔木、灌木、藤类、芦苇、竹子或者其他根系深达管道埋设部位可能损坏管道防腐层的深根植物；（二）取土、采石、用火、堆放重物、排放腐蚀性物质、使用机械工具进行挖掘施工；（三）挖塘、修渠、修晒场、修建水产养殖场、建温室、建家畜棚圈、建房以及修建其他建筑物、构筑物。”

3．分别给出废弃泥浆和钻屑处理处置建议。（5 分）

【参考答案】

（1）钻屑送固废填埋场或用于铺路之一，或按一般工业固体废物规定处置。（2 分）

（2）废弃泥浆干化后送固废填埋场或按一般工业固体废物规定处置。（1.5 分）

（3）经相关部门同意后，可将废弃泥浆选择场地直接固化填埋。（1.5 分）

考点分析与答题技巧：根据赋分情况，答“钻屑用于建筑材料”也得分，但答“用于植被恢复”不得分，答将废弃泥浆“委托有资质单位处理”也给0.5分。根据题干，本工程所用泥浆成分不含危险物成分，但在钻进作业中地层会有一些物质进入，增加了废弃泥浆成分的复杂性。但根据有关监测，此类废弃泥浆一般不会达到危险废物鉴别标准的规定，多数不属于危险废物，处理方式一般为在防渗池内进行干化、固化，再覆土绿化。

4. 为减轻管道泄漏对B河的影响，提出需考虑的风险防范和应急措施。（6分）

【参考答案】

（1）穿越B河前增设截断阀室。（1分）

（2）提高管材等级。（1分）

（3）采用套管。（1分）

（4）加强巡护。（1分）

（5）制订应急预案。（2分）

考点分析与答题技巧：根据评分要求，第（1）条如果未答“B河段”，但答“需设置截断阀室”的，给0.5分；第（2）条笼统答“提高管道设计性能”的，给0.5分；第（4）条只答“加强日常检查”的，给0.5分；第（5）条只答“在河流和保护区设置围油栏、事故池和收油机等拦油设施”，或答“储备应急物资”的，也给2分。其实，笔者认为制订应急预案，应该属于“管理”层面，并不属于“措施”范畴，但又确实属于风险防范内容。除以上措施外，还有诸如加大埋深、加厚管壁、采取防渗措施，以及监控和数据采集系统（SCADA）和设备泄漏检测与修复制度（LDAR）等，这些措施也十分必要。

2014年之前考题（油气管道工程案例）

五、矿产资源开发与二氧化碳封存案例

试题一（2024 年考题）

2024 年第 6 题视频讲解

某煤矿项目位于西北戈壁荒漠区，矿（井）田东西宽 8.0 km、南北长 13.0 km，面积 104.0 km^2，采用露天与井工联合开采方式，初期露天开采，露天开采结束后转井工开采。露天开采区位于矿（井）田西北部，开采面积 26.0 km^2，开采深度 160 m，开采规模 600 万 t/a，服务年限 47 年。

设计首采区在矿（井）田北部偏西区域，面积 4.8 km^2，剥采比（剥离土岩量与煤炭产量比值）5.4。建设单位于 2017 年 3 月取得项目环评批复文件，8 月取得项目核准文件。

建设单位于 2018 年 7 月开始矿区建设，在建设过程中，发现首采区分布有较大断层，煤炭可采储量远小于原预测量，致使露天开采实际剥采比达 14.4，较设计值高 9.0，生产成本大幅增加，项目达不到行业投资评价要求，于 2019 年 10 月停止建设至今。截至停建时，项目区已形成 1 个开挖面积达 54.0 hm^2 的露天采坑，1 个位于露天采坑西侧 200 m 处的平地起堆型外排土场，1 个位于井田外、露天采坑正北 1.6 km 处的临时建设管理、施工生产生活区。停建期间，建设单位组织开展了资源补充勘查，并完成储量备案。2022 年 8 月，修编后的项目资源开发利用方案与初步设计获得批复。批复的项目井田范围不变，面积仍为 104.0 km^2，开采规模 1 200 万 t/a，服务年限 182 年。井田开采方式由露井联采调整为全井田井工开采，采用主斜井开拓方式，7 个可采煤层设三个开采水平，全井田划分为 15 个采区。

项目工业场地选址在井田北侧中部遗留露天采坑正东侧 0.4 km 处，场地内主要建设矿井与选矿主体工程、生产辅助工程、煤炭储装运工程、公用工程、环保工程与行政、生活福利设施等。项目供热、供水、供电来自位于距工业场地正东 5.2 km、井田东侧外 1.2 km 的煤炭产业工业园，项目煤炭产品采用汽车运输至煤炭产业工业园用作煤制天然气的原料。工业场地内的煤炭生产加工与储存等环节全封闭作业，并设置集尘除尘设施。矿井水与生活污水经处理后全部回用，不外排。矿井不设临时排矸场，投产初期产生的煤矸石用于回填遗留露天采坑，后期

用于井下充填。设计在工业场地、井田边界等处留设保安煤柱。

项目所在区域为大陆干旱荒漠气候区，全年多大风。井田区为山前戈壁荒漠地貌，地势北高南低，地表以具有固沙功能的裸岩石砾地（砾幕层）为主（特殊地质地貌），植被稀少。井田区第四系地层透水不含水，无潜水含水层，煤系地层及其上覆和下伏地层的含水层富水性均为弱，矿化度高，无饮用水供水价值。井田周边 5.0 km 范围内无法定生态保护区域与村庄。井田西侧边界为一条宽约 2.9 m、深 1.7 m 的行洪沟道，沟道西侧 120 m 处有一泉点，为下降泉，补给源为北部山区入渗雪融水，是泉点西侧 6.3 km 合木村的饮用水源。井田西南部沟道西侧分布有面积 2.7 km^2 的国家二级公益林区，以梭梭、柽柳为主。井田东侧边界为矿区公路，井田内距公路 15 m 处有一条 750 kV 输电线路与公路伴行。

【问题】

1. 列出本项目涉及的生态环境保护目标。（4 分）

【参考答案】

（1）具有固沙功能的裸岩石砾地（砾幕层）为主的特殊地质地貌。（1 分）

（2）以梭梭、柽柳为主的二级公益林区。（1 分）

（3）除二级公益林以外的其他荒漠植被或沙生植物。（1 分）

（4）重点保护野生动物。（1 分）

考点分析和答题技巧：本小题所问为常规考点，在历年考试中多次出现。但应注意本小题问的是“生态环境保护目标”（有人将沟道西侧 120 m 处的泉点、合木村，甚至 750 kV 的输电线路、公路等答上，这样的回答不是“生态环境保护目标”，而是“环境保护目标”）。个人认为考生答上“沟道西侧 120 m 处的泉点”“行洪道”“合木村饮用水源”，虽然不是严格意义的生态环境保护目标，但鉴于其与生态的密切关系，不会扣分，也不会得分。

另外，需要注意的是“环境保护目标”是指可能受到建设项目不利影响而应予保护的“对象”，不能理解为要达到的某个指标或标准（尽管广义上来讲，要达到的指标或标准也是“目标”），因为在环评实际工作中，报告中另有“评价标准”小节。

尽管题干中未提到野生动物，戈壁荒漠区野生动物稀少，但答上野生动物也是必要的。

2. 给出现有露天开采工程遗留生态环境问题需调查的主要内容。（4 分）

【参考答案】

答案一：

（1）露天采坑边坡是否预留了便于生态恢复的条件。

（2）外排土场是否采取了截洪、拦挡、导排、扬尘抑制或生态修复措施。

（3）临时建设管理区是否对“三废”采取了有效的治理或处理处置措施。

（4）施工生产生活区是否对生活垃圾、生活污水、废气采取了有效治理措施。

答案二：

调查露天开采工程是否落实了环评报告提出的环保措施，尤其是批复文件的要求。

答案三：

（1）露天采坑实际开采位置、开采工艺，矿坑的面积、深度、边坡，采坑回填及边坡整治措施及其有效性。

（2）外排土场实际的选址、占地面积、排土量、堆积高度和坡度、拦挡坝、削坡整形措施及其有效性。

（3）临时建设管理施工生产生活区实际选址、占地面积；施工废水、固废处置情况，是否排入西侧行洪道；拆除设备、恢复原地貌措施及其有效性。

（4）以上区域水土流失、裸岩石砾地貌的现状，行洪道实际受到污染和破坏的情况，砾石单独收集、后期铺压砾石、洒水结皮、种植植被等生态修复措施及其有效性。

（5）露天开采环评等环保手续。

考点分析和答题技巧：关于现有露天开采工程情况，题干提供的主要信息为：“截至停建时，项目区已形成1个开挖面积达54.0 hm^2的露天采坑，1个位于露天采坑西侧200 m处的平地起堆型外排土场，1个位于井田外、露天采坑正北1.6 km处的临时建设管理、施工生产生活区。”所以，答案应主要围绕露天采坑、外排土场、临时建设管理、施工生产生活区这4个场地。

从本小题的设问来看，即使先看问题，不看题干，考生也能知道题干中一定提到现有露天开采遗留的环境问题，否则不会如此设问。在解答本小题时，只要不遗漏题干给出的信息，就可以得分，基本没有难度。本小题体现了《建设项目环境保护管理条例》（2017年国务院令第682号）中“五个不批”的第四个不批，即改扩建项目须对既有项目存在的环境问题提出解决措施。而是否存在环境问题或存在哪些环境问题当然是需要调查的。由此可以想到在实际工作中，对于改扩建项目的环境影响评价，十分重要的内容是对现在工程存在的环境问题的调查，而且必须提出解决问题的措施。

答案一简略，答案三较为复杂。答案二虽然原则上是正确的，但缺乏具体的内容。

3. 提出进一步控制本项目颗粒物无组织排放的措施。（4分）

【参考答案】

答案一：

（1）改善煤炭外运方式。煤炭产品运输采用密闭输煤栈桥代替汽车运输。

（2）如采用汽车运输方式，则对场内外道路全部硬化，运输车辆采取封闭或苫盖措施，并设洗车平台；或采用新能源汽车运输。

（3）煤矸石回填露天坑在运输和回填环节均采取封闭、压实覆盖或洒水抑尘等措施。

（4）原露天开采遗留的外排土场采取砾石覆盖或生态恢复等措施。

答案二：

（1）临时建设管理、施工生产生活区拆除清理场地过程喷水抑尘，尽快恢复植被。

（2）煤矸石回填露天采区洒水抑尘。

（3）露天采坑、外排土场尽快洒水结皮、石砾压盖或恢复植被。

（3）煤炭产品用密闭输煤栈桥代替汽车运输，或汽车运输苫盖，场内运输道路洒水抑尘，出厂设置洗车平台。

考点分析和答题技巧：本小题是针对建设项目无组织排放控制，具有普遍性。一般而言，建设项目的无组织排放控制主要是洒水降尘、封闭产尘源或苫盖易产尘的物料堆、运输道路硬化等，但首先应识别产生无组织颗粒物排放的源，再提出有针对性的措施。从题干提供的信息来看，与无组织排放有关的信息主要有“项目煤炭产品采用汽车运输至煤炭产业工业园用作煤制天然气的原料。工业场地内的煤炭生产加工与储存等环节全封闭作业，并设置集尘除尘设施。”“项目所在区域为大陆干旱荒漠气候区，全年多大风”。很显然，汽车运输环节是无组织排放控制的主要环节之一。同时，题干还提出“矿井不设临时排矸场，投产初期产生的煤矸石用于回填遗留露天采坑，后期用于井下充填”，再加上现有露天采矿工程遗留的无组织排放问题的控制。针对这几点提出控制措施即可。

有考生还回答了煤矸石暂存和回填井下过程颗粒物的控制，由于背景信息中提到“工业场地内的煤炭生产加工与储存等环节全封闭作业，并设置集尘除尘设施。”这两点无须再重复提措施。

4. 给出合木村饮用水源（泉点）水文地质条件调查的主要内容。（4分）

【参考答案】

答案一：

泉水类型与来源、涌水量，第四系地层及其透水情况，有无潜水含水层、煤系地层及其上覆和下伏地层的含水层富水性、矿化度等。

答案二：

（1）泉的成因类型、出露点位置及水量、水质，为合木村的供水量。

（2）所在的地下水含水层岩性、分布、结构、厚度、埋藏条件（出现一个专业性词语即可赋0.5分）、富水程度等。

（3）隔水层（弱透水层）的岩性、厚度、渗透性等。

（4）山区入渗雪融水补给水量，径流、排泄条件，或水力联系；

考点分析和答题技巧：井工开采对饮用水源及泉点的影响主要有两点，一是地表沉陷导通含水层底板，使地下水漏失，导致地下水及泉水量下降，为了评价这个影响，主要需要调查含水层和隔水层（弱透水层）的岩性、厚度、渗透性等；二是地表沉陷破坏补给、径流条件，导致泉的水量降低，为了评价这个影响，主要需要调查地下水补给径流条件。同时对出露的泉点进行调查。值得注意的是，虽然问题问的是泉点调查，但是不能仅仅调查泉，要对泉所在的含水层一起调查。题干提供的关于地下水的信息主要为："井田区第四系地层透水不含水，无潜水含水层，煤系地层及其上覆和下伏地层的含水层富水性均为弱，矿化度高，无饮用水供水价值。井田周边5.0 km范围内无法定生态保护区域与村庄。井田西侧边界为一条宽约2.9 m、深1.7 m的行洪沟道，沟道西侧120 m处有一泉点，为下降泉，补给源为北部山区入渗雪融水，是泉点西侧6.3 km合木村的饮用水源"。

本小题设问为环评工作中地下水调查的常规内容，在《环境影响评价技术导则 地下水环境》（HJ 610—2016）中不难找到答案。

答案一为直接根据题干信息给出的调查内容，答案二有所延伸和扩展。

5. 识别项目井工开采主要生态影响，提出相应保护措施。（4分）

【参考答案】

答案一：

（1）生态影响：井工开采采空区导致地表沉陷或裂缝（1分），如措施不当，会产生塌陷坑，甚至破坏裸岩石砾地（砾幕）这一特殊地质地貌（0.5分），破坏国家二级公益林（0.5分）、荒漠植被等。

（2）保护措施：井下留设防护煤柱（1分），将国家二级公益林区划定为禁采区（1分）。

答案二：

主要影响：①工业场地永久占地破坏砂砾层，产生水土流失、改变土地利用类型；②井工开采导致地表沉陷、裂缝，破坏裸岩石砾地、破坏特殊地质地貌，破坏土壤及沙生植被，破坏行洪沟道，破坏国家二级公益林区及梭梭、柽柳，加剧水土流失/风蚀，林地覆盖率降低、生物量下降，破坏泉点影响合木村的饮用水源，破坏输电线路。

主要措施：①永久占地或临时占地之前单独砂砾层要单独剥离、妥善堆存，用于生态恢复或工业场地绿化；②矿区北侧和南侧为行洪沟道、公益林、输电线路划定禁止开采区域或者留设煤柱，结合定期监测的结果，对沉陷区进行回填、平整、压实，维持行洪沟道沟形，对受影响的梭梭、柽柳、沙生植被进行救助、补植，结合木村供水预案。

考点分析和答题技巧：井工开采的主要生态影响是因采空区地表沉陷引起，本小题应抓住地表沉陷范围内保护目标来作答，会更有针对性。

与第 2 小题相比，本小题是针对露天开采结束后转入地下开采会产生哪些主要生态影响的识别，并提出针对井工开采所产生的主要生态影响而应采取的环保措施。而井工开采的主要生态影响在《环境影响评价技术导则　煤炭采选工程》（HJ 619—2011）是有明确的评价内容的，而且《环境影响评价技术导则　生态影响》（HJ 19—2022）也提出了矿产资源开采项目应关注的主要生态影响。在回答本小题时，重要的是结合题干提供的信息，解答本小题难度不大。但需要注意的是，本小题答上任何露天开采的内容，均不得分。

答案一简略，从生产方式方面体现了井工开采的主要生态影响和措施；答案二虽然主要内容也均有体现，但较为复杂，不便于考场作答。

该案例是一个由露天开采拟转入地下开采的煤矿，从本案例所设的 5 个问题来看，均为煤炭开采建设项目环评工作中最常见的或常规的评价内容，甚至也是其他行业建设项目环评需要考虑的问题（如问题 1、问题 3 和问题 4）。既没有超出考试大纲，也没有脱离煤炭环境影响评价的行业特征（如问题 2 和问题 5）。煤炭采选是典型的以生态影响为主的建设项目（当然其污染影响也不能忽视），但环评工程师考试自 2010 年后，长期无煤炭开采案例出现，这与煤炭的产业政策变化有很大的关系。需要注意的是，国家对有关煤炭行业的产业政策、技术政策、标准和规范等很多，而且不断在更新，考生应该下载这些内容认真学习并深刻理解这些方面的规定和要求。

试题二（2024 年考题）

2024 年第 8 题视频讲解

根据油田开发规划和碳减排要求，位于北方沿海 A 市的 S 油气田拟于同在本市的 Q 化工企业联合建设碳捕集、利用和封存（CCUS）工程，将 Q 企业现有碳捕集提纯装置分离出的二氧化碳（CO_2）气体进一步净化，然后通过管道输送至 S 油气田注气站，再经在用的注气井注入低渗透的油藏层进行驱油和封存。

工程的建设内容有：1 座位于 Q 企业厂区内的 CO_2 净化及外输站，简称 B 站；1 条自 B 站至 S 油气田注气站的 CO_2 输送管道，简称管道工程。通过向油藏层注入 CO_2 气体，可将 S 油气田其中 7 口油井的采油量提高 15%，且仅有占注入量 20%（以质量计）的 CO_2 随油气带出，其余封存在地层内。带出的 CO_2 随采出的油气送往 S 油气田联合处理站。

B 站配置有冷凝器、往复式低压压缩机，脱硫塔（塔内装填氧化铁脱硫剂），脱水塔（塔内装填分子筛、2 座交替进行脱水和干燥再生作业）、离心式外输压缩机等设备，以及 1 根超压放空排气筒（设计放空量 2 500 Nm^2/h）和 1 间中控室。Q 企业将分离出的气体在经冷凝器降温、低压压缩机三级增加（出口压力 3 000 Pa）后，再脱硫脱水得到 CO_2 浓度为 99.821%的合格净化气，之后经压缩增压至 12 250 kPa 接入输气管道。

管道工程的线路总长为 56.1 km，设计输气规模 $15.4\times10^8Nm^3/a$。采用超高压方式，输送压力 23 MPa，管道规格 DN350，壁厚 21 mm，全程共设 5 个采用远程控制方式的地下截止阀，22 个普通标志桩及 15 个地面警示牌，管道自西南向东北敷设。其中在化工园区内的 9 km 管段沿现有公共管廊敷设。采用环氧富锌+环氧云铁+氟化碳面漆防腐，底漆和面漆为水性漆。其余 47 km 管段埋地敷设，采用三层 PE 全线防腐和阴极保护。施工主要采用挖沟法，其中穿越沟渠的管段采用围堰导流+挖沟法，穿越等级公路的管段采用顶管法。管沟地表开挖宽度 4.2 m，挖深 1.9 m，施工作业带宽度 10 m。施工时对管开挖区进行表土剥离，管沟回填时回填土高于地面 0.3 m。

管道工程桩号 K9～K42 段经过的区域为农业种植区，多种植玉米、小麦及高粱，K42～K56 段经过的区域为油田区，多为盐碱地、人工盐田和荒草地，土壤为盐碱潮土。自然植被以盐生灌草丛为主，主要植物有柽柳、盐碱蒿、芦苇、狗尾草、刺苋、香蒲、野艾蒿等。K54+300～K55 段西北省级湿地自然保护区，保护区边界与管道最近距离 280 m，保护对象为湿地生态系统和重要鸟类。

工程拟采取的环境保护措施：

（1）B 站，超压放空排气筒安装消声器，压缩机实施基础减振，废脱硫剂、废机油和含油抹布送固存间暂存。

（2）管道工程，挖沟法施工做到土方挖填平衡，并恢复农作物和植被，缩短占用施工场地的时间；顶管法施工产生的废水，过滤后排入附近沟渠，做好管道防腐，弃渣用于铺路，沿线不设施工临时场地；清管试压水经沉淀、过滤后排放沟渠；废焊条和废包装等收集处置；管道运营日常维护产生的废油漆和废漆桶送调度站暂存。

注：CO_2分子量为 44，在标准状态下（0℃，100 kPa）气体摩尔体积约为 22.4 L/mol。

【问题】

1. 计算注入低渗透油藏层的 CO_2 年封存量。

【参考答案】

答案一：

$15.4\times10^8\times10^3\times99.281\%\div22.4\times44\times10^{-6}\times10^{-4}\times$（1−20%）=240（万 t/a）

答案二：

（1）管线输送的 CO_2 体积=$15.4\times10^8\times99.281\%=15.29\times10^8$ Nm^3/a。

（2）管线输送的 CO_2 质量=$15.29\times10^8\times10^3\div22.4\times44=3.00\times10^{12}$g/a。

（3）封存的 CO_2 质量=$3.00\times10^{12}\times$（1−20%）$\times10^{-6}\times10^{-4}$=240 万 t/a。

考点分析和答题技巧：仅有占注入量 20%（以质量计）的 CO_2 油气带出，即有 80%质量分数的 CO_2 被封存，因此需要将 CO_2 的体积转化为质量。值得注意的是 CO_2 分子量为 44，单位为 g/mol。此类项目规模一般以万吨/年计。虽然这些常规计算是初高中知识，但不注意计量单位换算，理不清关系，也是很容易出错的。

2. 计算 K9～K42 段土石方平衡中表土剥离量时，还需收集哪些信息？（4 分）

【参考答案】

该段地形地貌特征（0.5 分）、表土层厚度（1 分）、需要剥离的面积（1 分。或答施工作业带宽度及开挖长度）、土壤疏松程度（0.5 分）、剥离率（0.5 分）、地表需清理的杂物量（0.5 分）等。

考点分析和答题技巧：参考《建设占用耕地表土剥离技术规范》（DB22/T 2278—2015）、《土地整治项目工程量计算规则》（TD/T 1039—2013）等，表土剥离量=剥离厚度×剥离面积×表土剥离率。其中背景信息只给出管沟地表开挖宽度 4.2 m，并不是全部施工作业带破坏的宽度，还需收集施工作业带的宽度及开挖长度。施工剥离厚度与土层厚度、土壤质量等有关，剥离率与剥离区面积和剥离工艺有关。

广义的表土剥离，不仅仅限于耕地，也包括建设占用的其他农用地和其他土地，只要涉及到“适合耕种的土壤”就应考虑剥离；其剥离层次也不限于耕作层，而是视土壤肥沃程度而定，一般包括整个表土层（即耕作层、亚表层）或更厚。

表土厚度大于20 cm应进行表土剥离。根据土壤腐殖质层厚度，划分表土剥离单元，分别确定每个单元的表土剥离厚度，做到应剥尽剥。一般考虑土壤质量和成本两个因素，耕作层土壤剥离厚度一般应在20～40 cm，土层较厚的区域经论证可以扩大到60 cm。当剥离厚度较大涉及不同土层时，应分层剥离。

题干提供的信息为“管道工程桩号K9～K42段经过的区域为农业种植区，多种植玉米、小麦及高粱”。如果回答农作种类、分布、根系情况与耕作层厚度有关，也会酌情给分。

表土是十分重要的资源，在国家颁布的《中华人民共和国土壤污染防治法》中有明确的规定，同时国家还颁布了《中华人民共和国黑土地保护法》等，2024年12月31日，国家市场监督管理总局、国家标准化管理委员会发布了《表土剥离及其再利用技术要求》（GB/T 45107—2024）。考生应下载后认真学习。

3. 指出本工程的危险废物。（4分）

【参考答案】

B站废机油（1分）和含油抹布（1分），管廊架设段管道日常维护性补环氧云铁中间漆产生的废油漆（1分）、废漆桶（1分）。

考点分析和答题技巧：根据《国家危险废物名录》：使用油漆（不包括水性漆）、有机溶剂进行喷漆、上漆过程中产生的废物属于危险废物。能够直接判定为危废的是非水性漆，也就是本项目的中间漆。如果是水性漆，需要鉴别。氧化脱硫剂是金属氧化物吸收法去除 SO_2，脱硫、脱水后降低气体酸性腐蚀，提高高压输送气体管线的安全性，脱硫剂吸收剂为氧化镁、氧化锌、氧化锰等，脱硫渣一般回收综合利用，环境危害性不大，属于一般固废。

识别危险废物是环评实际工作非常重要的内容，也是环评考试出题的高频点，历年考试中反复出现，甚至同一年在不同的案例中反复出现，考生必须认真学习《国家危险废物名录》（2025年发布了新版本）和有关法律法规、标准等。

关于废弃的含油抹布，尽管被纳入“豁免清单”，但其毕竟是危险废物，不能忽略。

4. 在评价K54+300～K55段对自然保护区的影响，需调查哪些方面的资料？

【参考答案】

答案一：

（1）自然保护区的功能区划（功能区划图）及各功能区与管道的位置关系（包括位置关系图）。

（2）自然保护区的湿地生态系统类型、组成、结构与功能。

（3）保护区内重要鸟类的种类及种群状况、珍稀或重点保护鸟类的保护级别及其生理生态特性。

（4）自然保护区的有关规划、保护要求、环境管理现状及存在的环境问题等。

答案二：

（1）自然能保护区区划及与项目位置关系。保护对象、保护要求、保护现状。

（2）湿地生态系统类型、功能、生物多样性。

（3）重要鸟类的种类、分布、种群数量及动态；饮水、觅食、产卵、繁殖、飞行、迁徙等行为；繁殖、迁徙等时间；噪声、灯光敏感性；食源、水源、栖息地、繁殖地、越冬地、停歇地等重要生境现状。重要生境与本工程的位置关系，被临时永久占用生境的类型和面积。施工方式和时间，施工噪声和灯光情况。

考点分析和答题技巧：HJ 19—2022，涉及生态敏感区的现状调查，应明确功能分区和工程的位置关系，并针对保护对象详细展开调查，自然保护区保护对象是湿地生态系统和重要鸟类。题干关于项目与自然保护区的关系，给出的信息为："K54+300～K55 段西北省级湿地自然保护区，保护区边界与管道最近距离 280 m，保护对象为湿地生态系统和重要鸟类。"解答本小题应主要围绕这条信息。答案一与答案二主要内容原则上是一致的，答案一较为简单，侧重于保护区本身；答案二更侧重于鸟类的调查，主要针对鸟类。

5. 给出 K42～K56 段施工期间生态保护和恢复措施。（4 分）

【参考答案】

答案一：

（1）严格控制施工作业带宽度。

（2）表层熟土与深层生土应分层开挖、分别堆放、反序回填。

（3）管沟回填后及时进行生态恢复，且管道两侧 5 m 范围内植被恢复应采用原生浅根系植物种。

（4）邻近省级湿地自然保护区段应避开鸟类栖息、繁殖等敏感期。

答案二：

（1）控制最小施工作业带范围。

（2）穿越人工盐田段恢复地貌和盐田。

（3）穿越灌草地，表土单独剥离、妥善保存，用于后期植被恢复；分层开挖、分别堆放，反序回填，保证土壤肥力；边施工边恢复，恢复原有灌草丛植被种类，并适当提高植被覆盖度。

（4）穿越 K54+300～K55 自然保护区外围段，大开挖改成定向钻，施工场地尽量远离自然保护区，施工期避开鸟类繁殖期、控制施工噪声和灯光。对临时占用植被进行恢复，对鱼类等水生生物进行补偿。

考点分析和答题技巧：关于该段，题干给出的信息为：“K42～K56 段经过的区域为油田区，多为盐碱地、人工盐田和荒草地，土壤为盐碱潮土。”同时，该段邻近省级湿地自然保护区。本小题设问要求给出“施工期间的生态保护和恢复措施”，因此，只需答“措施”，不得答“影响”。答案一与答案二主要内容基本一致，但答案一较为简略，便于考场作答；答案二较为复杂，不便考场作答。

以下内容有助于理解本小题的解答：

（1）选址区域地下水水位埋深较浅，潮土和盐碱潮土的腐殖土壤层比较薄，土壤养分肥力差、盐分多，植被覆盖率低。因此需要严格遵循导则要求，确定生态修复的目标，主要包括：恢复植被和土壤，保证一定的植被覆盖度和土壤肥力；维持物种种类和组成，保护生物多样性；实现生物群落的恢复，提高生态系统的生产力和自我维持力；维持生境的连通性等。能够形成潮土和盐碱潮土区域地表相对高差不大，涉及的自然保护区属于湿地类型，如果采用大开挖施工工艺，管沟回填土将高于地面 0.3 m，不利于区域季节性汇流补给湿地水源，因此，将大开挖改为定向钻有利于保护湿地水力联系和生境连通性。

（2）值得注意的是，本项目挖深 1.9 m，管线直径 0.35 m，管沟回填土将高于地面 0.3 m，管线顶端距离地表约 1.8，柽柳等灌木根系不会威胁到管线安全，因此可以不回答“管线中心两侧 5 m 范围内不种植灌木深根植物”的要求。同时由于本项目管径小，施工作业带一般也就是 8～10 m，如果 5 m 范围内禁止恢复灌木而是选择草本的话，整个施工作业带宽度上全部由原来的灌草类型变为草丛，植被类型变得单一，不满足导则对“维持物种种类和组成，保护生物多样性；实现生物群落的恢复，提高生态系统的生产力和自我维持力”的要求。

试题三（2019 年考题）

某铜矿位于中南部某省低山丘陵区，矿区面积 0.375 km^2，开采标高+55～+320 m，矿石类型主要为黄铜矿（$CuFeS_2$），含少量硫砷铜矿（$CuAsS_4$），脉石主要为石英、钾长石。矿山现有 200 t/d（6.6 万 t/a）采选工程，包括地下开采巷道、地面采矿工业场地（内有主井、副井各 1 口及临时废石场 1 座）、风井工业场地（内有回风井 1 口）、选矿厂（位于采矿工业场地西北侧的矿区边界）、尾矿库（位于选矿厂南侧 1.1 km 的山谷内）和集中办公生活区，地面设施占地 25.05 hm^2。矿山地下采出的铜矿石由主井提升至地面筒仓暂存后转入选矿厂，经碎磨后加入丁黄药等药剂浮选产出铜精矿产品。现有工程井下涌水量 563 m^3/d，经中和沉淀处理后优先回用于生产，剩余 255 m^3/d 外排西边河(外排水质见下表)，西边河傍矿区西侧边界由南向北流过。选矿产生的含固率 55%的尾矿浆由 1.6 km 长压力管道送往尾矿库，尾矿浆在库内沉淀后，澄清水通过溢流井排出尾矿库并全部回用于选矿生产。集中办公生活污水生化处理并消毒后用于矿区绿化，不外排。现有工程采矿废石露天堆存于副井旁的临时废石场，定期送建材厂综合利用，废石场仅设有拦挡坝。现有尾矿库总库容 136 万 m^3，剩余库容 103 万 m^3，尾矿浆于主坝前均匀排入尾矿库，在库内自然沉积形成堆体和干滩面。2018 年年底，该省公告该矿区所在区域列入落实“水十条”实施区域差别化环境准入的管控区域，该区域的矿产资源开发项目执行水污染物特别排放限值。

现有工程井下涌水外排水质 单位：mg/L，pH 量纲一

污染物项目		pH	COD	SS	石油类	砷	铜
排放浓度		7.7	16.8	13	0.04	0.003	0.3
铜镍钴工业污染物排放标准	排放限值	6～9	60	80	3.0	0.5	0.5
	特别排放限值	6～9	50	30	1.0	0.1	0.2

矿山计划依托现有工程，通过新建深部盲主井和盲风井，改造提升设备，扩建选矿设施实现采选扩能。新建尾矿充填站实现部分尾矿充填井下采空区，进而延长尾矿库原服务年限；为缓解废石外运不畅暂存压力，扩能工程拟在采矿工业场地以北的山坳处新建 1 座废石场，库容 2 万 m^3，需新征占地 35 hm^2。矿山扩能

后矿区范围不变，开采深度延伸到−500 m，总采选规模 500 t/d（16.5 万 t/a），可继续服役 17.7 年。扩能工程实施后，矿山井下涌水正常产生量 2 441 m^3/d，采用三级接力排到地面中和沉淀处理后，905 m^3/d 回用于采选生产，剩余 1 536 m^3/d 依托现有排放口外排西边河。扩能工程选矿尾矿浆先送尾矿充填站分级，其中粗粒尾矿与水泥混合后胶结充填井下采空区，剩余含固率 40%的细粒尾矿浆（干重 6.8 万 t/a）送现有尾矿库。扩能工程建成后，尾矿浆澄清水、生活污水仍然回用，不外排。

西边河矿山所在河段不涉及饮用水水源保护区等水环境保护目标，评价技术单位判定扩能工程地表水环境影响评价等级为一级；在地表水评价范围内有一处民采铜矿废水排放口，为保障区域水环境质量，政府已将该铜矿列入关停计划。矿区土壤类型包括红壤、紫色土，主要植被为次生马尾松林和人工杉木林；评价技术单位判定扩能工程涉及土壤环境生态影响与污染影响，其中污染影响型评价工作等级为一级，在矿区下游河道宽缓带两侧有少量水稻田位于土壤评价范围内。为掌握经尾矿充填站分级后排入尾矿库的细粒尾矿浆固废属性，评价技术单位提出在扩能工程投产后重新取样进行浸出毒性试验的要求。

【问题】

1. 指出现有工程存在的生态环境问题，并提出“以新带老”措施。

【参考答案】

（1）废石场仅设拦挡坝，不符合固体废物处置要求，应鉴定废石类型，并依标准建设废石场。

（2）外排矿井涌水中的 Cu 不满足特别排放限值规定，应采取除铜措施。

考点分析与答题技巧：在多年来的环评实际工作中，改、扩建项目的“以新带（代）老”是环评工作的重要内容。在《建设项目环境保护管理条例》（2017 年国务院令第 682 号）中，明确要求改、扩建项目必须对现有工程存在的环境问题提出解决方案。类似考题反复出现，考生一定要注意。

2. 本扩能工程地表水环境影响评价工作等级判定是否正确？请说明理由。

【参考答案】

（1）正确。

（2）理由：本扩能工程矿井水虽然采用三级接力排到地面中和沉淀处理后排放，但涉及第一类污染物砷和铜，且排放的铜离子浓度不符合环保要求，排放行为属于直排第一类污染物。

考点分析与答题技巧：本小题主要考查了《环境影响评价技术导则　地表水环境》（HJ 2.3—2018）关于地表水影响评价工作等级确定的依据（说明理由，即将评价依据指出来），该导则将地表水环境影响评价等级的判定分为污染型和水文要素型。对于考试而言，导则提供的两个判定表比较复杂，理解和学习记忆均有一定难度，考生必须认真学习。

3．指出开展正常工程下的地表水环境影响预测需调查的水污染源。

【参考答案】

（1）评价范围内的民采铜矿废水。

（2）现有工程及扩能工程的矿井水处理站外排水。

（3）现有废石场和新建废石场的淋溶水。

（4）场地地面初级雨水。

考点分析与答题技巧：由于本小题要求回答的是正常工况下，所以不应考虑矿井水处理站的事故排放和选矿废水的事故排放，生活污水处理站处理后的水全部回用不外排，也不应考虑其事故排放。民采铜矿是评价范围内存在的污染源。矿井水处理站处理后的水有一部分回用，但外排量仍较大，是本项目的地表水主要污染源。

4．按污染影响型，给出本扩能工程土壤环境现状监测布点位置和布点类型。

【参考答案】

（1）项目占地范围内：在现有和扩建工程的废石场、尾矿库、选矿场、矿井水处理站、新建尾矿充填站区域设置 1 个柱状样，在矿区内矿区植被为次生马尾松林和人工杉木林的红壤和紫色土区域分别设置 1 个表层样。

（2）项目占地范围外：矿区下游河道宽缓带两侧水稻田分别布设 1 个表层样。

考点分析与答题技巧：本小题主要考查考生对《环境影响评价技术导则　土壤环境（试行）》（HJ 964—2018）的学习情况。该导则列表规定了不同评价等级和影响类型（生态影响型、污染影响型）对应的土壤环境监测布点要求（布点类型分柱状样、表层样，注意与“影响类型”不是同一回事儿）。2020 年考试中的原油管道案例和危险废物处置中心案例均考查了土壤环境监测布点方面的内容，后来多次出现类似考题。

5．给出扩能工程投产后尾矿进行浸出毒性试验的取样位置、取样方式及推荐采用的浸提剂。

【参考答案】

（1）取样位置：尾矿库的尾浆排放口或充填站分级后细颗粒物排出口。

（2）取样方式：采用合适的容器等时间间隔摘取所需份样量的尾矿浆。

（3）浸提剂：硝酸/硫酸混合溶液。

考点分析与答题技巧：本小题主要考查学生对《危险废物鉴别技术规范》（HJ 298—2019）、《固体废物浸出毒性浸出方法　硫酸硝酸法》（HJ/T 299—2007）的学习情况，相关考点在《危险废物鉴别技术规范》（HJ 298—2019）、《固体

废物鉴别标准　通则》（GB 34330）等相关规范标准中均有规定。据题干信息“扩能工程选矿尾矿浆先送尾矿充填站分级，其中粗粒尾矿与水泥混合后胶结充填井下采空区，剩余含固率40%的细粒尾矿浆（干重6.8万t/a）送现有尾矿库”，显然在充填站或尾矿库取样更合适。在选矿厂尾矿产生或排出口取样则不合适，因为选矿厂产生的尾矿在充填站进行分级，粗颗粒与水泥混合成胶结物后充填到井下去了，已不是排放到外环境的尾矿了。

由于固体废物、危险废物鉴别技术规范和标准较多，技术方法也很复杂，从事监（检）测、鉴别（特别是固体废物、危险废物鉴别）的技术人员不难解答该小题，其他人解答该小题并不容易。

【扩展思考题一】

1. 简要说明对现有工程环境影响回顾性调查评价的重点内容。
2. 题干表中所列现有矿井涌水监测指标能否满足扩建工程环评工作的要求？说明理由。
3. 扩建工程矿井水处理方案是否符合环保要求？请说明理由。
4. 按生态影响型，给出本扩能工程土壤环境现状监测布点位置和布点类型。
5. 提出扩建工程地下水分区防控的重点区域。

【扩展思考题二】

1. 分别按污染影响型和生态影响型，给出本项目土壤环境评价等级确定的过程。
2. 给出本项目土壤环境影响评价的范围。
3. 简要说明本项目生态影响评价应明确的主要内容。
4. 对现有工程尾矿库应重点调查哪些内容？
5. 给出本项目地下水环境监测计划。

试题四（2018 年考题）

西北 H 气田规划天然气产能 56 亿 m^3/a，现有工程产量 50 亿 m^3/a，已建有 220 口天然气开采井、5 个集气站、1 座天然气净化处理厂（内设污水处理站）、1 个回注水站以及集输管道。现有工程已通过竣工环保验收。现拟实施 H3 区块天然气开发工程，新增天然气产量 5 亿 m^3/a。

H3 区块东西长 35 km，南北宽 20 km，西边界与现有天然气净化处理厂相邻。建设内容包括钻采工程、集气站合建工程及集输管道工程。钻采工程建 5 个井场，每个井场由 4 口水平定向井组成丛式井。集气站合建工程包括 1 个无人值守集气站、1 个阴极保护站和 1 个截断阀室，集气站内配置 2 个气液分离沉降罐、2 个过滤器、1 台电机驱动压缩机和 2 个埋地污水储存罐。集输管道工程包括井场到集气站支线管道 24 km，集气站至天然气净化处理厂的干线管道 10 km。位于 H3 区块东北部的 5 号井场到集气站的管道长 14 km，其余 4 个井场分布在集气站东南侧 3 km 内，管道总长 10 km。管道施工采用大开挖方式，施工作业带宽 14 m。站场永久占地 6.67 hm^2，管道段和施工便道临时占地 50.60 hm^2。天然气净化处理、污水处理及污水回注等依托现有工程设施。

H3 区块所在区域地貌类型为沙丘地，以固定沙丘和半固定沙丘为主，局部有流动沙丘。土壤类型有风沙土、黄绵土等。沙生植被覆盖度较低，以油蒿灌丛和沙地先锋植物群落为主体。人工乔木林呈小斑块散生，灌木中的本地物种沙柳和柠条是防风固沙的主要植物种类，人工种植长成需 2 年以上；草本植物种类以豆科、禾本科植物为主。

H3 区块开发工程 5 号井场及 4 km 长的管道东侧临近毛乌素沙地柏省级自然保护区，井场和管道与实验区边界最近距离 0.15 km，与核心区边界距离 3.5 km，该段不涉及缓冲区。沙地柏省级自然保护区的保护对象为沙地柏、樟子松、甘草和文冠果等，多分布在核心区。沙地柏在实验区和保护区外也有零星分布。集气站北侧分布有 2 个村庄，站址边界与村庄最近距离 0.12 km。

H3 区块开发工程拟采取的环保措施包括：站场选址、管道选线避绕人口密集区；邻近自然保护区段不设施工营地；管道施工结束后进行植被恢复，涉及固定和半固定沙丘破坏的，先采用草方格固沙；涉及沙层薄或流动沙丘破坏的，先采用黏土固沙等防风固沙措施；井场采出的气液混合物在集气站气液分离过程产生的污水用罐车送天然气净化处理厂，与集气站气液分离后的气态物在天然气净化处理厂净化过程产生的污水一并进入污水处理站处理后管输至回注水站回注地下；对集气站电机驱动压缩机［源强 100 dB（A）］采取基础减震的降噪措施；在井场、集气站设放空火炬等应急设施。

【问题】

1. 提出进一步降低本项目集气站电机驱动压缩机噪声影响的途径。（4分）

【参考答案】

（1）压缩机尽量布置在站址南边界处（远离北边界外的村庄）。

（2）选用低噪声压缩机。

（3）将压缩机设置在封闭厂房内，厂房墙壁采用吸声材料。

（4）对受影响村庄根据影响程度，特别是距离站址边界 0.12 km 最近的村庄，采取隔声窗或搬迁措施。

（5）对压缩机连接管道采取吸声或隔声包装措施。

考点分析与答题技巧： 答上前 4 个即可得满分。本小题是针对电机驱动压缩机噪声应采取的措施，根据题干信息，基础减震已明确，考生答题时不宜再答。减缓噪声影响或污染防治措施的基本思路为：控制噪声源（如选用低噪声设备）、阻断传播途径（如设置屏障、采取封闭措施等）、保护受影响对象（距离衰减——噪声源远离受影响对象，对受影响对象采取一定远“距离”的保护措施等）。按场址北侧边界考虑对 0.12 km 距离村庄的影响，也可以计算影响超标程度［已知噪声源强为 100 dB（A）、距离 0.12 km，便可根据距离衰减公式计算］。

2. 为分析本项目污水送现有污水处理站处理的可行性，应调查哪些信息？（4分）

【参考答案】

（1）现在污水处理站设计处理工艺、处理规模，现状处理量或剩余可处理量。

（2）本项目产生污水的量及水质情况。

（3）本项目设置的 2 个地理污水储存罐的储存量。

（4）运输罐车的运输量、线路走向及其长度，运输时间及频次，罐车与污水处理站设施的接收方式。

考点分析与答题技巧： 根据题干提供的有关污水处理的基本信息：所开发的井场拟建“2 个埋地污水储存罐”“井场采出的气液混合物在集气站气液分离过程产生的污水用罐车送天然气净化处理厂，与集气站气液分离后的气态物在天然气净化处理厂净化过程产生的污水一并进入污水处理站处理后管输至回注水站回注地下”。本小题要求明确在分析本项目污水送既有天然气净化厂污水处理站处理的可行性时需要收集的资料。

3. 恢复邻近自然保护区的临时占地植被，可优先选择哪些植物种类？（3 分）

【参考答案】

（1）优化选择油蒿灌丛和沙地先锋植物。

（2）草本植物优化选择本地豆科、禾本科等。

（3）灌木优先选择具有防风固沙功能的本地物种沙柳和柠条。

考点分析与答题技巧：根据题干信息：沙生植被覆盖度较低，以油蒿灌丛和沙地先锋植物群落为主体，灌木中的本地物种沙柳和柠条是防风固沙的主要植物种类，草本植物种类以豆科、禾本科植物为主。尽管题干中提到人工乔木，但毕竟为少数、散生，不应作为优先选择物种。需要注意的是，题干中指出“沙柳、柠条人工种植长成需 2 年以上”，但作为具有防风固沙功能的本地植物是本地适生物种，应作为优先选择对象——灌、草搭配。当然，也可以选择自然保护区内的常见物种，包括沙地柏（人工种植成活率也比较高）等。

4. 指出本项目生态现状调查的重点内容。（5 分）

【参考答案】

（1）评价范围内的地貌类型、土壤类型，以及固定、半固定沙丘、流动沙丘情况。

（2）生态系统类型（及其结构与功能，所处区域生态功能区划及保护要求等）。

（3）植被类型及主要植物种类（特别是重点保护种类及其分布情况）。

（4）主要野生动物及其生境条件（特别是重点保护野生动物及其集中栖息地情况）。

（5）沙地柏省级自然保护区情况（功能划分、重点保护对象、保护现状、保护要求）及其与本项目的空间位置关系。

（6）主要生态问题（包括成因、空间分布、发生特点等，包括风蚀情况）。

考点分析与答题技巧：以上给出 5 个即可得满分（括号内的可不给出）。本小题当年是根据原 HJ 19—2011（已被 HJ 19—2022 替代）关于生态现状调查的要求结合题干信息进行解答。据题干提供的生态信息“有地貌、土壤类型、植被及主要植物、自然保护区等”，这几项不应遗漏。其他的则视情况适当补充。此类现状调查、资料收集等内容频繁考查，大家在学习技术导则时应特别关注相关要求。此小题相关调查内容可以适当细化，包括给出一些调查指标，如植物优势种的频度、密度等重要值指标，以及生物量、物种多样性等。指标不宜过多，因为考试时间有限，简答为宜。类似考题已频繁出现，考生应高度重视。

5. 指出项目营运期生产设施环境风险识别的具体内容。

【参考答案】

（1）钻采区 5 座井场及其气井。

（2）集气站。

（3）集气站内配置 2 个气液分离沉降罐和 2 个埋地污水储存罐。

（4）集输管线，包括干线管道、支线管道。

（5）污水运输罐车。

考点分析与答题技巧：环境风险识别是环境风险预测评价的重要前提。虽然《建设项目环境风险评价技术导则》（HJ/T 169—2004）已被 HJ 169—2018 替代，但该导则修订前后均明确规定了风险识别的内容。HJ 169—2018 要求风险识别主要有 3 个方面的内容，其中的“7.1.2”就是针对生产设施（生产系统）的。本小题要求针对营运期的生产设施识别其环境风险的“具体内容”，关键点在具体内容上，主要是题干提到的本项目建设的有关设施中的涉及风险物质的“设施”。考生如果答施工期及非生产设施的任何内容均不得分，甚至导致本小题得零分。有关环境风险的案例考题频繁出现，考生应高度关注，并认真学习 HJ 169—2018 及相关法规和规范性文件。

注：2019 年 12 月 13 日，生态环境部发布了《关于进一步加强石油天然气行业环境影响评价管理的通知》（环办环评函〔2019〕910 号），对石油天然气行业建设项目与规划、规划环境影响评价依法提出了更为明确的管理要求。考生应认真学习该通知，有助于实际工作和拓宽答题思路。

试题五（2016 年考题）

西南地区某高硫油气田项目组成包括 40 口油井、2 座转油站、1 座注水站、1 座联合站以及 110 km 的集输管线；管线穿越工程包括两处隧道，隧道长均为 1.5 km，高和宽均为 2.5 m；管道施工带宽 14 m，管道敷设包括施工带清理、挖沟、下管、覆土和地表恢复，管道中心线两侧 5 m 内可恢复种植农作物或草本植物。油田生产过程为：油井采出液和伴生气经管道输送到转油站进行油气分离，分离出的伴生气和采出液分别经管道输送到联合站，在联合站内进行采出液脱硫、脱水处理和伴生气脱硫处理等。

油气田开发区域分布低山浅丘、中山丘陵、台地和平坝。管道穿越的山区以林地为主，无珍稀濒危物种。乔木植被包括柏木+麻栎—黄荆+岩花海桐群落和马尾松—短柄抱栎群落，灌木植被包括黄荆、马桑、短黄栌群落，草本植被由毛茛科、伞形科的植物构成。隧道段水文地质条件简单，主要发育地层为白垩系红色砂岩，厚 100 m，下伏侏罗系泥质页岩。表层红色砂岩风化程度一般，浅层风化裂隙水埋深 1～3 m。隧道从泥质页岩中穿越，隧道顶部距山顶埋深 230 m，穿越的泥质页岩层与上部地下水层水力联系很弱。

山区段管道施工带临时占地采用种植当地植物恢复植被。在 2 个隧道的进口附近低洼草地各设置 1 处渣场，渣场弃渣量分别为 9 875 m^3 和 7 850 m^3，渣场建挡渣墙。

联合站脱硫系统设计规模为 70 万 m^3/d，包括采出液脱硫和伴生气脱硫两部分，设备有采出液脱硫塔、伴生气脱硫塔、真空过滤器、常压滤液罐、轻烃闪蒸罐及火炬等。采出液脱硫塔脱出的含硫化氢气体与伴生气混合后进入伴生气双塔脱硫装置，经吸收、氧化处理后，塔底产物（液硫）进入真空过滤器直接生成含水率为 30%的硫黄，塔顶气再经脱烃脱水处理后成为天然气产品，无尾气放空。进站采出液和伴生气中总硫量为 8 287 t/a，脱硫系统硫黄产量为 2 896 t/a，净化天然气（含硫≤20 mg/m^3）产量 1.015 亿 m^3/a。

联合站设 2 台采出液脱水沉降罐，3 台脱出水污水沉降罐。脱除硫化氢后的采出液经脱水沉降罐处理后得到原油产品（含硫量 0.53%），原油年产量 100 万 t，送油罐区储存。脱出水经污水沉降罐处理后送注水站回注。

常压滤液罐、轻烃闪蒸罐、各类沉降罐及原油储罐有逸散气体排放。

【问题】

1．说明山区段管道施工对植被的影响并给出恢复种植的植物种类。（5 分）

【参考答案】

（1）山区段管道施工对植被的影响：

① 施工带清理造成地表植被生物量直接损失。（1 分，答“植被损失，或植物量减少，或破坏林地草地，或植被破坏”也给分）

② 5 m 内不能恢复种植乔木和灌木，引起该区段生物量降低和产生生态影响。（2 分，只答“生物量降低或生态景观影响”的得 1 分）

（2）恢复种植的植物种类：

① 5 m 内可种植毛茛科、伞形科的草本植物。（1 分，只答“草本”，也给分）

② 5 m 外应选择柏木、麻栎、马尾松、短柄枹栎或黄荆、马桑、矮黄栌等。（1 分，未答“5 m 外”的不给分）

考点分析与答题技巧：本小题评分答案较为简单，但答题时多答一些并不影响得分。如答“管道开挖施工带清理、开挖将使作业带全部植被及其依赖的土壤层将全部被清除、剥离，造成沿线乔、灌、草植被破坏；穿山隧道施工将对隧道洞口植被造成破坏”等均会给满分。容易遗漏的是“5 m 外”植被恢复种类，这 1 分考生丢失得较多。这个 5 m 的要求是《中华人民共和国石油天然气管道保护法》第三十条中规定的，本意是为了保护管道安全。此题实际上在 2015 年的管道案例及以前的考试中出现多次，本次结合题干信息进一步细化了。

2．隧道段施工对隧道上方植被是否会造成影响？请说明理由。（4 分）

【参考答案】

（1）不会对隧道上方植被造成影响或影响很小。（1 分）

（2）理由：① 隧道段水文地质条件简单（1 分）；② 浅层风化裂隙水埋深较浅或隧道埋深较深（1 分）；③ 穿越泥岩层与上部地下水层水力联系很弱（1 分）。

考点分析与答题技巧：本小题关于理由的答案在题干中是明确的，可直接从题干中抄写下来，也有考生补充了“隧道上方植被主要依靠降水和浅层地下水”，均可得分。本小题对包含有隧道的公路、铁路及输水等线路工程均可出题考查，但一定要结合题干的信息来解答。

3．隧道弃渣场应补充哪些生态保护措施？请说明理由。（4 分）

【参考答案】

（1）应补充措施：渣场排水沟或排水系统（0.5 分）、渣场覆土（0.5 分）、恢复植被或绿化（1 分）。

（2）理由：改善景观（1 分）；防止渣场产生水土流失影响（1 分）。

考点分析与答题技巧：题干只说明“渣场建挡渣墙”，因此，答案中就不应再答采取“挡渣墙”的措施。网上给出的答案内容较多，如“先行剥离渣场低洼草地的植被及土壤层，将土壤层单独堆存并保护好，最后用于渣场植被恢复。因为植被恢复需要覆盖土壤层，应首先充分利用渣场占地区的土壤层；除挡渣墙外，还应设置截排水沟。以防山洪冲蚀，弃渣流失或导致地质灾害；恢复植被，防止水土流失，维护区域生态和景观”，均可得满分。

4．指出联合站无组织排放源和污染因子有哪些。（3分）

【参考答案】

（1）无组织排放源：脱水沉降罐、常压滤液罐、污水沉降罐及原油储罐等逸散（2分，每个0.5分）。

（2）特征因子：非甲烷总烃（0.5分，答“VOCs、NMHC、挥发烃”也给分）、硫化氢（0.5分，答“H_2S”也给分，但答“硫化物”不给分）。

考点分析与答题技巧：题干已明确无组织排放源：“常压滤液罐、轻烃闪蒸罐、各类沉降罐及原油储罐”，抄下来即可得2分。虽然不排除有甲烷气体，但答“甲烷气体”不得分，也不扣分。联合站是“油气集中处理联合作业站”的简称，是将原油、气体及水进行分离的场所，其设施、设备较多，是油气田开采工程的重点工程。

5．本项目给出的信息是否满足联合站硫平衡分析的要求？请说明理由。（4分）

【参考答案】

（1）不能满足。（1分）

（2）理由：

① 题干只给出了入方总硫量。（1分）

② 缺少出方信息或未给全出方量，如各产品中含硫量、无组织排放量或挥发排放量、污水中含硫量、生产中损失量等。（答出其中任一项即给2分）

考点分析与答题技巧：根据赋分要求，理由②只要答上“缺少出方信息或未给全出方量”“没给全信息”即可得1分。另外，此小题给出公式或画图表示均给分。如有考生给出计算过程：① 脱硫系统脱除的硫，即硫黄：2 896 t/a×（1–30%）= 2 027.2 t/a；② 净化天然气所含硫：（1.015×10^{8} m^3/a×20 mg/m^3）/10^9=2.03 t/a；③ 原油产品中的硫：1.0×10^{6} t/a×0.53%=5 300 t/a。以上三者相加为 7 329.23 t/a，小于进站采出液和伴生气中总硫量 8 287 t/a，所以不平衡。

2014年之前考题（矿产资源开发与二氧化碳封存案例）

六、农业开发案例

试题一（2021 年考题）

某牧业集团拟在南方某县新建一座年出栏 6 万头仔猪的繁育场。繁育场分生产区、辅助区、管理区、隔离区和粪污处理区等 5 个功能区。其中生产区建设配种舍、妊娠舍、分娩舍、保育舍、公猪舍、后备舍等猪舍；辅助区建设供水、供电、维修、饲料加工和贮存等设施；管理区建设办公技术用房、职工生活用房、食堂、人员车辆消毒设施等；隔离区建设兽医室、隔离舍、病死猪暂存冷库、危废暂存库等；粪污处理区建设有机肥加工车间、黑膜沼气池、沼液暂存池、沼气柜等设施。

繁育场采用“配种→妊娠→分娩哺乳→仔猪保育”四阶段流水作业，以“周”为节律滚动平衡生产，每年按 52 周计。空怀母猪在配种舍群养 4 周，完成配种和孕检，确认妊娠的母猪转入妊娠舍限位饲养 12.5 周后，在产前 1 周转入分娩舍；母猪分娩后，在分娩舍哺乳 4 周，仔猪断奶；断奶仔猪转入保育舍，培育 6 周后出栏。繁育场处于正常繁殖周期的基础母猪 3 000 头，生产指标为基础母猪年均产仔 2.2 窝，每窝活仔 10.5 头、哺乳仔猪成活率 92%、保育仔猪成活率 95%。繁育场包括种公猪、后备猪在内的年存栏总数 16 308 头，全年出栏仔猪 60 632 头，转入牧业集团的商品猪育肥场继续饲养。

繁育场采用雨污分流、干清粪方法从源头减少废水产生量。粪污经猪舍地缝落入地坑后利用重力进行固液分离，液体粪污与冲洗废水一并通过管道送往粪污处理区，经格栅过滤后进入黑膜沼气池厌氧消化产沼气、沼液、沼渣；沼气经气水分离、干法脱硫后送沼气柜储存，再经管道送有机肥加工车间烘干工序和管理区食堂作为燃料利用，多余沼气火炬排空；沼液进入大容量暂存池，施肥季通过自建管道送附近的协议果园作为液体肥料利用；沼渣与固体粪污、格栅渣、饲料残渣等一并送有机肥加工车间，掺入在该车间粉碎后的秸秆等辅料并引入菌种混合后，在堆肥区采用条垛堆积、定期机械翻动方式完成一次好氧堆肥，再经过静态陈化完成二次堆肥，两次堆肥后已完全腐熟的产物先圆筒造粒再通入沼气燃烧热风烘干，产出合格的固体有机肥外售。

繁育场有机肥加工车间堆肥区封闭并负压抽风，臭气通过生物滤池净化后排放。环评文件编制单位在分区防渗的基础上，按《地下水环境监测技术规范》（HJ 164—2020）要求制定了场区地下水跟踪监测方案。

注：猪当量为用于衡量畜禽氮磷排泄量的度量单位，1 头生猪为 1 个猪当量。按体重折算，5 头保育仔猪等于 1 头生猪。

【问题】

1. 计算存栏保育仔猪的猪当量。（3 分）

【参考答案】

答案一：

（1）母猪一年生育仔猪量：（1 分）

3 000×2.2×10.5×92%×95%=60 568.2

（2）仔猪的保育周期为 6 周，一年按 52 周计算的仔猪存栏量：（1 分）

60 586.2×6/52=6 990.7

（3）按 5 头保育仔猪等于 1 头生猪，则存栏保育仔猪的猪当量：（1 分）

6 990.7 ÷ 5=1 398.14

即存栏保育仔猪的猪当量为：1 398。

答案二：

3 000×2.2×10.5×92%×95%×（6/52）÷5=1 397.73≈1 397（或 1 398）个。（3 分）

考点分析与答题技巧：根据《中国养猪大成》：“保育仔猪数=总母猪数×年产胎次×每胎产仔数×哺乳成活率×断奶成活率×仔猪保育时间（仔猪饲养日数）÷365”，题干信息中仔猪保育时间为 6 周，每年按 52 周计。

本小题问的是存栏仔猪的猪当量，如果计算成实际出栏仔猪的猪当量（60 632/5=12 126.4），则是原则性错误，是不得分的。本小题结果取 1 397 或 1 398 均可得分。

2. 为核算沼液利用的土地承载力，需收集果园的哪些信息？（4 分）

【参考答案】

（1）果树：品种、果园面积（1 分）、种植密度、果品产能、单位面积或单位产能养分需求量（1 分）。

（2）土壤：类型、不同类型面积、土体构型、肥力或质地（1 分）、单位面积养分供给量（肥力）（1 分）。

考点分析与答题技巧：根据《农业部办公厅关于印发〈畜禽粪污土地承载力测算技术指南〉的通知》（农办牧〔2018〕1 号），“区域畜禽粪污土地承载力等于区域植物粪肥养分需求量除以单位猪当量粪肥养分供给量（以猪当量计）”，其中区域植物粪肥养分需求量等于植物需求养分总量减去原土壤提供的养分量，因此，除了调查植物相关内容外，还需调查土壤，一般均能通过测土配方来测算。

3. 指出校核沼液暂存池有效容积应考虑的因素。（4 分）

【参考答案】

年存栏猪当量（1 分）、粪污产生量、固液分离效率、液体粪污与冲洗废水产生量（1 分）、厌氧消化反应效率、沼液产生量（1 分）、沼液贮存时间（1 分）。

考点分析与答题技巧：根据《农业部办公厅关于印发〈畜禽规模养殖场粪污资源化利用设施建设规范（试行）〉的通知》，沼液贮存池容积不小于单位畜禽日粪污产生量（m^3）×贮存周期（d）×设计存栏量（头）。考试时宜结合题干信息答题。实际上考虑的因素很多，但各因素之间关系密切，在计算时互有关系，如粪污产生量与存栏猪当量关系互为核算关系，固液分离效率与液体粪污产生量关系密切、厌氧消化反应效率与沼液产生量有关。所以，解答此类问题，答上主要的几项即可（因为考试时间及赋分是有限的）。

4. 针对有机肥加工车间其他废气污染源，推荐可行的治理措施。（5 分）

【参考答案】

答案一：

（1）其他废气污染源主要有：秸秆粉碎（0.5 分）、掺混（0.5 分）、造粒（0.5 分）、烘干（0.5 分）；

（2）可行的环保措施可采取负压抽风（1 分）、袋式除尘过滤（1 分）、生物滤池（1 分）。

答案二：

其他废气污染源	主要污染物	可行的治理措施
秸秆等辅料粉碎	颗粒物	封闭并负压抽风+袋式除尘器
掺入、混合	颗粒物、氨、硫化氢、臭气浓度	封闭并负压抽风+袋式除尘器+生物滤池
造粒尾气排气筒	颗粒物、氨、硫化氢、臭气浓度	袋式除尘器+生物滤池
烘干尾气排气筒	颗粒物、氮氧化物、氨、硫化氢、臭气浓度	降温+袋式除尘器+生物滤池

考点分析与答题技巧：有机肥加工车间特征污染物为臭气，但题干已明确“繁育场有机肥加工车间堆肥区封闭并负压抽风，臭气通过生物滤池净化后排放”。所以主要污染源及主要污染物臭气已明确并采取了环保措施。本小题要求解答其他废气污染源，需要注意的是污染源是指排放污染物的设施（装置）或工艺环节，根据有机肥加工车间生产过程便可识别除臭气以外的其他废气污染源主要是秸秆

粉碎、掺混、造粒、烘干，这些环节的主要污染物虽然为颗粒物，但同时也伴生恶臭气体。答案一简单，直接针对污染源而未答污染物；答案二详细、具体，但复杂(此前曾经有案例考题虽然要求指出污染源，但评分答案却给出的是污染物)，但两个答案并无原则性错误和差别，均可。另外，生态环境部发布了《排污许可证申请与核发技术规范　磷肥、钾肥、复混钾肥、有机肥料及微生物肥料工业》（HJ 864.2—2018），考生可参照学习。

5. 简述项目选址环境合理性论证的主要内容。（4 分）

【参考答案】

（1）与土地利用、畜牧业发展等相关规划的相符性。

（2）与禁养区、限养区划定的管理要求的相符性。

（3）与生态保护红线管控要求的相符性。

（4）与饮用水水源保护区等环境保护目标的方位和距离防控要求的相符性。

考点分析与答题技巧：对于新建项目，其选址的环境合理性分析论证是环境影响评价的重要内容。一般主要判断其是否有重大制约，从相关法律法规及法定规划的符合性、是否符合“三线一单”空间管控要求（如是否占用或影响生态保护红线或饮用水水源保护区等环境敏感区）等。对于养殖项目，由于当地划定了禁养区或限养区，这是选址时必须考虑的。根据《畜禽养殖业污染防治技术政策》（环发〔2010〕151 号），贯彻执行当地人民政府颁布的畜禽养殖区划，严格遵守“禁养区”和“限养区”的规定，已有的畜禽养殖场（小区）应限期搬迁；结合当地城乡总体规划、环境保护规划和畜牧业发展规划，做好畜禽养殖污染防治规划，优化规模化畜禽养殖场（小区）及其污染防治设施的布局，避开饮用水水源地等环境敏感区域。《畜禽养殖业污染防治技术规范》（HJ/T 81—2001）规定了禁养区及其与环境保护目标位置距离控制要求。

此外，更为重要的是，考生需要认真学习《畜禽规模养殖污染防治条例》（2013 年国务院令第 643 号），条例中明确规定了禁止规模化养殖的区域。同时，《关于做好畜禽规模化养殖项目环境影响评价管理工作的通知》（环办环评〔2018〕31 号）规定了“优化项目选址，合理布置养殖场区”，这些均是选址时应该考虑的。

2014 年之前考题（农业开发案例）

七、房地产开发案例

2014年之前考题（房地产开发案例）

八、废物处理处置案例

试题一（2024 年考题）

2024 年第 5 题视频讲解

钯催化剂广泛应用于石油化工、医药化工等行业，有效期一般为 3～6 年。废钯催化剂属 HW50 类危险废物，危险特性为毒性。拟建废钯催化剂综合利用项目位于某市经开区化工及有色金属制造片区，建设规模为年处理失活的以活性炭作载体的钯催化剂 200 t，建设内容主要有废钯催化剂贮存库、干馏焚烧车间、湿法车间及其附属的储罐区、药剂间等主体工程，供配电、给排水、化验、办公等公辅设施，以及烟（废）气处理、废水处理、固（危）废暂存、事故应急池等环保设施，配置的设备主要有干馏焚烧炉、各类反应釜（槽）、真空泵、过滤机、热风炉等。

本项目处理的废钯催化剂主要成分为：碳（92%）和钯（5%～6%），含有少量铝、锌、铁、铂、钙、油污和有机氯化物等杂质。采用的处理工艺为“干馏焚烧→王水溶解→氯化铵沉钯→氨络合→盐酸沉钯→水合肼还原”。下图中废钯催化剂首先在干馏焚烧炉的干馏段在缺氧和不高于 550℃的条件下经脱水、分解、热解得到粗钯渣（去湿法车间）和热解气，热解气紧接着在干馏焚烧炉的焚烧段充分燃烧（温度 1 100℃以上，停留时间 2 s），产生的烟气再经工艺为“换热+急冷+向烟道内喷射活性炭粉+布袋收尘+碱液洗涤”的焚烧烟气处理系统处理后，通过高 35 m 的烟囱排放。在湿法车间，首先采用王水（37%盐酸+68%浓硝酸，体积比 3∶1）将粗钯渣中的钯溶解为氯钯酸，并过滤分离出残渣等不溶性杂质，王水溶解过程产生一氧化氮气体；然后利用氯化铵溶液（浓度 120～150 g/L）与氯钯酸反应得到氯钯酸铵沉淀，其他金属杂质则留在液相被初步分离，反应过程产生氯化氢气体；第三步是采用 30%氨水将氯钯酸铵络合溶解为二氯四氨络亚钯，其他金属杂质则以碱渣的形式被进一步分离；第四步是盐酸沉钯，即利用 30%盐酸与二氯四氨络亚钯反应得到二氯二氨络亚钯沉淀，其他金属杂质则留在液相被完全分离；最后一道工序是水合肼还原，即采用 80%水合肼和 30%氨水将二氯二氨络亚钯中的钯离子还原为海绵钯，并经离心过滤、去离子水洗涤、热风干燥（电加热）得到最终的钯粉产品。王水溶解、氨络合、盐酸沉钯和水合肼还原工序，均有挥发性废气污染物排放。

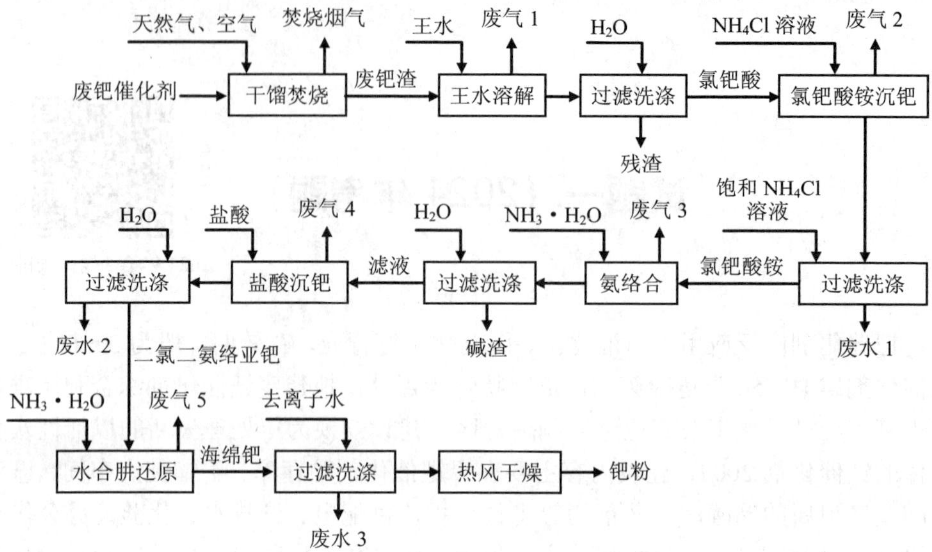

图 1　废钯催化剂处理工艺流程图

图 1 中废气 1、废气 2 和废气 4 合并处理（称为 1 号废气净化系统），处理方案为“空气氧化塔+三级水吸收塔+臭氧氧化塔+尿素碱液吸收塔+25 m 高排气筒”；废气 3、废气 5 合并处理（称为 2 号废气净化系统），处理方案为“水吸收塔+硫酸吸收塔（带高效除雾器）+25 m 高排气筒”；根据项目技术文件，1 号废气净化系统的总风量为 3 000 Nm^3/h，在三级水吸收塔出口处的 NO 浓度为 400 mg/m^3，NO_2 浓度为 50 mg/m^3；臭氧氧化塔将 NO 氧化为 NO_2 的转化效率为 85%；尿素碱液吸收塔对 NO_2 的去除效率为 80%，由于 NO 难溶于水，难以与尿素碱液发生反应，可不考虑尿素碱液对 NO 的去除效果。本项目工艺废水及废气净化系统产生的废水，均按废酸或废碱类危险废物管理，收集后委外处置。

该经开区规划用地均已调整为工业用地。本项目厂区占地面积 1.5 hm^2，厂址周围 1 000 m 范围内无环境敏感目标。环评文件编制单位采用估算模型计算，得到各大气污染源主要污染物最大地面空气质量浓度占标率最大值为 2.01%，最大浓度出现距离为 193 m，据此判定本项目大气评价工作等级为二级，拟开展环境空气补充监测，监测方案为：在厂址和厂址主导风向下风向 2 km 处各设 1 个环境空气现状补充监测点，监测项目为 PM_{10}、NO_2、HCl、NH_3。环评文件编制单位判定该项目土壤环境影响评价项目类别为 I 类，拟定土壤环境现状监测布点方案为在占地范围内设 2 个柱状样点和 1 个表层样点，在占地范围外主导风向下风向 50 m 和最大落地浓度点处各设置 1 个表层样点。

注：N、O 的原子量分别为 14、16。

【问题】

1. 给出焚烧烟气处理系统中急冷装置进出口烟气温度的控制要求，并说明理由。（4 分）

【参考答案】

（1）进口＞500℃（1 分），出口＜200℃（1 分）。

（2）理由：

①避免二噁英类炉外低温区再生成。（1 分）

②为"喷射活性炭粉+布袋收尘"创造条件。（1 分）

考点分析与答题技巧：控制二噁英类污染物一直是有机物焚烧处理的重要环保措施，包括生活垃圾焚烧及发电、危险废物焚烧等均将二噁英类的控制作为主要指标。在《危险废物集中焚烧处置工程建设技术规范》（HJ/T 176—2005）明确"危险废物焚烧的热能利用应避开 200～500℃温度区间"。

（1）题干信息中的"油污和有机氯化物等杂质"，表明满足"氯+苯环+燃烧"识别二噁英类条件。注意，燃烧产生二噁英类同时产生氯化氢。

（2）根据有关资料，"袋式除尘器的最大优点是除尘效率高、运行稳定可靠，其主要不足是工作温度一般不能超过 260℃，不适宜含油、含水和高湿度含尘气体的净化处理"，表明急冷除了具有避免二噁英类炉外低温区再生成作用外，还兼有保护后续"活性炭粉末喷射+布袋除尘"系统、防止活性炭高温燃烧、布袋"烧袋"的作用，因属于次要作用可不答。

2. 计算 1 号废气净化系统排气筒氮氧化物排放浓度。（4 分）

【参考答案】

答案一：

（1）NO 氧化为 NO_2 浓度：400×85%×（46/30）= 521.33 mg/m^3。

（2）碱液吸收后 NO_2 浓度：（521.33+50）×（1－80%）= 114.27 mg/m^3。

（3）氧化后 NO 浓度：400×（1－85%）= 60 mg/m^3。

（4）NO_x 排放浓度：114.27+60 = 174.27 mg/m^3。

（以上每一步计算为 1 分）

答案二：

[400×85%×（46/30）+50]×（1－80%）+400×（1－85%）=174.27（mg/m^3）

考点分析与答题技巧：本小题仅要求计算一个排气筒的排放浓度，系考察处理后的废气是否达标排放的重要指标之一，是历年环评考试常见的考点。以下内容有助于理解本小题的解答：

（1）根据《固定污染源排气中氮氧化物的测定 盐酸萘乙二胺分光光度法》（HJ/T 43—1999）等氮氧化物环境监测方法标准，“氮氧化物（NO_x）包括一氧化氮（NO）及二氧化氮（NO_2）等。在采样时，气体中的一氧化氮等低价氧化物首先被三氧化铬氧化成二氧化氮，二氧化氮被吸收液吸收后”再测定 NO_x，故大气污染物排放标准、环境监测方法标准中氮氧化物浓度均表述为“NO_x（以 NO_2 计）”。从环境监测角度严格来说，“氧化后 NO 浓度”应折算为 NO_2 浓度，再与“碱液吸收后 NO_2 浓度”相加得到“NO_x 排放浓度（以 NO_2 计）”，但因题干信息未明确计算结果“以 NO_2 计”、未明确环境监测过程折算系数，且该知识点已超越环境影响评价工作应承载的范畴，故参考答案给出的计算结果为氮氧化物实际排放浓度未考虑环境监测过程折算。

（2）经废气净化系统处理后排放的 NO_x 包括 NO、NO_2 两种成分，“1 号废气净化系统的总风量为 3 000 Nm^3/h”指废气 1、废气 2 和废气 4 合并后的废气量，故分别计算 NO、NO_2 各自排放浓度并求和，注意如分别给出废气 1、废气 2 和废气 4 废气量，则应分别计算 NO、NO_2 各自排放量并求和再计算合并排放浓度。

（3）“臭氧氧化塔将 NO 氧化为 NO_2 的转化效率为 85%”，表明 85%的 NO 转化为 NO_2，其余 15%的 NO 与 NO_2 一并排放。

（4）NO_2 来源途径包括初始“NO_2 浓度为 50 mg/m^3”、去除的 85%的 NO 转化为 NO_2。“尿素碱液吸收塔对 NO_2 的去除效率为 80%”，表明 20%的 NO_2 与 NO 一并排放。

3. 给出本项目确定事故应急池容积应考虑的因素。（4 分）

【参考答案】

事故状态下收集的泄漏物料量（1 分），污染消防水量（1 分），污染雨水量（1 分），进入事故应急池的废水量（1 分）。

考点分析与答题技巧：根据《建设项目环境风险评价技术导则》（HJ 169—2018），“事故废水环境风险防范应明确‘单元—厂区—园区/区域’的环境风险防控体系要求，设置事故废水收集（尽可能以非动力自流方式）和应急储存设施，以满足事故状态下收集泄漏物料、污染消防水和污染雨水的需要”。根据《事故状态下水体污染的预防和控制规范》（Q/SY 08190—2019），事故缓冲设施总有效容积计算应考虑“收集系统范围内发生事故的物料量”“发生事故的储罐、装置或铁路、汽车装卸区的消防水量”“发生事故时可能进入该收集系统的降雨量”“发生事故时仍必须进入该收集系统的生产废水量”之和，并扣除“发生事故时可以转输到其他储存或处理设施的物料量”。其中“收集系统范围内发生事故的物料量”确定方法为：“装置区单套装置物料量按存留最大物料”“罐区按一个最大储罐计”“铁路装卸区按系统范围一个最大槽车计”“汽车装卸区按系统范围一个最大罐车计”，因通常将罐区泄漏、火灾爆炸作为最大可信事故，故事故状态下收集的泄漏物料量也可答罐区最大储罐泄漏物料量。

题干第一段提到了事故应急池，但再无其他相关信息。也未明确“发生事故时可以转输到其他储存或处理设施的物料量”，故不答。与污染消防水量相关的消防设施给水量、消防历时，与污染雨水量相关的降雨强度、汇水面积等间接因素可不答。

4. 环境空气补充监测方案的监测项目是否合理？说明理由。（4分）

【参考答案】

（1）不合理。（0.5分）

（2）理由：

①不应监测 PM_{10}（0.5分）、NO_2（0.5分）。

②还应监测二噁英类（0.5分）、TVOC/NMHC（0.5分）、TSP（0.5分）、NO_x（0.5分）、臭气浓度（0.5分）。

考点分析与答题技巧： 环境质量现状补充监测是环评实际工作中常见的、基本的工作。关于本小题，题干的信息为“环评文件编制单位采用估算模型计算，得到各大气污染源主要污染物最大地面空气质量浓度占标率最大值为2.01%，最大浓度出现距离为193 m，据此判定本项目大气评价工作等级为二级，拟开展环境空气补充监测，监测方案为：在厂址和厂址主导风向下风向2 km处各设1个环境空气现状补充监测点，监测项目为 PM_{10}、NO_2、HCl、NH_3”，解答本小题应抓住这些信息。以下有关HJ 2.2—2018关于环境质量现状监测的规定，对理解和解答本小题是有指导意义的：

（1）根据《环境影响评价技术导则 大气环境》（HJ 2.2—2018），基本污染物环境质量现状数据“采用评价范围内国家或地方环境空气质量监测网中评价基准年连续1年的监测数据”“补充监测原则上应取得7 d有效数据”，表明基本污染物补充监测7 d不满足年平均质量浓度、相应百分位数平均质量浓度等年指标评价要求，故补充监测针对其他污染物，不针对基本污染物。

（2）根据《环境影响评价技术导则 大气环境》（HJ 2.2—2018），“大气环境影响评价因子主要为项目排放的基本污染物及其他污染物”，注意关键词“排放”。经废气净化系统处理后排放的 NO_x 包括NO、NO_2 两种成分，故不能完全以基本污染物 NO_2 作为评价因子。大气污染物排放标准、环境监测方法标准中的“NO_x（以 NO_2 计）”指NO等所有形态 NO_x 转化为 NO_2 后进行检测分析，不能作为无须补充监测 NO_x 的充分理由，且《环境空气质量标准》（GB 3095—2012）同时规定了 NO_2、NO_x 浓度限值。但因 NO_x 不稳定，排放进入环境空气后最终转

化为 NO_2，故实践中确有以此为由未补充监测 NO_x，但仍有评价技术单位因未补充监测 NO_x 而被技术复核通报批评扣分，保险起见答 NO_x。

（3）根据《环境影响评价技术导则　大气环境》（HJ 2.2—2018），“对上述标准中都未包含的污染物，可参照选用其他国家、国际组织发布的环境质量浓度限值或基准值”，臭气浓度无国家、地方环境空气质量标准，但有参照标准［实践中臭气浓度环境空气质量标准参照执行《恶臭污染物排放标准》（GB 14554—93）厂界标准值］，保险起见答臭气浓度。钯、铝、锌、铁、铂、钙及其化合物无大气污染物排放控制要求可不答。

5. 本项目土壤现状监测布点方案是否合理？说明理由。（4 分）

【参考答案】

答案一：

（1）不合理。（1 分）

（2）理由：

项目类型为Ⅰ类、占地面积为 1.5 hm^2（小型）、周边 1 000 m 无环境敏感目标，确定土壤影响评价等级为二级（1 分），则占地范围内应增加 1 个柱状样（1 分），本项目为大气沉降影响型项目，占地范围外上风向还应设一个表层样（1 分）。

答案二：

（1）不合理。

（2）理由：

①评价等级二级。

②占地范围内应设 3 个柱状样点。

③占地范围外上风向还应设 1 个表层样点。

考点分析与答题技巧：本小题主要考察对《环境影响评价技术导则 土壤环境（试行）》（HJ 964—2018）中关于土壤环境质量现状监测布点要求的掌握情况。自从该导则发布后已经多次考过，考生应认真学习该导则。解答本小题，根据题干提供的信息“环评文件编制单位判定该项目土壤环境影响评价项目类别为Ⅰ类，拟定土壤环境现状监测布点方案为在占地范围内设 2 个柱状样点和 1 个表层样点，在占地范围外主导风向下风向 50 m 和最大落地浓度点处各设置 1 个表层样点。”结合 HJ 964—2018 的规定，即可判定是否合理。以下是 HJ 964—2018 的有关规定。

（1）根据《环境影响评价技术导则　土壤环境（试行）》（HJ 964—2018），污染影响型土壤环境影响评价工作等级划分如下：

敏感程度	占地规模								
	Ⅰ类			Ⅱ类			Ⅲ类		
	大	中	小	大	中	小	大	中	小
敏感	一级	一级	一级	二级	二级	二级	三级	三级	三级
较敏感	一级	一级	二级	二级	二级	三级	三级	三级	—
不敏感	一级	二级	二级	二级	三级	三级	三级	—	—

注：“—”表示可不开展土壤环境影响评价工作。

其中占地规模分为大型（≥50 hm^2）、中型（5～50 hm^2）、小型（≤5 hm^2）。污染影响型敏感程度分级如下：

敏感程度	判别依据
敏感	建设项目周边存在耕地、园地、牧草地、饮用水水源地或居民区、学校、医院、疗养院、养老院等土壤环境敏感目标的
较敏感	建设项目周边存在其他土壤环境敏感目标的
不敏感	其他情况

其中“较敏感”指重要文物保护单位、重要湿地等“敏感”以外的其他土壤环境敏感目标。

（2）根据《环境影响评价技术导则　土壤环境（试行）》（HJ 964—2018），现状监测布点类型与数量如下：

评价工作等级		占地范围内	占地范围外
一级	生态影响型	5 个表层样点	6 个表层样点
	污染影响型	5 个柱状样点，2 个表层样点	4 个表层样点
二级	生态影响型	3 个表层样点	4 个表层样点
	污染影响型	3 个柱状样点，1 个表层样点	2 个表层样点
三级	生态影响型	1 个表层样点	2 个表层样点
	污染影响型	3 个表层样点	—

（3）根据《环境影响评价技术导则 土壤环境（试行）》（HJ 964—2018），现状监测布点位置如下：

①“调查评价范围内的每种土壤类型应至少设置 1 个表层样监测点，应尽量设置在未受人为污染或相对未受污染的区域”。

②“涉及入渗途径影响的，主要产污装置区应设置柱状样监测点，采样深度需至装置底部与土壤接触面以下，根据可能影响的深度适当调整”。

③“涉及大气沉降影响的，应在占地范围外主导风向的上、下风向各设置 1 个表层样监测点，可在最大落地浓度点增设表层样监测点”。

④“涉及地面漫流途径影响的，应结合地形地貌，在占地范围外的上、下游各设置 1 个表层样监测点”。

⑤“线性工程应重点在站场位置（如输油站、泵站、阀室、加油站及维修场所等）设置监测点”。

⑥“评价工作等级为一级、二级的改、扩建项目，应在现有工程厂界外可能产生影响的土壤环境敏感目标处设置监测点”。

⑦“涉及大气沉降影响的改、扩建项目，可在主导风向下风向适当增加监测点位”。

⑧“占地范围及其可能影响区域的土壤环境已存在污染风险的，应结合用地历史资料和现状调查情况，在可能受影响最重的区域布设监测点”。

⑨“改、扩建的污染影响型建设项目，其评价工作等级为一级、二级的，应对现有工程的土壤环境保护措施情况进行调查，并重点调查主要装置或设施附近的土壤污染现状”。

其中，“应”代表必须、强制，“可”代表推荐、不强制，故“占地范围外上风向还应设 1 个表层样点”必答，其余“应”“可”监测布点位置题干信息未明确可不答。

题干信息未明确涉及地面漫流影响途径，也未明确上、下游流向，故不考虑地面漫流影响，可不答“占地范围外的上、下游各设置 1 个表层样监测点”。

试题二（2023 年考题）

2023 年第 6 题视频讲解

某新建的年处理 1×10^4 t 含锌炉渣综合利用项目位于有色金属产业园区，建设内容主要包括原料贮存及预处理车间、浸出车间、净化车间、电积车间、废水处理站、固体废物暂存库、锅炉房和供配电、给排水等设施，配备的设备主要有球磨机、反应槽、电解槽、整流器、空气冷却塔、中频电炉、铸锭机和燃气锅炉等。项目以铜加工企业黄铜（铜锌合金）熔铸工序产生的含锌炉渣（成分见下表）为原料，采用“硫酸浸出→电解沉积”的主工艺路线回收其中的锌金属，工艺流程见下图。

含锌炉渣中主要元素质量百分比分析结果　　单位：%

元素	Zn	Cu	Fe	Pb	Cd	As	Ni	Cr
含量	32.80	15.30	2.00	0.032	0.003 6	0.002 4	0.006	0.002 4

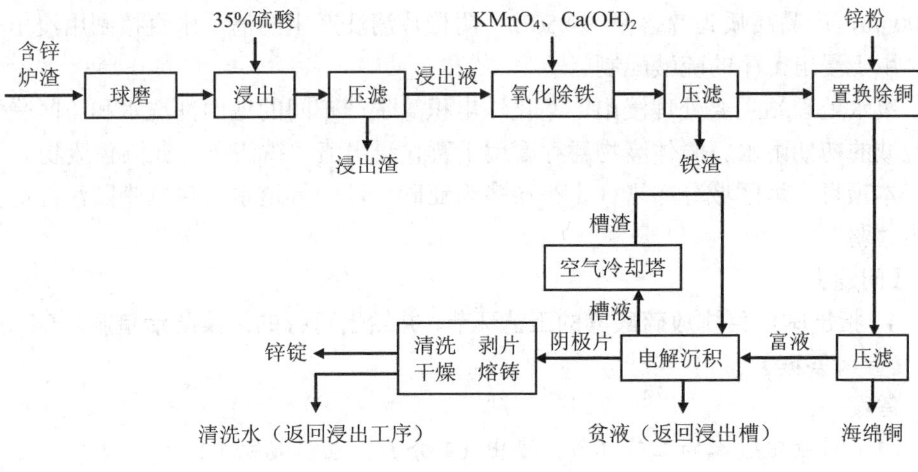

含锌炉渣处理工艺流程图

图中，首先在原料贮存及预处理车间采用球磨机将含锌炉渣细磨至合格粒度，然后在浸出车间的敞口式浸出反应槽中，采用浓硫酸配制的 35%硫酸将炉渣中的锌以硫酸盐的形式浸出，并经压滤得到浸出液和浸出渣。为保证炉渣中的锌被充分浸出，浸出反应槽配有蒸汽盘管加热和搅拌装置，反应温度维持在不低于 80℃，并保持硫酸相对过量，控制 pH 在 1～2。浸出车间压滤分离出的浸出渣的产生量为 8 580 t/a，含水率为 28%。

净化车间包括氧化除铁和置换除铜两道工序，目的是去除浸出液中被过量硫酸浸出的铁和铜。氧化除铁工序首先采用高锰酸钾将浸出液中的二价铁氧化为三价铁，然后通过消石灰沉淀、压滤，将铁以铁渣的形式去除；置换除铜工序采用锌粉将浸出液中的铜离子置换为单质铜，并经压滤，将铜以海绵铜的形式去除。净化车间获得的合格硫酸锌溶液（中性，Zn^{2+}浓度 170 mg/L，简称富液）送电积车间电解槽。置换除铜工序锌粉（含锌 98.00%）消耗量为 100 t/a，副产品海绵铜的产量为 150 t/a，含水率为 28%，铜品位为 70%（按干基计）。

在电积车间，重复使用的阳极板和阴极板按顺序排列在电解槽中，在直流电的作用下开始电解沉积作业，硫酸锌溶液中的 Zn^{2+}在阴极获得电子并以金属锌的形式沉积在阴极板上，经一个电解周期（48 h）的沉积形成阴极片，然后再经清洁水清洗、剥片、干燥、熔化和铸锭等作业得到最终的锌锭产品。经电解沉积作业后的硫酸锌溶液（Zn^{2+}浓度 50 mg/L、H_2SO_4 浓度 120 mg/L，简称贫液）返回浸出车间浸出槽循环使用。在电解沉积过程中，电解槽中的硫酸锌溶液会因为电流的作用而导致液温升高，为维持 35～40℃的液温，需将一定量的槽液持续抽出并经空气冷却塔与空气直接换热降温后返回电解槽。电积车间的锌锭产量为 3 000 t/a，产品品质为锌含量 99.50%。阴极片清洗产生的清洗水直接回用浸出车间，用于浸出工序的硫酸配制。

废水处理站主要处理浸出、净化、电积等生产车间的地面冲洗水和厂区受污染区域的初期雨水。固体废物暂存库用于暂存浸出渣、铁渣等工业固体废物。

本项目厂址区域分布岩（土）层多为亚砂土，中等透水，包气带防污性能分级为“弱”。

【问题】

1. 指出本项目排放硫酸雾的工艺环节，并给出可行的污染防治措施。（4 分）

【参考答案】

答案一：

（1）排放硫酸雾的工艺环节：浸出（1 分）、电解沉积（1 分）。

（2）污染防治措施：

① 浸出车间、电积车间日常密闭作业并保持负压状态（0.5 分）。

② 敞口式浸出槽、电解沉积槽改为密闭设计（0.5 分），无法密闭时上方设集气罩（0.5 分）。

③ 废气收集后采用“网格凝聚法+碱液喷淋吸收法”（0.5 分）处理后达标排放。

答案二：

（1）硫酸配置、浸出、浸出后压滤、氧化除铁、电解沉积、空气冷却塔。

（2）防治措施：

①浸出车间、电积车间日常密闭并保持负压。

②敞口式浸出反应槽改为密闭。

③废气收集后采用碱液喷淋吸收法处理，达标后排放。

④空气冷却塔直接换热降温改为间接换热降温，槽液闭路循环。

考点分析与答题技巧：根据题干信息很容易判定出浸出和电解沉积环节会有硫酸雾产生。题干称浸出车间反应槽为敞开式，故污染防治应该采取“密闭”措施，包括车间密闭与负压、浸出槽、电解沉积槽的密闭等，对挥发收集的硫酸雾可以采用凝聚（如冷凝，从题干信息来看，反应温度较高）、碱吸、活性炭吸附等措施。有称“35%硫酸配置环节”也是硫酸雾产生的环节，也是可以认可的；有称“采用喷淋塔碱洗”工艺去除硫酸雾，也是可行的。以下内容有助于理解和解答本小题：

（1）题干“采用浓硫酸配制的35%硫酸将炉渣中的锌以硫酸盐的形式浸出”，注意关键词“浓硫酸”“35%硫酸”，表明硫酸配置、浸出工序应识别硫酸雾。

（2）题干“为保证炉渣中的锌被充分浸出，浸出反应槽配有蒸汽盘管加热和搅拌装置，反应温度维持在不低于80℃，并保持硫酸相对过量，控制pH在1～2之间”，注意关键词“硫酸相对过量”，表明浸出液中硫酸发烟起雾条件未消除，浸出工序后下一道工序仍需识别硫酸雾，直到硫酸发烟起雾条件消除为止，故浸出后压滤、氧化除铁工序应识别硫酸雾。

（3）题干“氧化除铁工序首先采用高锰酸钾将浸出液中的二价铁氧化为三价铁，然后通过消石灰沉淀、压滤，将铁以铁渣的形式去除”，表明氧化除铁工序完成后“硫酸相对过量”被“消石灰沉淀”消除，浸出液中硫酸雾发烟起雾条件被消除，故氧化除铁后压滤、置换除铜工序不识别硫酸雾。

（4）题干“经电解沉积作业后的硫酸锌溶液（Zn^{2+}浓度 50 mg/L、H_2SO_4浓度 120 mg/L，简称贫液）返回浸出车间浸出槽循环使用”，注意关键词“H_2SO_4浓度 120 mg/L”，表明电解沉积工序应识别硫酸雾。

（5）题干“需将一定量的槽液持续抽出并经空气冷却塔与空气直接换热降温后返回电解槽”，注意关键词“直接换热”，表明换热后空气携带硫酸雾，空气冷却塔应识别硫酸雾。

（6）为充分体现“污染防治”，提出的措施可从源头预防、过程控制、末端治理三方考虑。

答案一给出了硫酸雾产生的主要环节和可行的污染防治措施，考场解答时花费时间较少；答案二更为详细，但考场答题花费时间相对较多。考试时有时要求答上主要的即可，并不要求很全面地解答。

【补充知识】

硫酸雾等酸雾治理方法有抑制法和净化法两种。净化法中有吸收法、吸附法、丝网过滤法、除雾法。

（1）吸收法：通过排气罩捕集的含酸雾废气进入吸收设备，用流体吸收液吸收净化酸雾的方法。常用的化学吸收法有碱液吸收、氧化吸收和还原吸收三种。碱液吸收采用的吸收剂有 NaOH、$CaCO_3$ 等吸收剂。氧化吸收主要是在碱液中加入适量氧化剂，如 $KMnO_4$ 或臭氧，以提高净化效率。还原吸收是用还原剂如 Na_2S、NaOH 等与酸雾反应：常用的吸收设备有喷淋塔、填料塔和筛板塔等。

（2）吸附法：使通过排气罩捕集的含酸雾废气进入吸附设备，用吸附剂吸附净化酸雾的方法。吸附剂吸附酸雾分为物理吸附和化学吸附两种。吸附剂主要为活性炭或其他一些对介质有较强吸附能力的物质。

（3）丝网过滤法：使含酸雾废气通过用细丝编织成的过滤网除去酸雾的方法。丝网材质有金属丝、玻璃丝和塑料丝等。过滤法的除雾机理是：不同粒径的酸雾滴悬浮在气流中，由于互相碰撞而凝聚成较大的颗粒，在经过丝网、板网或纤维层时，通道弯曲狭窄，在惯性效应和钩住效应（咬合效应）作用下，附着在丝网、板网或纤维上。不断附着的结果使细小的酸液滴增大并降落下来，最后流入集液箱回用。酸雾过滤器的滤层主要包括板网、丝网和纤维三种型式。板网除雾器的滤层通常由聚氯乙烯材料制作，交错叠置于设备内。丝网除雾器中的丝网一般由聚乙烯或耐腐蚀不锈钢材料制作而成。纤维除雾器的纤维材料则以聚丙烯和玻璃纤维居多。

（4）静电除雾法：通过电除雾器除去酸雾的方法。与静电除尘相仿，通过静电控制装置和直流高压发生装置，将交流电变成直流电送至除雾装置中，在电晕线和酸雾捕集极板之间形成强大的电场，使空气分子被电离，瞬间产生大量的电子和正、负离子，这些电子和离子在电场力的作用下作定向运动，构成了捕集酸雾的媒介。同时使酸雾微粒荷电，这些荷电的酸雾粒子在电场力的作用下，作定向运动，抵达到捕集酸雾的阳极板上之后荷电粒子在极板上释放电子，使酸雾被集聚，在重力作用下流到除酸雾器的储酸槽中，这样就达到了净化酸雾的目的。

2. 指出进入废水处理站废水的主要污染因子，给出适用的处理工艺和回用途径。（6分）

【参考答案】

（1）污染因子：pH、SS、总锌、总铜、总铁、总铅、总镉、总砷、总镍、总铬、总锰、硫酸盐。（总分3分。少答1项扣0.5分）

（2）处理工艺：中和+化学沉淀法+膜分离法。（1分。或答中和+物理沉淀+

化学沉淀）

（3）回用途径：根据处理后的水质情况回用于阴极片清洗用水（0.5分）、浸出工序硫酸配制用水（0.5分）、锅炉房用水（0.5分）、地面冲洗用水（0.5分）等。

考点分析与答题技巧：本小题设问要求指出主要污染因子，根据题干信息不难给出这些污染因子。化学沉淀法是去除重金属的常用方法。

以下内容有助于理解和解答本小题：

（1）题干中表“含锌炉渣中主要元素质量百分比分析结果”，表明废水主要污染因子应识别总锌、铜、铅、镉、砷、镍、铬。“含锌炉渣处理工艺流程图”，表明废水主要污染因子还应识别总锰。

（2）所有行业、所有类型生产废水、生活污水均可识别 pH、COD、BOD_5、SS。针对以总氰化物、重金属、石油类等特征污染物为主要污染特征的生产废水识别主要水污染物时，可不识别 pH、COD、BOD、SS。氯化物、硫酸盐等无水污染物排放控制要求的可不答。所有水处理单元均自带进水 pH 调节功能，故可不答 pH 调节（包括酸碱中和、酸碱调节等。但答上 pH 不算错误）。

（3）题干信息已明确的用水环节包括阴极片清洗、硫酸配制、地面冲洗，其中阴极片清洗用水水质要求较高，硫酸配制、地面冲洗用水水质要求较低，根据中水回用“高质高用、低质低用”原则，故“化学沉淀法+膜分离法”处理后回用于阴极片清洗用水，化学沉淀法处理后回用于硫酸配制、地面冲洗用水。

（4）考虑到重金属对土壤、底泥沉积物的累积影响，含重金属废水不宜回用于绿化用水、河道生态补水。因题干信息未明确，故回用途径可不答锅炉补水、电解沉积槽液配置用水、电解沉积槽液补水。

3. 计算本项目锌总回收率和浸出渣的铜品位（按干基计）。（4分）

【参考答案】

答案一：

（1）锌投入量：$1\times10^4\times32.80\%+100\times98\% = 3\,378$ t/a。

（2）锌回收量：$3\,000\times99.50\% = 2\,985$ t/a。

（3）锌总回收率：$2\,985\div3\,378\times100\% = 88.4\%$。

（4）铜投入量：$1\times10^4\times15.30\% = 1\,530$ t/a。

（5）海绵铜含铜量：$150\times(1-28\%)\times70\% = 75.6$ t/a。

（6）浸出渣含铜量：$1\,530-75.6 = 1\,454.4$ t/a。

（7）浸出渣的铜品位：$1\,454.4\div[8\,580\times(1-28\%)] = 23.5\%$。

答案二：

锌回收率：$(3\,000\times99.50\%)\div(1\times10^4\times32.80\%+100\times98\%)=0.883\,7=88.4\%$。

（2分）

浸出渣的铜品位：｛（$1\times10^4\times15.30\%$）−[150×（1−28%）×70%]｝÷[8 580×（1−28%）]=0.235 4=23.5%。（2分）

考点分析与答题技巧：根据题干信息，锌投入项的信息有：本项目为“年处理 1×10^4 t 含锌炉渣综合利用项目”（表中给出含锌量为32.80%），“置换除铜工序锌粉（含锌98.00%）消耗量为100 t/a”这个锌粉是添加的，即人为投入的；锌回收项即产品项信息为“电积车间的锌锭产量为 3 000 t/a，产品品质为锌含量99.50%”。有了这些信息，锌回收率即可计算。关于浸出渣中铜的信息，题干有“年处理 1×10^4 t 含锌炉渣综合利用项目（表中给出含铜量为15.30%）”“浸出车间压滤分离出的浸出渣的产生量为 8 580 t/a，含水率为 28%”“副产品海绵铜的产量为150 t/a，含水率为28%，铜品位为70%（按干基计）”根据这些信息即可计算。

在解题思路上，有必要将“含锌炉渣处理工艺流程图”视为一个“暗箱模型”系统（体现物料平衡，“物质不灭定律”。这对解答环评案例考试十分有用），锌投入项为含锌炉渣、锌粉，锌产出项为锌锭、浸出渣，铜投入项为含锌炉渣，铜产出项为海绵铜、浸出渣，注意含锌炉渣、锌粉中的锌均为回收的对象，不能认为只回收含锌炉渣或锌粉中的锌。硫酸锌富液、贫液属于“暗箱模型”系统内部循环的量，既是投入项、又是产出项，根据物料平衡原理等式两边同时约去，故不参与计算。

虽然本小题很容易计算，几乎无难度，但使用题干中的相关数据较多，且在题干中较分散，需要耐心寻找，考验考生的耐心。答案一有步骤地解答，容易得分，但其中一步算错了，就会失分；答案二虽然简洁，但一不小心也会丢分。

4. 指出浸出渣的危险特性，并说明理由。（4分）

【参考答案】

（1）危险特性：腐蚀性、毒性。

（2）理由：

① 浸出渣为危险废物。

② 浸出渣含水率为28%，浸出液硫酸相对过量、pH在1～2。

③ 主要成分含锌铜铅镉砷铬等重金属。

考点分析与答题技巧：危险废物是环境管理的重点工作，也是多年来环评工程师考试出题的高频点。考生需要认真学习固体废物污染防治法以及《国家危险废物名录》等相关法律法规、规范性文件、危险废物处理处置的相关标准等。本小题根据题干提供的表格及本项目工艺过程，不难确定浸出渣为危险物，而其强酸性和重金属含量也决定其具有腐蚀性和金属毒性。以下内容对理解和解答本小

题是有指导意义的:

（1）根据《国家危险废物名录》（2021 年版已被 2025 年版替代），“具有下列情形之一的固体废物（包括液态废物），列入本名录：（一）具有毒性、腐蚀性、易燃性、反应性或者感染性一种或者几种危险特性的；（二）不排除具有危险特性，可能对生态环境或者人体健康造成有害影响，需要按照危险废物进行管理的”。

（2）根据《危险废物鉴别标准　反应性鉴别》（GB 5085.5—2007），反应性包括“具有爆炸性质”“与水或酸接触产生易燃气体或有毒气体”“废弃氧化剂或有机过氧化物”，不能狭隘认为只要和其他物质接触发生化学反应就具有反应性。

（3）根据《危险废物鉴别标准　腐蚀性鉴别》（GB 5085.1—2007），浸出液 pH≥12.5 或 pH≤2.0 时属于危险废物。

（4）题干“采用浓硫酸配制的 35%硫酸将炉渣中的锌以硫酸盐的形式浸出，并经压滤得到浸出液和浸出渣”，表明浸出渣含铜等重金属，具有毒性。

（5）题干“浸出反应槽配有蒸汽盘管加热和搅拌装置，反应温度维持在不低于 80℃，并保持硫酸相对过量，控制 pH 在 1 ~ 2”，表明浸出渣含相对过量硫酸，pH 为 1 ~ 2，具有腐蚀性。

5．给出净化车间地下水污染防渗技术要求，说明理由。（2分）

【参考答案】

（1）防渗技术要求：等效黏土防渗层 Mb≥6.0 m（0.5 分），$K \leqslant 1.0\times10^{-7}$ cm/s（0.5 分）。[或答：参照《危险废物填埋场污染控制标准》（GB 18598）执行，即赋 1 分]

（2）理由：包气带防污性能分级为“弱”（0.5 分）、污染物类型为锌铜铅镉砷铬等重金属（0.5 分）。（或直接答：防渗分区为重点防渗区，即赋 1 分）

考点分析与答题技巧：本小题实质上是考察对地下水污染防治措施。根据题干信息，净化车间涉及危险废物，且“本项目厂址区域分布岩（土）层多为亚砂土，中等透水，包气带防污性能分级为‘弱’”，为重点防渗区。根据《环境影响评价技术导则 地下水环境》（HJ 610—2016）的“表 7 地下水污染防渗分区参照表”即可答出本项目地下水防渗技术要求。

【扩展思考题】

1．给出危险废物暂存库的环境管理与防渗要求。

2．指出本项目需要采取防渗措施的工程单元。

3．说明浸出渣、铁渣的处理处置方式。

4．根据工程分析的需要，除题干信息外，还需调查工程方面的哪些关键信息。

试题三（2022 年考题）

根据环卫规划，为服务东部行政区，H 市拟在城市主导风向西南风的下风向、距主城 25 km 处新建一座生活垃圾焚烧发电厂。该厂设计日处理生活垃圾 2 400 t。采用 3×800 t/d 机械炉排焚烧炉和配套 2×40 MW 汽轮发电机组配置形式。工程内容包括新建生活垃圾焚烧、烟气净化、渗滤液处理、飞灰稳定化处理、炉渣综合利用等生产、环保设施，半地下柴油储罐、地面氨水储罐、循环冷却水系统等仓储公用设施以及生活、办公等设施。

生活垃圾由汽车运输进厂，经地磅称重后，在卸料大厅（地面标高+0.0）卸入垃圾池（池底标高−7.0 m）而后由吊车抓斗提升倒入料斗，经落料槽、给料器送入焚烧炉焚烧。设计入炉垃圾低位发热值为 7 573 kJ/kg，当入炉垃圾热值不足时，采用 0#轻柴油助燃。焚烧炉炉渣由排渣机送入贮渣池（池底标高−4.5 m），再输送至炉渣综合利用区处置。

每台焚烧炉配套单独烟气处理系统，烟气经过 SNCR（炉内喷入 25%氨水）、余热锅炉、半干法吸收（氢氧化钙浆液）、干法吸收（碳酸氢钠粉料）、吸附（活性炭细粉）、袋式除尘、换热和 SCR（25%氨水）处理达标后，由引风机引至车间外 80 m 高的 3 管集束式烟囱中的 1 管排放。

垃圾池产生的渗滤液自流进入渗滤液收集池（池底标高−12 m），经提升进入渗滤液处理系统，采用“预处理+厌氧+好氧+超滤”工艺处理，经处理达到《污水综合排放标准》（GB 8978—1996）三级标准后，再由市政管道进入 H 市第三污水处理厂处理，超滤系统产生的浓缩液经雾化喷嘴喷入焚烧炉处理。渗滤液处理过程中产生的脱水污泥送焚烧炉焚烧处置。

卸料大厅为负压形式，垃圾池采用全封闭结构，卸料大厅通风排气与垃圾池产生的恶臭气体全部收集后，作为助燃空气送焚烧炉焚烧净化。焚烧炉停运、检修期间，垃圾池产生的臭气采用一套活性炭吸附装置净化后，通过 44 m 高排气筒排放。卸料大厅适当喷洒植物除臭液抑臭。

烟气净化系统收集的飞灰在稳定化车间经投加螯合剂进行稳定化处理后，送飞灰暂存间养护 3～5 天，经检测达到生活垃圾填埋场接收标准后，送填埋场处置。

项目生产用水 3 000 m^3/d，主要用于余热锅炉软化水制备、循环冷却水系统补水、氢氧化钙浆液配制、污水处理及飞灰稳定化药剂配制、炉渣综合利用配料、卸料大厅及生产车间地面清洗等。

H 市为北方缺水城市。本项目设计生产生活用水近期采用地下水，待供水管网完善后采用城市供水厂供水。经调查，H 市第三污水处理厂位于项目厂址西侧 26 km 处，采用“A^2O+深床滤池+臭氧氧化”处理工艺，处理规模为 45×10^4 t/d。历史监测数据表明，该污水处理厂稳定运行，出水稳定达到《城镇污水处理厂污染物排放标准》（GB 18918—2002）一级 A 标准。

项目厂址北面为林地，170 m 处有 R 河经过，东、南两面毗邻农田，西面 0.3 km 处有一家一期已经投产、二期在建的危险废物焚烧处置厂。最近的环境空气保护目标 A 村位于厂址南侧 1 100 m 处。

环评编制单位判定土壤、大气环境影响评价工作等级均为一级。本项目大气评价范围处于规划的二类环境空气功能区。环评文件编制单位以本项目新增污染源贡献值叠加现状浓度后，预测得出二氧化氮（NO_2）95%保证率日平均质量浓度和年平均质量浓度均符合大气环境质量标准，据此判定 NO_2 环境影响可接受。

【问题】

1. 本项目用水方案是否合理？说明理由。

【参考答案】

（1）不完全合理（或答生活用水方案合理，生产用水方案不合理）。

（2）理由：

① 生活用水近期采用地下水，待供水管网完善后采用城市供水厂供水是可行的；但生产用水也采用地下水和城市供水厂供水显然是不合理的。

② 生产用水首先应考虑采用 H 市第三污水处理厂处理后的中水，而且该污水处理厂出水稳定达一级 A 标准，满足本项目利用方式。

考点分析与答题技巧：根据题干信息“H 市为北方缺水城市。本项目设计生产生活用水近期采用地下水，待供水管网完善后采用城市供水厂供水。经调查，H 市第三污水处理厂位于项目厂址西侧 26 km 处，采用‘A^2O+深床滤池+臭氧氧化’处理工艺，处理规模为 45×10^4 t/d。历史监测数据表明，该污水处理厂稳定运行，出水稳定达到《城镇污水处理厂污染物排放标准》（GB 18918—2002）一级 A 标准”“项目生产用水 3 000 m^3/d，主要用于余热锅炉软化水制备、循环冷却水系统补水、氢氧化钙浆液配制、污水处理及飞灰稳定化药剂配制、炉渣综合利用配料、卸料大厅及生产车间地面清洗等”。因此，生产用水要求水质较低，采用城市污水处理厂处理后的中水是可行的。

2023 年的兽用疫苗案例考了“排水方案”的合理性分析，考试思路基本类似。

2. 指出焚烧炉烟气净化系统各处理单元的作用。

【参考答案】

（1）SNCR：去除 NO_x。

（2）余热锅炉：回收烟气热能降低烟气温度，急冷防止二噁英炉外低温区再生成，为后续吸收、吸附法创造条件。

（3）半干法吸收、干法吸收：二级去除 SO_2、HCl、HF 等酸性气体，确保达标。

（4）吸附：吸附二噁英类、重金属及其化合物。

（5）袋式除尘：去除颗粒物、二噁英类及重金属及其化合物。

（6）换热：提升烟气温度，为 SCR 创造条件。

（7）SCR：进一步去除 NO_x，确保稳定达标排放。

考点分析与答题技巧：本小题考察对环保设施处理工艺不同环节的功能或作用的了解情况。根据题干信息，每台焚烧炉配套单独烟气处理系统，烟气经过 SNCR（炉内喷入 25%氨水）、余热锅炉、半干法吸收（氢氧化钙浆液）、干法吸收（碳酸氢钠粉料）、吸附（活性炭细粉）、袋式除尘、换热和 SCR（25%氨水）处理达标后，由引风机引至车间外 80 m 高的 3 管集束式烟囱中的 1 管排放。因此，对应这个信息，便可做出解答。

3. 给出焚烧烟气净化系统环境管理台账中需记录的消耗性材料。

【参考答案】

（1）25%氨水、脱硝催化剂。

（2）氢氧化钙、碳酸氢钠粉料。

（3）活性炭细粉。

（4）布袋滤料。

考点分析与答题技巧：本小题属于建设项目环境管理范畴，或企业日常管理中对耗材进行记录的基本工作。本小题设问明确，而且题干中有相应的信息，根据上一小题也可以完成解答，解答难度不大。

4. 指出厂区内 5 个土壤柱状样点布置位置，说明厂区柱状样点的最大取样深度。

【参考答案】

（1）半地下柴油储罐、垃圾池（池底标高−7.0 m）、贮渣池（池底标高−4.5 m）、渗滤液收集池（池底标高−12 m）、飞灰暂存间。

（2）渗滤液收集池采样点深度最大，最大深度位于−15～−12 m。

考点分析与答题技巧：本小题是考察“土壤导则”关于柱状样取样布点及采样深度要求的应用，当然是针对会对深层土壤环境及地下水造成污染的主要污染源所在区域进行布点了。根据题干识别出 5 个主要污染源即可完成本小题的解答。

2023 年的兽用疫苗案例也考了有关土壤监测的问题，与本小题类似。

5. 环评文件编制单位判定 NO_2 环境影响可接受的做法是否正确？说明理由。

【参考答案】

（1）不正确。

（2）理由：

① 本项目大气环境影响评价等级为一级，仅以新增污染源贡献值叠加预测的做法是不够的，还应叠加危险废物焚烧处置厂二期在建污染源贡献值。

② 没有判断是否属于达标区，就叠加 A 村现状值的做法错误，应先判断是否属于达标区，达标区叠加现状，不达标区叠加规划目标值。

③ 95%保证率错误，应为 98%保证率。

④ 缺失新增污染源短期最大浓度贡献值占标率、年平均质量最大浓度贡献值占标率评价内容。

考点分析与答题技巧：本小题的设问在“考试大纲”中是有要求的，即判定评价结论是否正确或可信、可行等。本小题实质上也是考察《环境影响评价技术导则　大气环境》（HJ 2.2—2018）关于一级评价预测的规定。因此，考生必须认真学习各类技术导则、规范、标准等。

试题四（2020 年考题）

南方某危险废物处置中心（以下简称“危废中心”）现有焚烧车间、物化车间、固化/稳定化车间、柔性安全填埋场等主体工程和危废贮存仓库、办公楼、化验室等辅助工程，危废经营许可证核准种类 43 种，总规模 1.8×10^4 t/a，其中焚烧 0.6×10^4 t/a、物化 0.2×10^4 t/a、填埋 1.0×10^4 t/a。

焚烧车间用一套 20 t/d 回转窑焚烧系统处置医药废物、有机树脂类废物、含有机溶剂废物、精（蒸）馏残渣等，烟气经“SNCR 脱硝+急冷+消石灰和活性炭喷射+布袋收尘+钠碱法脱酸+再加热”后通过 35 m 高烟囱排放。物化车间采用中和法处理废酸、废碱，配备酸雾净化设施。固化/稳定化车间采用水泥和螯合剂固化危废焚烧炉渣、焚烧飞灰和物化车间中和过滤渣，固化产物养护稳定后送安全填埋场填埋，车间混料区配备布袋除尘系统。现有的安全填埋场库区采用双层人工复合材料防渗，配备渗滤液收集、导排系统和渗漏检测系统。

危废中心设工业废水处理站、生活污水处理系统和初期雨水收集处理系统。其中工业废水处理站内设“高盐水蒸发”系统和“物化+生化+深度处理”系统。焚烧烟气钠碱法脱酸废水和物化车间中和过滤液进入废水处理站高盐水蒸发系统，冷凝出水再与其他生产废水依水质进入废水处理站“物化+生化+深度处理”相应单元处理，工业废水处理站出水回用于焚烧烟气净化、水泥固化和冲洗等环节，蒸发盐泥经检测含水率、浸出液有害成分和 pH 指标合格后送安全填埋场填埋。危废贮存仓库分类、分区贮存危废，配备废气收集净化系统。全厂按要求对挥发性有机废气无组织排放进行全过程管控。

为扩大处置能力，危废中心拟在现有厂区内实施改扩建项目，建设方案为：拆除现有的 20 t/d 回转窑焚烧系统，新建一套 50 t/d 回转窑焚烧系统（焚烧能力 1.5×10^4 t/a），配套建设烟气处理设施和 50 m 高烟囱，危废处置种类和烟气处理工艺不变。新建一套 100 t/d 绝氧热解油泥处置系统，主要处置海上石油、天然气钻井油泥和油基废剂泥浆（含岩属和钻井液添加剂，其中含有氮、氯、氟等元素），规模 3.0×10^4 t/d，配套建设含油废水高效分离设施，增加油泥类危废贮存仓库。在保持处理工艺、出水及盐泥去向不变的情况下，扩大工业废水处理站规模。改扩建项目不新增劳动定员，其他设施均利旧。

绝氧热解系统采用燃烧天然气间接加热的方式热解油泥，最高热解温度650℃，热解产气经水喷淋降温冷凝，收集含油废水后，不凝气并入天然气燃烧室燃烧，再由15 m高烟囱直接排放，环评文件编制单位分析配备低氮燃烧器后的燃烧烟气中，颗粒物、二氧化硫、氮氧化物排放浓度低于标准限值，由此判断燃烧烟气排放达标。热解产气水喷淋降温产生的含油废水经油水分离回收油品后，水相进入新建的高效分离系统，采用“隔油+过滤+超滤+纳滤+反渗透”工艺全封闭处理，反渗透出水优先用于热解产气水喷淋，多余出水并入现有工程回水系统回用，隔油过滤渣和浓缩液返回绝氧热解系统处置；参考同类工程的鉴别结果，判定热解残渣不具备危废特性，拟外送综合利用；油泥热解上料区产生的挥发性有机废气经密闭抽风后，送单级活性炭吸附装置净化后排放。

环评文件编制单位确定改扩建项目大气环境影响评价等级为一级、土壤污染影响型评价等级为一级，并于2019年9月委托完成环境空气补充监测，以及填埋场区下游、各生产车间附近和厂外环境敏感目标处的土壤现状监测，监测期间危废中心现有设施运转正常，项目大气环境影响评价范围内没有其他在建、拟建工程。

【问题】

1. 指出调查现有项目下渗和沉降污染影响还需考虑的土壤现状监测点位。

【参考答案】

（1）下渗：危废贮存仓库、化验室、工业废水处理站、生活污水处理系统和初期雨水收集处理系统。

（2）沉降：占地范围外主导风向的上、下风向，最大落地浓度点。

考点分析与答题技巧：本小题主要考察对《环境影响评价技术导则　土壤环境（试行）》（HJ 964—2018）中关于土壤环境现状监测点位布设的熟悉情况，2020年的考试有两个案例考了土壤环境监测布点方面的内容。因此，土壤环境监测的采样点位布设是十分重要的。本案例有下渗和沉降污染，显然应根据确定的土壤环境污染影响型评价等级布设相应数目的柱状样和表层样采集位置，其采样位置布设要求在HJ 964—2018中有具体的规定。

本小题针对现有项目。题干信息“现有焚烧车间、物化车间、固化/稳定化车间、柔性安全填埋场等主体工程和危废贮存仓库、办公楼、化验室等辅助工程”，“完成……填埋场区下游、各生产车间附近和厂外环境敏感目标处的土壤现状监测”，表明已考虑涉及垂直入渗影响的现有焚烧车间、物化车间、固化/稳定化车间、柔性安全填埋场等主体工程，已考虑现有项目可能产生影响的土壤环境敏感目标。设问针对“下渗和沉降污染影响”，故不考虑地面漫流影响途径。设问仅针对“监测点位”，即监测布点位置，故可不进一步答设置“柱状”样点、“表层”样点。

关于土壤环境监测布点的要求，历年考试中反复出现，考生应牢记。

2. 列出改扩建项目实施后发生变化的有组织废气污染源。

【参考答案】

（1）废水处理站高盐水蒸发系统排气筒。

（2）安全填埋场填埋气集排系统排气筒。

（3）固化/稳定化车间混料区除尘系统排气筒。

（4）危废贮存仓库废气收集净化系统排气筒。

考点分析与答题技巧：本小题的设问属于工程分析“环境影响源识别”的范畴，即识别废气有组织排放源。设问要求“发生变化的有组织废气污染源”，注意：从产生源强、收集措施、治理措施、排放源强 4 个角度判断是否发生变化；原辅料、设备、工艺发生变化，均会导致关联的废气源强发生变化；废水处理、固体废物处理处置工程内容发生变化，均会导致关联的废气源强发生变化。关于题干提到的“拆除现有的 20 t/d 回转窑焚烧系统，新建一套 50 t/d 回转窑焚烧系统”，建设性质为拆除工程，新建工程可不答。本小题的解答应注意，要求的是“发生变化的”“有组织”“废气污染源”，如果答上未发生变化的、无组织的、废气以外的其他污染源，如环境风险、废水等，均不得分。

3. 指出“绝氧热解系统燃烧烟气排放达标”说法的可疑之处，说明理由。

【参考答案】

（1）仅识别颗粒物、SO_2、NO_x 是不够的，还应识别 CO、二噁英类、HCl、HF。

（2）仅考虑天然气燃烧产生的颗粒物、SO_2、NO_x 是不够的，还应考虑热解气燃烧产生的颗粒物、SO_2、NO_x。

（3）仅采用低氮燃烧是不够的，还应采用脱硝、除尘、脱酸等措施。

（4）排气筒高度只有 15 m 是不符合要求的，应不低于 25 m。

考点分析与答题技巧：根据《危险废物焚烧污染控制标准》（GB 18484—2020），“危险废物熔融、热解、气化等高温热处理设施的污染物排放限值，若无专项国家污染控制标准或者环境保护标准的，可参照本标准执行”。题干信息“主要处置海上石油、天然气钻井油泥和油基废剂泥浆（含岩属和钻井液添加剂，其中含有氮、氯、氟等元素）”，表明应识别二噁英类、HCl、HF。热解气中的氨、硫化氢、氰化氢、酚类等污染因子在《危险废物焚烧污染控制标准》（GB 18484—2020）中无控制要求，可不答，CO 有控制要求，故答。题干信息“热解产气经水喷淋降温冷凝，收集含油废水后，不凝气并入天然气燃烧室燃烧”，表明燃烧烟气中的颗粒物、SO_2、NO_x 源强应同时考虑热解气、天然气燃烧产生的量。

根据《危险废物焚烧污染控制标准》（GB 18484—2020），焚烧炉排气筒高度如下：

焚烧处理能力/（kg/h）	排气筒最低允许高度/m
≤300	25
300～2 000	35
2 000～2 500	45
≥2 500	30

本小题设问针对“可疑之处”并说明理由，故将正确的做法采用“应……”的表述方式作为理由。考场答题时针对判断结果为不合理、不可行、不完整的问题，也可以采用这种方式说明理由。

4. 给出改扩建项目绝氧热解系统废气治理措施的优化调整建议。

【参考答案】

（1）燃烧烟气含颗粒物、SO_2、NO_x、CO、二噁英类、HCl、HF，“SNCR脱硝+急冷+消石灰和活性炭喷射+布袋收尘+钠碱法脱酸+再加热”。

（2）热解上料区废气含 TVOC/NMHC，多级活性炭吸附。

考点分析与答题技巧：根据《排污许可证申请与核发技术规范 危险废物焚烧》（HJ 1038—2019）“表 1 主要生产单元、主要工艺、生产设施及设施参数一览表”，设施参数“焚烧炉型式（回转窑、热解炉、其他）”，表明目前固体废物热解烟气治理仍采用危险废物焚烧烟气治理可行技术烟气。危险废物焚烧烟气治理可行技术如下：

生产设施	产排污环节名称	污染物种类	污染防治设施名称及工艺
焚烧及余热利用系统	焚烧废气	烟气黑度、烟尘（颗粒物）	袋式除尘、湿法静电除尘、其他
		一氧化碳	“3T+E”燃烧控制、其他
		二氧化硫、氟化氢、氯化氢	半干法、湿法、干法+湿法、半干法+湿法、其他
		氮氧化物（以 NO_2 计）	SNCR、SCR、SNCR+SCR、其他
		汞及其化合物（以 Hg 计）；镉及其化合物（以 Cd 计）；砷、镍及其化合物（以 As+Ni 计）；铅及其化合物（以 Pb 计）；铬、锡、锑、铜、锰及其化合物（以 Cr+Sn+Sb+Cu+Mn 计）	活性炭吸附+袋式（湿法静电）除尘、其他
		二噁英来	“3T+E”燃烧控制、急冷、活性炭吸附、袋式（湿法静电）除尘等的组合技术；其他

题干“SNCR 脱硝+急冷+消石灰和活性炭喷射+布袋收尘+钠碱法脱酸+再加热”，表明可提出治理水平不劣于现有的措施，也可在现有措施再加热前增加湿法静电除尘、再加热后增加 SCR 脱硝。单级活性炭吸附优化为多级并不否定单级活性炭吸附法治理 VOCs 的可行性，也可采用“吸附浓缩+燃烧法”，答案并不唯一。

5. 判断高盐废水蒸发盐泥、热解残渣的处置方案是否合理？并说明理由。

【参考答案】

（1）蒸发盐泥：不合理，未检测水溶性盐总量、有机质含量、砷含量。

（2）热解残渣：不合理，属于危险废物，应交有资质单位处理处置。

考点分析与答题技巧：本小题与前一小题设问方式一致，是针对固体废物处理处置措施的。根据《中华人民共和国固体废物污染环境防治法》，固体废物的处置原则是“减量化、资源化、无害化”。已经产生了的一般固体废物，应首先考虑资源化，危险废物则应首先采取无害化措施。

（1）根据《危险废物填埋污染控制标准》（GB 18598—2019），柔性填埋场入场要求如下：

①“下列废物不得填埋：a）医疗废物；b）与衬层具有不相容性反应的废物；c）液态废物”。

②满足下列条件或经预处理满足下列条件的废物，可进入柔性填埋场：a）浸出液中有害成分浓度不超过允许填埋控制限值的废物；b）浸出液 pH 值在 7.0～12.0 之间的废物；c）含水率低于 60%的废物；d）水溶性盐总量小于 10%的废物；e）有机质含量小于 5%的废物；f）不再具有反应性、易燃性的废物。

③“砷含量大于 5%的废物，应进入刚性填埋场处置”。

（2）热解残渣属于危险废物热解处置过程产生的底渣，列入《国家危险废物名录（2025 年版）》。

注：2019 年，生态环境部发布《排污许可证申请与核发技术规范　危险废物焚烧》（HJ 1038—2019），对进一步了解此类项目和解答此类考题有重要的指导意义，考生应认真学习。

试题五（2020年考题）

某新建的年处理10万t废铅酸蓄电池综合利用项目位于城市循环经济园区，建设内容主要包括原料仓库、预处理车间、熔炼车间、废水处理站、固体废物暂存库、制氧站和供配电、给排水等设施。其中，预处理车间设有废气收集和处理系统、废电解液收集与处理系统和废塑料回收系统；熔炼车间设有转炉、侧吹炉和回转短窑等冶金炉，并配套有环境集烟系统（用于收集各冶金炉加料口、出料口逸出的烟气）和熔炼烟气处理系统。

项目以废铅酸蓄电池（属《国家危险废物名录》中HW49类危险废物，典型组成及其主要成分见下表）为原料，首先在预处理车间倒出电解液，然后采用全自动湿式破碎分选设备对废电池进行拆解、破碎、分选等作业，得到板栅、铅屑（板栅碎料）、铅膏、废电解液和废塑料等中间产物。

废铅酸蓄电池的典型组成及主要成分表

组成	质量占比/%	各组成中有效成分及含量
板栅	38	铅（94.76%）、锑（1.86%）、锡（0.21%）、铜（0.13%）、硫（0.22%）、二氧化硅（0.55%）、氧化亚铁（0.32%）、氧化钙（0.16%）
铅膏	45	铅（75.86%）、锑（0.65%）、锡（0.01%）、铜（0.01%）、硫（6.59%）、二氧化硅（0.53%）
塑料	8	轻质塑料（100%）
隔板	7	重质塑料
电解液	2	浓度约20%的稀硫酸

板栅、铅屑、铅膏等含铅物料在熔炼车间采用转炉、侧吹炉进行还原熔炼（燃料为天然气，还原剂为焦炭、铁粉等）。其中，板栅、铅屑等高含铅物料进入转炉进行低温熔炼，产出物有粗铅（36 243.8 t/a，含铅 99%）和炉渣；铅膏经碳酸钠预脱硫处理后，送侧吹炉进行富氧熔炼，产出物有粗铅（34 359.9 t/a，含铅 99%）和炉渣。预脱硫产生的碳酸钠溶液经蒸发、结晶、重结晶得到副产品十水碳酸钠。转炉和侧吹炉产出的热态炉渣（高铅渣）直接送回转短窑进行挥发还原熔炼，产出物有富铅烟气和低铅渣。低铅渣经高压水粒化成为水淬渣（16 250 t/a，主要成分 SiO_2、CaO、Fe_2O_3，属一般工业固体废物）。

废电解液采用“过滤+碱液中和+蒸发+结晶+重结晶”工艺处理得到副产品十水碳酸钠，过滤滤渣（含少量铅，来自板栅、铅膏）送熔炼车间侧吹炉回收铅；废塑料经清洗，干燥后，按比重、颜色分类回收。

预处理车间为密闭厂房结构，地面进行防渗漏处理，拆解、破碎产生的废气经收集、净化达标后排放，熔炼车间转炉、侧吹炉和回转短窑产生的熔炼烟气经余热锅炉回收余热后，与环境集烟系统收集的逸出烟气一并经“高效布袋收尘器+三级湍流碱液脱硫除尘塔”处理达标后排放（烟气量 $60\times10^8 Nm^3/a$，总铅浓度 $1.5\ mg/m^3$）。余热锅炉和布袋收尘器收集的烟尘返回侧吹炉。废水处理站处理的废水包括工人洗衣废水与洗浴废水、废塑料清洗水、烟气脱硫废液、车间地面冲洗废水和厂区初期雨水等，采用的处理工艺为“消石灰中和+混凝沉淀+砂滤+碳滤+超滤+反渗透+蒸发浓缩”，产生的清水回用，蒸发盐、中和渣（1 500 t/a，含铅 0.2%）送侧吹炉，废滤膜委外处置（含铅量忽略不计）。

项目所在地循环经济园区建有污水处理厂，主要接纳园区内企业生活污水和经处理满足相关排放要求的生产废水。项目已列入循环经济园区规划，园区规划环评审查意见要求项目应认真执行《再生铅行业规范条件》和《废铅酸蓄电池处理污染控制技术规范》（HJ 519—2020），铅总回收率大于 98%，水淬渣含铅小于 2%，并严格管控新产生的含铅危险废物的转移。

项目大气环境影响评价等级为一级，评价范围内除 1 座在建的危险废物焚烧处置中心外无其他拟建、在建工程，有 1 座正常生产的再生铜冶炼厂被确定为项目的区域削减源（可削减污染物为 SO_2、NO_x、PM_{10}、Pb）。当地环境质量报告书显示，评价基准年项目所在区域为不达标区（SO_2、O_3 不达标）。为开展进一步预测，环评文件编制单位收集了评价基准年的基本污染物逐日平均质量浓度现状资料、高空和地面气象资料、地形及土地类型资料，确定了预测模型、预测的环境空气保护目标和网格点。

【问题】

1．指出预处理车间的主要污染物，推荐可行的处理方法。

【参考答案】

（1）主要污染物：废气含硫酸雾，颗粒物，铅、锑、锡、铜及其化合物。

（2）可行的处理方法：“静电除尘法+碱液喷淋吸收法”。

考点分析与答题技巧：本小题的设问属于工程分析中的污染物识别和环境保护措施中的污染物治理或污染防治措施的范畴。题干信息：“铅酸蓄电池”表明其电解液主要成分为硫酸，预处理车间倒出废气主要污染物为硫酸雾；“然后采用全自动湿式破碎分选设备对废电池进行拆解、破碎、分选等作业”，表明预处理车间拆解、破碎废气主要污染物为颗粒物；“废铅酸蓄电池的典型组成及主要成分表”，表明废电池进行拆解、破碎得到的板栅、铅膏含重金属，故预处理车间拆解、破碎废气还应识别重金属及其化合物。

题干信息未明确预处理车间不同废气分别收集处理还是集中收集处理，如按照集中收集处理答题应考虑硫酸雾对布袋除尘法影响，不宜直接采用布袋除尘法，宜优先采用“静电除尘法+碱液喷淋吸收法”，可采用“碱液喷淋吸收法+除湿除雾+布袋除尘法”，该题可行的处理方法答案并不唯一。

2. 计算水淬渣的含镍率，说明是否满足园区规划环评的要求。

【参考答案】

（1）板栅铅投入量：10^5×38%×94.76% = 36 008.8 t/a。

（2）铅膏铅投入量：10^5×45%×75.86% = 34 137 t/a。

（3）粗铅①铅产出量：36 243.8×99% = 35 881.362 t/a。

（4）粗铅②铅产出量：34 359.9×99% = 34 016.301 t/a。

（5）烟气铅产出量：60×10^8×1.5×10^{-9} = 9 t/a。

（6）水淬渣含铅率：（36 008.8+34137−35 881.362−34 016.301−9）÷16 250×100% = 1.47%＜2%，满足。

考点分析与答题技巧：将转炉熔炼、侧吹炉熔炼、高铅渣回转短窑熔炼、富铅烟气处理、废水处理视为一个“暗箱模型”系统，铅投入项为板栅、铅膏，产出项为粗铅①、粗铅②、排放烟气。题干信息“余热锅炉和布袋收尘器收集的烟尘返回侧吹炉”“蒸发盐、中和渣（1 500 t/a，含铅 0.2%）送侧吹炉”，表明富铅烟气处理收集的烟尘、蒸发盐、中和渣含铅量属于系统内部循环的量，既是投入项、又是产出项，根据物料平衡原理等式两边同时约去，故“中和渣（1 500 t/a，含铅 0.2%）”为干扰项不参与计算。

3. 工人洗衣废水与洗浴废水处理方案是否合理？说明理由。

【参考答案】

（1）合理。

（2）理由：

①工人洗衣废水与洗浴废水与其他废水均含总铅、锑、锡、铜，做到分类收集、单独预处理。

②处理工艺去除总铅、锑、锡、铜，确保满足清水回用要求。

考点分析与答题技巧：根据《废铅蓄电池处理污染控制技术规范》（HJ 519—2020），“厂区内洗衣废水和淋浴水应按含重金属（铅、镉、砷等）生产废水处理，收集后汇入含重金属（铅、镉、砷等）生产废水处理设施，不得与生活污水混合处理”。题干“废铅酸蓄电池的典型组成及主要成分表”表明：铅膏含重金属，废塑料表面沾染铅膏，导致废塑料清洗废水含重金属；板栅、铅膏含重金属，铅冶炼烟气含重金属，导致烟气脱硫废液含重金属；铅冶炼未收集的二次烟气沉降至地面，导致地面冲洗水废水含重金属；含铅物料输送周转过程遗撒至地面，导致初期雨水含重金属；铅冶炼未收集的二次烟气沉降至工人衣物与体表，导致洗衣废水与洗浴废水含重金属。表明：上述废水应分类收集、单独预处理；工人洗衣废水与洗浴废水以外的其他生活污水应按照一般生活污水对待不识别重金属，一般生活污水不应与未经预处理的上述含重金属废水直接混合。题干“废水处理站处理的废水包括工人洗衣废水与洗浴废水、废塑料清洗水、烟气脱硫废液、车间地面冲洗废水和厂区初期雨水等”，表明上述含重金属废水做到了分类收集、单独预处理。题干中“消石灰中和+混凝沉淀”的消石灰中和实为化学反应，“消石灰中和+混凝沉淀”即化学沉淀法，可去除总铅、锑、锡、铜，“砂滤+碳滤+超滤+反渗透+蒸发浓缩”确保满足清水回用要求。

考生应该了解废水处理的基本原则，即不同种类或不同性质的废水应分别进行处理或至少应该分别进行预处理，特别是含有第一类污染物的废水，以及“清污分流”（清洁下水与污水应分别收集处理）、“污污分流”（不同性质、不同类型的污水应分别收集处理）、“治污用清”（污水应予处理，清洁下水应予再利用）、“综合利用”等。一般这样设问，往往题干给出的废水处理方案是有问题或不合理的，考生在答题时一定要将理由表述准确。

4．指出本项目产生的危险废物，分析拟采取处理措施的合理性。

【参考答案】

（1）危险废物：板栅、铅屑（板栅碎料）、铅膏、废电解液、高铅渣、过滤滤渣、富铅烟气烟尘捕集物、废布袋滤料、蒸发盐、中和渣。

（2）采取的处理措施合理。理由：

①（35 881.362+34 016.301）÷（36 008.8+34137）×100%＝99.65%，满足铅总回收率大于98%要求。

②危险废物自行处理处置满足严格管控新产生的含铅危险废物的转移要求。

考点分析与答题技巧：本小题的设问要求指出产生的危险废物，注意设问的关键词“产生”。废铅酸蓄电池属于废铅蓄电池，列入《国家危险废物名录》（当年考试适用的是2021年版，现为2025年版），但作为原料，则不属于产生的危险废物，故不答。板栅、铅屑（板栅碎料）、铅膏、废电解液属于废铅蓄电池拆解过程中产生的废铅板、废铅膏和酸液，列入《国家危险废物名录（2025年版）》，作为原料利用属于危险废物处理处置，不属于副产品管理。根据《再生铅冶炼污染防治可行技术指南》（公告2015年第11号）“图8　脱硫铅膏还原熔炼-精炼工艺污染防治可行技术”，高铅渣属于“再生铅火法冶炼产生的铅渣（危险废物）”。

"热态炉渣（高铅渣）直接送回转短窑进行挥发还原熔炼"，注意高铅渣的"渣"，表明属于固体废物自行处理处置，不属于现场返料。

根据最新《国家危险废物名录（2025年版）》，废铅蓄电池拆解过程中产生的酸液危险特性为"毒性（Toxicity, T）、腐蚀性（Corrosivity, C）"。根据《危险废物鉴别标准 通则》（GB 5085.7—2019），"除国家有关法规、标准另有规定的外，具有毒性危险特性的危险废物处置后产生的固体废物，仍属于危险废物"。过滤滤渣属于具有毒性危险特性的废电解液处置后产生的固体废物，属于危险废物。"过滤滤渣（含少量铅，来自板栅、铅膏）送熔炼车间侧吹炉回收铅"，注意过滤滤渣的"渣"，表明属于固体废物自行处理处置，不属于现场返料。

富铅烟气烟尘捕集物属于铅冶炼过程中集（除）尘装置收集的粉尘，对应的废布袋滤料属于含有或者沾染毒性危险废物的废弃过滤介质，列入《国家危险废物名录（2025年版）》。

根据《铅冶炼污染防治最佳可行技术指南（试行）》（HJ-BAT-7），"酸性废水处理产生的污泥属于危险废物，经脱水后应进行安全处置"，蒸发盐、中和渣属于酸性废水处理产生的污泥，属于危险废物。注意虽然都含铅，水淬渣中的铅是固态不易浸出，而中和渣中的铅是离子态易浸出，故不能根据"水淬渣含铅小于2%"属于一般工业固体废物，类比分析得到"中和渣（1 500 t/a，含铅0.2%）"也属于一般工业固体废物的结论。题干"废滤膜委外处置（含铅量忽略不计）"，注意关键词"含铅量忽略不计"，表明废滤膜不属于含有或者沾染毒性、感染性危险废物的废弃的过滤吸附介质，故不答。

题干信息明确园区规划环评审查意见针对危险废物的要求包括铅总回收率大于98%、严格管控新产生的含铅危险废物的转移两个方面，每个方面的理由应包括分析过程及结论。

根据《清洁生产标准 废铅酸蓄电池铅回收业》（HJ 510—2009），"铅总回收率指在铅冶炼流程中，进入铅冶炼产品的金属铅量占原料中铅总量的比率"。

5．指出进行 PM_{10} 日平均质量浓度预测评价还需要开展的工作内容。

【参考答案】

（1）本项目新增污染源、危险废物焚烧处置中心、再生铜冶炼厂逐日平均质量浓度贡献值。

（2）日平均质量浓度贡献值最大浓度占标率。

（3）叠加现状浓度后，95%保证率日平均质量浓度达标情况。

（4）大气环境防护距离设置中，日平均质量浓度贡献值分布情况。

考点分析与答题技巧：本小题实际上考查了考生对《环境影响评价技术导则 大气环境》（HJ 2.2—2018）的熟悉程度。类似考题多次出现过，考生一定要对各技术导则中常用的预测模型有所了解，并知悉预测需要的参数、指标及关联性等。

（1）《环境影响评价技术导则 大气环境》（HJ 2.2—2018）规定的不达标区大气环境影响进一步预测与评价内容。

（2）题干中“评价基准年项目所在区域为不达标区（SO_2，O_3 不达标）”，表明 PM_{10} 为不达标区现状达标的基本污染物，应叠加现状浓度后评价年平均质量浓度、保证率、日平均质量浓度达标情况。

（3）本小题设问“指出进行 PM_{10} 日平均质量浓度预测评价还需开展的工作内容”，注意关键词“开展”而非调查，故不答与 PM_{10} 日平均质量浓度相关的工程分析、环境空气质量现状调查与评价内容。问题针对“日平均质量浓度”，故不答与 1 小时平均质量浓度、年平均质量浓度、长期浓度相关的进一步预测与评价内容，注意与短期浓度相关的进一步预测与评价内容应明确日平均质量浓度。

注：2019 年生态环境部发布《排污许可证申请与核发技术规范 废弃资源加工工业》（HJ 1034—2019），2020 年发布实施了《废铅蓄电池处理污染控制技术规范》（HJ 519—2020），对进一步了解该行业和解答环评工程师考试中此类案例问题有重要的指导意义，考生应认真学习。

试题六（2019 年考题）

在 2019 年度环境影响评价工程师考试案例科目中，废物处理处置方面是以水泥窑协同处理生活垃圾项目的形式给出的。该案例的题干信息缺失，本书只能将问题列出，并根据 5 个小问题及可能的题干情况提供一个思考方向，供备考者参考。

【问题】

1．指出技改工程产生的危险废物。

在固体废物考试方面，危险废物一直是重点，出题频率较高。2019 年多个案例考题中涉及危险废物。从本小题来看，要求根据题干所给信息，将技改工程产生的危险废物指出来。注意，虽然指出危险废物离不开对产生危险废物工艺环节的识别，但指出危险废物种类是本小题的重点。答题时可以将产生危险废物的环节及危险废物名称一并给出。

2．指出技改工程需重点考虑的防渗单元。

上一小题是识别危险废物，本小题与上一小题似乎是对应关系。防渗的重点区域并非产生环节，而是堆存场所，这些场所即一个防渗单元。凡是涉及危险废物堆存、处置的场所，均应采取防渗措施。另外，防渗区域分为重点防渗区、一般防渗区和简单防渗区，重点防渗区即重点防渗单元。因此，要解答本小题就应根据题干信息，识别出重点防治区，也就可以答上重点要考虑的防渗单元了。

3．指出开展环境空气质量现状调查与评价补充监测的大气污染物。

本小题出题的主题思想与 2019 年“废物处理处置案例”中的水泥窑协同处理生活垃圾项目的第 3 小题是一致的。从本小题来看，题干应该给出了一些环境空气质量监测指标，考生应该根据题干信息，指出需要补充的大气污染物监测指标；除常规污染物外，特别重要的是特征污染物，无论在工程分析、影响预测评价，还是环境保护措施等中均需考虑。在环境影响评价实际工作中，遗漏特征污染物是大错。考生一定要牢记。

4．评价技术单位确定 NH_3 大气环境防护距离的做法是否正确？说明理由。

一段较长的时间内，环境影响评价中的大气环境防护距离，往往是以卫生部门的行业规范——卫生防护距离为依据的，是指产生有害因素的部门（车间或工段）的边界至居民区边界的最小距离，即在正常生产条件下，无组织排放的有害气体（大气污染物）自生产单元（生产区、车间或工段）边界到居住区满足GB 3095与TJ 36规定的居住区容许浓度限值所需的最小距离。之后，生态环境部要求通过大气环境影响评价预测结果来确定大气环境防护距离，即以无组织排放面源中心达到环境质量标准的最小距离，超出厂界以外的范围为大气环境防护区域。该要求强调的是“面源中心”“无组织排放”，而且大气防护距离由软件计算，是从污染源开始的，但防护区域是从厂界算起的。从本小题来看，案例题干中应该是提出或核算了一个防护距离，需要考生进行预测分析，并将根据预测结果可确定的防护距离与题干所给出的结果进行比较，从而确定防护距离是否正确。

5. 指出全厂的危险单元，并说明理由。

危险单元是指由一个或多个风险源构成的具有相对独立功能的单元，事故状况下应可实现与其他功能单元的分割。本小题与2019年度案例分析的“输气管道变更项目”第4小题实质上是一致的，只是本小题还需要答上确定为危险单元的理由。根据《建设项目环境风险评价技术导则》（HJ 169—2018），识别、确定危险单元的要素有：有危险物质（易燃易爆、有毒有害）存在、有物质或能量意外释放（泄漏、火灾、爆炸）可能、有相对独立性（事故状况下应可实现与其他功能单元的分割）。但是，需要注意“危险单元”与“重大危险源”的区别，重大危险源一般是危险单元，但不是所有的危险单元都是重大危险源，重大危险源需要根据标准判定。依据《危险化学品重大危险源辨识》（GB 18218—2018），重大危险源辨识指标以单元内存在危险化品数量等于或超过危险化学品重危险源辨识GB 18218—2018中表1、表2规定的临界量即被定为重大危险源：单元内存在的危险化品为单一品种时，该危险化学品数量即单元内危险化学品总量，若等于或超相应临界量则定为重危险源；单元内存在的危险化学品时，按照每危险化学品总量与其表临界量比值之和作为辨识指标（Q），若$Q \geqslant 1$则定为重大危险源。其他内容考生请学习GB 18218—2018。

注：2019年，生态环境部发布了《排污许可证申请与核发技术规范　生活垃圾焚烧》（HJ 1039—2019），对考生进一步了解此类项目以及解答此类考题有重要的指导意义，请考生认真学习该规范。

试题七（2018 年考题）

某城镇现有一座生活垃圾综合处理厂，日处理生活垃圾 300 t，生产有机肥并回收玻璃和金属。主体工程包括卸料间、分选车间、降解车间、制肥车间，附属工程包括仓库、办公楼、废水处理站、燃气锅炉房。全厂用汽用热由燃气锅炉房提供。该厂生产工艺包括垃圾卸料、分选、闪蒸喷爆、干燥、制肥、造粒、包装等工序。垃圾称重后卸入卸料间垃圾储槽，由输送机送至分选车间，采用人工分拣、筛选、磁选方式，分选出垃圾中的金属、玻璃、灯管、砖块、纸板、电池。分选后的垃圾进入降解车间闪蒸喷爆机，经高温高压降解为泥浆状物料，卸入泥浆料仓。泥浆状物料经制肥车间干燥窑干燥（热源为燃气热风炉的热烟气）、粉碎机粉碎后，与氮、磷、钾微量元素及少量黏土在混料罐内混配成有机肥，再经造粒机造粒后装袋出厂。卸料间和分选车间保持负压状态，恶臭气体采用生物滤池净化塔处理；闪蒸喷爆废气采用植物液喷淋+活性炭吸附方法处理；干燥废气采用旋风除尘+活性炭吸附方法处理；混料废气采用袋式除尘方法处理；造粒废气采用旋风除尘方法处理。处理后的废气经各自配套的排气筒排放。废水处理站采用“水解+接触氧化+MBR”工艺，对全厂生产废水和生活污水进行处理，出水回用于闪蒸喷爆、造粒、设备冲洗等环节，不外排。日常监督监测显示：现有工程各有组织废气排放源均达标排放；厂界处各污染物浓度均低于厂界标准限值；厂界环境噪声达标排放；固体废物处置满足环保要求。

该厂拟实施技术改造项目，工程内容包括：在分选车间内增设风选机，分选出垃圾中的塑料；新建一座塑料造粒车间，将分选出的塑料粉碎、水洗甩干、挤出成型、切粒后包装出厂。挤塑机为电加热，操作温度 150℃。挤出、造粒废气特征污染物主要为非甲烷总烃、粉尘等，经集气系统（集气率 70%）收集后，管输至废气处理装置，采用“袋式除尘+活性炭吸附”方法处理。处理后的废气由新增的 15 m 高排气筒排放。项目所在区域全年主导风向为西北风，厂址北侧 550 m 为 A 村。环评机构经论证得出，塑料造粒车间排气筒废气污染物可实现达标排放，结合现有工程日常监督监测结果，认为技改后全厂各废气污染物均满足达标排放要求。

【问题】

1．列出制肥车间干燥废气污染因子。（4分）

【参考答案】

颗粒物、NO_x、SO_2、H_2S、NH_3、甲硫醇、苯及苯系物、氯化氢、非甲烷总烃（或答VOCs）。（答对一项得0.5分，共4分）

考点分析与答题技巧：根据题干，分选后的垃圾进入降解车间闪蒸喷爆机经高温高压降解为泥浆状物料，卸入泥浆料仓。泥浆状物料经制肥车间干燥窑干燥。闪蒸喷爆和高温高压降解，既会产生常规污染物，也会产生一些特征污染物。有关恶臭气体的，题干中已有所提示。至于苯及苯系物、氯化氢、非甲烷总烃等其实就隐含在要实施“技术改造项目”之意中，只是在制肥车间污染物量已经很少，甚至可以忽略。

2．识别全厂营运期可能造成地下水污染的装置或设施。（4分）

【参考答案】

卸料间垃圾储槽、分选车间的废电池贮存设施、降解车间的泥浆料仓、塑料造粒车间的水洗甩干装置、废水处理站。（答对任意四项各得1分，共4分）

考点分析与答题技巧：污染地下水主要是产生渗滤液或废水的装置或设施。分选车间垃圾基本不落地，但分选出的废旧电池贮存不当会造成地下水污染；制肥车间的干燥、粉碎、混合、造粒工序基本无废水和废液产生。另外，答题时应注意，本小题问的是装置或设施，答“车间”可能不得分。

3．说明技改后全厂产生的固体废物及其属性。（4分）

【参考答案】

（1）分选出的金属、玻璃、砖块、纸板（共1分，少答一项便得0分）、除尘装置收集的粉尘（0.5分），为一般固体废物（0.5分）。

（2）分选出的灯管、电池（共0.5分，少答一项得0分）、污水处理站的污泥（0.5分）、废活性炭（0.5分），为危险废物（0.5分）。

考点分析与答题技巧：污水处理站处理生产废水和生活污水，考虑到垃圾渗滤液及设备冲洗等环节，生产废水中可能含有一些持久性有机物，按危险废物处理较为合适。废活性炭由于吸附的成分复杂，多含有持久性有机物等，应按危险废物处理。从题干来看，本项目环保设施旋风除尘、袋式除尘收集的粉尘按一般固废处理是合适的。

4．评价技改项目对A村的环境空气影响时，应收集哪些资料？（5分）

【参考答案】

（1）A村的大气环境质量现状，包括可能受现在工程影响的VOCs或非甲烷总烃等特征污染物浓度。（1分）

（2）新增排气筒的参数：几何高度（m）、出口内径（m）、底部海拔高度。（1分）

（3）新增排气筒正常工况和非正常工况的废气量、污染物排放速率（kg/h）、年排放小时数、烟气流速（m/s）、排气筒出口处烟气温度。（1分）

（4）分选车间新增的废气无组织排放源强及其面源参数。（1分）

（5）大气环境预测模型所需资料：气象、地形数据等。（1分）

考点分析与答题技巧：尽管《环境影响评价技术导则　大气环境》（HJ 2.2—2008）已被HJ 2.2—2018替代，但当时环评师考试时HJ 2.2—2018尚未正式发布实施。所以该小题考查的仍然是HJ 2.2—2008，实际上就是考大气影响预测各参数，包括地形参数、气象资料。另外，技改项目需要考虑与现有项目的叠加影响，因此现有项目排放情况是需要收集的。对于做过大气污染预测的考生，是比较容易的。应试考生一定要认真学习HJ 2.2—2018。

5．技改收后全厂各废气污染物达标排放的评价结论是否正确？请说明理由。（3分）

【参考答案】

（1）不正确。（1分）

（2）未考虑技改后塑料造粒车间30%未被集气系统收集的无组织排放废气污染物。（2分）

考点分析与答题技巧：题干指出，技改项目集气系统的集气率为70%，说明有30%的废气为无组织排放，评价结论中未明确厂界是否达标。

试题八（2018 年考题）

某汽车产业园区拟在园区内建设一座固体废物综合处理厂，处理处置汽车生产企业、汽车零部件加工企业的工业废物，包括废桶（油桶、漆桶和胶桶等）、废有机溶剂（含苯、甲苯和异丁醇等）和废胶（含废 PVC 胶）。固体废物综合处理生产工艺流程见下图。工程建设内容包括原料库、洗桶车间、溶剂再生车间、焚烧车间、产品库、锅炉房、废水处理站和办公楼。原料库为全封闭式，设有导气口、安全照明设施、报警装置和观察窗口，地面和裙角进行防渗处理，分区存放待处理的工业废物。

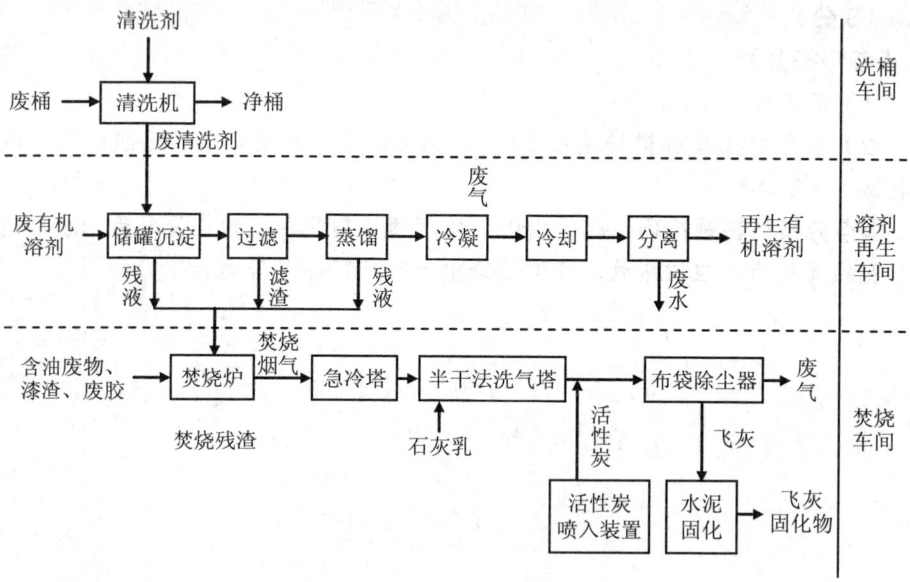

固体废物综合处理生产工艺流程图

洗桶车间使用清洗机洗涤废桶，清洗剂为有机溶剂（主要成分为丁醇、乙二醇、醋酸和二甲苯等），产生的废清洗剂送溶剂再生车间处理。溶剂再生车间采用蒸馏法处理废有机溶剂得到有机溶剂成品，产生的残液和滤渣送焚烧车间处理。焚烧车间采用焚烧方式处理漆渣、含油废物、废胶及溶剂再生车间产生的残液和滤渣。工程可研测算，入炉焚烧的废 PVC 胶约占入炉焚烧物质总量的 5%。焚烧温度≥1 100℃，焚烧残渣和飞灰固化物均送危险废物填埋场填埋。废水处理站出水执行《污水综合排放标准》（GB 8978—1996）三级标准，废水处理后排入园区污水处理厂。

【问题】

1. 指出溶剂再生车间冷凝废气中的主要污染因子。（4 分）

【参考答案】

答：VOCs（或答非甲烷总烃或 NMHC）、苯、甲苯、二甲苯、异丁醇、丁醇、乙二醇、醋酸。（每项 0.5 分）

考点分析与答题技巧：根据题干及图，进入溶剂再生车间的主要物料为废清洗剂和废有机溶剂。图示清洗剂清洗的是废桶，而废桶则主要是油桶、漆桶和胶桶，主要大气污染物是 VOCs；另外，题干已分别给出清洗剂和废有机溶剂的主要成分。如此，则再生车间冷凝废气中的主要污染因子即可给出。此类问题已频繁考到，因为这是工程分析的实质性内容之一，是环境影响预测、分析、评价的基础。考生需特别注意。

2. 说明半干法洗气塔和活性炭喷入装置对减少大气污染物排放的作用。（5 分）

【参考答案】

（1）半干法洗气塔：中和、吸收酸性气体（氯化氢、硫化氢、氮氧化物、二氧化碳等碳氢化合物等酸性气体），并具有减缓后续布袋除尘器受酸性气体腐蚀的作用。（3 分）

（2）活性炭喷入装置：吸附焚烧产生的烟尘、重金属、二噁英类气体等。（2 分）

考点分析与答题技巧：根据题干及图示，进入半干法洗气塔的物料为石灰乳，具有中和、吸收酸性气体的作用。活性炭具有吸附功能，可以吸附焚烧产生的烟尘、重金属。虽然此类危险废物成分复杂，焚烧易产生二噁英类，但由于焚烧温度较高（1 100℃以上）且配备有急冷塔，有利于控制二噁英类的产生，可不予考虑二噁英类。但在考试时答上二噁英类不算错，不影响得分。

3. 焚烧残渣和飞灰固化物处置方式是否合理？说明理由。（4 分）

【参考答案】

答案一：合理（1 分）。理由如下：焚烧残渣和飞灰为危险废物（1 分），其固化物性质稳定（1 分），不易导致二次污染（1 分），且适合填埋处理（1 分）。

答案二：不能确定（2 分）。理由如下：所依托的危险废物填埋场情况不明。（2 分，即未明确危险废物填埋场是否符合环保要求，如是否进行环评、验收或其运行情况等）

考点分析与答题技巧：尽管两个答案明显不一致，但此类不确定性问题在环评考试中经常出现，但要求考生解答时给出充分的理由。危险废物焚烧的残渣和飞灰均为危险废物，处置前固化处理是正确的，固化后的固化物送危险废物填埋场处置也是合理的，但危险废物填埋场建设是有严格的环境保护要求的，可题干并未说明危险废物填埋场是否符合环保要求。一般而言，有焚烧设施的固体废物综合处理厂是会包括危险废物填埋场建设内容的，但也有另行建设的。题干未提供危险废物填埋场情况。解答本小题时会有一些困惑，需要明确合理与否，并需给出充分的理由。本次解答给出两个不同的答案，且理由是充分的，均可得分。此类小题主要考查考生的思路。

4．指出完善原料库环保措施的建议。（6分）

【参考答案】

（1）入口处应设置醒目的危险品标识。

（2）库门口应设置围堰、导流槽。

（3）分类分区存放，但应设置明显的分区标志（或分区线，或设置间隔、围栏）。

（4）库内挥发性气体经收集净化处理后经导气口集中排放，且导气口排放高度需满足环保要求。

（5）地面和裙角防渗需满足渗透系数标准要求。

（6）有必要设置管理间，并有计量设备（如台称）、出入记录台账。

（7）配备必要的应急物资（包括消防设备、吸附物质等）。

考点分析与答题技巧：以上答案给出任意5项即可得满分。根据题干，本项目的原料库实际上是危险废物贮存库，需要满足危险废物贮存的要求。考生需认真学习危险废物贮存污染控制标准。

试题九（2016 年考题）

某市生活垃圾焚烧发电厂规划日处理生活垃圾 900 t，分两期建设，一期工程日处理生活垃圾 600 t，二期工程日处理生活垃圾 300 t。一期工程已于 2007 年通过竣工环保验收并投产运行，目前日处理垃圾 600 t。现拟建二期工程。

一期工程建设内容包括 2 台 300 t/d 机械炉排炉、2 套热能利用系统、2 套烟气净化系统、1 个垃圾贮坑、1 套渗滤液处理系统及 1 套其他废水生化处理系统（敞开式），一期工程厂房内预留二期工程焚烧炉位置。

垃圾贮坑按照规划总规模设计，贮坑能力 14 000 t，已采取封闭负压、防腐防渗、渗滤液导排收集等措施。坑内空气经风机引至焚烧炉作为助燃空气，检修期间垃圾暂存在贮坑内（年停炉检修 3 d）。焚烧燃气经半干法+干法除酸，活性炭喷射除二噁英和重金属，布袋除尘净化后经 80 m 高 3 管集束（使用 2 管，预留 1 管）烟囱排放，排放烟气中颗粒物、SO_2、NO_x、HCl、Hg、二噁英类和 CO 浓度分别为 25.5 mg/m^3、89.2 mg/m^3、320 mg/m^3、46.3 mg/m^3、0.002 mg/m^3、0.03 ngTEQ/m^3 和 20 mg/m^3。

渗滤液处理系统设计规模为 300 t/d，处理工艺为“预处理+UASB 厌氧反应器+MBR 生化处理+纳滤”，现状渗滤液最大处理量 180 t/d，运行稳定。出水接管送至稳定运行的城市污水处理厂处理。

焚烧炉渣定期外运至砖厂制砖，焚烧飞灰在场内进行水泥固化（添加螯合剂）后送危废填埋场填埋。经检测，飞灰固化物二噁英含量（1 μgTEQ/kg）和浸出液成分低于生活垃圾填埋场入场要求。

拟建二期工程建设内容包括 1 台 300 t/d 机械炉排炉、1 套热能利用系统和 1 套烟气净化系统，与一期工程并联布置。配套建设 1 个 45 m^3 氨水储罐，其余公辅工程均依托现有设施。焚烧烟气拟采用 SNCR 脱硝、半干法+干法除酸、活性炭喷射除二噁英和重金属，布袋除尘净化后经预留的 1 管烟囱排放，设计脱硝效率 50%。

拟将二期工程垃圾渗滤液送一期工程渗滤液处理系统处理，对一期工程烟气采用相同脱硝工艺进行整改，并将一期、二期工程飞灰固化物送生活垃圾填埋场填埋。

注：《生活垃圾焚烧污染控制标准》（GB 18485—2014）排放烟气中污染物 1 h 均值限值要求：颗粒物 30 mg/m^3、SO_2 100 mg/m^3、NO_x 300 mg/m^3、HCl 60 mg/m^3、Hg 0.05 mg/m^3、二噁英类 0.1 ngTEQ/m^3、CO 100 mg/m^3。

【问题】

1. 评价二期工程 NO_x 达标排放情况。（5 分）

【参考答案】

（1）达标排放。（2 分）

（2）类比一期工程估算二期工程 NO_x 浓度为 320 mg/m^3，设计脱硝效率 50%，NO_x 排放浓度为 160 mg/m^3，低于 300 mg/m^3 排放标准限值要求。（3 分）

考点分析与答题技巧：根据赋分要求，答达标排放，但计算结果错误的，只能给 2 分。答案（2）可以答：二期工程 NO_x 排放浓度 160 mg/m^3，低于 300 mg/m^3 排放标准限值要求；或答类比一期估算二期工程 NO_x 浓度为 320 mg/m^3，设计脱硝效率 50%，NO_x 排放浓度低于 300 mg/m^3 排放标准限值；或答一期和二期工程 NO_x 混合浓度为 240 mg/m^3，低于 300 mg/m^3 的排放标准限值要求。这几种答法均可得 3 分。答此题时，最好给出计算过程。

2. 二期工程依托现有渗滤液处理系统是否可行？请说明理由。（6 分）

【参考答案】

（1）可行。（2 分）

（2）理由：

① 渗滤液处理系统设计处理规模满足二期新增渗滤液处理要求。（2 分）

② 渗滤液处理工艺可行，稳定运行，出水浓度满足接管标准要求（或答出水接管至稳定运行的城市污水处理厂）。（2 分）

考点分析与答题技巧：根据赋分要求，对于回答“是否可行”，如果答“不可以，或不可行，或答无法确定”，则本小题为 0 分。理由① 也可以答渗滤液处理系统剩余处理规模（剩余容量）满足二期工程新增渗滤液，或答渗滤液处理系统剩余处理能力 120 t/d，类比一期工程渗滤液产生情况，估算二期工程新增渗滤液量为 90 t/d，渗滤液处理系统剩余处理能力足够；理由② 如果只答稳定运行或出水深度满足接管标准，可得 1 分。答题思路按从处理能力、处理工艺、处理后出水去向 3 个方面考虑就能较好地解答该小题。

3. 给出减少恶臭气体排放的改进措施。（4 分）

【参考答案】

（1）增设垃圾坑的除臭装置，停炉检修时将垃圾坑的恶臭气体引入除臭装置处理后排放（或处理后排放）。（2 分）

（2）应将其他废水处理系统封闭（敞开式废水处理系统应密闭或废水处理系

统应密闭），恶臭气体经收集处理后排放。（2分）

考点分析与答题技巧：本题可参考《大气污染治理工程技术导则》（HJ 2000—2010）作答。但根据赋分要求，考生只写出原文而未结合案例实际的不得分。答案（1）答“掩蔽”“加盖”均不得分；答“垃圾焚烧系统封闭”给1分，“单独建焚烧设施”给2分。答案（2）只答“收集处理”也给2分，但只答“收集”给1分；答“渗滤液处理系统”不得分。

4．二期工程拟定的飞灰固化物处置去向是否合理？请说明理由。（5分）

【参考答案】

（1）合理。（2分）

（2）理由：

① 二噁英含量（1 μgTEQ/kg）满足3 μgTEQ/kg的限值要求。（1分）

② 浸出液中有害成分满足入场要求。（1分）

③ 水泥固化，含水率小于30%。（1分）

考点分析与答题技巧：根据赋分要求，理由只答“飞灰固化后满足生活垃圾填埋场入场要求”的，得1分；答“无法确定或不合理或不能，原因是：二噁英和浸出液满足入场要求，但不知道含水率，如含水率小于30%则合理或可以送生活垃圾填埋场的”，得5分；只答“不知道含水率，如含水率小于30%则合理或可以送生活垃圾填埋场的”，得3分。生活垃圾焚烧飞灰属危险废物，将一期、二期工程飞灰固化物送生活垃圾填埋场填埋处置合理。虽然要求不得照搬原文，但深刻记忆和理解导则、标准的要求，显然是十分重要的。

注：废物处理处置建设项目环评工作难度较大，其中选址的可行性与环境合理性，污染控制要求等要求十分严格，且公众参与工作难度大。有关不同类型的废物处理处置污染控制标准较多。此类案例考试，一般不会超出相关污染控制标准的要求，因此，考生需认真学习固体废物污染控制相关标准。

2014年之前考题（废物处理处置案例）

九、海水淡化及污水处理厂案例

试题一（2023 年考题）

2023 年第 5 题视频讲解

华北沿海地区某高新产业园区为向区内企业提供高品质工业用水，拟实施海水淡化项目。项目组成包括取水工程、海水淡化厂、淡水供水管线和浓海水排放管线。

取水工程包括 1 座取水泵站和 2 根 DN1200、长 13.5 km 的输水管线。取水泵站位于园区东北方向的海湾，与海水淡化厂距离 10 km，设计取水规模 32 万 m^3/d。原海水经布置在取水泵房内的格栅池拦截杂物后，由输水管线送往海水淡化厂。在取输水过程中，需连续添加次氯酸钠，同时冲击性添加非氧化型杀贝剂。

海水淡化厂位于园区东部，占地面积 10.8 hm^2，主要建设内容包括海水预处理及淡化车间、成品淡水池、污泥处理间、换热站、中和水池、废水池、泵房、变配电站和综合楼。

海水淡化厂采用“气浮→超滤→一级反渗透（SWRO）→二级反渗透（BWRO）”工艺生产淡水，海水输入量为 319 384 m^3/d，相应的淡水产量为 150 000 m^3/d，其中外供淡水 149 414 m^3/d，自用淡水 586 m^3/d。淡化过程产生的浓海水为 167 748 m^3/d，产生的排泥水为 1 636 m^3/d（泥所占体积忽略不计）。

海水淡化工艺过程为：首先在预处理工序向海水中投加三氯化铁（$FeCl_3$）和聚丙烯酰胺（PAM），并采用气浮法去除悬浮物、胶体等杂质；然后在淡化工序用盐酸调节 pH 值，再依次经超滤、投加次氯酸钠（NaClO）和两级反渗透等处理单元即制得成品淡水。气浮分离出的排泥水送污泥处理系统；超滤系统反冲洗水返回预处理工序，回收用于淡水生产；反渗透系统浓水即为浓海水，经浓海水排放管线外排入海。

按照反渗透系统的维护保养要求，生产期间需在一级反渗透进水池中投加抗氧化剂亚硫酸氢钠（$NaHSO_3$）和阻垢剂聚羧酸盐类等药剂，相应的药剂配制用淡水量为 519 m^3/d；需定期采用盐酸和氢氧化钠溶液对反渗透膜组件进行在线清洗，相应的淡水用量为 15 m^3/d。停产期间，需采用 1%～1.5%的 $NaHSO_3$ 保护液浸泡维护反渗透系统，并定期更换保护液。

海水淡化厂采用絮凝沉淀方式处理排泥水。在污泥处理间，首先向污泥浓缩池投加絮凝剂聚丙烯酰胺（PAM）、聚合氯化铝（PAC）等药剂，使排泥水中的微细颗粒形成絮凝物，相应的药剂配制用淡水量为 52 m^3/d；然后再采用带式浓缩机和板框压滤机进行固液分离，产生的泥饼量为 73 t/d，滤液量为 1 645 m^3/d。泥饼送生活垃圾填埋场。

海水淡化厂排水采用雨污分流制，生活污水经市政污水管网排往园区污水处理厂处理；浓海水、反渗透系统清洗废水、定期更换的保护液和污泥处理间滤液一并经浓海水排放管线外排入海；厂区雨水直接排入流经园区的 A 河。

淡水供水管线从海水淡化厂向南沿市政道路敷设至园区给水管网接口处，总长 1 850 m，管径 DN1200。

浓海水排放管线从海水淡化厂向东埋地敷设至设于临港港区的排海口，长 2 280 m，管径 DN1400。排放管线穿越港区港池堤岸的长度为 30 m，采用破堤方式施工；海域段水下管线长度为 100 m，采用抓斗挖泥船和 500 t 级船舶等进行施工。

经调查，浓海水排海口北侧 4.7 km 处为区域的河口湿地保护区，其主要保护要求为：维护河口湿地生态功能，保护鸟类栖息地，保障行洪排涝安全。排海口东南侧 11 km 处海域为金湾重要渔业功能区，其保护要求为：保护近海水生生物、洄游生物种群及产卵场，恢复中国对虾、三疣梭子蟹等经济鱼、虾、蟹与贝类资源，海水水质不低于二类标准，海洋沉积物质量和海洋生物质量不低于一类标准。该海域重要水生生物产卵繁殖期集中在每年 4 月 25 日—6 月 15 日。

排海口附近海域海水盐度约 31.8‰，浓海水排海口数值模拟预测结果表明：排海口大于 2‰的盐升包络面积为 1.29 km^2，最远距排海口 1.8 km；大于 5‰的盐升包络面积为 0.66 km^2，最远距排海口 1.2 km；盐升影响范围均局限在港口区内，对港区外部海域基本没有影响。

【问题】

1. 指出 NaClO、非氧化型杀贝剂、$FeCl_3$、PAM、PAC 等处理药剂的作用。（4 分）

【参考答案】

答案一：

（1）NaClO：去除海水中细菌病毒和海藻等微生物（1 分）。

（2）非氧化型杀贝剂：去除海水中贝类等软体动物（1 分）。

（3）$FeCl_3$、PAM：使海水中的悬浮物、胶体形成絮凝物（1 分），为气浮法创造条件。

（4）PAM、PAC：使排泥水中的微细颗粒形成絮凝物（1 分），为固液分离创造条件。

答案二：

（1）NaClO：消毒。

（2）非氧化型杀贝剂：去除海水中贝类等软体动物，防止附着在管道上堵塞管道。

（3）$FeCl_3$、PAM、PAC：絮凝剂，沉淀水中悬浮物。

考点分析与答题技巧：解答本小题需考虑化学药剂的特性和海水的特性。题干中提供了一些必要的信息，如“投加三氯化铁（$FeCl_3$）和聚丙烯酰胺（PAM），并采用气浮法去除悬浮物、胶体等杂质”等。若想深入了解此类项目，不妨到沿海地区的海水淡化厂做一次调研、或考察、学习。答案二稍简洁，实质内容与答案一一致。

2. 计算海水淡化厂泥饼的含水率。（2 分）

【参考答案】

答案一：

（1）泥饼含水量：1 636+52−1 645=43 m^3/d=43 t/d。（1 分）

（2）泥饼含水率：43 ÷ 73×100%=58.90%。（1 分）

答案二：

（1 636+52−1 645）/73=0.589 0=58.90%　（2 分）

考点分析与答题技巧：本小题只是一个简单的计算。根据题干给出的信息，“淡化过程产生的排泥水为 1 636 m^3/d（泥所占体积忽略不计）”“在污泥处理间，首先向污泥浓缩池投加絮凝剂聚丙烯酰胺（PAM）、聚合氯化铝（PAC）等药剂，使排泥水中的微细颗粒形成絮凝物，相应的药剂配制用淡水量为 52 m^3/d；然后再采用带式浓缩机和板框压滤机进行固液分离，产生的泥饼量为 73 t/d，滤液量为 1 645 m^3/d。”解答本小题，不应将简单问题复杂化，需要注意的是题干关于 1 636 m^3/d 排泥水括号中的“泥所占体积忽略不计”，那 1 645 m^3/d 的滤液更不应该考虑泥的体积了，至于泥饼的“量”用的是“t/d”而未用“m^3/d”需要考虑换算，也是无须多虑的，因为直接将忽略泥所占体积的泥水“m^3/d”视为“t/d”即可。

3. 指出涉海管线施工产生的主要环境影响。（4 分）

【参考答案】

答案一：

（1）挖泥船挖泥导致中国对虾、三疣梭子蟹等鱼虾蟹贝水生生物直接死亡，施工船只噪声、灯光对它们的惊扰；破坏沉积物、使悬浮物增加，海水水质恶化；水动力变化和地形地貌的改变；破坏它们生境。

（3）影响它们洄游和产卵。影响鱼、虾、蟹与贝类等的分布，导致生物资源直接损失量，海洋生产能力受损。

答案二：

（1）抓斗挖泥船和 500 t 级船舶的施工作业与运输对排海口北侧 4.7 km 的河口湿地保护区及河口湿地生态功能、鸟类栖息地的影响。

（2）对排海口东南侧 11 km 处海域金湾重要渔业功能区的影响，尤其是近海水生生物，中国对虾、三疣梭子蟹等经济鱼、虾、蟹与贝类资源，洄游生物种群及产卵场的影响。

（3）施工作业搅动泥沙对海域水环境质量的影响。

（4）对海洋沉积物质量和海洋生物质量的影响。

考点分析与答题技巧：本小题设问强调了“涉海管线施工”，答题的要点是“涉海”和“施工”。因此，本小题如果答了与涉海无关的内容则不得分，答的不是施工期而是营运期的内容也不得分。根据题干信息，“浓海水排放管线从海水淡化厂向东埋地敷设至设于临港港区的排海口，长 2 280 m，管径 DN1400。排放管线穿越港区港池堤岸的长度为 30 m，采用破堤方式施工；海域段水下管线长度为 100 m，采用抓斗挖泥船和 500 t 级船舶等进行施工”（提供了工程信息——工程活动或工程行为。主体），“经调查，浓海水排海口北侧 4.7 km 处为区域的河口湿地保护区，其主要保护要求为：维护河口湿地生态功能，保护鸟类栖息地，保障行洪排涝安全。排海口东南侧 11 km 处海域为金湾重要渔业功能区，其保护要求为：保护近海水生生物、洄游生物种群及产卵场，恢复中国对虾、三疣梭子蟹等经济鱼、虾、蟹与贝类资源，海水水质不低于二类标准，海洋沉积物质量和海洋生物质量不低于一类标准。该海域重要水生生物产卵繁殖期集中在每年 4 月 25 日—6 月 15 日”（提供了保护对象或影响对象的信息，以及保护要求。受体）。有了“主体”和“受体”，即可解答本小题。对鸟类保护区和金湾重要渔业功能区的影响主要考虑施工期 500 t 级航舶运输的影响。

也有考生回忆本小题设问为：给出施工期浓海水管线施工产生的主要环境影响。如果确实是这样设问的，则既要考虑陆地段施工的环境影响，也要考虑涉海段施工的环境影响，但一定要简洁。

4．给出施工期海洋环境影响减缓措施。（4 分）

【参考答案】

答案一：

（1）避开 4 月 25 日—6 月 15 日重要水生生物产卵期。

（2）严格控制施工范围。

（3）采用水帘围堰施工。

（4）选用环保型挖泥船。

（5）补偿造成的生态损失。

（6）加强施工期环境监理。

（以上答任意5项得满分）

答案二：

（1）采用低噪声、环境友好型挖泥船。

（2）施工期监控驱赶救助。

（3）合理安排施工期，避开重要水生生物集中产卵繁殖期、洄游期。

（4）设置人工鱼礁，增殖放流。

考点分析与答题技巧：本小题接续上一小题。上一小题设问的是环境影响，本小题设问的是减缓措施。因此，对应着上一小题的影响提出相应的环保措施即可。答案一与答案二均是可行的解答，并无实质性差别。

5. 给出浓海水排放对海洋生态环境影响分析的主要内容。（4分）

【参考答案】

答案一：

浓水排海影响海水水质和沉积物，破坏洄游生物种群及产卵场，影响海洋生物及其生境，使近海水生生物，尤其是中国对虾、三疣梭子蟹等经济鱼、虾、蟹与贝类资源生产能力受损，生物多样性下降、生物质量恶化。

答案二：

（1）根据模型预测浓海水排放的生态影响范围（0.5分），给出不同盐升梯度包络线范围图（0.5分）。

（2）结合现状海水盐度及水生生物对盐度的耐受性（0.5分），分析评价对影响范围内水生物的影响（0.5分）。

（3）估计影响范围内的生物多样性变化（0.5分）、生物质量的变化情况（0.5分）。

（4）分析、评价并明确对河口湿地生态功能及鸟类栖息地生境（0.5分）、金湾重要渔业生态功能区及重要保护渔业资源的影响（0.5分）。

（5）明确评价结论。

考点分析与答题技巧：根据《海洋工程环境影响评价技术导则》（GB/T 19485—2014）［该导则已被《环境影响评价技术导则　海洋生态环境》（HJ 1409—2025）替代］“表1 海洋工程建设项目各单项环境影响评价内容”，海水淡化等海水综合利用工程环境影响评价必选内容有“海水水质环境、海洋沉积物环境、海洋生态和生物资源环境、海洋水文动力环境、环境风险”，但本小题设问的是浓盐水排海对海洋生态环境影响的评价内容，则仅涉及其中的一项“海洋生态和生物资源环境”。该导则“10.8.3 环境影响评价结果”规定了海洋生态和生物（渔业）资源的影响评价内容和结果的“a～j”10项内容。但是，很显然不能抄导则。结合题干信息“排海口附近海域海水盐度约 31.8‰，浓海水排海口数值模拟预测结果表明：排海口大于 2‰的盐升包络面积为 1.29 km^2，最远距排海口 1.8 km；大于 5‰的盐升包络面积为 0.66 km^2，最远距排海口 1.2 km；盐升影响范围均局限在港口区内，对港区外部海域基本没有影响”。简要给出主要影响评价内容即可。答案一与答案二是从不同的角度进行解答，内容基本相似，但表述方式不同。

试题二（2017 年考题）

某县拟实施环境综合整治规划，规划方案由 R 河河道整治工程和污水治理工程两个项目组成，拟进行河道清淤、河岸修整和绿化，改善河道景观；对现状沿河排污口进行截流封堵，完善市政污水收集管网，新建污水处理厂，解决地区污水排放问题。

拟建污水治理工程建设内容包括截流封堵沿河 3 处排污口、修建 12 km 污水管道、新建一座二级生化污水处理厂。污水处理厂设计处理能力 5×10^4 m^3/d，选址于县城东南郊经济开发区的东侧，收水范围为沿河两岸老城区、经济开发区以及规划新城区。老城区生活污水和经济开发区生产废水现状排放量共计 2.6×10^4 m^3/d，经 3 个排污口排入 R 河。

污水处理厂工艺流程为：进水→格栅→沉砂池→A/A/O 生物池→二沉池→反应沉淀池→转盘滤池→消毒池→出水。排水执行《城镇污水处理厂污染物排放标准》一级 A 标准。设计 TP 总去除率为 92%，其中反应沉淀池和转盘滤池的除磷效率合计为 80%。污泥处理拟采用“浓缩脱水+生物干化”工艺，其中生物干化采用嗜高温好氧微生物进行好氧生物发酵；浓缩脱水后污泥产生量为 60 t/d（含水率 80%），生物干化处理后污泥产生量为 20 t/d（含水率 40%）。

该县城地势西高东低，R 河由西向东从县城中心穿过，R 河城区段长约 12 km，在县城入口处断面多年平均流量为 17.6 m^3/s，枯水期平均流量为 4.5 m^3/s，水域环境功能为Ⅳ类。R 河南岸老城区下游经济开发区主要行业为食品加工、机械加工等，区内有一座人工景观湖。北岸老城区东北方向约 2 km 处有一座燃煤热电厂，从 R 河引水为循环冷却水。污水处理厂外东侧有多处砖厂废弃取土坑和成片林地。污水处理厂达标尾水拟排入 R 河。

【问题】

1. 说明本项目可能的尾水资源化途径。（5 分）

【参考答案】

（1）用于人工景观湖（1 分）、燃煤热电厂循环冷却水（1 分）。

（2）用于砖厂废弃取土坑营造人工水塘、湿地（1 分）以及成片林地浇灌（1 分）。

（3）作为 R 河两岸老城区及经济开发区相关企业的中水利用（1 分）。

考点分析与答题技巧：本小题比较简单，因为题干已经提示了相关信息。尾水资源化，就是尽可能就近综合利用。处理后的尾水达到一级A标准，水质较好。题干提到"区内有一座人工景观湖。北岸老城区东北约2 km处有一座燃煤热电厂，从R河引水为循环冷却水。污水处理厂外东侧有多处砖厂废弃取土坑和成片林地"。这些信息为尾水资源化利用提供了途径。答案直接从题干中摘取即可，难度不大。

2. 计算本项目生物除磷效率。（4分）

【参考答案】

算法一：

设生物去除率为 x，根据题干给出的污水处理工艺，可列方程式：

1−92%=（1−x）（1−80%） 解方程得 x=60%

算法二：

设生物去除率为 x，92% = x+（1−x）80% 解得 x=60%

考点分析与答题技巧：根据题意，无论是按设计处理的废水总量，还是实际处理的废水总量，处理的废水中TP是定数。设计的去除率不变，可按TP去除量或处理后中水中剩余的TP量分别列式计算。既然设计TP去除率为92%，则处理后排放的中水中TP的含量为8%。从污水处理工艺过程来看，先是经过A/A/O处理总磷后，剩余的P再经反应沉淀池和转盘滤池处理。算法一即根据处理后的中水中剩余或残留的TP量列的算式，算法二则是按处理去除P的总量列式的。本小题明确要求"计算"，因此，列计算公式（或方程，或分别计算过程）是必要的。这是初中数学知识在环评工作中的应用，基本无难度。

3. 定性说明本项目的水环境改善作用。（5分）

【参考答案】

（1）清淤。河道清淤去除沉积在底层的污染物，有利于改善河道水环境。（1分）

（2）截污。对现状排污口进行截流封堵，完善市政管网，将大幅减少向河道排放污水。（1分）

（3）污水处理。建设污水处理厂，不仅可对污水进行处理，还可将污水资源化，解决城区污水排放问题，避免向河道排放污水。（1分）

（4）景观改造和绿化（2分）。对河岸进行修整和绿化，改善河道景观，一定程度上也可以起到改善水环境的作用。

考点分析与答题技巧：根据题意，本项目"拟进行河道清淤、河岸修整和绿化，改善河道景观；对现状沿河排污口进行截流封堵，完善市政污水收集管网，新建污水处理厂，解决地区污水排放问题"体现了清淤、截污、污水处理、景观改造和绿化的河道整治理念。这是一个完整的解决城市河道污染的治理体系。但定性说明不好组织语言，这方面需要斟酌语言。本小题从 4 个方面解答，希望有助于大家理解。

4. 给出本项目污泥资源化利用方式和去向（限 2 项），并说明理由。（6 分）

【参考答案】

（1）浓缩脱水后的污泥（1 分）可用于土地整治利用（1 分）。如填充污水处理厂外东侧的多处砖厂废弃取土坑。理由是其含水率低，可用于填整场地。（1 分）

（2）生物干化处理后的污泥（1 分）可用作有机肥，用于农业肥田（1 分）。生物干化污泥进行好氧生物发酵，含有较丰富的有机质。（1 分）

考点分析与答题技巧：根据题意，本项目污水处理工艺为针对生活污水以生物处理为主的污水处理厂。污泥处理拟采用“浓缩脱水+生物干化”工艺，其中生物干化采用嗜高温好氧微生物进行好氧生物发酵；浓缩脱水后污泥产生量为 60 t/d（含水率 80%），生物干化处理后污泥产生量为 20 t/d（含水率 40%）。注意，关于污泥资源化利用方式及去向，实践中视污泥情况有很多方式和去向，但本小题限 2 项，如果答多了，不但浪费时间，也不会得分。

注 1：本案例虽然是以“环境综合整治”的名义将河道整治与污水处理厂相结合出的一道考题，但考的内容还是污水处理厂。

注 2：2018 年生态环境部颁布了《排污许可证申请与核发技术规范　水处理（试行）》（HJ 987—2018），其中的污染物处理处置措施对解答此类项目的“环境保护措施或设施”等是有重要指导作用的，请考生注意学习。

试题三（2015 年考题）

某城市现有污水处理厂设计规模为 30 万 m^3/d，采用“A^2O+高效沉淀+深床滤池”处理工艺，处理后尾水达到《城镇污水处理厂污染物排放标准》一级 A 标准后排入景观河道。厂区内主要构筑物有进水泵房、格栅间、曝气沉砂池、生物池、二沉池、高效沉淀池、深床滤池、污泥浓缩脱水机房和甲醇加药间（内设 6 个甲醇储罐，单罐最大储量为 16 t）。其中，进水泵房和污泥浓缩脱水机房分别采用全封闭设计并配套生物滤池除臭设施，废气净化后分别由 15 m 高排气筒排放。

拟在厂区预留用地内增建 1 座污泥处置中心，设计规模为 160 t/d，总绝干污泥量采用“中温厌氧消化+板框脱水+热干化”处理工艺。经处理后污泥含水率 40%，外运作为园林绿化用土。污泥消化产生的沼气经二级脱硫处理后供给沼气锅炉。沼气锅炉生产的热水（80℃）和热蒸汽（170℃）作为污泥消化、干化的热源。污泥脱水产生的滤液经除磷脱氮预处理后回流污水处理厂。

新建污泥处置中心的主要构筑物有污泥调理间、污泥消化间、污泥干化间和污泥滤液预处理站。其中，污泥调理间、污泥干化间和污泥滤液预处理站均采取封闭压排风设计，分别配套生物滤池除臭设施（适宜温度 22～30℃），废气除臭后分别经 3 根 15 m 高排气筒排放。污泥干化产生的废气温度 60～65℃，H_2S、NH_3 浓度是其他产臭构筑物的 8～10 倍，沼气罐区与污水处理厂甲醇加药间相距 280 m，设有 16 个 800 m^3 的沼气囊（单个沼气囊储气量为 970 kg）。

本项目所在地区夏季主导风向为西南风，现状厂界东侧 650 m 有 A 村庄，东南侧 1 200 m 有 1 处新建居民小区。本项目环评第一次公示期间，A 村庄有居民反映该污水处理厂夏季常有明显恶臭散发，导致居民无法开窗通风，并有投诉。

经预测分析，环评机构给出的恶臭影响评价结论为：污泥处置中心 3 根排气筒对 A 村庄的恶臭污染物贡献值叠加后满足环境标准限值要求，本项目对 A 村庄的恶臭影响可以接受。

注：《危险化学品重大危险源辨识》（GB 18218—2018）中沼气临界量 50 t，甲醇临界量 500 t。

【问题】

1．污泥干化间废气除臭方案是否合理？请说明理由。（5 分）

【参考答案】

不合理。（2 分）

理由：（可答下列之一，3 分）

（1）废气温度过高、浓度过高，不适用生物滤池法。

（2）除臭效率不稳定。

（3）改为以下方法：碱洗+酸洗；喷淋降温+生物滤池法；生物滤池法+活性炭吸附法。

考点分析与答题技巧：本小题看似简单，要答全则不易。“不合理”和“废气温度高”可以确定，但其他答案则需要对工程、臭气处理的其他工艺技术及生物滤池除臭工艺有一定的了解才行。但本小题评分时并未要求将3条理由全部答上，只要求答上1条即可。

2．本项目是否存在重大危险源？请说明理由。（5分）

【参考答案】

不存在重大危险源。（1分）

理由：$q_1/Q_1+q_2/Q_2$=6×16/500+0.97×16/50=0.5＜1。（4分）

考点分析与答题技巧：根据评分要求：公式正确，计算结果或判定结果错误得2分；没有公式，仅有判断结果得2分；未考虑危险源叠加而分别判定得1分；未进行计算直接判定不得分。重大危险源确定的方法需掌握。此外，考试时凡涉及计算的，一定要给出计算公式或过程。考生须认真学习《建设项目环境风险评价技术导则》（HJ 169—2018）。

3．给出本项目大气环境质量现状评价监测因子。（4分）

【参考答案】

H_2S、NH_3、臭气浓度（答“臭气”“恶臭”不得分）、甲硫醇、SO_2、NO_x（NO_2）。

考点分析与答题技巧：根据评分要求，以上因子，答上1个得1分，答满3个得4分。当然，最高不超过4分。

4．指出环评机构的恶臭影响评价结论存在的问题。（6分，每项2分）

【参考答案】

（1）预测未叠加A村庄现状值。

（2）未考虑项目的无组织排放（或答“其他产臭构筑物”）。

（3）未考虑公众意见（或答“未提出以新带老建议”，或“未给出提高现有除臭效率的措施”）。

考点分析与答题技巧：其实本小题主要考查的是恶臭对A村庄影响情况。由于是技改工程，原来存在恶臭污染（公众意见有反映），应该考虑叠加现状值；同时，此类项目存在无组织排放也是应该考虑的。关于答案（3），题干已突出此问题，必须答上。

2014年之前考题（海水淡化及污水处理厂案例）

十、验收调查与验收监测案例

试题一（2020 年考题——水电工程验收调查）

西南地区某水电站为 R 河水电规划的最末一级，该水电站于 2014 年取得环评批复，于 2015 年开工建设，并于 2019 年建成，现进行竣工环境保护验收工作。该水电站采用引水式开发，装机容量为 340 MW，水库正常蓄水位 1 782 m，死水位为 1 750 m，调节库容为 269 万 m^3，具有日调节功能。该水电站由主体工程和移民安置工程组成，主要包括枢纽大坝、引水隧洞、发电厂房、业主营地等永久工程和综合加工厂、综合仓库，施工营地、渣场、料场等施工临时辅助工程；移民安置工程包括 2 处集中移民安置点、1 家迁建企业和 7.5 km 复建公路，坝址多年平均流量 282 m^3/s。正常蓄水位 30 m（这个没有说清楚，应该是考生题干回忆不全面所致），水库库区长 8.5 km。大坝与发电厂房尾水汇入口之间减水河段长 7.8 km，沿岸无生活取用水需求。发电厂房尾水汇入口与下游河口之间河段长 20 km，目前为天然河尚无开发利用。

环评文件载明的工程区域环境概况为：坝址上游左岸分布有一处国家级森林公园，森林公园边界与大坝工程区最近 500 m，与水库淹没线最近 300 m，水库淹没及工程占地区域植被主要为流域内广泛分布的稀树灌草丛，零星分布有国家Ⅱ级保护植物红椿，未见保护动物活动；工程区河段土著鱼类均喜流水生境，产黏性卵，产卵期（3—4 月）需一定涨水刺激，坝址下游共分布有 3 处土著鱼类产卵场，分别位于坝下 3 km，厂房尾水汇入口下游 1 km，厂房尾水汇入口下游 15 km。

环评及批复文件的主要环境保护措施包括：建设生态流量泄放洞及在线监控系统，坝址处常年泄放不少于 30 m/s 的生态基流，在业主营地范围内建设鱼类增殖放流站，对受影响的鱼类进行增殖放流，修建鱼道；移栽受影响红椿，恢复施工迹地植被等。同时提出 2 处集中安置点和企业、公路复建等工程需开展专项环评的要求。

竣工环境保护验收拟定的调查范围为水库淹没区，主体工程施工区及坝下受影响河段。

工程调查显示：主体工程建设内容及主要技术指标与环评基本一致；施工场

地有局部调整，将 1 处综合加工厂和 1 处施工营地调整至原施工征地范围外，新增占地不涉及森林公园。同时边坡及隧洞开挖不存在倾渣的情况。

环境保护措施落实调查显示：建设单位每月采用人工监测的方法对下泄流量进行定期监测；将鱼类增殖站调至业主营地外，位于原设计下游约 2 km，增殖放流对象、规模、规格未发生变化，其余环境保护措施均按照原环评及批复文件进行落实。

水文情势调查显示：汛期（7—9 月）因大坝泄洪，减水河段流量大于 30 m^3/s，非汛期均维持 30 m^3/s，受电站日调峰运行影响，非汛期日内发电流量最大变幅达 39.7 m^3/s，发电厂房尾水汇入口下游 5 km 范围内河道水位日内波动显著。

水生生态影响调查显示：工程运行后，坝下游河段鱼类组成较工程建成前未发生变化，减水河段鱼类产卵场产卵规模及厂房尾水汇入口下游 1 km 处的产卵场鱼苗孵化率有下降趋势，但由于验收调查时工程运行时间短，尚无法判断对鱼类资源的影响程度。

【问题】

1．竣工环境保护验收调查范围是否合适？请说明理由。（4 分）

【参考答案】

（1）不合适。（2 分）

（2）理由：遗漏了原环评阶段纳入评价的引水隧洞、发电厂房、业主营地等永久工程和综合加工厂、综合仓库，施工营地、渣场、料场等施工临时辅助工程等所在区域（1 分。或答“未涵盖应该纳入验收的环评阶段的全部工程所在区域”，或答“遗漏了应纳入验收的环评阶段的其他工程所在区域”，或答“遗漏了除另行专项环评的 2 处集中安置点和企业、公路复建等以外的其他永久工程和施工临时辅助工程所在区域”）；水文情势与水生态调查范围应该延伸至下游河口处（1 分，或答“凡是引起水文情势变化的区段均应考虑”）。

考点分析与答题技巧：本小题设问及解答均很别扭，因为竣工环保验收范围一般分为工程范围和地理范围两个层次：工程范围应包括环评所包括的所有工程，特别是环境保护工程；地理范围一般应与环评阶段的各环境要素评价范围一致（如有变更应根据变更情况重新确定）。本小题显然要求回答地理范围，但题干却未提供环评阶段各环境要素的评价范围。而题干提供的诱导性解答方向“竣工环境保护验收拟定的调查范围为水库淹没区，主体工程施工区及坝下受影响河段”似乎只是水环境或水生生态的评价范围。本小题解答时应避免将“2 处集中安置点和企业、公路复建等工程”纳入验收调查范围，否则为原则性错误（因为这些工程要求开展专项环评，应另行专项环保验收）。其实，根据国务院 682 号令，建设项目竣工环境保护验收的本质性工作应该是对环境保护设施的验收，即应关注工程范围。对本项目而言，环保验收应该重点验收施工期各类临时工程施工迹地的恢复情况、红椿移植保护情况、过鱼设施、鱼类增殖放流站、生态流量泄放设施及在线监控系统，以及为保护坝下鱼类种质资源保护区而采取的生态调度方案落实情况等。

2. 指出陆生生态验收调查的重点内容。（3 分）

【参考答案】

（1）1 处综合加工厂和 1 处施工营地调整至原征地范围外造成的环境影响（或答“污染与生态影响”，0.5 分）以及采取的环保措施与效果（0.5 分）。

（2）施工迹地植被恢复情况（或答“综合加工厂、综合仓库，施工营地、渣场、料场等施工临时辅助工程等施工迹地植被恢复情况”，1 分）。

（3）红椿移植保护情况（0.5 分）。

（4）施工对邻近的国家级森林公园影响情况及采取的生态保护措施（0.5 分）。

考点分析与答题技巧：本小题设问为陆生生态验收调查的重点，则施工迹地恢复、红椿移植保护是很明显的两个重点，但一定要关注变更工程情况。另外，由于邻近国家级森林公园，施工期间是否对森林公园及其保护对象造成不利影响，也是应该重点调查的内容。

3. 指出鱼类增殖放流措施落实情况调查的重点内容。（4 分）

【参考答案】

（1）鱼类增殖站调整的原因（依据或其合法合规性，0.5 分），以及调整前后环境影响的变化及环境影响的可接受性（0.5 分）。

（2）鱼类增殖站布局、相关设施建设及管理情况。（1 分）

（3）鱼类繁育情况。（或“繁育的鱼种、规模等实际情况”，1 分）

（4）放流站位置及放流设施建设情况。（1 分）

考点分析与答题技巧：根据题干信息，鱼类增殖站位置发生了调整，无疑需要对调整的原因、依据或合规性进行调查，对调整前后占地及施工造成的影响等进行调查；尽管题干已明确“增殖放流对象、规模、规格未发生变化”，但对其实际建设内容、鱼种繁育情况仍应调查清楚，因为验收调查阶段可能只是初级阶段，很多情况下并未进行增殖放流能力。另外，需要注意的是，放流站与增殖站是不同的，放流站位于河道岸边，也是需要配套建设相应的设施的。

4. 针对工程及环境保护措施落实情况的调查结果，建设单位应完成哪些整改内容？（5 分）

【参考答案】

（1）将目前的生态流量下泄“人工每月监测”整改为按环评要求安装“在线监控系统”。（1 分）

（2）坝下 3 km 处于减水河段的产卵场所需的生境条件或水文情势的维护措施。（1分）

（3）厂房尾水汇入口下游 1 km 处的鱼类产卵场流量变幅的调控措施。（1分）

（4）与上游梯级电站联合调度方案，确保原库区河段喜流水生境的鱼类在库尾上游有一定的流水生境。（1分）

（5）优化调度方案，在鱼类产卵期（3—4 月）加大泄流量（或人造洪峰）以刺激鱼类产卵。（1分）

考点分析与答题技巧：本小题设问为针对“工程”及“环保措施落实”存在的不当或不符合环评要求的问题进行完善或整改，即指出需要整改的问题即可。首先，生态流量泄放监控由人工每月监测不符合环评要求，其次，坝下 3 km 处鱼类产卵场的水文情势须切实维护，否则将受到破坏；最后，发电厂房尾水汇入口下游 1 km 处有一处产卵场，但所处河段流量、水位日内变幅大，产卵场将受到影响，应提出控制措施。另外，由于本项目为河流梯级开发的最末一级，则须与上游梯级电站联合调度，否则原库区河段喜流水生境的鱼类将无适宜的生境河段，同时生态流量的泄放也将没有保障。

5. 针对短期未显现的鱼类资源影响，应提出哪些后续的环境保护工作建议？（4 分）

【参考答案】

（1）制定长期调查、监测计划，并按计划实施。（1 分）

（2）根据长期调查、监测结果，若造成产卵场孵化率下降，鱼类资源受到明显影响，则应制订科研计划（1 分），进行深入的科学研究，弄清原因，并提出解决对策与措施（1 分）。

（3）适时开展环境影响后评价。（1 分）

考点分析与答题技巧：根据题干提供的信息“工程运行后，坝下游河段鱼类组成较工程建成前未发生变化，减水河段鱼类产卵场产卵规模及厂房尾水汇入口下游 1 km 处的产卵场鱼苗孵化率有下降趋势，但由于验收调查时工程运行时间短，尚无法判断对鱼类资源的影响程度”，那就需要进行长期调查或监测；如果长期调查、监测的结果表明鱼类资源确实受到影响，无疑应进行深入研究（这也是 HJ/T 88—2003、HJ 19—2022 的规定），而研究的目的也是解决问题，应提出补救措施；另外，进行环境影响后评价也是生态环境部相关规范性文件的要求。这三个方面的工作是主要的，当然还可以进行其他方面的工作。

试题二（2019 年考题——汽车喷涂项目验收监测）

由于 2019 年度的汽车整车喷涂项目验收案例（属于以污染影响为主的验收监测类）题干信息缺失，本书只能将问题列出，并根据 5 个小问及可能的题干情况提供一个思考方向，供备考者参考。

【问题】

1．指出本项目验收应重点调查的废气、废水环保设施。

根据《国务院关于修改〈建设项目环境保护管理条例〉的决定》（国令第 682 号），竣工环保验收以“环境保护设施”为重点，即环评报告提出的，特别是生态环境行政主管部门批复文件要求的环保措施或设施为验收重点。对于考试，这些措施或设施在题干中会给出，考生只需从题干信息中将废气、废水治理或处理的环保设施找出答上即可；若题干不直接给出环保设施，但隐含在相关内容中，考生需根据题干信息判断建设项目必须采取相应的环保设施。

2．本项目 X 车间废气的监测方案是否合理？

关于竣工验收的废气监测，国家是有监测规范的，应该依照规范采样，包括监测孔或取样位置，或排气筒断面取样点位布设、采样方法与频次等。从本小题来看，本次验收监测主要是监测企业废气排放是否符合国家或地方规定的排放标准及排污许可要求。因此，在排气筒出口或能够反映污染物排放量的适当位置布设监测点位是必要的。如果安装有环保设施，且环评报告或批复文件要求环保设施需达到一定的效率，则在环保设施前后均应布设采样点位。取样应在一定稳定的生产运行周期内分批次取样。

3．本项目废水总排放口需要增加监测的污染物有哪些？

对废水排放口的验收监测，应根据废水类型，特别是污水中的污染物种类，确定监测指标，一般应包括常规污染和特征污染物，尤其是一类污染物或特征污染物切不可遗漏。从本小题来看，题干中应该给出了废水排放口的一些监测指标，但有所遗漏，考生应该根据题干信息，判断出应该补充或增加的监测指标。

4．磷化改锆化处理工艺，现场检查有哪些内容？

2015 年 12 月 30 日，环境保护部发布了《关于印发建设项目竣工环境保护验收现场检查及审查要点的通知》（环办〔2015〕113 号）并附了水电等 9 个行业建设项目环境保护验收现场检查及审查要点，之后又发布了其他行业的验收要点。

这些要点虽然当时主要是为环境保护行政主管部门执法人员提供依据，但企业或为企业服务的中介机构、技术人员也是应该了解的。作为考试答题，只需将主要的答上即可。

5．指出危险废物暂存设施现场检查的主要内容。

尽管本小题也是“现场检查”，但实际上是考查考生对危险废物暂存场所污染控制标准的掌握情况，同时也是在考查考生对有关危险废物管理的法规等要求的掌握程度。或许题干中给出了一些可用作答案的信息，但即使不直接给出环保设施，考生也应该根据危险废物暂存设施必须采取的“三防”要求或管理要求给出答案。

注：2017年10月1日《国务院关于修改〈建设项目环境保护管理条例〉的决定》（国令第682号）实施后，建设项目竣工环境保护验收由环境保护行政主管部门的行为变为建设单位的自主行为，而且验收工作突出了针对“环保设施”的验收。该条例要求：编制环境影响报告书、环境影响报告表的建设项目竣工后，建设单位应当按照国务院环境保护行政主管部门规定的标准和程序，对配套建设的环境保护设施进行验收，编制验收报告。建设单位在环境保护设施验收过程中，应当如实查验、监测、记载建设项目环境保护设施的建设和调试情况，不得弄虚作假。除按照国家规定需要保密的情形外，建设单位应当依法向社会公开验收报告。随后环境保护部发布了《建设项目竣工环境保护验收暂行办法》和针对以污染影响为主的《建设项目竣工环境保护验收技术指南　污染影响类》，并启动了以生态影响为主要建设项目环保设施验收规范的修订工作。2021年，生态环境部发布了一批行业建设项目竣工环境保护设施验收规范，下一步随着相关法律法规的完善和其他有关行业验收规范的修订，建设项目竣工验收将进一步得到规范。

试题三（2018 年考题——水利工程验收调查）

某新建成的水利工程位于平原区，功能为防洪、城市供水和灌溉。工程由拦河坝、提灌工程、护岸工程、排涝工程、城市供水提水工程和附属工程组成。水库正常蓄水位 139.4 m，校核洪水位 144.1 m，坝址控制流域面积 14 860 km^2，城市供水提水工程取水口位于大坝上游左岸距大坝 780 m 处。工程永久占地 362 hm^2，临时占地 21 hm^2，部分占地为耕地。岸区周边土地利用类型以耕地为主，其中水田占 63%，水库回水区内左、右岸各有 1 条支流汇入，入库河流执行III类水质标准。

经行政主管部门同意水库已蓄水至正常蓄水位。现开展该水利工程的竣工环境保护验收调查。据环评报告书记载，左岸入库支流上游 15 km 河段沿岸分布有工矿企业及固体废物堆存场，工业废水排放总量约 6.8 万 m^3/a。环评批复文件要求，应进一步加强排涝设施等建设，减轻对农业生态的影响；水库应按集中式生活饮用水地表水源地进行管理与保护。

据初步调查，工程建设内容与环评批复的工程建设内容基本一致：坝前断面各项水质监测指标达标；按工程设计方案，坝下左、右两岸各设 1 个弃渣场，均占用耕地。施工过程中只启用了左岸弃渣场，工程施工总弃渣量与设计的总弃渣量基本一致；已按设计要求完成沿岸农田排涝设施的改建，沿岸农田灌溉回归水就近排入库区；当地已编制饮用水水源地保护方案，正上报审批。

【问题】

1. 提出水库水质监测断面布设方案。（5 分）

【参考答案】

（1）提灌工程取水口处。

（2）城市供水提水工程取水口处。

（3）左岸和右岸支流汇入水库入口处。

（4）坝前、库区中心和库尾处。

（5）受农田灌溉回归水影响的水域。

考点分析与答题技巧： 无论是环境影响评价，还是竣工环保验收，对监测工作均十分重视，在环评考试中也多次出现。本小题只要在答题草纸上依题干画出一个草图，便可知悉应该在何处布设断面或点位，难度不大。如果仅从本小题的设问来看，似乎只在库区布设监测断面即可（这是必需的，也是本小题最合适的得分项）。但在实际验收监测工作中，我们还要考虑与其相关的其他断面。

2. 说明本工程农业生态影响调查的主要内容。（5 分）

【参考答案】

（1）调查工程施工建设期间实际永久和临时征占的农田类型（水田、旱田）、分布与面积、损失补偿。

（2）调查水库淹没的水田和旱田分布与面积。

（3）调查左岸弃渣场占用耕地的类型与面积，调查右岸弃渣场未启用的原因，原拟弃于该地的弃渣去向及其环境合理性与环境保护措施情况。

（4）库区蓄水和灌区灌溉导致的农田土壤潜育化、盐碱化情况。

（5）沿岸农田排涝设施实际建设情况及效果。

考点分析与答题技巧：注意，本小题问的是“农业生态影响调查”，与环评的环境影响有类似之处，只不过环评是预测未知，而验收是调查“实际”。水利水电工程对农业生态的影响主要表现在占地、淹没、灌溉等方面。结合题干，本项目施工建设期间征占了农田、水库淹没了农田、两个弃渣场占用了农田（其中一个未启用）、引水灌溉农田，还有农田排涝设施建设（改建）。如此梳理，基本能够答全。但要注意“简答”，不要答太复杂了。另外，施工期间征占农田造成的损失与补偿、各类临时工程占用农田后的恢复及效果等，虽然也是调查内容，但属于“措施”方面的内容，可以不答，答上了也不算错。

3. 弃渣场验收调查应包括哪些主要内容？（5 分）

【参考答案】

（1）右岸弃渣场未启动的原因及现状耕地利用情况。

（2）左岸弃渣场实际弃渣量与原设计弃渣量的一致性或差异量。

（3）左岸弃渣场采取的拦挡、截排、防护等工程措施情况，尤其是采取的生态恢复措施及效果。

（4）左岸弃渣场占用的是耕地，最终是否恢复为耕地或对原耕地的补偿情况。

（5）在工程施工总弃渣量与设计的总弃渣量基本一致且右岸弃渣场未启动的情况下，剩余弃渣的去向或其处理处置情况及其环境符合性调查。

考点分析与答题技巧：本小题在相关项目的验收调查与讲课中均作为重点讲过，考生答此题难度并不大。注意的要点有：产生的弃渣总量基本未变、右岸弃渣场未启动、弃渣场需要采取工程措施和生物措施、弃渣场占用的是耕地。当然，在考场上难以很好地组织语言，答上要点即可。

4. 针对水库担负的城市供水功能，应关注哪些调查内容。（5分）

【参考答案】

（1）“水库建成后按集中式饮用水水源地管理与保护”的要求是否在上报审批的水源地保护方案中充分落实（或答“水源地保护方案是否合法合规”）。

（2）调查左岸入库支流上游 15 km 河段沿岸工矿企业废水类型、主要污染物等情况，调查固体废物堆存场所存废物属性、数量及采取的环保措施情况，明确是否存在问题，如存在问题应依法整治，确保不会对水库水质造成污染或风险隐患（或答“左岸支流上游工业废水和固体废物堆存场是否对水库构成威胁”）。

（3）对沿岸农田灌溉回归水就近排入库区应采取整改措施，满足要求方可排入库区，防止农药污染及库区富营养化（或答“农田回归水水质、水量及对水库造成的影响”）。

（4）水库环境管理制度与环境监测计划。

（5）水环境风险应急预案。

考点分析与答题技巧：根据题干信息“当地已编制饮用水水源地保护方案，正上报审批”说明水源地划分与保护方案已完成，只是其中的主要内容是否体现环评批复要求和法规要求应调查说明。本小题最关键的是“左岸入库支流上游 15 km 河段沿岸分布有工矿企业及固体废物堆存场”且工业废水排放总量较大（约 6.8 万 m^3/a），还有灌溉回归水的问题。当然管理、监测、环境应急也不应忽略。在给出的参考答案中括号内的更简洁，更便于在考场答题。

试题四（2017 年考题——原油管道验收调查）

华北地区某原油管道工程于 2014 年取得环评批复，2016 年建成试运行，现拟开展竣工环境保护验收调查。工程起于 A 首站，由南向北终于 B 末站，全长 88 km，管道常温输送中东进口原油（含硫率 1.82%），规模为 800 万 t/a，设计压力为 5.1 MPa，管材为ϕ599×6.4 的 L360 螺旋埋弧焊钢管。A 首站建设 4 台输油泵、3 台给油泵、6 个 10 万 m^3 外浮顶储罐、1 套含油污水处理设施和 1 套一体化生活污水处理设施，B 末站建设 1 套计量设施和 1 套一体化生活污水处理设施。

管道路由包括 KⅠ段和 KⅡ段，KⅠ段（K0～K43）长 43 km，位于滨海冲积平原区，KⅡ段（K43～K88）长 45 km，位于平原微丘区。管道施工方式以开挖敷设为主，施工作业带宽 16 m。K14～K14+280 段和 K26～K26+450 段管道采用定向钻从河床下 15 m 处由南向北分别穿越 C 河和 D 河，并在 D 河两岸各设 1 座自动截断阀室。工程站场和截断阀室永久占地 2.33 hm^2，施工作业带和施工便道临时占地 140.93 hm^2。

环评文件中记载的管道沿线基本情况为：KⅠ段占地类型多为水田和滩地，K0～K7 段邻近 E 湿地自然保护区，A 首站和管道距该保护区实验区边界最近距离分别为 0.18 km、0.15 km，距核心区边界最近距离分别为 5.2 km、3.5 km。植被样方调查表明，保护区植被类型主要为芦苇群落、碱蓬草群落等，多分布在核心区。核心区是鸟类的越冬地和繁殖地，有东方白鹳、黑鹳、丹顶鹤等 6 种国家一级保护动物；实验区用地现状多为水田和滩地。C 河和 D 河均属引黄输水河道，引黄输水期为每年 6—9 月。KⅡ段多为旱地，农作物主要为玉米、小麦和棉花。K65～K78 段管道两侧 0.2 km 范围内有黄村等 5 个村庄。

环评文件批复要求：管沟施工须实施土壤分层开挖、分别堆放、分层回填，在附近 E 湿地自然保护区段禁止设施工营地、排放试压废水；穿越引黄河段管道施工，禁止设泥浆池，废弃泥浆异地处理，且须避开引黄输水期；引黄河流两侧设自动监控、自动阻断设施，管道穿越河流段和管道邻近保护区段配备用于溢油拦截与回收的应急物资，A 首站设事故污水应急收集池、布设地下水监测井。

建设单位提供的资料表明：由于 K65～K78 段管道路由局部改移，最大偏移距离 0.8 km，工程管线实际长度增加了 3 km。C 河穿越段管道施工时间为 2015 年 10—11 月，因地质原因 C 河穿越段管道施工方式由定向钻改为大开挖，并将管道敷设在洪水冲刷线以下 4 m，管道壁厚增加 3 mm。其他工程实际建设内容与批复的环评文件一致。验收调查期间实际输油量按设计压力折合 709 万 t/a。

竣工环境保护验收调查方案提出：调查局部改移段环境保护目标，生态影响调查阶段侧重核算原评价范围内工程占地面积变化及施工作业带上农作物损失情况，开展环保措施运行效果验收监测，检查环评文件提出的环境风险防范与应急措施落实情况及突发环境事件应急预案备案情况等。

【问题】

1．验收调查期间运行工况是否满足竣工环保验收工况要求？（2 分）

【参考答案】

（1）满足。（1 分）

（2）此类项目在工程正常运行情况下即可开展验收调查工作。（1 分）

考点分析与答题技巧：在竣工环保验收案例考试中，类似工况之类的情形已考过多次了。依据《建设项目竣工环境保护验收技术规范　生态影响类》（HJ/T 394—2007），对于水利水电项目、输变电工程、油气开发工程（含集输管线）、矿山采选可按其行业特征执行，在工程正常运行的情况下即可开展验收调查工作。不严格要求达到 75%以上。2017 年国令第 682 号对《建设项目环境保护管理条例》做出修改，环境保护部《关于发布〈建设项目竣工环境保护验收暂行办法〉的公告》（国环规环评〔2017〕4 号）不再强调验收工况，要求以环保设施正常运行为原则，而且由建设单位按规定自主进行验收。

2．给出 K65～K78 改移段环境保护目标核查的主要内容。（3 分）

【参考答案】

（1）与环评阶段相比，核查改移前 5 个村庄在改移后管道沿线的分布情况及与管线的实际距离，明确哪些仍在影响调查范围内，哪些已经不在影响调查范围内。（1 分。简言之，核查 5 个村庄与改移后的管线实际距离，明确影响范围内的保护目标数量）

（2）核查由于改移线位偏移，影响范围内新增加的环境保护目标数量及与管线的距离。（1 分）

（3）核查实际征占农田面积及造成的农作物损失情况。（1 分）

考点分析与答题技巧：注意，本小题要求回答的是对改移段“环境保护目标”的核查内容。线路改移，原环评阶段确定的环境保护目标与线路的位置关系必然随之变化，原有的保护目标可能不在影响范围内而不必再作为保护目标，也可能会有新增的环境保护目标。这些内容从题干提供的信息基本可以给出相应的答案，如“K65～K78 段管道两侧 0.2 km 范围内有黄村等 5 个村庄”“最大偏移距离 0.8 km”“KⅡ段多为旱地，农作物主要为玉米、小麦和棉花”。验收调查方案提出“生态影响调查阶段侧重核算原评价范围内工程占地面积变化及施工作业带上农作物损失情况”等。

3. 给出邻近湿地自然保护区段管道施工生态影响验收调查的主要内容。（5 分）

【参考答案】

（1）调查施工期在邻近湿地自然保护区段是否存在设置施工营地、排放试压废水等环评批复禁止的行为。（1 分）

（2）调查、核实 A 首站和管道与保护区边界实际的距离（1 分），是否存在线位变更情况（更加靠近或进入保护区的施工行为）。

（3）施工作业带宽度控制是否符合环评要求。（1 分）

（4）核查施工期间管沟施工需实施土壤分层开挖、分别堆放、分层回填等措施。（1 分）

（5）调查对保护区鸟类，特别是对东方白鹳、黑鹳、丹顶鹤等 6 种国家一级保护动物造成的实际影响情况。（1 分）

考点分析与答题技巧：一般而言，施工期已经结束，再调查施工期生态影响已无实际意义。施工期的环境影响与管理应该由建设单位实施的“环境监理”来负责。当前，竣工环保验收调查的核心内容是调查环保措施或设施的落实情况及效果。根据题干信息，在附近 E 湿地自然保护区段禁止设施工营地、排放试压废水，这是环评批复的要求，应作为调查重点；与保护区的位置关系需要调查清楚，明确在该段是否存在线位变更；对保护区重点保护目标的影响情况也应该是调查内容。

4. C 河穿越段管道施工期环境影响调查应关注哪些内容？（5 分）

【参考答案】

（1）施工期间河道水体情况，大开挖是否对水环境（水质）造成污染，采取的水污染防治措施是否可行。（1 分）

（2）施工作业带宽度实际控制，以及对河道水生生态及两岸植被造成的实际破坏（或影响）情况。（1 分）

（3）与环评阶段相比，实际埋深是否满足安全要求。（1 分）

（4）施工弃渣处理处置情况。（1 分）

（5）河流两侧自动监控、自动阻断设施施工范围内生态影响及恢复情况。（1 分）

考点分析与答题技巧：注意，本小题也如上题一样强调了“施工期”。一般而言，施工期的环境影响随施工期的结束也就结束了，调查其影响已无实际意义，竣工环保验收调查重在调查其环保措施或设施、生态恢复措施的落实情况及效果。对于建设项目而言，施工方式或施工工艺发生变更，属于重大变更，应该取得行政许可（环保部门或河道管理部门）。环评批复要求避开引黄输水期，题干已明确“C 河穿越段管道施工时间为 2015 年 10—11 月”，而且施工方式变更原因也已交代“地质原因”。由于改为大开挖方式施工，不涉及“泥浆池，废弃泥浆处理”问题，但批复要求的“引黄河流两侧设自动监控、自动阻断设施”需在施工期落实，其生态影响及恢复情况应予调查。

5. 指出环境风险防范与应急措施落实情况检查的重点内容。（5 分）

【参考答案】

（1）引黄河流两侧自动监控、自动阻断设施落实情况。（1 分）

（2）管道穿越河流段和管道邻近保护区段配备用于溢油拦截与回收的应急物资落实情况。（1 分）

（3）A 首站设事故污水应急收集池情况［位置、容积、采取的防渗措施、收集管（沟）设置等］、地下水监测井布设情况（数量、位置、井深及可监测的含水层、水位等）。（1 分）

（4）管道本质防护（管壁增厚 3 mm）与埋深（管道敷设在洪水冲刷线以下 4 m）。（1 分）

（5）突发环境事件应急预案编制与备案情况。（1 分）

考点分析与答题技巧：本小题主要答案均已在题干中给出，摘抄下来即可（本小题属于送分题）。答案（1）也就是常说的远程数据监控系统（SCADA）。为避免发生风险事故，一般首先应对管道本身采取措施（即本质防护），尽最大努力控制管道本身因质量问题或防护问题出现油品泄漏。其次，针对不可绝对避免的泄漏采取预防措施。

试题五（2015年考题——高速公路验收调查）

西南地区某高速公路于2009年完成环评审批，2013年建成试运行，现拟开展竣工环境保护验收调查，该高速公路主线长95 km，双向四车道，其中KⅠ段（K0～K62）长62 km，位于平原微丘区，设计车速100 km/h，路基宽度26 m；KⅡ段（K62～K95）长33 km，位于山岭重丘区，设计车速80 km/h，路基宽度24.5 m。公路在K75建设1座桥长300 m的大桥跨越青龙河，在K87～K94建设1座7 km的特长隧道，隧道在K90设置1个通风竖井（衬砌后竖井内径6 m，井深280 m），竖井采用自上而下方式开挖，从井口出渣，井口至已有二级公路建设3.5 km施工便道。2014年和2020年设计车流分别为KⅠ段8 000 pcu（标准小客车辆）/d、14 000 pcu/d，KⅡ段7 000 pcu/d、12 000 pcu/d。

环评报告书中记载的公路基本情况概述为：公路KⅠ段以农业植物为主，KⅡ段以山区林木植被为主；青龙河水环境功能为Ⅲ类，桥址下游5 km处为一饮用水水源保护区上边界；特长隧道穿越的山体植被覆盖度较高，隧道出口（K94）附近有河溪及水田；公路沿线200 m范围内共有29个声环境敏感点，全部为村庄。声环境影响评价表明：在2020年设计车流量条件下，有10个村庄声环境质量超标，应采取声屏障措施；位于公路K33的M村庄距离公路路肩90 m，预测声环境质量达标，不设置声屏障。

环评报告批复文件提出：应进一步优化路线设计方案，减少土石方开挖和植被破坏；采取措施减缓隧道施工排水对农田的影响；对山顶植被实施生态监测；对预测声环境质量超标的村庄采取声屏障等措施；跨河桥梁路段应采取防范车辆事故泄漏措施。

建设单位提供的资料表明：试运行阶段车流量KⅠ段 6 500 pcu/d，KⅡ段4 500 pcu/d；为减少土石方开挖和植被破坏，改移K82～K85约3 km路面线位，最大改移距离330 m，声环境敏感点由2个增至4个，其中，新增P村庄距离公路路肩90 m；特长隧道施工期间产生的涌水量较环评预测水量显著增加；根据图纸，跨青龙河桥梁已设置桥面事故水收集管道，按环评要求在河岸基岩上设置了200 m^3事故应急池，事故应急池底板高程95 m，桥址处设计防洪水位90 m；制定了环境风险应急预案，配备了事故应急设施。

验收调查单位制订噪声验收监测计划时，认为P村庄与M村庄距离公路路肩距离一致，可以类比 M 村庄的监测结果，不需要开展 P 村庄的噪声验收监测。

【问题】

1. 给出 K82～K85 改移路段验收调查时需了解的声环境敏感点信息。（5 分，每项 1 分）

【参考答案】

（1）建筑物基本情况（建筑结构类型）。

（2）受影响的户数或人数。

（3）建筑物与公路的位置关系（距离）。

（4）建筑物与路基的高程差。

（5）建筑物与公路间的地形、植被情况。

考点分析与答题技巧：此答案要点是环评和验收调查工作中需关注的重点内容，考生应予熟悉，以后还会在相关考试中出现。此外，建筑物的高度、朝向、所处声环境功能区等均需调查。

2. 采用 M 村庄的监测数据类比 P 村庄噪声影响的做法是否正确？请说明理由。（6 分）

【参考答案】

（1）不正确。（2 分）

（2）仅考虑 P 村庄与 M 村庄距公路路肩的距离一致还不够（1 分），还需考虑村庄与路肩之间的地形条件（高差）（1.5 分）、车流量（1.5 分）。

考点分析与答题技巧：根据评分要求，描述 P 村庄与 M 村庄地形地貌的不同点，没有具体说明地形条件（高差）和车流量可得 1.5 分。

3. 指出特长隧道排水对植被影响调查应重点关注的内容。（4 分）

【参考答案】

（1）隧道施工地下水疏干后山顶植被受影响的程度、范围（面积）。（2 分，只说“植被”没有具体指出“山顶”可得 1 分）

（2）隧道施工生产废水、疏干水排出后对农田植被的影响程度、范围（面积）。（2 分）

考点分析与答题技巧：类似内容在此前的案例考试中已经考过。隧道工程环境影响是交通类项目环评和验收调查的重点，应予关注。

4. 说明青龙河桥事故应急池验收现场调查的主要内容。（5 分）

【参考答案】

（1）现场调查时，对照图纸核查事故应急池是否满足事故应急池容积设计要求。（1.5 分）

（2）事故应急池底板高程是否高于设计最高防洪水位。（1.5 分，说出应急池

地板高程和最高洪水位也可得分）

（3）桥面收集管道是否有效接入事故池。（1 分）

（4）事故应急池采取防渗措施。（1 分）

考点分析与答题技巧：注意此题的要求是说出“现场调查”需做的工作，而且是针对特定对象“事故池”。显然，其容积、高程、防渗漏及接管是调查的主要内容。2015 年，环境保护部发布了《关于印发〈建设项目竣工环境保护验收现场检查及审查要点〉的通知》（环办〔2015〕113 号），规定了水电等 9 个行业建设项目竣工环境保护验收现场检查及审查要点。考生需认真学习该通知。

2014 年之前考题（验收调查与验收监测案例）

十一、规划环境影响评价案例

试题一（2023 年案例）

2023 年第 8 题视频讲解

宋唐煤矿区位于冀中平原，已开采 70 年。该省发展改革委 2007 年组织编制了矿区规划，规划矿区面积 188.0 km^2，矿区含煤地层为石炭～二叠系，有 10 个可采煤层，煤层倾角小，平均总厚度 15.8 m。矿区划分 6 个井田，设 6 个矿井，规划生产能力为 1 500 万 t/a，采用地下综采放顶煤采煤方法，垮落法管理煤层顶板。

矿区地下含水层有 4 个，自上而下依次为第四系冲积层含水层，埋深 10.0～13.0 m；第二、第三层为煤系地层的二叠系中统砂岩裂隙含水层和石炭系上统砂裂隙含水层；第四层为煤系地层下伏的奥陶系岩溶承压含水层。矿区地势平坦，永久基本农田广泛分布，间或有一般农田、水域、城镇规划区、居民村庄等。矿区内分布有 A、B 两条河流，水环境功能类别为Ⅲ类，是矿区目前及今后各矿井（煤矿）富余水外排的受纳水体，近两年矿区下游控制断面的石油类、氨氮监测数据存在超标现象。

按照矿区规划和规划环评、项目环评和土地复垦方案等相关要求，在开采过程中，各矿井采用在河流下方留设保护煤柱的措施保护地表水体，采用禁止开采的方式保护城镇规划区；采用留设保护煤柱、货币补偿异地安置或民房加固维护等措施保护村庄或安置居民；矿区煤炭开采沉陷观测的地表下沉系数为 0.60～0.75，最大下沉值在 9.0～12.0 m，部分沉陷区因地下水出露、降雨汇流形成积水区。对开采形成的沉陷积水区采用挖深垫浅、矸石地表充填的方式进行治理，对其他区域进行了土地复垦。

根据开发需要，现拟开展矿区规划修编工作。本期规划修编概况为：矿区面积 272.0 km^2，较现有矿区面积扩大 84.0 km^2，其中 47.0 km^2 为新勘察探明资源区，37.0 km^2 为矿区现有生产矿井的预留后备资源区。矿区煤炭可采储量 12.35 亿 t，规划生产能力 1 800 万 t/a，均衡服务年限 61 年。矿区划分 7 个井田，设 7 个矿井，其中 6 个为现有矿井，1 个为新建矿井；现有生产矿井的生产规模维持现状不变，只是将各矿井田毗邻的预留后备资源区划入各矿井田范围，延长服务年限；新建矿井的生产规模为 300 万 t/a，井田范围为 47.0 km^2 的矿区为新勘察探明资源区，配套建设同规模选煤厂，新建矿井、现有矿井采用与矿区目前生产矿井相同的开拓开采方式和采煤方法。规划过程中采用预测模型，查表选取沉陷预测参数，初步预测新建矿井的沉陷情况。

现有矿井井田的未开采区和本期扩大井田范围划入的预备后备资源区内分布有 15.0 km^2 永久基本农田与 4.0 km^2 的一般农田、1 个城镇规划区和 4 个村庄，新建矿井的井田范围有 0.27 km^2 的天然林，28.0 km^2 的永久基本农田和 5.3 km^2 的一般农田，有 5 个村庄，有一条高速公路和一条国铁线路，路段长度分别为 3.6 km 和 4.7 km。

规划指出的废水和矸石的环境保护方案为：各矿井的生产生活污水处理后全部回用于工业场地洒水降尘和绿化；井下排水处理方案与现有矿井相同，处理后优先回用于各矿生产，富余部分达到煤炭工业污染物排放标准后排入 A 河或 B 河，井下掘进产生的矸石不出井，用于充填井下废弃巷道；选煤厂煤炭洗选的矸石处置方案沿用矿区现有处置方式，用于沉陷积水区的充填。

【问题】

1. 列出矿区涉及的环境敏感区。（3 分）

【参考答案】

永久基本农田、1 个城镇规划区和 9 个村庄、天然林、A 河、B 河

（每项 0.5 分。总分 3 分）

考点分析与答题技巧：答案只需从题干中找出即可。但不能只写“城镇规划区”“村庄”，不写数字，同样 A 河、B 河，不能只写“河流”二字。需要注意的是河流也是环境敏感区，尽管其水环境功能为Ⅲ类。但公路、铁路此类基础设施不能作为环境敏感区。识别环境保护目标（尤其是环境敏感区）是环境影响评价的基本工作，也是环评工程师考试案例分析出题频率较高的方面，考生一定要充分了解，包括不同环境要素（地表水、地下水、声环境、环境空气、生态、土壤环境、环境风险等）的保护目标和敏感区。

2. 说明生态环境影响回顾性分析应开展的调查或监测工作。（5 分）

【参考答案】

答案一：

（1）调查为河流和村庄留设煤柱情况和城镇规划区禁止开采实际落实及有效性。货币补偿异地安置或民房加固维护等措施落实及有效性。

（2）调查城镇规划区实际地表沉陷、调查村庄或安置居民的建筑物破坏情况。

（3）调查监测地表沉陷变形情况，调查积水区域挖深垫浅、矸石充填治理效果，监测周围土壤、地下水是否被污染，调查其他沉陷区域土地复垦的效果。

（4）监测土壤，地下水水位、水质，A、B 河流水量、水质。

（5）调查农田尤其是永久基本农田面积、分布、产量。

答案二：

（1）收集规划修编前上轮矿区规划、规划环境影响评价及审查意见，并收集相关图件。

（2）调查现状 6 个井田环境影响评价、竣工环保验收、实际开采情况及环境影响后评价开展情况，并收集其相关资料。

（3）调查 A、B 河矿区下游河流断面氨氮、石油类超标的原因，并进行补充监测。

（4）调查保护煤柱留设效果，尤其是对地表水、城镇规划区、村庄的保护情况。

（5）调查地表下沉范围和程度，尤其是积水区形成的面积和分布情况。

（6）调查地表天然林及其野生动物、永久基本农田现状及受煤矿开采的影响情况。

（7）调查或监测地下水水位及水质变化情况。

（8）调查或监测土壤环境质量情况。

（9）调查矸石充填情况。

（10）调查土地复垦情况及效果。

（以上答上任意 5 个得满分）

考点分析与答题技巧：在规划修编的环境影响评价工作中，对上轮规划实施情况进行回顾性评价是一项必要的工作。本小题的设问是针对生态影响回顾性评价时需要开展的前期调查或监测工作。一般而言，主要通过调查或监测，说明上轮规划环境影响评价及审查意见的落实情况及效果或存在的环境问题；上轮规划未进行环境影响评价的，则据实际情况简要回顾。答案一与答案二主要内容基本一致，答案二可供选择的要点相对多一些。

3. 指出矿区规划修编中提出的废水和矸石环境保护方案存在的问题。（4 分）

【参考答案】

答案一：

（1）井下排水处理后仍然排入 A 河或 B 河，加重对河流水质污染，不能满足环境质量底线要求。

（2）选煤厂煤炭洗选的矸石直接用于沉陷积水区的充填，不满足《一般工业固体废物贮存和填埋污染控制标准》，可能污染土壤和地下水。

答案二：

（1）鉴于现状 A、B 河矿区下游河段氨氮、石油类超标，应查找超标原因，如果是现状井下排水造成的超标，则继续排放是不可行的；如果矿井水进一步处理后达到A、B河的水环境质量标准，则可以排放。

（2）选煤厂煤炭洗选的矸石直接用于沉陷积水区的充填，不可行。应全部充填井下。确实不能全部充填井下的，应考虑综合利用或用于土地复垦。

考点分析与答题技巧：本小题似乎很简单，且题干最后一段提供了信息，但解答时不好下笔，不易组织语言。考生可以进一步提炼和总结。

4. 针对矿区涉及的保护目标，提出规划的优化调整建议。（4分）

【参考答案】

答案一：

（1）综采放顶煤采煤方法，垮落法管理煤层顶板的采煤方法调整为充填开采。

（2）井下排水处理满足回用水标准后全部回用，禁止排到A河、B河。

（3）选煤厂煤炭洗选的矸石用于沉陷积水区的充填前对积水进行抽排、处理、达标排放或者回用，沉陷区进行防渗。

答案二：

（1）采煤方法优化调整为充填开采。（1分）

（2）矿井水处理后应尽可能全部回用（0.5分），或根据用途不同，采用不同的处理方式而尽可能全部回用，确实不能回用的，应以改善水环境质量为原则，达标排入A、B河（0.5分）。

（3）洗煤厂的煤矸石应尽可能全部充填井下（0.5分），确实不能全部充填井下的，应考虑综合利用或土地复垦等处理（0.5分），不用于充填积水区。

（4）除在河流下方留设保护煤柱，采用禁止开采的方式保护城镇规划区，采用留设保护煤柱、货币补偿异地安置或民房加固维护等措施保护村庄或安置居民外，对矿区内的高速公路、国铁线路也应留设煤柱（1分），严格落实“三下采煤”规程。

考点分析与答题技巧：本小题设问是针对“保护目标”，则应包括公路和铁路。根据题干提供的信息，解答本小题难度不大，只是与上一小题类似，答题的语言不易组织，可能会答太多而耽误时间。答案一与答案二基本类似，考生可以考虑进一步提炼和总结，用更为简洁的语言解答问题。

5. 为提高新建矿井沉陷影响预测工作的准确性，应重点关注哪些因素？（4分）

【参考答案】

（1）煤层开采方法（0.5分）、顶板管理方法（0.5分）、上覆岩层性质（0.5分）、工作面宽度（0.5分）、重复采动次数（0.5分）以及采深采厚比（0.5分）等。

（2）采用《建筑物、水体、铁路及主要井巷煤柱留设及压煤开采规程》中提供的概率积分法。（答上采用概率积分法，0.5 分）

（3）本矿区已有其他矿井开采且开采多年，新建井优先利用本矿区或临近矿区已有的岩移观测数据确定预测参数。（答上后半句 0.5 分）

考点分析与答题技巧：关于新建矿井，题干提供的信息主要有“新建矿井的生产规模为 300 万 t/a，井田范围为 47.0 km^2 的矿区为新勘察探明资源区，配套建设同规模选煤厂，新建矿井、现有矿井采用与矿区目前生产矿井相同的开拓开采方式和采煤方法。规划过程中采用预测模型，查表选取沉陷预测参数，初步预测新建矿井的沉陷情况”，即题干表明的仅是查表初步预测，显然是不准确的。根据《环境影响评价技术导则　煤炭采选工程》（HJ 619—2011）的“6.7.2 采煤地表沉陷影响预测与评价”，地表沉陷变形预测模式推荐采用《建筑物、水体、铁路及主要井巷煤柱留设及压煤开采规范》中提供的概率积分法，预测参数选取优先利用本矿区或临近矿区已有的岩移观测数据确定预测参数；对于没有可利用资料的煤矿，应根据《建筑物、水体、铁路及主要井巷煤柱留设及压煤开采规范》确定预测参数。分析参数选取的合理性。而概率积分法的主要参数有：地表移动变形计算的主要参数有下沉系数 q、主要影响角正切 $\tan\beta$、水平移动系数 b、拐点偏移距 s 和开采影响系数 k 等，这些参数的取得主要与煤层开采方法、顶板管理方法、上覆岩层性质、工作面宽度、重复采动次数以及采深采厚比等因素有关。

【扩展思考题】

1．说明矿井地表变形预测的主要内容。

2．说明矿井地表变形影响评价的主要内容。

3．为回顾性评价现有矿井开采对地下水的影响，应重点开展哪些方面的调查或监测工作？

4．有效进行新建矿井的地下水影响评价，应重点关注哪些方面？

5．为调查现有 6 个矿井开采的环境问题，应重点关注哪些方面？

注：国家和地方关于煤炭行业的产业政策、规范性文件或相关法规等较多，生态环境部发布了《环境影响评价技术导则　煤炭采选工程》（HJ 619—2011）、《规划环境影响评价技术导则　煤炭工业矿区总体规划》（HJ 463—2009）等，考生应认真学习。

试题二（2022 年考题）

南方某市经济技术开发区位于城市主城区西侧 10 km 处。成立于 2006 年，规划面积 30.1 km^2，成立之初，开发区编制了规划环境影响报告书。2015 年，开发区进行控规修编并编制了规划调整暨跟踪评价环境影响报告书。经过十多年发展，北部已形成工业发展集中区，汽车、通用设备、电气机械和建材、计算机通信和其他电子设备等制造业规模以上企业达到 100 余家，南部以研发和居住为主，研发已初具规模，东南部有红星社区。到目前为止，土地利用率已接近 60%。开发区内部尚有零星农户散布。

开发区水、电、气供应设施完善。现有生产需热企业全部采用天然气锅炉自行供热，区内供水依托外部供水厂，排水采用雨污分流制。现有企业废水收集后全部纳入开发区内东北部的污水处理厂处理。污水处理厂设计处理规模 5 万 m^3/d，实际处理 4.8 万 m^3/d，尾水去向为 R 河。

低碳经济已经起步。部分工业厂房屋面已安装太阳能发电系统。公共交通全部采用纯电动车辆，道路已采用太阳能照明灯，红星社区生活垃圾已实现分类收集。

为打造成为先进制造业基地和产业升级示范区，开发区编制了 2020—2035 年产业发展规划。规划近期至 2025 年，远期至 2035 年。规划主导行业包括电子器件制造、高端智能制造以及新材料新能源等行业。用地布局保持不变，在北部工业用地与南部研发、居住用地之间设置缓冲绿带。保留红星社区，在其南部规划集中居住区。开发区规划人口总规模 7 万人。现有零星农户也将安置在集中居住区。

规划供水依托外部供水厂。完善雨污排水管网。扩建开发区污水处理厂，处理能力 2025 年达到 7 万 m^3/d，2035 年达到 10 万 m^3/d，出水水质仍执行《城镇污水处理厂污染物排放标准》（GB 18918—2002）一级 A 标准，尾水去向仍为 R 河。

该市地处河网地区，水资源丰沛。附近有 R 河和 Q 河。R 河位于开发区东北侧，为Ⅳ类水环境类别，自西流向东北。在 R 河汇入口上游 5 km 处为该市饮用水水源准保护区下游边界。R 河和 Q 河均为感潮河流。

开发区所在区域为环境空气二类功能区，主导风向为东南风。

规划环评文件编制单位先后开展了以下工作：

对历史监测数据统计分析，区域环境空气二甲苯浓度趋势上升，个别点位浓度值占标率接近 90%，地表水、土壤和地下水环境监测全部达标。

对重点企业调查发现，区内有 10 家企业单位产值能耗和 8 家水耗均高于该市行业平均水平；有 5 家涉 VOCs 废气收集、处理不规范，其中一家大型家具企业近年来被不断投诉。

结合产业发展规划和“十四五”规划的相关要求，预测到 2025 年，区内新增污染物氮氧化物、二氧化硫和 VOCs 排放量分别为 767 t/a、100 t/a、149 t/a。

地表水环境影响预测结果显示，当污水处理厂尾水排放量超过 7 万 m^3/d 时，丰水期，除 R 河排放口混合区外，评价范围内 R 河、Q 河水质均满足地表水环境功能区目标要求；枯水期，受潮汐影响，Q 河饮用水水源准保护区范围的部分河段水质将超过地表水环境功能Ⅲ类区水质目标的要求。

【问题】

1．分析开发区发展面临的环境制约因素。

【参考答案】

（1）土地利用率已接近 60%，新入驻企业土地利用及选址受制约。

（2）污水处理厂设计处理规模 5 万 m^3/d，实际处理废水 4.8 万 m^3/d，2025 年之前接纳新入驻企业废水受制约。

（3）区域环境空气二甲苯浓度趋势上升，个别点位浓度值占标率接近 90%。

（4）枯水期，受潮汐影响，Q 河饮用水水源准保护区范围的部分河段水质将超过地表水环境功能Ⅲ类区水质目标的要求。

考点分析与答题技巧：环境问题（或重要环境保护目标——对象，如法定严禁占用的保护目标等）往往就是制约因素。因此，从题干中找出环境问题即是本小题的答案。

2．针对“区域环境空气二甲苯浓度趋势上升，个别点位浓度值占标率接近 90%”的现状，规划环评应开展哪些方面的工作？

【参考答案】

（1）充分收集监测资料，核实监测数据，进行必要的补充监测。

（2）查清污染源情况。特别是“5 家涉 VOCs 废气收集、处理不规范，其中一家大型家具企业近年来投诉不断”的原因并提出解决措施。

（3）分析规划实施涉及二甲苯排放的建设项目新增排放量，预测区域二甲苯浓度变化趋势。

（4）提出优化规划调整方案，减量替代，减少二甲苯排放量，改善环境空气质量。

考点分析与答题技巧：根据“查污染源、分析原因、预测变化、提出解决措施或方案”这个思路即可完成本小题的解答。

3．大气环境影响预测因子是否考虑二次污染物？说明理由。

【参考答案】

（1）应考虑。

（2）理由：

① 预测到 2025 年，区内新增污染物氮氧化物、二氧化硫和 VOCs 排放量分别为 767 t/a、100 t/a 和 149 t/a。

② $SO_2+NO_x=867$ t/a＞500 t/a，应增加 $PM_{2.5}$ 作为预测因子。

考点分析与答题技巧：根据题干信息：结合产业发展规划和“十四五”规划的相关要求，预测到 2025 年，区内新增污染物氮氧化物、二氧化硫和 VOCs 排放量分别为 767 t/a、100 t/a、149 t/a。本小题主要考察《环境影响评价技术导则　大气环境》（HJ 2.2—2018）的应用。

4．针对区水域水环境承载力不足，开发区可考虑采取哪些措施？

【参考答案】

（1）园区建设项目提高水资源利用率、采用清洁生产，减少废水产生量和排放量。

（2）改造污水处理厂处理工艺，提高污水处理厂出水水质，加大尾水回用量，减少外排 R 河的水量，改善 R 河水环境质量。

（3）调整排污口位置，远离饮用水水源保护区，避免潮水上溯污染饮用水水源保护区。

考点分析与答题技巧：本小题答案要点是“节水、减排、控污”。关于解答本小题，题干提供的信息很多：“区内供水依托外部供水厂，排水采用雨污分流制。现有企业废水收集后全部纳入开发区内东北部的污水处理厂处理。污水处理厂设计处理规模 5 万 m^3/d，实际处理 4.8 万 m^3/d，尾水去向为 R 河。”“规划供水依托外部供水厂。完善雨污排水管网。扩建开发区污水处理厂，处理能力 2025 年达到 7 万 m^3/d，2035 年达到 10 万 m^3/d，出水水质仍执行《城镇污水处理厂污染物排放标准》（GB 18918—2002）一级 A 标准，尾水去向仍为 R 河。”“该市地处河网地区，水资源丰沛。附近有 R 河和 Q 河。R 河位于开发区东北侧，为Ⅳ类水环境类别，自西流向东北。在 R 河汇入口上游 5 km 处为该市饮用水水源准保护区下游边界。R 河和 Q 河均为感潮河流。”“地表水环境影响预测结果显示，当污水处理厂尾水排放量超过 7 万 m^3/d 时，丰水期，除 R 河排放口混合区外，评价范围内 R 河、Q 河水质均满足地表水环境功能区目标要求；枯水期，受潮汐影响，Q 河饮用水源准保护区范围的部分河段水质将超过地表水环境功能Ⅲ类区水质目标的要求”。但答题时如果一味摘抄题干的这些信息，将会书写内容太多、混乱，且没有重点，导致答题失败。因此，需要根据这些信息进行提炼和总结。

5. 关于开发区碳减排路径设计，可考虑采取哪些措施？

【参考答案】

答案一：

（1）拆除企业自行供热锅炉，采用集中供热。

（2）降低10家高耗能企业的能耗。

（3）加大清洁能源使用范围和力度。

（4）整治5家涉VOCs废气收集、处理不规范企业及投诉不断的一家大型家具企业。

（5）推动居民低碳生活。

答案二：

（1）全部工业厂房屋面安装太阳能发电系统。

（2）现有生产需热企业淘汰天燃气锅炉，改用电能、新能源供热。

（3）集中居住区生活垃圾分类收集、建设超低能耗的绿色智慧住宅区。

（4）对高耗能企业、涉VOCs企业制定产业准入及退出清单制度，对现有企业尤其是单位产值能耗高于该市行业平均水平的10家企业、涉VOCs废气收集、处理不规范的5家企业（尤其近年来被不断投诉的1家大型家具企业）进行整改或者清退。

考点分析与答题技巧：答案一相对简洁，答案二较为具体，二者并无实质性差别。减碳的核心工作之一在于节能或采用清洁能源。解答本小题主要根据题干提供的信息：现有生产需热企业全部采用天然气锅炉自行供热；对重点企业调查发现，区内有10家企业单位产值能耗和8家水耗均高于该市行业平均水平；低碳经济已经起步；部分工业厂房屋面已安装太阳能发电系统；公共交通全部采用纯电动车辆，道路已采用太阳能照明灯，红星社区生活垃圾已实现分类收集。简要总结作答即可。

试题三（2020 年考题）

H 市某产业园区成立于 2014 年，同年完成规划编制，于 2015 年通过环评审查，并取得批复。

产业园区规划面积 40 km^2，规划近期为 2020 年，规划远期为 2025 年。主导产业为高端制造业、高新技术研发示范、仓储物流业。规划分为北部制造加工组团、东部技术研发组团、西都仓储物流组团和中南部生活办公组团 4 个组团。

根据专项排水规划，园区近期污水管网覆盖率为 80%，建设一座 5 万 m^3/d 规模的污水处理厂，并配建一座 2 万 m^3/d 规模的再生水厂和一个相应库容的景观湖，污水处理厂尾水执行《城镇污水处理厂污染物排放标准》（GB 18918—2002）一级 B 标（COD＜60 mg/L），其中 3 万 m^3/d 的尾水排入东部清溪河，2 万 m^3/d 的尾水输至配套建设的再生水厂，经深度处理达到《城市污水再生利用　景观环境用水水质》（GB/T 18921—2019）后供市政工程使用，多余部分作为同物配建的景观湖的补给水水源，景观湖不与其他地表水发生水力联系，远期污水管网覆盖率 100%。

污水处理厂和再生水厂分别扩建至 10 万 m^3/d 和 4 万 m^3/d，景观湖也做相应的扩建，尾水排放去向不变。根据供热专项规划，园区采取集中供热汽的方式供热。

规划环评审查要点：园区规划与相关规划具有相符性，产业定位及功能分区合理；园区污水管网、污水处理厂、再生水厂及景观湖应同期投入使用；规划实施阶段落实环境影响跟踪评价规划，并纳入日常环境监管；入区项目应符合环境准入清单要求，其防护距离设置由具体项目环评确定，园区排入清溪河的水污染物总量控制指标要求为 COD 1 314 t/a、氨氮 225.6 t/a。

2020 年，园区管委会组织开展跟踪评价工作。经调查，园区已入驻企业 139 家，其中机电设备生产及装备制造企业 97 家、板材加工企业 19 家、仓储物流企业 23 家。已建的 5 万 m^3/d 规模的污水处理厂已接近满负荷运行。

经现场踏勘，规划区内生活区周边为道路和绿化用地，与研发用地、仓储用地最近的距离分别为 160 m 和 90 m，园区西北侧 260 m 处新增一回迁小区。2018 年批复的《H 市生态红线划定方案》划定清溪河河道控制线内及控制线两侧外延 25 m 范围为红线区。

清溪河为4类水，枯水期平均流量为18.5 m^3/s，清溪河园区段长4.7 km，设有入区、出区控制断面W1、W2，之间仅有园区污水处理厂一个污水排放口。现状W1和W2的COD浓度分别为28.6 mg/L、29.4 mg/L。为实现区域减排任务，满足规划总量控制目标，园区提出实施清溪河园区段总量减排项目，建设内容包括园区污水处理厂扩建，远期再生水厂及景观湖建设工程，同时对园区污水处理厂提标改造，达《城镇污水处理厂污染物排放标准》（GB 18918—2002）一级A标（COD＜50 mg/L），清溪河园区段总量减排项目拟于2022年全部投入使用。

据调查，园区拟引入一个新能源汽车项目，主要建设冲压、焊接、涂装、电池组装及总装车间，目前正处于选址阶段。

【问题】

1. 指出园区用地情况跟踪调查应重点关注的内容。（5分）

【参考答案】

答案一：

（1）已入驻园区的企业是否按照规划、规划环评及审查意见的要求依功能分区布局各类企业的用地。

（2）各企业占地的合理性，绿化用地保留情况。

（3）园区西北侧260 m处新增的一处回迁小区与园区土地利用规划和功能分区的符合性。

（4）园区用地与《H市生态红线划定方案》符合性。

（5）园区各企业防护距离落实情况。

（6）园区污水处理厂、再生水厂、景观湖等环境保护基础设施落实及占地情况。

（以上内容答上四项即可）

答案二：

（1）产业园区实际面积、4个组团的用地分布情况。

（2）已入驻企业在组团的用地面积和拟引入新能源汽车项目用地选址。

（3）生活办公组团用地范围与制造加工组团用地范围的距离。

（4）4个组团用地范围与清溪河红线范围的关系，组团占地是否涉及生态保护红线。

（5）污水处理厂、景观湖，以及道路和绿化等基础设施用地及其布局情况。

考点分析与答题技巧：根据2020年11月12日生态环境部发布的《关于进一步加强产业园区规划环境影响评价工作的意见》（环环评〔2020〕65号），产业园区实施5年以上应组织开展跟踪评价。跟踪评价本身的工作内容较多，可以答的内容也很多。但本小题结合题干所述内容及本小题的设问，应重点就园区“用地情况”说明跟踪评价关注的内容，因此，应紧紧围绕“用地情况”来解答。答案一与答案二基本内容相同，只是表述方式不同而已。

以下有关跟踪评价的内容，有助于理解和解答本小题：

（1）根据《规划环境影响评价技术导则 总纲》（HJ 130—2019），跟踪评价指“规划编制机关在规划的实施过程中，对已经和正在产生的环境影响进行监测、分析和评价的过程，用以检验规划实施的实际环境影响以及不良环境影响减缓措施的有效性，并根据评价结果，提出完善环境管理方案，或者对正在实施的规划方案进行修订”。规划环境影响跟踪评价本质是实际环境影响调查，包括规划实施及变更情况、实际环境影响及变更情况、环保措施落实及有效性。

（2）根据《规划环境影响跟踪评价技术指南（试行）》（环办环评〔2019〕20号），与用地情况跟踪调查相关的规定如下：

①对比规划并结合图表说明规划已实施的主要内容，包括空间范围、布局、结构与规模等，说明其变化情况、变化原因。

②说明规划实施过程中支撑性资源（如水资源、土地资源、海洋资源、岸线资源等）和能源的消耗量或利用量。分析规划已实施部分的资源能源利用效率及其变化情况。

2. 根据园区的COD总量控制指标要求，给出远期园区尾水排入清溪河的最大允许排放量。（2分）

【参考答案】

答案一：

最大允许排放量 $V=1\,314/(50\times10^{-9}/10^{-3})=2.628\times10^{7}\ m^3/a$。（2分）

答案二：

$1\,314\times10^{6}\div365\div50=7.2\times10^{4}\ m^3/d$。

考点分析与答题技巧：注意，尽管题干关于 COD 的信息与数量较多，但用于本小题计算的信息只有 COD 总量控制指标 1 314 t/a 和入河水质 COD＜50 mg/L，再通过计量单位换算即可。其他的均为干扰项，与计算排放量无关。当然，答题时也可以将“园区排入清溪河的COD总量控制指标为COD 1 314 t/a，园区污水处理厂提标改造后达《城镇污水处理厂污染物排放标准》（GB 18918—2002）一级 A 标（COD＜50 mg/L）”写上，便于说明解答依据。答案一与答案二是一致的，只是计量单位不同而已。

但是，解答本小题有个题干信息导致的“bug”，因为题干中称“园区近期污水管网覆盖率为80%，建设一座5万 m^3/d 规模的污水处理厂，并配建一座2万 m^3/d 规模的再生水厂和一个相应库容的景观湖，污水处理厂尾水执行《城镇污水处理厂污染物排放标准》（GB 18918—2002）一级 B 标（COD＜60 mg/L），其中

3 万 m^3/d 的尾水排入东部清溪河，2 万 m^3/d 的尾水输至配套建设的再生水厂”“远期污水管网覆盖率 100%” “污水处理厂和再生水厂分别扩建至 10 万 m^3/d 和 4 万 m^3/d，景观湖也做相应的扩建，尾水排放去向不变”。这些信息很容易导致考生认为既然近期 5 万 m^3/d 规模的污水处理厂只能排放 3 万 m^3/d（5 万−2 万=3 万 m^3/d）进入清溪河，那扩建后 10 万 m^3/d 规模的污水处理厂也就只能排放 6 万 m^3/d（10 万−4 万=6 万 m^3/d）进入清溪河，从而忽略本小题设问的是最大允许排放量而非实际排放量。

3. 分析清溪河园区段总量减排项目水环境改善效果，应调查哪些内容？（4 分）

【参考答案】

答案一：

（1）污水处理厂完成提标改造后，排入清溪河的尾水水质能够稳定达标（COD＜50 mg/L）。（2 分）

（2）清溪河园区段水环境质量监测结果（W2）。（2 分）

答案二：

（1）污水管网覆盖情况、园区污水处理厂、远期再生水厂及景观湖扩建工程建设情况，是否同期投入使用。（1 分）

（2）园区污水处理厂提标改造情况、排放口稳定达标排放情况。（1 分）

（3）清溪河园区段不同水期流量、流速等水文情势、水环境功能区划及环境质量改善目标要求。（1 分）

（3）入清溪河的水污染物是否符合总量控制指标要求，总量减排项目实施前后控制断面 W1、W2 水质改善情况。（1 分）

（4）入园项目是否符合准入清单，并设置有防护距离。（1 分）

考点分析与答题技巧：根据本小题的设问，结合题干提供的主要信息“规划环评审查要点：园区规划与相关规划具有相符性，产业定位及功能分区合理；园区污水管网、污水处理厂、再生水厂及景观湖应同期投入使用；规划实施阶段落实环境影响跟踪评价规划，并纳入日常环境监管；入区项目应符合环境准入清单要求，其防护距离设置由具体项目环评确定，园区排入清溪河的水污染物总量控制指标要求为 COD 1 314 t/a、氨氮 225.6 t/a”，提炼出主要方面作答。清溪河园区段实行总量减排后，效果究竟如何，首先应监测该段河流的水环境质量，只有水环境质量得到改善才能说明取得了效果（这是最重要的调查内容，具体体现为是否实施 24 小时在线监测，是否采取了有效的监测质量保障控制措施等）。另外，只有园区水污染源治理工程等相关工作得到落实，才能保证总量减排的实现，如包括污水处理厂提标改造按时落实并保证排放的水污染物稳定达标（COD＜

50 mg/L）、再生水厂及景观湖扩建工程按时落实等（尽可能落实水资源综合利用、减少排放量等措施）。答案一简略，只答了关键方面，考场上节省时间；答案二较为详细，需要花费较多的时间。

4．为开展大气环境质量跟踪评价，需取得哪些监测资料？（3分）

【参考答案】

（1）产业园区集中供热汽设施大气污染物排放监测资料（特别是排污许可证载明的污染物排放监测）。（1分）

（2）园区及周边区域环境空气质量例行监测资料。（1分）

（3）园区已入驻企业大气污染物排放监测资料。（1分）

考点分析与答题技巧：题干中关于大气环境方面的信息并不多，仅提到有“采取集中供热汽”的供热专项规划。因此，大气环境质量跟踪评价一定要收集集中供热设施大气污染物排放的监测资料，还有园区主要企业大气污染物排放的监测资料；当然，要反映大气环境质量是否得到改善，更重要的是园区所在区域大气环境质量例行监测资料等。

（1）根据《规划环境影响评价技术导则 产业园区》（HJ 131—2021），产业园区跟踪监测方案要求如下：

①“监测点位（断面）布设应考虑环境敏感区、产业集中单元、现状环境问题突出的单元、产业园区优先保护区、重点控制断面，区域水环境、土壤环境、大气环境重点管控单元等”。

②“监测环境要素应包括大气环境、水环境、声环境、土壤环境、生态环境、底泥（沉积物）等，必要时还应考虑可能受影响的产业园区及周边易感人群”。

③“监测因子或指标应包括常规污染因子、特征污染因子、现状超标因子、生态状况指标，以及特定条件下的人群健康状况指标等”。

（2）作为规划环评的跟踪评价，应取得规划环评阶段现状监测资料、规划实施阶段跟踪监测资料，“用以检验规划实施的实际环境影响以及不良环境影响减缓措施的有效性”。

（3）本小题设问针对“大气环境质量”，故可不答污染源监测资料（但答上不算错误）。清溪河红线区的目的为水质保护，故可不答清溪河红线区环境空气质量监测资料。

本小题的设问本身非常别扭。跟踪评价，首要的、最重要的工作就是环境监测，尤其是对环境质量的评价。当然可以结合历史监测资料进行对比或趋势分析，即收集历史监测资料，也可以收集主要污染源排放及其监测资料（即答上不算错误）。

5. 列出新能源汽车项目入园区与规划及规划环评相符性分析的主要内容。（5分）

【参考答案】

答案一：

（1）分析与园区产业定位的符合性。

（2）分析选址与产业园区产业功能区划的符合性。

（3）分析占地与园区土地利用类型及规模的符合性。

（4）分析污染物排放量与产业园区污染物总量控制要求的符合性。

（5）分析依托园区环保设施的可行性。

（6）分析与《H市生态红线划定方案》及园区规划环评的准入清单的符合性。

（7）与规划环评结论及审查意见的符合性。

答案二：

（1）与园区产业定位、功能分区、总量控制目标相符性。

（2）与专项排水规划、供热专项规划相符性。

（3）与环境准入清单要求相符性。

（4）与清溪河红线区保护要求相符性。

考点分析与答题技巧：规划环境影响评价的一个重要方面就是相关符合性、协调性的分析。不论是《规划环境影响评价技术导则　总纲》（HJ 130—2019），还是在实际规划环境影响评价技术报告编制中，这都是最基本的工作内容，在环评师考试大纲中多年一直有“分析规划的环境协调性”的要求。本案例中，新能源汽车为高端制造业，与已经入园的97家机电设备生产及装备制造企业属于同一类型，符合园区产业定位，园区功能区划中也有相应的适应区域与规划。“相关符合性分析”的内容是很多的，一般答上主要的4～5项即可。答案一与答案二主要内容基本一致，只是简略程度不同而已。

【扩展思考题】

1. 除COD总量控制指标外，园区还应考虑哪些控制指标？

2. 《H市生态红线划定方案》批复后，园区应如何执行该方案？

3. 在园区固体废物方面，本次跟踪评价应重点调查哪些方面的内容？

4. 本次跟踪评价应对入园新能源汽车建设项目环境影响评价提出哪些环境保护关键意见？

试题四（2017年考题）

北方某省经济开发区设立于2016年，正在编制规划环评文件。开发区规划面积34 km^2，规划时限近期为2016—2020年，远期为2021—2030年，主导产业为装备制造、新材料新能源、光电子、生物化工和生物制药等。总体规划包括用地布局、产业发展、基础设施、环境保护4个分项规划。基础设施分项规划中的排水规划提出：开发区排水采用分流制，规划近、远期污水排放量为4.2万 m^3/d、13万 m^3/d，污水处理厂处理规模分别为5.0万 m^3/d、15万 m^3/d，出水水质达到《城镇污水处理厂污染物排放标准》一级A标准（其中COD≤50 mg/L）后排入R河。供热规划提出：开发区工业生产和居民生活用热用汽总负荷为1 120 MW，规划建设2座装机容量均为560 MW的燃煤集中供热供汽中心，各设3台200 t/h热水锅炉和1台200 t/h蒸汽锅炉，锅炉烟气排放执行《火电厂大气污染物排放标准》。环境保护分项规划提出：淘汰开发区内所有分散燃煤锅炉，对R河开发区河段进行清淤整治并取消现有污水排放口。

开发区位于甲市东北部，现状土地利用类型主要为耕地和城镇建设用地，部分区域与已批复城市总体规划的甲市中心城区重叠。

开发区内有1个建制镇、12个村庄和22户企业，区内无污水集中处理设施，未处理的生活污水和经各自废水处理设施处理达标的企业生产废水均排入R河。开发区有15座分散燃煤锅炉房，年燃煤2.5万t，烟气平均脱硫效率为50%；居民生活燃煤量为1.6万t/a。区内燃煤平均含硫率为0.54%，硫转化率为80%。

R河为非感潮河流，在开发区入口处断面多年平均流量为22 m^3/s，水域环境功能为Ⅳ类，由西南向东北依次流过甲市城区、开发区后，在开发区下游20 km处汇入C河。R河开发区河段现分布有6处污水排入口，现状COD排放为136 t/a。地表水常规监测数据显示，R河现状水质接近《地表水环境质量标准》Ⅳ类标准限值。

2015年批复的《R河流域水污染防治规划（2015—2020年）》提出：至2020年COD减排目标为1 800 t/a，规划期甲市新增COD排放量为460 t/a，规划水污染防治工程COD预计削减量为2 800 t/a。

规划环评机构收集到开发区15座分散燃煤锅炉房的位置、锅炉型号和数量、年工作时数、年燃煤量、烟气治理措施，现有企业废水排放量和废水处理设施进出水浓度等资料，对地表水、环境空气、声环境进行了环境质量调查。

规划环评测算，规划实施后 2 座燃煤集中供热供汽中心锅炉烟气排放量合计 49.8 亿 m^3/a，治理后的 SO_2 排放浓度均为 86 mg/m^3。

【问题】

1. 开发区近期 COD 排放量是否满足 R 河流域水污染防治规划的要求？请说明理由。（4 分）

【参考答案】

（1）不能满足。（2 分）

（2）理由：（以下任一说明答上便得 2 分）

说明方式一（文字表述式）：即使取消 6 处排污口，开发区近期 COD 排放量仍超过了 R 河流域规划规定的甲市所在河段（即开发区所在河段）的新增 COD 排放量。

说明方式二（文字+计算式）：流域规划 R 河所在的甲市河段 COD 新增排放量为 460 t/a。从题干信息来看，该市所在河段规划开发区近期经污水处理厂处理后入 R 河的 COD 排放量 $4.2\times10^4\times50\times1\,000\times10^{-9}\times365=766.5$（t/a），即使扣除取消 6 处排污口的减排量 136 t/a，入河排污量为 630.5 t/a，超过了规定的新增减排量。

说明方式三（数学计算式）：$4.2\times10^4\times50\times1\,000\times10^{-9}\times365-136=630.5$（t/a）$>460$（t/a）。

考点分析与答题技巧：根据题意，R 河流域水污染防治规划限定甲市及开发区所在河段 COD 新增量 460 t/a，这是目标，也就是规划的要求。至于“R 河流域规划的减排量 1 800 t/a 和水污染防治工程的削减量 2 800 t/a”，是针对整个 R 河流域的，并不是针对甲市及开发区所在的河段的（即不能将流域的减排要求当成甲市及开发区所在河段的减排要求），是回答本小题的迷惑项。另外，需要注意的是，不要将排放量视为减排量或削减量。

2. 计算供热规划实施后开发区 SO_2 排放增减量。（4 分）

【参考答案】

（1）规划实施前现状 SO_2 排放量：

$[2.5\times10^4\times(1-50\%)+1.6\times10^4]\times0.54\%\times2\times80\%=246.24$（t/a）。（2 分）

（2）规划实施后 SO_2 排放量：$4.98\times10^9\times86\times10^{-9}=428.28$（t/a）。（1 分）

（3）规划实施之后的增减量：$428.28-246.24=182.04$（t/a）。（1 分）

考点分析与答题技巧：本小题解题思路不难，但根据题意要求给出计算过程，关键在于认真、细心，分别计算规划实施前和实施后的排放量，相比较即可得出结论。

3．说明进行开发区分散燃煤锅炉大气污染源调查还应进一步收集的资料。（4 分）

【参考答案】

（1）每座锅炉房的排气筒数量（核实是否只有 1 个排气筒）、位置、海拔高度、几何高度、出口内径、烟气出口速率、排烟温度，锅炉运行负荷等。（3 分，答对 1 项得 0.5 分）

（2）烟气治理设施运行情况及代表性锅炉房例行监测资料。（1 分）

考点分析与答题技巧：注意本小题要求回答的是“还应进一步收集的资料”。因此，本小题切忌直接将题干给出的“开发区 15 座分散燃煤锅炉房的位置、锅炉型号和数量、年工作时数、年燃煤量、烟气治理措施”抄写在答案中（如此，按以前未理解题意的评分要求，不得分）。注意，随着《大气污染防治行动计划》及修订后的《大气污染防治法》的实施，城市建成区燃煤小锅炉已作为污染源整治的重要方面。

4．给出开发区规划与甲市城市总体规划协调性分析的主要内容。（5 分）

【参考答案】［以下（1）～（5）项答上任意 4 项或 5 项全答，得 4 分］

（1）开发区规划用地布局与城市总体规划中土地利用规划的协调性。

（2）开发区规划的主导产业与甲市城市总体规划中主导产业及产业布局及发展的协调性。

（3）开发区规划与甲市城郊农用地保护，特别是基本农田保护或农业发展规划或城市人民生活保障基地规划的协调性。

（4）开发区基础设施规划与城市总体规划中关于基础设施建设规划的协调性。

（5）开发区环境保护规划与城市总体规划中的环境保护规划的协调性。

（6）针对开发区规划与甲市城市总体规划的中心城区重叠问题，对开发区规划进行优化调整。（1 分）

考点分析与答题技巧：规划协调性分析是规划环境影响评价的重要内容。根据 2017 年执行的《规划环境影响评价技术导则　总纲》（HJ 130—2014）（该总纲已修订，标准号为 HJ 130—2019），规划协调性分析的内容十分丰富，因此本小题可供解答的内容是很多的，但需要结合题干提供的关于本开发区规划的 4 个分项规划与城市总体规划中相应的内容的协调性，特别是需针对开发区与甲市总体规划的中心城区重叠问题，提出优化调整建议［因此，（6）是必答项］。为节省答题时间，可在文字上进一步简化。需要特别提示的是，当前和今后规划环境影响评价需特别关注“生态保护红线”的要求，贯彻落实“三线一单”（资源利用上线、生态保护红线、环境质量底线、环境准入清单）以及“两控一准”（空间管制、总量管控、环境准入）的要求。

5．开展环境质量与生态状况调查，还需选择哪些环境要素？（3 分）

【参考答案】

（1）环境质量：还需调查土壤（0.5 分）、地下水（0.5 分）。

（2）生态状况：应调查景观生态，生态系统类型及分布，植被类型、分布及主要植物，野生动物及其生境条件，土地利用与生态问题等。（答对一项得 0.5 分，最多得 2 分）

考点分析与答题技巧：从题干提供的信息来看，已明确评价机构对地表水、环境空气、声环境进行了环境质量调查，那么土壤环境质量和地下水质量就应该是环境质量还需要调查的环境要素。本小题特意提到了生态状况调查，虽然“生态”是一类环境要素，但本小题显然要求对生态状况的调查内容予以说明，不能只写“生态”或“生态环境”。否则，本小题不如改为“开展环境现状调查，还需调查哪些环境要素”。而生态系统、植被类型、野生动物显然也是环境要素。另外，《环境影响评价技术导则　土壤环境（试行）》（HJ 964—2018）虽然未说明规划环境影响评价可参照执行，但在规划环境影响评价实际工作中可以根据实际情况参考。

2014 年之前考题（规划环境影响评价案例）

十二、轻工纺织化纤类案例

试题一（2021 年考题）

A 企业拟建年产 40 万张牛皮革项目，项目建设内容包括牛皮加工车间，废水处理站和固废临时贮存设施等。生牛皮经脱脂脱盐、浸灰、片皮，脱灰软化，酸浸铬鞣、复释、染色、涂饰等工序制成成品皮革，其中，浸灰—酸浸铬鞣段工艺流程见下图。

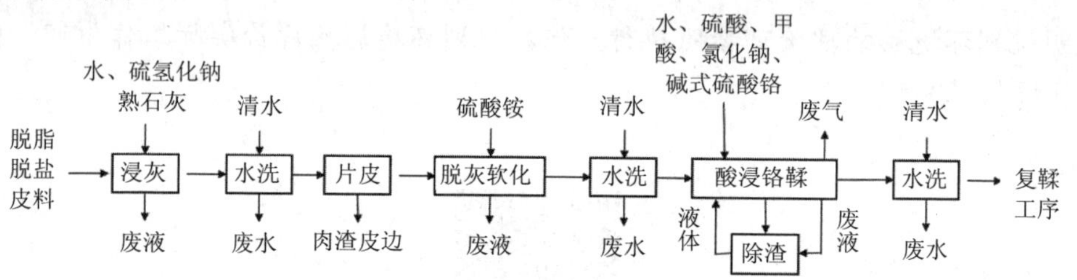

浸灰-酸浸铬鞣段工艺流程图

浸灰、酸浸铬鞣段有废液和清洗废水产生，废水（液）产生情况见下表。项目设 2 套废水预处理装置，分别处理浸灰废液及清洗废水、酸浸铬鞣清洗废水。酸浸铬鞣工段有废气产生，采用水喷淋净化方法处理。片皮、酸浸铬鞣工段及废水预处理装置有固体废物产生，项目设置符合环保要求的一般工业固废和危废临时贮存库，临时贮存相应的固体废物。预处理后的生产废水及其他生产废水一并送全厂废水处理站，经二级生化处理达标后排入 R 河。

浸灰-酸浸铬鞣段废水（液）产生情况

废水类别	水量/（m^3/d）	pH	BOD_5/（mg/L）	COD/（mg/L）	Cr^{3+}/（mg/L）	硫化物/（mg/L）	氯化物/（mg/L）
浸灰废液及清洗废水	67	13	12 000	30 000	—	3 000	500
脱灰软化废液及清洗废水	113	6	2 000	5 000	—	120	500
酸浸铬鞣清洗废水	26	4	160	600	4 000	—	4 000

R 河 A 企业拟建排放口所在断面多年平均流量 40 m^3/s，10 年一遇枯水月平均流量为 6 m^3/s，当年 11 月—次年 2 月为枯水期，5—9 月为丰水期，水质执行《地表水环境质量标准》（GB 3838—2002）Ⅳ类水质标准。

A 企业于 2021 年 2 月初委托开展环评工作。环评文件编制单位（以下简称编制单位）收集有 R 河本项目拟建排放口上游 500 m、下游 2 500 m 水质监测断面的历史水质监测资料，监测时间为 2020 年 6 月 13—15 日，监测项目包括水温、pH、溶解氧、五日生化需氧量、高锰酸盐指数、化学需氧量、氨氮、总磷、阴离子表面活性剂、粪大肠菌群、硝酸盐氮。经调查，两个水质监测断面之间无取水口和其他排放口。

编制单位拟利用现有资料进行地表水现状评价，不进行水质补充监测。

【问题】

1. 指出酸浸铬鞣工段废气中的主要污染物，并提出可供比选的废气净化方法。（3 分）

【参考答案】

（1）污染物：硫酸雾（1 分）、甲酸（1 分）。

（2）净化方法：碱洗法（1 分）。

考点分析与答题技巧：注意，本小题要求给出酸浸铬鞣工段（系污染源或工艺流程中的一个污染环节）废气主要污染物，如果答上废水污染物，则为原则性错误。根据题干给出的工艺流程图及图中相关物料情况，酸浸铬鞣工段涉及水、硫酸、甲酸、氯化钠、碱式硫酸铬，因此该工序会有硫酸雾和甲酸产生。如果考生答上 NMHC 或 VOCs，虽然不算原则性错误，但不予赋分。另外，由于铬鞣工序用的是碱式硫酸铬，不会有重金属铬或者铬酸雾产生。

根据题干信息“酸浸铬鞣工段有废气产生，采用水喷淋净化方法处理”，由于硫酸雾和甲酸均为易溶于水的酸性气体，水洗法是可行的，但作为比选方案，碱洗法去除效率更高。

本小题的关键是，题干已给出了水喷淋净化法，要求给出一个比选方案。在环评实际工作中，对环保措施往往要进行可行性、有效性等的论证，其中多方案比较就是论证的方法之一。本小题即体现了这一方法。

2. 简要说明浸灰废液及清洗废水、酸浸铬鞣清洗废水的分别预处理的合理性。（5 分）

【参考答案】

答案一：

（1）酸浸铬鞣清洗废水含有第一类污染物“铬”（1 分），必须在车间单独预处理（1 分），以满足《污水综合排放标准》中关于一类污染物的要求，且预处理去除重金属铬对后续二级生化处理提供条件（0.5 分）。

（2）浸灰废液及清洗废水属于强碱性废水（1 分），应先中和处理（1 分），为后续二级生化提供条件（0.5 分）。

答案二：

（1）合理。

（2）理由：

①酸浸铬鞣清洗废水含总铬，pH = 4 强酸性，B/C = 0.27 可生化性差。

②浸灰废液及清洗废水含硫化物，pH = 13 强碱性，COD = 30 000 mg/L 有机物浓度高。

③确保预处理设施排放口总铬达标、满足二级生化处理进水要求，确保总排口稳定达标排放。

考点分析与答题技巧：关于不同类型的废水分别处理在技术方法和案例考试中曾多次出现，为高频考点。本小题根据题干表中提供的数据，即可确定应该分别先行预处理的废水类别。设问要求"简要说明""分别"，即既要说明酸浸铬鞣清洗废水，也要说明浸灰废液及清洗废水预处理的理由。预处理前、后废水源强特征变化即预处理的理由。题干中"浸灰-酸浸铬鞣段废水（液）产生情况"表中的各参数，表明酸浸铬鞣清洗废水含总铬，应分类收集、单独预处理。题干中"项目设 2 套废水预处理装置，分别处理浸灰废液及清洗废水、酸浸铬鞣清洗废水"，表明废水做到了分类收集、单独预处理。注意含铬废水强制、必须预处理；强酸性、强碱性、可生化性差、有机物浓度高、含硫化物废水推荐、优先预处理。

答案一较原则，但也说清了理由或原因；答案二较具体，与题干信息结合较密切。

另外，生态环境部发布了一系列废污水治理技术规范，在每年的全国环境影响评价工程师职业资格考试系列参考教材《环境影响评价技术方法》中也有专门章节介绍废污水处理方法的内容，考生应认真学习。

3．本案中一般工业固废临时贮存库可接纳哪些固体废物？（5 分）

【参考答案】

（1）片皮过程产生的"肉渣皮边"（1 分）、脱灰软化过程产生的"硫酸铵废液"（1 分）可接纳。

（2）废水预处理装置产生的固体废物（1 分），需经鉴别（1 分），如属于一般固废则可接纳（1 分），如属于危险废物则纳入危险废物暂存间。

考点分析与答题技巧：根据题干的工艺流程，片皮工段产生的"肉渣皮边"属于一般固废，可入库；脱灰软化过程产生的废液主要成分是硫酸铵，属于一般固废，可入库。另外，解答本小题需要考虑"废水预处理装置"的固体废物。酸浸铬鞣工段废渣含有重金属铬，应该按危险废物收集处置，至于废水预处理装置的固体废物则应经鉴定后处理处置。

根据《固体废物鉴别标准 通则》（GB 34330—2017），经过物理处理、化学处理、物理化学处理和生物处理等废水处理工艺处理后，可以满足向环境水体或市政污水管网和处理设施排放的相关法规和排放标准要求的废水、污水可不作为液态废物管理，但此类废液产生、贮存等其他环节仍应按照固体废物管理。

根据《国家危险废物名录（2021 年版）》（已发布 2025 年版），浸灰产生的废碱液、酸浸铬鞣产生的废液、废渣及其污水系统产生的污泥属于危废。

危废类别	行业来源	废物代码及危险废物
HW35 废碱	毛皮鞣制及制品加工	193-003-35 使用氢氧化钙、硫化钠进行浸灰产生的废碱液
HW21 含铬废物	毛皮鞣制及制品加工	193-001-21 使用铬鞣剂进行铬鞣、复鞣工艺产生的废水处理污泥和残渣

4．编制单位“利用现有资料进行地表水现状评价”的做法是否正确？列举理由。（7 分）

【参考答案】

答案一：

（1）不正确。（2 分）

（2）理由：本项目属于直接排放一类污染物铬，地表水评价等级为一级（1 分）；一级评价要求现状调查以收集监测数据为主，并辅以现场监测（1 分），因此不能仅利用，不监测；一级评价的评价时期至少包括丰水期和枯水期，现有资料只有丰水期，还需监测枯水期（1 分），用于预测叠加；现有资料中缺少总铬、六价铬、硫化物、氯化物特征水污染因子（1 分），需要补充监测；现有资料只有评价范围两端的 2 个监测断面，还需设置水质控制断面、水环境保护目标等关心断面；本项目排放重金属铬，可导致 R 河内源污染变化，需要对底泥进行监测（1 分）。

答案二：

（1）不正确。

（2）理由：

①直接排放总铬，一级评价。

②还应补充监测枯水期。

③还应补充监测铬（六价）、硫化物、氯化物。

考点分析与答题技巧：本小题考查的是《环境影响评价技术导则 地表水环境》（HJ 2.3—2018）中关于环境现状评价内容与要求的内容（考生一定要下载

后认真学习）。由于现状调查的要求与评价等级有关，因此，需要先判断评价等级。值得注意的是，虽然题干信息明确“无取水口和其他排放口”，但是不能排除存在其他水环境保护目标，如此，答上或不答“现有资料只有评价范围两端的2个监测断面，还需设置水质控制断面、水环境保护目标等关心断面”均不属于原则性错误。

答案一与答案二主要内容是一致的。但答案一理由的阐述较为复杂，不便于考场解答；答案二简洁，便于考场解答。

试题二（2018 年考题）

某新建 4 万 t/a 赖氨酸盐酸盐工程位于经济开发区内，建设内容包括赖氨酸生产车间、盐酸罐区、硫酸罐区、液氨罐区、成品库房、锅炉房及废气、废水处理设施等，预计 2019 年 10 月投产。

工程以淀粉糖和玉米浆为主要原料，采用直接发酵法生产产品，工艺流程见下图。蒸发浓缩产生的冷凝液均回用。

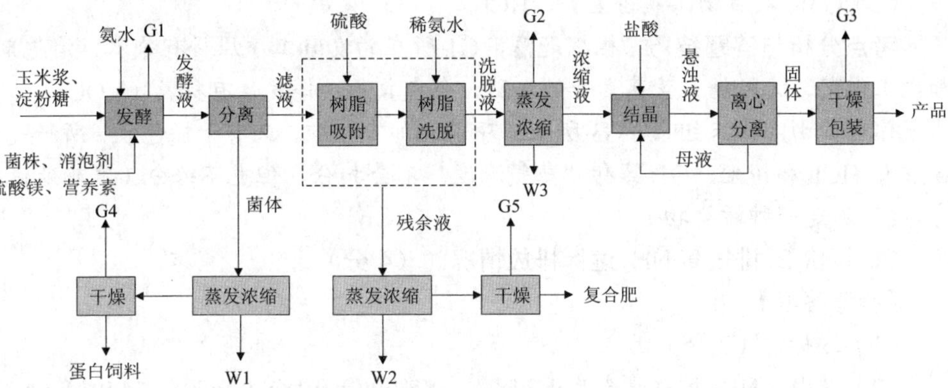

赖氨酸盐酸盐生产工艺流程图

本工程投产后生活区生活污水排放量为 420 t/d，拟排入开发区污水处理厂净化处理。G2 废气 NH_3 产生量为 1.24 kg/h，处理效率为 85%，处理后尾气经 16 m 高 2# 排气筒排放。液氨罐区设有通风、防晒、调温、防潮、防雷、防静电、防腐等安全设施。经济开发区规划指出，在现有热电厂的基础上进行扩建，并敷设供热、供气管网。

开发区污水处理厂设计规模 5 万 t/d，出水达到《城镇污水处理厂污染物排放标准》（GB 18918—2002）一级 B 类标准（COD≤60 mg/L）后排入 R 河。目前开发区污水产生量 4 万 t/d，其中 80%污水收集至开发区污水处理厂处理，其余污水由企业自行处理达标后直接排入 R 河（入河 COD 排放浓度平均为 100 mg/L）。开发区在建工程估算污水产生总量为 0.6 万 t/d，预计 2019 年 8 月前全部建成投产，设计污水排至开发区污水处理厂。

开发区跟踪环评文件载明：R 河现状水质已接近标准限值。跟踪环评审查意见要求开发区实施污水处理改、扩建工程，工程内容包括完善开发区污水管网，将污水收集率提至100%，同步对污水处理厂进行升级改造，将污水处理厂出水标准提至一级 A 类标准（COD≤50 mg/L）。开发区正在实施污水处理改、扩建工程，工程计划在2019年5月前投入运行。

注：《恶臭污染物排放标准》（CB 14554—93）规定：污染物氨厂界二级标准限值为1.5 mg/m^3，排气筒15 m和20 m高时排放量限值分别为4.9 kg/h和8.7 kg/h。

【问题】

1．分别指出废气 G1 和 G3 的污染因子。（4分）

【参考答案】

（1）G1：NH_3、VOCs（或发酵异味气体）。

（2）G3：颗粒物（或粉尘）、HCl。

考点分析与答题技巧：根据题意，G1所在的发酵工序原料有氨水、消泡剂，加之玉米浆、淀粉糖、营养素等的发酵，会有氨气、挥发性有机物（VOCs），异味气体也多由VOCs组成。G3所在工序前期加有盐酸，又有干燥包装，所产气体应该有HCI和粉尘。G1答有“臭气浓度”不会扣分，但也不给分（准确地说，“浓度”不是一种污染物）。

2．评价 2$^{\#}$排气筒 NH_3 达标排放情况。（4分）

【参考答案】

（1）达标。（2分）

（2）理由：NH_3排放速率为1.24×（1−85%）= 0.186（kg/h）＜4.9（kg/h），因此排放速率达标。（2分）

考点分析与答题技巧：排放NH_3的2$^{\#}$排气筒高度为16 m，高于15 m而低于20 m，则排放速率从达标控制要求来看，可高于 15 m 时的排放速率，而需低于20 m时的排放速率。如果低于15 m时的排放速率，无须计算便可确定达标。而计算得到的0.186 kg/h＜4.9 kg/h（15 m时排放速率），无疑是可以确定达标的。

3．给出液氨罐区需补充建设的环境应急设施。（4分）

【参考答案】

（1）氨气泄漏检测报警装置。（1分）

（2）防护围堤。（1分）

（3）应急自动喷淋设施。（1分）

（4）事故废水收集池。（1分）

考点分析与答题技巧：根据题意，液氨罐区设有通风、防晒、调温、防潮、防雷、防静电、防腐等安全设施。根据氨的特性及环境风险防范要求，还有必要采取报警、防护、喷淋等措施。注意，这里要求的是“设施”，答“应急预案”“监测计划”等非具体设施的内容不得分。

4. 说明本工程投产后开发区 COD 日排放量与现状相比的变化情况。（3 分）

【参考答案】

（1）现状开发区 COD 日排放量:

（$4\times10^4\times80\%\times60+4\times10^4\times20\%\times100$）$\times10^{-6}$=2.72（t/d）。

（2）本工程投产后开发区 COD 日排放量:

（$4\times10^4+0.6\times10^4+420$）$\times50\times10^{-6}$=2.32（t/d）。

（3）减少量：2.72−2.32= 0.4（t/d）。

考点分析与答题技巧：本小题计算并不复杂，关键是要根据题意弄清时间节点（本项目预计 2019 年 10 月投产、污水产生量 0.6 万 t/d 的开发区在建工程是拟在 2019 年 8 月前全部建成，污水处理厂改、扩建工程是拟在 2019 年 5 月前投入运行）和污水处理厂改、扩建前后执行的不同排放标准。但要注意本小题要求相比的“现状”，是本案例项目本次环评阶段的现状。

5. 为分析锅炉房建设的规划符合性需收集开发区及开发区热电厂哪些资料？（5 分）

【参考答案】

（1）开发区规划、规划环境影响评价及审查意见。（2 分）

（2）收集开发区现有热电厂剩余供热供汽能力及现状管网建设情况资料。（1 分）

（3）收集热电厂扩建工程环境影响评价资料（了解其建成时间、扩建后的供热供汽能力、管网建设等）。（1 分）

（4）收集开发区在建项目和规划拟建项目的供热、供汽需求情况。（1 分）

考点分析与答题技巧：根据题干信息，开发区规划对现有热电厂进行扩建，并敷设供热、供气管网。显然，若现有热电厂不能为本项目供热、供气，则应分析扩建后是否能够提供；如扩建后也不能提供（如开发区在建或拟建的其他项目比本项目更急切地需要供热、供气），则要分析开发区规划、规划环境影响评价及审查意见是否允许企业自建锅炉房。据此便可以梳理出需要收集的资料。

试题三（2016 年考题）

拟在某工业园区新建年产 1.0 亿 L 啤酒厂项目，建设内容包括原料处理车间、糖化车间、发酵车间、包装车间、CO_2 回收车间、制冷车间、锅炉房、污水处理站、原料立仓、瓶箱堆场及办公辅助用房。项目预计 2017 年 10 月投产。项目以大米、麦芽、淀粉为主要原料，经糊化、糖化、发酵等工艺生产成品啤酒，生产工艺见下图。

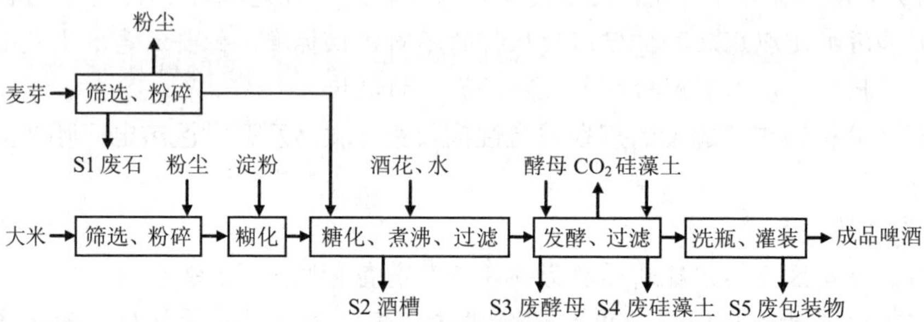

啤酒生产工艺流程示意图

制冷车间内设 6 台螺杆制冷机组和蒸发冷凝系统，制冷系统以氨为制冷剂，运行时氨在线量为 7 t；氨储存区位于制冷车间外 30 m 处，内设 1 座 10 m^3 的液氨压力储罐，用于补充制冷系统氨消耗，液氨最大储存量为 5.2 t。

原料处理车间内，大米、麦芽筛选粉碎过程产生的粉尘经收集后送布袋除尘器处理，处理后的废气经 1 根 15 m 高排气筒排放。大米、麦芽筛选粉碎的粉尘产生量分别为 0.9 kg/h 和 0.7 kg/h，设计布袋除尘器除尘效率 95%，排风量 5 000 m^3/h。

全厂废水包括糊化、糖化、发酵、洗瓶、过滤工序的清洗废水和生活污水，废水量为 1 520 m^3/d，拟送至厂区污水处理站处理，达到《啤酒工业污染物排放标准》预处理标准后送工业园区污水处理厂处理。在工业园区污水处理厂投入运行前，拟将经预处理后的废水经管线直排 A 河。

该工业园区成立于 2015 年，规划建设处理规模 1.5 万 t/d 的工业园区污水处理厂处理园区生产废水，出水达到《城镇污水处理厂污染物排放标准》一级 A 标准后排入 A 河，预计 2017 年 8 月投产；目前工业园区污水处理厂已完成土建工程，因资金问题投产日期将延后。

注：《啤酒工业污染物排放标准》规定，排入二级城市污水处理厂的啤酒企业，污水排放执行预处理标准；排入自然水体的啤酒企业，污水排放执行限值标准；《危险化学品重大危险源辨识》规定，氨临界量为 10 t。

【问题】

1．分别指出图中的 S2、S3、S4 的固体废物属性。

【参考答案】

S2 酒糟、S3 废酵母、S4 废硅藻土，均为一般固体废物。

考点分析与答题技巧：根据题意，本小题只需确定三种固废的属性，即一般固体废物，还是危险固体废物。如果考生答："三种均为一般固体废物"或干脆答 6 个字"一般固体废物"或 4 个字"一般固废"，也符合题意。本小题虽然简单，却是固体废物环境影响评价的基础——识别固体废物的属性。本小题并未要求答出合理的处理处置方案，如果答上处理处置方案，则为画蛇添足（但估计不会扣分，只是浪费答题时间）。

2．本工程是否有重大危险源？请说明理由。

【参考答案】

（1）存在重大危险源。

（2）因为厂界内的液氨储罐最大储存量 5.2 t 和运行时在线的 7 t 氨最大储存量之和为 12.2 t，超过了 10 t 的临界量，即 Q 值大于 1。

考点分析与答题技巧：类似考题已考过多次。本书此前的版本仅考虑储罐的最大储存量，而未考虑运行时的在线量，因此判断为不存在重大危险源是不正确的。本案例是 2016 年考题，2018 年生态环境部修订发布了《建设项目环境风险评价技术导则》（HJ 169—2018），其附录 C 规定按"厂界内"危险物质的"最大存在总量"与临界量之比确定 Q 值。所以说，厂界内的液氨是重大风险源。因此，考生一定要认真学习 HJ 169—2018。

3．计算原料处理车间排气筒粉尘排放浓度和排放速率。

【参考答案】

（1）浓度：[（0.9+0.7）×10^6/5 000]×（1−95%）=16（mg/m^3）

（2）速率：（0.9+0.7）×（1−95%）=0.08（kg/h）

考点分析与答题技巧：根据题意，"处理后的废气经 1 根 15 m 高排气筒排放。大米、麦芽筛选粉碎的粉尘产生量分别为 0.9 kg/h 和 0.7 kg/h，设计布袋除尘器除尘效率 95%，排风量 5 000 m^3/h"，相关计算参数均已给出，而计算过程也十分简单。此类考题已考过多次，只需注意计量单位换算即可。根据评分要求，公式正确、结果正确（包括计量单位）才能得满分。

4．给出工程排水方案的 2 种优化途径，并说明理由。

【参考答案】

（1）优化方案一：

① 清洗废水过滤、沉淀后尽量回用。清洗废水主要为悬浮物，经过滤沉淀后可回用清洗工序（如初洗）或锅炉循环水。

② 园区污水处理厂投运前，本项目应强化厂区污水处理站处理工艺。由于园区污水处理站未建成，废污水需外排，则必须使处理后的生产废水和生活污水达到《啤酒工业污染物排放标准》排入自然水体限值标准。

（2）优化方案二：

① 清洗废水过滤、沉淀后尽量回用。清洗废水主要为悬浮物，经过滤沉淀后可回用清洗工序（如初洗）或锅炉循环水。

② 园区污水处理厂投运后，本项目生产废水和生活污水经厂区污水处理站预处理后满足预处理标准后进入园区污水处理站处理。

考点分析与答题技巧：根据题意，工业园区污水处理厂投运时间与本项目投运时间衔接的问题，首先应考虑节水，能够回用的中水应尽可能回用，不能回用的则视园区污水处理厂投运时间分别处理，总之要保障达标后才能排入自然水体。答题时可简化文字。

试题四（2015 年考题）

某拟建腈纶厂位于 A 市城区东南与建成区相距 5 km 的规划工业园区内，采用 DMAC（二甲基乙酰胺）湿纺二步法工艺生产 14 万 t/a 差别化腈纶。工程建设内容包括原液制备车间、纺丝车间、溶剂制备和回收车间、原料罐区、污水处理站、危险品库、成品库等。

原液制备生产工艺流程详见下图。生产原料为丙烯腈、醋酸乙烯，助剂和催化剂有过亚硫酸氢钠、硫酸铵和硫酸，以溶剂制备和回收车间生产的 DMAC 溶液为溶剂（DMAC 溶液中含二甲胺和醋酸），经聚合、汽提、水洗过滤、混合溶解和压滤等工段制取成品原液。废水 W_1 送污水处理站处理，废气 G_1 经净化处理后由 15 m 高排气筒排放，压滤工段产生的含滤渣的废滤布送生活垃圾填埋场处理。

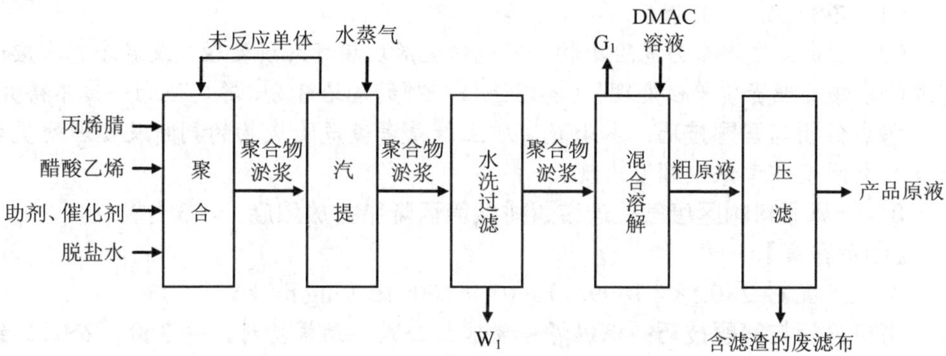

原液制备生产工艺流程

原料罐区占地 8 000 m^2，内设 2 个 5 000 m^3 丙烯腈储罐、2 个 600 m^3 醋酸乙烯储罐和 2 个 60 m^3 二甲胺储罐。单个丙烯腈储罐呼吸过程中排放丙烯腈 0.1 kg/h。拟将 2 个丙烯腈储罐排放的丙烯腈废气全部收集后用管道输至废气处理装置处理，采用“碱洗+吸附净化”工艺，设计丙烯腈去除率为 99%，处理后的废气由 1 根 20 m 排气筒排放，排风量 200 m^3/h。

污水处理服务站服务于本企业及近期入园企业，废水经处理达标后在 R 河左岸边排放。

R 河水环境功能为Ⅲ类，枯水期平均流量为 272 m^3/s，河流断面呈矩形，河宽 260 m，水深 2.3 m。在拟设排放口上游 4 km、河道右岸有 A 市的城市污水处理厂排放口，下游 10 km 处为 A 市水质控制断面（T 断面）。经调查，R 河 A 市河段的混合过程段长 13 km。

环评机构选用一维模式进行水质预测评价，预测表明 T 断面主要污染物浓度低于标准限值。评价结论为项目建成后 T 断面水质满足地表水功能要求。

【问题】

1．分别指出图中废水 W_1、废气 G_1 中的特征污染物。（5 分）

【参考答案】

（1）W_1 中的特征污染物：pH（硫酸、SO_4^{2-}）、丙烯腈、氨氮（NH_3-N，或 NH_4^+）。（3 分，每项 1 分）

（2）G_1 中的特征污染物：DMAC（二甲基乙酰胺）、二甲胺。（2 分，每项 1 分）

考点分析与答题技巧：根据评分情况，G_1 中给出“醋酸”也可得 1 分。注意，本小题问的是特征污染物，答常规污染物不得分。

2．原液制备车间固体废物处理方式是否合理？请说明理由。（4 分）

【参考答案】

（1）不合理。（1 分）

（2）理由：废滤布为危险废物，不能送生活垃圾填埋场处理，或者废滤布应送有危险废物处理资质单位处理。（答以上任一项的均给 3 分，答其他的一律不得分）

考点分析与答题技巧：本小题实质上就是考查危险废物的判断及处理处置要求。此类问题在考试中频繁出现。

3．计算原料罐区废气处理装置排气筒丙烯腈排放浓度。（3 分）

【参考答案】

排放浓度 $C=2\times0.1\times(1-99\%)\times10^6\div200=10$（$mg/m^3$）。

考点分析与答题技巧：根据评分要求，公式、结果均对，得 3 分；公式、结果均对，单位不对（mg/L、kg/h），得 1 分；公式对，结果不对，得 1 分；只有结果，并且正确得 2 分。

4．T 断面水质满足地表水功能要求的评价结论是否正确？请列举理由。（8 分）

【参考答案】

（1）不正确。（2 分）

（2）理由：采用一维模式错误，或答应采用二维模式（4 分）；应与河流现状背景值进行叠加（2 分）。

考点分析与答题技巧：根据题干，R 河为大型河流，影响预测关注混合区及超标水域。混合过程段有城市排污口，现状需叠加。考生需掌握一些预测模式。

2014 年之前考题（轻工纺织化纤类案例）

十三、医药及石化项目案例

试题一（2023 年考题）

2023 年第 2 题视频讲解

拟建年产 400 万支（50 mL/支、50 头份）基因重组注射兽用疫苗项目，位于某省级开发区的最北部。基因重组疫苗是将外源保护性抗原基因插入细胞体内表达出目的蛋白，接种到牲畜机体后诱导免疫应答的一类载体疫苗。项目建设内容包括疫苗 GMP 生产车间和研发楼等主体工程，动物房、动力站、燃天然气锅炉房、循环冷却水系统、办公楼等公辅工程，仓储中心、危险品库等储运工程，污水站、危废和一般固废暂存间、废气处理设施、事故应急池等环保工程。疫苗 GMP 生产车间设原液生产线和制剂生产线各 2 条，均按批次生产。项目计划 2024 年 6 月建成投产。

原液生产线工艺流程见下图。外购细胞经复苏后在生物反应器内培养扩增为细胞悬液，种毒在生物反应器内制备为第三代种毒；细胞悬液和第三代种毒分别送入发酵罐，发酵获得病毒收获液；病毒收获液首先经离心机分离出上清液和离心废水（W_1），上清液再经深层过滤去除细胞碎片、线粒体等大分子结构杂质，得到过滤液；最后再将过滤液送入加有保护液的循环超滤浓缩与置换系统中，经截留病毒液，去除无机盐、氨基酸和小分子蛋白质等杂质和水分，浓缩置换得到原液产品。质检合格的原液送冷库暂存。深层过滤工序产生废过滤介质（S_1），循环超滤浓缩与置换工序产生废水（W_2）和废滤膜（S_2）。批次生产完成后，

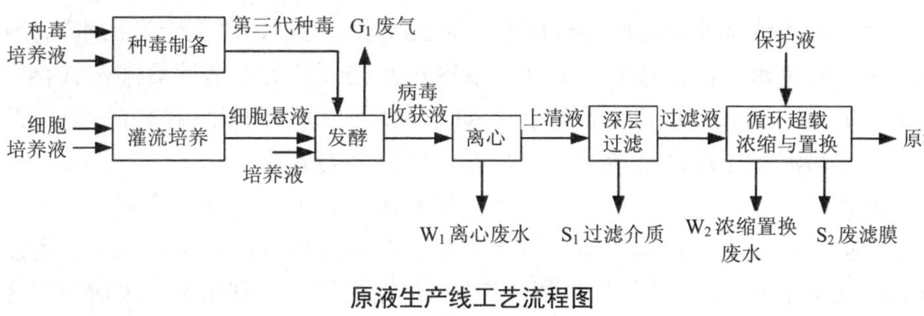

原液生产线工艺流程图

需对设备进行在线清洗以开始下一批次生产。原液生产过程中的第三代种毒、收获液、过滤液、原液等中间品及产品均需送至布置在研发楼内的质检实验室进行质检。质检过程产生质检废液、废包装物、废实验器皿。质检发现的不合格中间品及产品，送污水站。

制剂生产工艺为：首先用佐剂和注射水将原液配置成所需浓度的制剂，再依次经除菌过滤、灌装、封盖、灯检和贴标等作业制得 50 mL/支规格的疫苗产品。

项目使用原料包括葡萄糖、碳酸氢钠、L-谷氨酰胺、培养基、保护剂等。动物房开展动物实验，所用实验动物主要为小鼠和豚鼠，动物停留时间按实验要求确定，不在动物房长期饲养。动物实验产生动物尸体、废注射器和废垫料。

根据所用微生物类型，项目生物安全等级为二级，设置有生物安全柜、高压灭菌锅、灭菌器等设施，生产车间、动物房采用 75%乙醇、新洁尔灭菌消毒。

项目废气主要为发酵废气 G_1、动物房废气、锅炉烟气、污水站废气。G_1 废气经负压收集（收集率 97%）引至采用“高效除菌过滤+活性炭吸附”处理工艺的废气处理装置处理后，由 23 m 高的排气筒排放。动物房和污水站废气分别经负压收集（收集率 95%）引至各自配建的活性炭吸附处理装置处理后，由各自 15 m 高排气筒排放。锅炉烟气经 8 m 高烟囱排放。培养液配置间通风口设置初效、中效和高效过滤器，气体室内循环，不产生颗粒物排放，定期产生废过滤器。

锅炉房内设软化水系统，自来水经离子交换树脂处理生产软化水用于锅炉用水；疫苗车间内设纯净水和注射用水制备系统，自来水经“机械过滤+活性炭过滤+精密过滤+双级反渗透+巴氏消毒”工艺生产纯净水，部分纯净水用于生产，部分再经多效蒸馏和微孔过滤后生产注射用水。制水过程产生浓水、废活性炭、废离子交换树脂、废反渗透膜。

项目废水产生量为 56 m^3/d，其中疫苗车间废水 W_1 和 W_2、质检实验废水、动物房废水、设备清洗水、地面冲洗废水、洗衣废水、生活污水等中高浓度废水共 41 m^3/d，制水站废水、锅炉排水及循环冷却水系统排水等清洁废水共 15 m^3/d。工程设计排水方案为：疫苗车间废水 W_1 和 W_2、质检实验废水、动物房废水经高温灭活后与设备清洗水、地面冲洗废水、洗衣废水、生活污水混合送污水站处理，处理达标后的废水与清洁废水一并送开发区污水处理厂处理达标后排入 A 河。污水站基础埋深 3.5 m，采用“格栅除渣+调节池均化+水解酸化+接触氧化+沉淀”处理工艺。污泥经压滤送危废暂存间贮存，定期外委处置。

经调查，该省级开发区已成立多年，现有污水处理厂已满负荷运行，正在实施扩建，扩建前后设计进水水质、污水处理工艺和排放标准不变。拟建兽用疫苗项目的厂址位于城市近郊区，厂址周围 3 km 范围内的土地利用类型为建设用地和少量耕地，北厂界外 100 m 处分布有 T 村。环评文件编制单位判定本项目土壤环境影响评价为污染影响型一级评价，制定的土壤现状监测布点和采样方案为：厂区内设置 4 个柱状样点、2 个表层样点，在厂区外设置 4 个表层样点；表层样点取样深度为 0～0.3 m，柱状样点在 0～0.5 m、0.5～1.5 m、1.5～3 m 分别取样。

【问题】

1. 采用“高效除菌过滤+活性炭吸附”工艺处理 G_1 废气是否合理？说明理由。（4 分）

【参考答案】

答案一：

（1）合理。（1 分）

（2）理由：

① G_1 废气主要污染物为颗粒物（0.5 分）、TVOC/NMHC（0.5 分），且含细菌病毒（0.5 分）。

② 高效除菌过滤杀灭细菌病毒（0.5 分）、去除颗粒物（0.5 分）。

③ G_1 废气经负压收集后为低浓度，活性炭吸附去除低浓度 TVOC/NMHC（0.5 分）并除臭，确保稳定达标排放。

答案二：

（1）不合理。

（2）G_1 为发酵废气，主要污染物有恶臭气体、低浓度 VOCs、细菌及病毒颗粒等。活性炭吸附可以有效去除低浓度 VOCs、恶臭气体等污染物，但除菌过滤器主要功能为过滤细菌，对病毒而言滤膜孔径过大，过滤效果有限。

（注：细菌粒径在 0.5～5 μm，病毒粒径在 0.02～0.25 μm）

考点分析与答题技巧：根据题干信息“项目废气主要为发酵废气 G_1、动物房废气、锅炉烟气、污水站废气。G_1 废气经负压收集（收集率 97%）引至采用‘高效除菌过滤+活性炭吸附’处理工艺的废气处理装置处理后，由 23 m 高的排气筒排放”。种毒培养液和细胞培养液常用到有机物，会有挥发性有机物的异味或臭气，当然也会有细菌、病毒或其残体碎片颗粒物，不考虑滤膜孔径和细菌、病毒粒径，则采用“高效除菌过滤+活性炭吸附”是适宜可行的。以下内容作为依据，对理解和解答本小题是有指导意义的：

（1）根据《制药工业污染防治可行技术指南 原料药（发酵类、化学合成类、提取类）和制剂类》（HJ 1305—2023），“涉及生物安全的废气应进行灭活灭菌处理”。根据《制药工业污染防治技术政策》（公告 2012 年第 18 号），“通过高效过滤器控制颗粒物排放，减少生物气溶胶可能带来的风险”。

（2）根据《大气污染治理工程技术导则》（HJ 2000—2010），“吸附法适用于低浓度挥发性有机化合物废气的有效分离与去除”，“化学吸附类的处理方法宜用于处理低浓度、多组分的恶臭气体”。

（3）题干明确“发酵废气 G_1”，表明应识别TVOC/NMHC、臭气浓度，题干信息无提示时额外识别发酵异味气体中的氨、硫化氢不算错。“细胞悬液和第三代种毒分别送入发酵罐，发酵获得病毒收获液”，表明废气含细菌病毒，因细菌病毒以气溶胶形式存在，还应识别颗粒物。

（4）题干“G_1 废气经负压收集”，注意关键词“负压收集”，表明 G_1 属于大风量、低浓度废气。

但是，如果考虑滤膜孔径和细菌、病毒粒径则存在不合理的可能性。从题干信息来看，答案一应该是赋分答案，答案二有一定的道理，更专业，但考虑的有些超出题干信息了，应该不是赋分答案。

2．项目设计的排水方案是否合理？说明理由。（4分）

【参考答案】

（1）不合理。（1分）

（2）理由：

① 开发区现有污水处理厂已满负荷运行，无容量。（1分）

② 需要核实开发区污水处理厂扩建工程竣工时间能否在本项目竣工前投运（1分。或答开发区污水处理厂扩建工程能否在2024年6月前建成投运）。

③ 需要确定本项目污水处理站出水是否符合开发区污水处理厂纳管要求及接管条件。（1分）

④ 废水经本项目自建污水站处理后，应首先考虑回用以减少外排量（不赋分，答与不答均可）。

考点分析与答题技巧：关于排水方案，题干提供的信息是“工程设计排水方案为：疫苗车间废水 W_1 和 W_2、质检实验废水、动物房废水经高温灭活后与设备清洗水、地面冲洗废水、洗衣废水、生活污水混合送污水站处理，处理达标后的废水与清洁废水一并送开发区污水处理厂处理达标后排入A河。”但更关键的信息是“现有污水处理厂已满负荷运行，正在实施扩建，扩建前后设计进水水质、污水处理工艺和排放标准不变。”至少表明目前开发区污水处理厂无容量而不能接纳。2022年生活垃圾焚烧发电案例考了“用水方案合理性”判定并要求说明理由，与本小题的思路是相似的。

3. 为分析本项目废水送开发区污水处理厂处理的可行性，应收集污水处理厂哪些信息？（4分）

【参考答案】

答案一：

（1）开发区污水处理厂扩建工程环境影响评价及审批决定。（1分）

（2）扩建工程建设进度及竣工时间。（1分）

（3）进水水质指标要求。（1分）

（4）收水范围及管线延伸情况。（1分）

答案二：

（1）扩建日处理能力、处理工艺、设计进水水质、处理后的废水稳定达标情况。

（2）扩建工程投产运行时间。

（3）扩建工程服务范围及管网覆盖情况。

（4）执行的排放标准是否涵盖本项目排放的粪大肠菌群数、急性毒性等有毒有害特征水污染物。

考点分析与答题技巧：根据题干信息，本项目位于“开发区的最北部”“拟建兽用疫苗项目的厂址位于城市近郊区，厂址周围 3 km 范围内的土地利用类型为建设用地和少量耕地，北厂界外 100 m 处分布有 T 村。”需要确定拟建项目是否在开发区污水处理厂服务范围内，管线是否已延伸至拟建项目位置；其二，开发区污水处理厂正在实施扩建，其竣工时间是否与本项目匹配也是必要考虑的；其三，拟建项目污水处理站排水需满足开发区污水处理厂进水接管水质。这些均是基本要求，环评需要收集这些信息。答案一与答案二实质内容是一致的。另外，从本小题与上一小题是互相呼应的，也足以证明上一小题的排水方案是“不合理”的。

4. 指出项目产生的一般工业固体废物及所产生的环节。（4分）

【参考答案】

（1）质检过程（0.5分）产生的未污染的废包装物（0.5分）。

（2）锅炉房软化水系统（0.5分）产生的废离子交换树脂（0.5分）。

（3）疫苗车间纯净水和注射用水制备系统（0.5分）产生的废活性炭（0.5分）、废离子交换树脂（0.5分）、废反渗透膜（0.5分）。

考点分析与答题技巧：由于对危险废物特别关注，所以考试中危险废物出题的频率高，但也不能忽略一般固体废物。本小题即是要求识别一般固体废物并给出产生环节。根据题干信息“锅炉房内设软化水系统，自来水经离子交换树脂处理生产软化水用于锅炉用水；疫苗车间内设纯净水和注射用水制备系统，自来水经‘机械过滤+活性炭过滤+精密过滤+双级反渗透+巴氏消毒’工艺生产纯净水，部分纯净水用于生产，部分再经多效蒸馏和微孔过滤后生产注射用水。制水过程产生浓水、废活性炭、废离子交换树脂、废反渗透膜。”另外，还有“质检过程产生质检废液、废包装物、废实验器皿。质检发现的不合格中间品及产品，送污水站。”其中的废包装物应该不属于危险废物（因为被质检的不合格中间品和产品送的是污水站而非危废暂存间）。至于动物房的粪便和废垫料，如果是健康动物产生的，也一般视为生活垃圾处理，可不按一般工业固体废物处理。

有考生可能会认为废活性炭应该为危险废物，不应为一般固体废物。对于本项目制水过程中产生的废活性炭，由于其处理的是自来水，不应视为危险废物（否则，很多日用品或生活用品，甚至食物将被认为是危险废物，这是不可想象的）。

虽然本小题考察的是一般固体废物，但也间接地反向考察了危险废物。再次提示：考生需要认真学习《国家危险废物名录》。

5. 土壤现状监测布点和采样方案是否合理？说明理由。（4 分）

【参考答案】

（1）不合理。（1 分）

（2）理由：

① 一级评价（0.5 分），厂区内柱状样点应不少于 5 个（0.5 分）。

② 表层样点应在 0～0.2 m 取样（0.5 分）。

③ 污水站基础埋深 3.5 m（0.5 分），柱状样点应在 0～0.5 m、0.5～1.5 m、1.5～3.0 m、3.5～6.0 m（1 分）分别取样。

考点分析与答题技巧：本小题主要考察对《环境影响评价技术导则　土壤环境（试行）》（HJ 964—2018）的“表 6 现状监测布点类型与数量”及表下的小注解“a”和“b”，再针对题干提供的信息查找错误即可解答本小题。自从 HJ 964—2018 发布后，在环评工程师考试中有关监测布点的考试频繁出现，似乎成了考试的一个“偏好”，考生应高度重视。

【扩展思考题】

1. 指出本项目产生的危险废物及其所产生的环节。
2. 指出本项目地下水监测主要区域。
3. 如何判定 G_1 废气排放的环境合理性？
4. 核算事故应急池的容量。
5. 说明实验动物尸体的可行的处理处置方式。

试题二（2022 年考题）

某企业拟在省级化工园区建设年产 5 000 t 高纯度二氯二苯砜项目。项目生产设施有生产车间，辅助设施有原料罐区、原料和产品仓库、研发实验室，及配套的公用、环保和办公设施等。采用序批式生产，生产工艺过程包括氧化反应、固液分离，产品精制和溶剂回收等，生产工艺流程见下图。

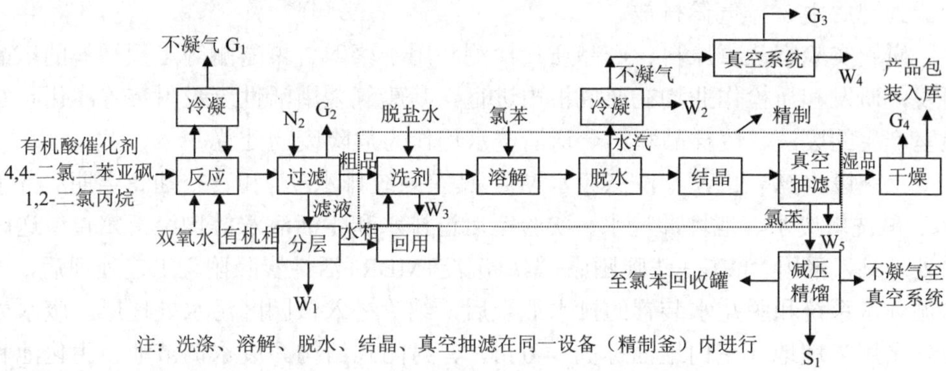

生产工艺流程图

粉状原料 4,4-二氯二苯亚砜、溶剂 1,2-二氯丙烷和有机酸催化剂经计量投入反应釜，双氧水（过氧化氢浓度 35%）滴加投入反应釜，设冷凝系统控制反应温度。反应生成的是二氯二苯砜和水的混合物。经管道送入密闭过滤釜，在通入氮气保护下进行压滤，压滤产生的固体粗品在精制釜内依次采用脱盐水洗涤、投加氯苯溶解分层、加热脱除残留水分、冷却结晶和真空过滤处理，真空过滤得到的湿品送干燥塔干燥后成为合格产品，袋装入库。

过滤釜压滤产生的滤液主要为水、1,2-二氯丙烷和有机酸催化剂，经配置分层。有机相返回反应釜循环使用；水相大部分用于粗品洗涤，其余作为废水（W_1）处理。

真空过滤产生的含氯苯和其他杂质的母液，送减压精馏塔。在水环真空泵作用下进行真空精馏，馏出分回氯苯回收罐，循环使用，残液 S_1 送危险废物暂存间。

在生产过程中，通过通入蒸汽或低温水完成精制釜加热或结晶操作。反应釜、精制釜及氯苯精馏塔均配套三级冷凝装置。冷却介质分别采用 25℃循环水和 0℃低温循环水。反应釜冷凝液回流利用，精制釜加热脱水产生的蒸汽冷凝液作为废水（W_2）处理。

针对有机废气，设计单位提出 A、B 两套处理方案，A 方案将不凝气 G_1，过滤废气 G_2，水环真空泵尾气 G_3 以及各中间罐和回用水罐产生的废气，均纳入处理系统，采用“碱洗+除雾+活性炭吸附”工艺处理后，通过 $1^{\#}$排气筒排放。B 方案将收集的上述混合工艺废气全部直接燃烧处理。干燥废气 G_4 经布袋除尘器处理后由 $2^{\#}$排气筒排放。

双氧水和氯苯在原料罐区储存，经管道分别输送至反应釜和精制釜；氯苯储罐配套平衡系统，控制槽车大呼吸排放、桶装液态 1,2-二氯丙烷和有机酸催化剂在原料仓库内储存，在装置区用桶泵向反应釜内投加；原料 4,4-二氯二苯亚砜密闭加料站和产品包装区，均按规范设置集气罩，收集的含尘气体采用一套布袋除尘器处理后由 $3^{\#}$排气筒排放。

研发实验室从事原料、产品质量检测和用于聚砜、聚醚酮等工程塑料的产品研发，研发和质检作业均在通风柜内进行，其废气采用活性炭吸附装置净化。实验室产生的废液、废样品和第一道清洗水均作为危险废物处置。

工艺废水 W_1 和 W_2、洗涤废水 W_3、真空系统排水 W_4 和真空抽滤定期清洗水 W_5、碱洗塔废水、地坪冲洗水、实验室后道排水和生活污水等均经密闭管道送废水处理站，采用“酸化+铁碳还原+絮凝沉淀+MBR+活性炭吸附”工艺处理后，再与循环水系统和脱盐水装置的排水混合后，纳管进入该园区污水处理厂。废水处理站采用半埋地（室内地面标高−4.0 m）、封闭式结构。废水调节池、生化池和污泥池等产生的废气采用活性炭吸附装置处理后由 15 m 高排气筒排放。废水处理产生的污泥（S_2）经压混、干化、装袋作危险废物处置。

项目各类危险废物均按规范在危险废物暂存间内密闭暂存。

A 河位于项目拟建厂区南侧约 100 m 处，为Ⅳ类水环境功能类别。向东 2 km 后汇入 B 河。B 河为Ⅲ类水环境功能类别，在 A 河汇入口下游 5 km 处为省界。

项目设置消防兼事故废水收集池、雨水截止阀、监控报警等环境风险防控措施，并配备了应急物资。环评文件编制单位核算了项目消防废水量，提出了事故废水环境风险防范的“单元—厂区—园区/区域”三级防控要求。

注：1,2-二氯丙烷与碱反应生成乙二醇和氯化钠。

问题：

1. 指出干燥废气 G_4 的污染因子，说明废气 G_4 处理方案存在的缺陷。

【参考答案】

（1）G_4 污染物为氯苯及其他 VOC（或 TVOC、NMHC）、颗粒物。

（2）经布袋除尘器处理后的干燥废气 G_4，仅去除了颗粒物，无法去除氯苯等 VOC 有机物。

考点分析与答题技巧：从题干的“生产工艺流程图”来看，溶解工序使用氯苯作为洗涤剂，使用洗涤剂的“结晶-离心”等精制操作，由于过量洗涤剂的“尽可能去除”作用，下一步干燥操作忽略洗涤剂以外的其他杂质相对残留，故干燥工序废气污染因子识别只需识别干燥产品形成的颗粒物、洗涤剂涉及的物料挥发产生的 VOCs（氯苯、TVOC/NMHC）。图中进入干燥工序的是“湿品”，表明干燥工序产生高浓度 VOCs，注意未经冷凝法等预处理的高浓度 VOCs 在布袋表面遇冷结露会导致与含水、高湿废气相同的后果——“糊袋”，故针对干燥废气中的颗粒物，采取布袋除尘治理前应针对高浓度 VOCs 废气采取冷凝法等预处理，布袋除尘治理后应针对低浓度 VOCs 废气采取吸附法等进一步处理。

2．分析 A、B 两套有机废气处理方案的优劣，说明理由。

【参考答案】

（1）A 方案：

优点：对 1,2-二氯丙烷去除率较高，无火灾爆炸安全隐患，不产生废气二次污染。

缺点：碱洗对氯苯去除率较低，影响活性炭吸附稳定运行，需考虑含乙二醇和氯化钠废水、废活性炭危险废物二次污染治理。

（2）B 方案：

优点：去除率较高，不产生废水、固体废物二次污染。

缺点：有火灾爆炸安全隐患，需考虑氯化氢、光气、二噁英二次污染治理。

考点分析与答题技巧：注意本小题的设问，其实“分析优劣”与后面的“说明理由”是一回事，即分析优劣的过程就是“理由”。可能出题方是担心考生只给出哪个方案优，而不说明理由或依据，因此，特别强调了一下要“说明理由”。解答本小题建议列表对比说明。

根据题干提供的信息，不凝气 G_1 的主要污染因子为 1,2-二氯丙烷、挥发性有机酸；G_2 的主要污染因子为 1,2-二氯丙烷、挥发性有机酸；G_3 的主要污染因子为氯苯、1,2-二氯丙烷、挥发性有机酸。方案 A 分别针对各类废气分别处理，方案 B 则是采取混合处理的方式。A 方案是将不同的特征污染物采用相应的处理工艺去除，碱洗方式去除有机酸，去除效率取 90%，同时，1,2-二氯丙烷与碱反应生产乙二醇和氯化钠，碱洗后废气经除雾，去除水和氯化钠，去除效率取 90%，活性炭吸附乙二醇、氯苯、1,2-二氯丙烷的去除效率取 80%。A 方案的缺点是将产生乙二醇、氯化钠等次生污染物及碱洗废液、废活性炭等危险废物；B 方案将上述废气混合后直接燃烧，直接燃烧法对有机物去除效率取 95%，需使用天然气进行辅助加热，含有有机氯的物质燃烧会产生二噁英、NO_x，工艺中也缺少二噁英治理措施。因此，A 方案处理效率稍低，但工艺简单，工艺成熟，更易操作。

3. 在制订项目水环境风险防控应急联动方案时，还需调查外部环境的哪些信息？

【参考答案】

答案一：

（1）项目事故排放点在 A 河位置。

（2）A、B 河水体流向、环境敏感目标分布、最大流速、省界断面水质目标。

（3）1,2-二氯丙烷、氯苯等有毒物质进入 A、B 河最远超标距离及时间，到达环境敏感目标、A 河汇入 B 河口、省界处的到达时间、超标时间、超标持续时间及最大浓度。

（4）针对 A、B 河的拦污坝、拦污闸等控制、消减措施，应急监测措施，突发环境事件应急预案。

答案二：

（1）周边企业的主要原料、辅料及所涉危化品情况。

（2）周边企业及园区、社会的水环境风险防控设施、管理及衔接要求，风险应急预案备案、联动情况，应急物资储备情况。

（3）当地最大降水量。

（4）企业周边、园区河网水系、水工设施位置及可应急利用转换情况。

考点分析与答题技巧：本小题考察的主要是环境风险应急预案中的应急联动方面的应考虑的外部环境情况。一般而言企业的环境风险应急联动，首先应考虑与当地政府及有关部门的应急联动，当然也要充分考虑企业的自身及周边条件或园内的情况，尤其是与企业周边或园内相关企业或部门、单位的联动。在《建设项目环境风险评价技术导则》（HJ 169—2018）中有相应的内容，考生应认真学习该导则。

4. 为分析工艺系统水平衡，应考虑哪些进、出水项？

【参考答案】

答案一：

（1）进水项：双氧水（过氧化氢浓度 35%）、脱盐水、蒸汽或低温水、25℃循环水和 0℃低温循环水。

（2）出水项：工艺废水 W_1 和 W_2、洗涤废水 W_3、真空系统排水 W_4 和真空抽滤定期清洗水 W_5、残液 S_1、25℃循环水和 0℃低温循环水。

答案二：

（1）进水项：原料 4,4-二氯二苯亚砜含水量、双氧水中含水量、反应釜中反应生成水量、过滤分层水相回用水量、脱盐水量。

（2）出水项：工艺废水 W_1、W_2、洗涤废水 W_3、真空系统排水 W_4、真空抽

滤定期清洗水 W_5、产品二氯二苯砜含水量，不凝气 G_1、过滤废气 G_2、真空系统废气 G_3、干燥废气 G_4 中含水量，减压蒸馏废液 S_1 含水量。

考点分析与答题技巧：本小题要求计算水平衡，乃是环境影响评价工程分析中常见内容。但本小题并未要求进行水平衡计算，仅要求给出计算水平衡时“进水”“出水”应考虑的组成部分或来源等。实际上，也是考察计算水平衡的思路及方法。以下内容对理解和解答本小题是有指导意义的：

（1）设问针对生产车间内的工艺系统，不针对原料罐区、原料和产品仓库、研发实验室，以及配套的公用、环保和办公设施等。题干“生产工艺流程图”将冷凝系统、真空系统纳入工艺系统范畴，故同时考虑冷凝系统、真空系统水平衡分析所需进、出水项。

（2）题干“生产工艺流程图”，“双氧水（过氧化氢浓度 35%）……反应生成的二氯二苯砜和水的混合物”，表明图中已明确的进水项为双氧水含水、反应生成水、脱盐水、回用水，出水项为 W_1、W_2、W_3、W_4、W_5、回用水。注意：化学反应生成水在物料平衡分析中是产出项，在水平衡分析中则是投入项；回用水、循环水等重复用水在水平衡分析中既是投入项，又是产出项；重复用水以外的水汽、水相等属于工艺系统内部各工序之间流转的含水项，不属于工艺系统的进、出水项。

（3）题干“在生产过程中，通过通入蒸汽或低温水完成精制釜加热或结晶操作”，表明精制釜加热方式为蒸汽直接加热，精制釜加热脱水产生的蒸汽冷凝废水 W_2 来源为精制釜加热用蒸汽，故进水项还应考虑精制釜加热用蒸汽。

（4）题干“在水环真空泵作用下进行真空精馏”，表明真空系统排水 W_4 部分来自冷凝后的不凝气，部分来自水环真空泵补水，故进水项还应考虑水环真空泵补水、水环真空泵循环水，出水项还应考虑水环真空泵循环水。注意水环真空泵存在循环水。

（5）题干“真空抽滤定期清洗废水 W_5”，表明真空抽滤定期清洗废水 W_5 来源为真空抽滤定期清洗用水，故进水项还应考虑真空抽滤定期清洗用水。

（6）题干“不凝气 G_1”“不凝气 G_3”，注意关键词“不凝”，表明反应、脱水工序为高温操作导致水形成蒸汽，故出水项还应考虑 G_1 含水、G_3 含水。

（7）题干“经管道送入密闭过滤釜，在通入氮气保护下进行压滤”，表明压滤工序为常温操作，故不考虑 G_2 含水。

（8）题干“生产工艺流程图”中溶解工序使用氯苯作为洗涤剂，注意使用洗涤剂的“结晶-离心”等精制操作，由于过量洗涤剂的“尽可能去除”作用，下一步干燥操作忽略洗涤剂以外的其他杂质相对残留，故不考虑干燥废气 G_4 含水。

（9）题干“生产工艺流程图”中进入减压精馏工序的是氯苯，故不考虑至氯苯回收罐含水、不凝气至真空系统含水、S_1含水。

（10）题干“反应釜、精制釜及氯苯精馏塔均配套三级冷凝装置。冷却介质分别采用 25℃循环水和 0℃低温循环水”，表明进水项还应考虑冷凝系统补水、25℃循环水和 0℃低温循环水，出水项还应考虑冷凝系统排水、25℃循环水和 0℃低温循环水。注意冷凝系统存在循环水。

（11）实践中规范的工艺流程图应标注所有生产工艺涉及的原料、辅料、燃料、用水等投入项及产品、副产品、“三废”等产出项。该题为了提升解题难度、增加答题时间，题干“生产工艺流程图”中删除了部分投入、产出项，改为晦涩的文字描述，考场答题时间紧张时可选择有把握的答。

试题三（2021 年考题）

某企业拟在省级工业园区内新建年产 5×10^8 t/h 的丁苯/丁腈胶乳项目，主要建设内容包括：原料准备、聚合、汽提、调整、过滤、冷却、灌装等生产单元；丁二烯罐区（球罐），苯乙烯、丁烯酸、丙烯腈等液体原料罐区、产品罐区、原料和产品仓库等贮存设施；脱盐水站、制冷站、循环水系统、真空系统、质检研发中心、办公楼等公辅设施；废气和废水处理装置、固废仓库、事故水池、火炬等环保设施；以及 2 条长 1.5 km、分别连接园区苯乙烯和丁二烯供应企业与项目罐区之间的原料输送管线。项目所需水、电、蒸汽、天然气等均由园区供应。

丁苯胶乳生产工艺见下图。

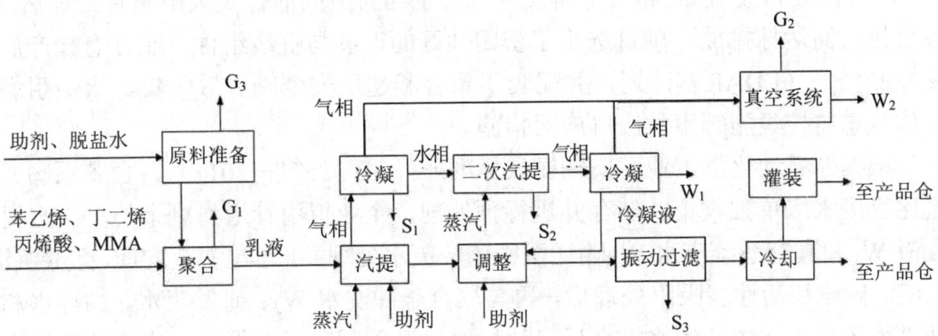

丁苯胶乳生产工艺流程图

单体苯乙烯、丁二烯、丙烯酸和甲基丙烯酸甲酯（MMA）、助剂、脱盐水等按配比加入聚合釜，在引发剂作用下发生聚合反应，形成分散于水中的聚合物乳液；乳液经蒸汽汽提脱除未反应的单体后，加入助剂调整组分、再经振动过滤和冷却，得到的合格产品送储存罐储存或灌装装桶。丁腈胶乳生产时用丙烯腈替换苯乙烯。胶乳生产为序批式作业，密闭操作。

项目设原料准备间，进行小包装固体和液体助剂的溶解、计量和调配，再经管道将助剂送至各使用点；桶装 MMA 等原料在装置区用桶泵加入设备。真空系统设置水环真空泵，为汽提塔和二次汽提塔提供所需真空。汽提塔顶的气相经冷凝得到的冷凝液在冷凝液罐分层去除未反应单体（油相 S_1），水相送二次汽提塔。

二次汽提冷凝液回用于调整工序，剩余部分作为废水 W_1 处理，塔釜产生的少量聚合物 S_2 装桶。

聚合及后续工序均设有密闭过滤器和质控采样点，质检研发中心承担原料和样品性能测试，并进行乳胶系列产品的研发工作，质检后废样品作危废处置。

每批次产品生产完成后，对管线设备进行氮气置换和脱盐水清洗，清洗水回用至某系统（题干不全。根据工艺流程图，应该是“聚合”系统的原料准备工序或“汽提”系统）；生产 5 个批次后，采用高压水枪冲洗聚合釜除垢，产生冲洗废水 W_3。

治理方案提出 VOCs 废气控制措施为：聚合釜废气 G_1、真空系统废气 G_2、冷凝气相类中间罐废气、氮气置换气和储罐小呼吸废气均通过管道输送至废气缓冲装置，经过直燃式废气燃烧（TO）+选择性催化还原装置（SCR）处理后由 1# 排气筒排放，SCR 还原剂为氨水。储罐配套平衡管和干式快接头，控制槽车卸料大呼吸。

原料准备操作区按照规范设置有集气系统，质检和研发等操作在通风柜内进行，收集的配料废气 G_3 和质检研发废气分别经对应的活性炭吸附装置处理后，由各自排气筒达标排放。项目选用了密闭性好的设备与管线组件，制订有投产后泄漏检测修复（LDAR）计划，并配套了聚合釜超压安全阀放散收集、火炬引燃及工作状态监控设施等事故废气应对措施。

根据《石油化学工业污染物排放标准》（GB 31571—2015），含苯系物、含氰化物废水应单独收集、储存并进行预处理，企业拟用管道将剩余的二次汽提冷凝液 W_1 和真空系统废水 W_2 输送至密闭的废水处理站，通过调节均质、絮凝沉淀、二沉、砂滤和活性炭吸附处理后，再与聚合釜冲洗水 W_3、研发废水、循环水和脱盐水系统排水、生活污水混合后，达标纳管进入园区污水管网。废水处理站产生的污泥经压滤、干化后装袋送固废仓库中的危废暂存间。项目各类危废均在危废暂存间密闭暂存。

环评文件编制单位根据生产装置、罐区、原料和产品仓库、废水处理站的物料情况和在线量计算了 Q 值；按聚合工艺和液体原料罐区计算了 M 值；根据项目周边 5 km 范围内人口数，判断了大气环境敏感程度等级，据此确定出项目大气环境风险潜势。

注：丙烯腈为高毒物，丙烯酸及 MMA 具有刺激性气味，单体均为易燃物料，助剂包括引发剂、乳化剂、链转移剂、终止剂、配位剂、消泡剂、中和剂、杀菌剂、还原剂、表面活性剂、催化剂、阻聚剂等，在不同操作环节根据需要加入，丁苯胶乳水含量约 50%，不属于挥发性有机液体。

【问题】

1. 指出 1#排气筒的特征污染物因子。（4 分）

【参考答案】

苯乙烯、丁二烯、丁烯酸、丙烯酸、丙烯腈、MMA（0.5 分）、氮氧化物、非甲烷总烃、臭气浓度、氰化氢（HCN）。（答上任意 5 项即可得满分）

考点分析与答题技巧：本小题要求给出特征污染物，如果本小题答上常规污染物则属于原则性错误，是不得分的。根据题干信息“聚合釜废气 G_1、真空系统废气 G_2、冷凝气相类中间罐废气、氮气置换气和储罐小呼吸废气均通过管道输送至废气缓冲装置，经过直燃式废气燃烧（TO）+选择性催化还原装置（SCR）处理后由 1#排气筒排放”，再结合题干给出的工艺流程图，基本可以给出特征污染物。根据《石油化学工业污染物排放标准》（GB 31571—2015），苯乙烯、丁二烯、丁烯酸、丙烯酸、氮氧化物、丙烯腈、MMA、非甲烷总烃均属于废气污染物。苯乙烯为《恶臭污染物排放标准》（GB 14554—93）所列物质，丙烯酸及 MMA 具有刺激性气味，故识别臭气浓度并不算错误。丙烯腈等有机腈燃烧生成的二次产物包括 CO_2、CO、N_2、NO_x、HCN，其中 NO_x、HCN 可识别为特征污染因子。

2. 说明项目需补充的 VOCs 控制措施。（4 分）

【参考答案】

答案一：

（1）对丁腈胶乳罐装废气（0.5 分）、装车区废气（0.5 分）、密闭的废水处理站废气（0.5 分）、危险废物暂存间废气（0.5 分），补充废气收集处理措施（0.5 分）。

（2）对丙烯腈热力燃烧二次污染物 HCN（0.5 分），补充碱吸收处理措施（1 分）。

答案二：

（1）桶泵加入设备过程废气收集处理措施。（1 分）

（2）丙烯腈燃烧产生的 HCN 二次污染治理措施。（1 分）

（3）丁腈胶乳产品送储存罐储存或灌装装桶过程密闭、废气收集处理措施。（1 分）

（4）废水处理站、危废暂存间废气收集处理措施。（1 分）

考点分析与答题技巧：生态环境部发布了一系列有关 VOCs 防治的规范性文件和标准，考生需要充分了解和学习这些文件和标准，特别是相关行业的排放控制标准等，因为当前大气污染防治的重点内容均在其中。

根据《挥发性有机物无组织排放控制标准》（GB 27822—2019），挥发性有机物定义为参与大气光化学反应的有机化合物，HCN 属于参与光化学反应的有机化合物。该知识点在 2017 年的案例分析试题“丙烯腈新建项目”中已经涉及。

根据《石油化学工业污染物排放标准》（GB 31571—2015），氰化氢属于有机特征污染物。该标准还要求针对废水集输、储存和处理过程，挥发性有机液体传输、接驳、分装过程，提出了密闭操作、废气收集、回收或处理后达标排放要求。

产品类型包括丁苯胶乳、丁腈胶乳，而文字仅明确“丁苯胶乳水含量约50%，不属于挥发性有机液体”，表明不排除丁腈胶乳属于挥发性有机液体的可能性。

以下内容对理解和解答本小题具有指导意义：

（1）根据《石油化学工业污染物排放标准》（GB 31571—2015），VOCs污染综合防治主要措施如下：

①内或外浮顶罐：采用高效密封方式。

②固定顶罐：废气收集处理或针对大呼吸废气（收发物料过程产生的工作损失）设置气相平衡系统。

③设备与管线组件：开展VOCs泄漏检测与修复（LDAR）。

④废水集输、储存和处理设施：应密闭，废气收集处理。

⑤传输、接驳与分装过程：应密闭，废气收集处理。

⑥环境监测等其他措施。

（2）本小题设问为“补充”，表明题干信息未明确的VOCs污染防治措施，均按照内容不完整、需要补充完善对待。

（3）题干“桶装MMA等原料在装置区用桶泵加入设备”，注意桶泵加入设备过程桶与泵、泵与装置的接驳环节产生无组织废气，表明补充桶泵加入设备过程废气收集处理措施。

（4）题干“经过直燃式废气燃烧（TO）+选择性催化还原装置（SCR）处理后由1#排气筒排放”，注意丙烯腈燃烧产生二次污染物HCN、NO_x，表明补充丙烯腈燃烧产生的HCN二次污染治理措施。

（5）题干“丁苯胶乳水含量约50%，不属于挥发性有机液体”，表明反之丁腈胶乳属于挥发性有机液体。“得到的合格产品送储存罐储存或灌装装桶”，表明补充丁腈胶乳产品送储存罐储存或灌装装桶过程密闭、废气收集处理措施。

（6）题干“密闭的废水处理站”，表明补充废水处理站废气收集处理措施。

（7）根据《危险废物贮存污染控制标准》（GB 18597—2023），“易产生粉尘、VOCs、酸雾、有毒有害大气污染物和刺激性气味气体的危险废物应装入闭口容器或包装物内贮存，”“贮存易产生粉尘、VOCs、酸雾、有毒有害大气污染物和刺激性气味气体的危险废物贮存库，应设置气体收集装置和气体净化设施”。题干中“废水处理站产生的污泥经压滤、干化后装袋送固废仓库中的危废暂存间”，注意关键词“袋装”，表明易产生VOCs的危险废物未采用闭口容器或包装物贮存，故补充危废暂存间废气收集处理措施。

（8）题干中“丁二烯罐区（球罐）”，注意球罐属于压力罐，设有安全阀，不考虑大小呼吸无组织废气，可不答丁二烯罐区（球罐）废气收集处理措施。

本小题的设问十分别扭，容易导致考生在究竟回答“措施”，还是回答“污染物”或“产污环节”之间徘徊，进而导致答题时花费过多时间。

3．大气环境风险潜势的确定内容是否完整？说明理由。（4 分）

【参考答案】

答案一：

不完整。（1分）

理由：

（1）M 值确定还需考虑汽提、调整、过滤、冷却、罐装等其他工艺、丁二烯罐区（球罐）、产品罐区（“罐区”只要给任意 2 项并写明“其他罐区”或“其他罐区等”便赋 0.5 分），苯乙烯和丁二烯 2 条原料输送管线（0.5 分）。

（2）*Q* 值确定还需考虑危废暂存间、苯乙烯和丁二烯运输管道（0.5 分）、天然气管线（0.5 分）及燃气设备中物料最大存在量。

（3）*E* 值确定还需考虑项目周边 5 km 内是否有其他需要特殊保护区域、500 m 范围内人口总数（0.5 分）、原料输送管线周围 200 m 范围内每千米管线人口数（0.5 分）。

答案二：

不完整。

理由：还应计算 2 条原料输送管线的 *Q* 值和 *M* 值；还应统计项目周边 500 m 范围内的人口总数和原料输送管线周边 200 m 范围内的人口总数。

考点分析与答题技巧：环境风险是环境影响评价的重要内容，特别是化工石化、医药、农药等涉及危险化学品行业的建设项目，是其环境影响评价的重点，也是环评工程师考试的重点。因此，考生一定要认真学习《建设项目环境风险评价技术导则》（HJ 169—2018）。

本案例同时涉及石化行业和管线工程内容，故大气环境风险潜势及其 *Q* 值、*M* 值、*E* 值确定需同时考虑两者。由于本案例题干内容较多，而考试时间有限，考生在审读本案例内容时很容易紧张和烦躁，不易记住题干信息。但对于熟悉此类行业或做过同类项目的考生则并不难。

《建设项目环境风险评价技术导则》（HJ 169—2018）中“7.1.1 物质危险性识别，包括主要原辅材料、燃料、中间产品、副产品、最终产品、污染物、火灾和爆炸伴生/次生物等”“7.1.2 生产系统危险性识别，包括主要生产装置、储运设施、公用工程和辅助生产设施，以及环境保护设施等”，计算 *M* 值、*Q* 值时，所有涉及危险物质的主体、储运、辅助、公用、环保工程均需考虑。

答案一具体、详细，但在考场不易写完整；答案二简单、原则，易于解答。二者均为可行的答案。

4. 项目废水处理方案是否可行？说明理由。（4 分）

【参考答案】

答案一：

不可行。（1 分）

理由：

（1）丁腈胶乳生产时用丙烯腈替换苯乙烯，丁苯胶乳生产废水含苯系物（0.5 分）、不含氰化物，丁腈胶乳生产废水含氰化物（0.5 分）、不含苯系物；两股废水性质不同，需分质、分流预处理（0.5 分）。

（2）通过调节均质、絮凝沉淀、二沉、砂滤和活性炭吸附处理，氰化物废水不能稳定达标。氰化物废水（0.5 分）应采取碱性氯化法预处理（0.5 分）。

答案二：

不可行。（1 分）

理由：

（1）由于本项目工艺废水含苯系物和氰化物（1 分），题干给出的废水处理站的处理工艺流程不能有效去除苯系物和氰化物，应单独先行预处理（1 分）。

（2）本项目工艺废水中氨氮浓度较高（1 分），废水处理站的处理工艺流程应增设 A/O 处理单元。

答案三：

（1）不可行。

（2）理由：

①丁苯胶乳生产废水 W_1、W_2 含苯乙烯、苯系物。

②丁腈胶乳生产废水 W_1、W_2 含丙烯腈。

③未分类收集、单独预处理。

考点分析与答题技巧：因题干信息“企业拟用管道将剩余的二次汽提冷凝液 W_1 和真空系统废水 W_2 输送至密闭的废水处理站，通过调节均质、絮凝沉淀、二沉、砂滤和活性炭吸附处理后，再与聚合釜冲洗水 W_3、研发废水、循环水和脱盐水系统排水、生活污水混合后，达标纳管进入园区污水管网。”未明确各股废水污染源源强，想得到可行或不可行的结论，势必要从单独预处理废水所含污染物类型、预处理工艺角度进行判断，“根据《石油化学工业污染物排放标准》（GB 31571—2015），含苯系物、含氰化物废水应单独收集、储存并进行预处理”进一步暗示了解题方向。

题干信息“丁腈胶乳生产时用丙烯腈替换苯乙烯”，表明丁苯胶乳生产废水含苯系物、不含氰化物，丁腈胶乳生产废水含氰化物、不含苯系物；“企业拟用管道将剩余的二次汽提冷凝液 W_1 和真空系统废水 W_2 输送至密闭的废水处理站”，表明含苯系物、含氰化物废水未单独收集、储存并进行预处理。

根据《排污许可证申请与核发技术规范 石化工业》（HJ 853—2017），废水污染治理可行技术为“含腈废水：次氯酸钠或过氧化氢氧化”“含苯系物废水：预处理：隔油、气浮、混凝、调节等”“电脱盐工艺废水破乳、除油”；含氰废水处理工艺不属于行业废水污染治理可行技术范畴；因题干信息未明确脱盐废水为电脱盐废水，且缺乏污染物类型提示，故不作为不可行的理由。

以下内容对理解和解答本小题具有指导意义：

（1）根据《涂料、油墨及胶粘剂工业大气污染物排放标准》（GB 37824—2019）等污染物排放标准、《水质 苯系物的测定 顶空/气相色谱法》（HJ 1067—2019）等环境监测方法标准，苯系物包括苯、甲苯、二甲苯、三甲苯、乙苯、苯乙烯、异丙苯，注意不是所有带苯环的物料都是苯系物，如硝基苯类、苯胺类、氯苯类。

（2）根据《水质 氰化物的测定 容量法和分光光度法》（HJ 484—2009）等环境监测方法标准，水中总氰化物指“在 $pH<2$ 介质中，磷酸和 EDTA 存在下，加热蒸馏，形成氰化氢的氰化物”，表明环境监测角度水中氰化物指无机氰化物，不包括乙腈、丙烯腈等有机腈类化合物。根据《〈固体废物 氰化物的测定 容量法和分光光度法〉（征求意见稿）编制说明》“氰化物可分为无机氰化物和有机氰化物两种，通常所称的氰化物都是无机氰化物，常见的有简单氰化物、络合氰化物、硫氰酸盐等；另外有机氰化物有乙腈、丙腈、丁腈和丙烯腈等腈类化合物”，表明广义的氰化物可包括乙腈、丙烯腈等有机腈类化合物。而题干信息提示“含苯系物、含氰化物废水应单独收集、储存并进行预处理”恰好对应苯乙烯、丙烯腈两种原料，表明出题人极有可能从广义角度认为乙腈、丙烯腈等有机腈类化合物属于氰化物，但该题丙烯腈是否属于氰化物均不影响不可行的结论。

（3）题干“丁苯胶乳生产工艺流程图”，表明因丁苯胶乳生产过程使用苯乙烯，导致丁苯胶乳生产废水 W_1、W_2 含苯乙烯、苯系物。“丁腈胶乳生产时用丙烯腈替换苯乙烯”，表明因丁腈胶乳生产过程使用丙烯腈，导致丁腈胶乳生产废水 W_1、W_2 含丙烯腈，但不含苯乙烯、苯系物。

（4）题干“企业拟用管道将剩余的二次汽提冷凝液 W_1 和真空系统废水 W_2 输送至密闭的废水处理站，通过调节均质、絮凝沉淀、二沉、砂滤和活性炭吸附处理后，再与聚合釜冲洗水 W_3、研发废水、循环水和脱盐水系统排水、生活污水混合后，达标纳管进入园区污水管网”，表明不满足“含苯系物、含氰化物废水应单独收集、储存并进行预处理”要求。

（5）题干“每批次产品生产完成后，对管线设备进行氮气置换和脱盐水清洗，清洗水回用至生产系统”，表明：每批次清洗废水属于高浓度生产废水，应分别考虑苯乙烯、丙烯腈，但因直接中水回用与解题无关。“生产5个批次后，采用高压水枪冲洗聚合釜除垢，产生冲洗废水 W_3”，注意关键词“除垢”，表明5个批次后冲洗废水 W_3 属于低浓度生产废水，主要污染物为聚合物形成的悬浮物，故可不考虑苯乙烯、丙烯腈。

（6）“研发废水”，注意是“研发”而非质检，因题干信息未明确研发产品过程中涉及的原辅料成分含量，故研发废水不考虑苯乙烯、丙烯腈。

（7）题干信息已明确“达标纳管进入园区污水管网”，故“调节均质、絮凝沉淀、二沉、砂滤和活性炭吸附处理”的废水处理工艺按照可行对待。

（8）注意处理后达标的污水废水与清净下水合并排放是否构成“稀释排放”，应根据总排口实际排水量与基准排水量关系判定，详见2023年考题“兽用疫苗新建项目”问题2要点解析。题干信息未明确污水废水与清净下水合并前是否超标、未明确是否超过基准排水量，故“污水废水与循环水和脱盐水系统排水稀释排放”不能作为切实的理由。

答案一、答案二、答案三基本内容是一致的，答案三更为简洁。

5. 给出生产单元和环保设施产生的危险废物。（4分）

【参考答案】

答案一：

（1）油相 S_1（0.5分）、二次汽提产生的聚合物 S_2（0.5分）、振动过滤产生的不合格产品 S_3（0.5分）。

（2）W_1、W_2 处理产生的污泥（0.5分）。

（3）活性炭吸附装置产生的废活性炭（0.5分）。

（4）废MMA包装桶（0.5分）、小包装原料废弃包装物（0.5分）。

（5）SCR脱硝装置产生的废催化剂（0.5分）。

答案二：

S_1、S_2、S_3、废水处理站产生的污泥、SCR处理装置的废催化剂、活性炭吸附装置产生的废活性炭、废MMA包装桶、小包装原料废弃包装物。

答案三：

油相 S_1、振动过滤滤渣 S_3、MMA废包装桶、SCR废催化剂、废活性炭、废砂滤芯、质检后废样品、废水处理污泥。

考点分析与答题技巧： 题干中关于危险废物的信息主要有“项目设原料准备间，进行小包装固体和液体助剂的溶解、计量和调配，再经管道将助剂送至各使用点；桶装MMA等原料在装置区用桶泵加入设备”，表明包装废弃物、MMA

空桶应为危险废物；“废水处理站产生的污泥经压滤、干化后装袋送固废仓库中的危废暂存间”，表明污泥为危险废物。但题干称质检研发中心为公辅设施，因此，尽管“质检研发中心承担原料和样品性能测试”产生的废样品，属于 HW49 其他废物（化学实验室产生的具有危险特性的残留样品），但不符合本小题的设问，可不答；“选择性催化还原装置（SCR）处理后由 1#排气筒排放”，表明需要考虑 SCR 脱硝装置产生的废催化剂，属于 HW50 废催化剂（烟气脱硝过程中产生的废钒钛系催化剂）；“通过调节均质、絮凝沉淀、二沉、砂滤和活性炭吸附处理后，再与聚合釜冲洗水 W_3、研发废水、循环水和脱盐水系统排水、生活污水混合后，达标纳管进入园区污水管网”，表明废活性炭属于危险废物。废水处理污泥性质为物化污泥，不含生化污泥，属于 HW13 有机树脂类废物（合成乳胶生产过程中产生的废水处理污泥不包括废水生化处理污泥）。

本小题设问针对“生产单元”和环保设施，则非此二者之外的单元或设施不纳入本小题解答。

油相 S_1 属于合成乳胶生产过程产生的釜底残液，振动过滤滤渣 S_3 属于合成乳胶生产过程产生的过滤残渣，MMA 废包装桶、废活性炭、废砂滤芯属于含有或者沾染毒性、感染性危险废物的废弃的包装物、容器、过滤吸附介质，SCR 废催化剂属于烟气脱硝过程中产生的废钒钛系催化剂，列入《国家危险废物名录（2025 年版）》。题干信息未明确的质检废液、质检试剂废包装瓶可不答（但答上不算错误）。

除废水处理过程产生的废活性炭作为危险废物外，废砂滤芯也属于危险废物。

根据《国家危险废物名录（2025 年版）》，“树脂、合成乳胶、增塑剂、胶水/胶合剂合成过程产生的不合格产品（不包括热塑型树脂生产过程中聚合产物经脱除单体、低聚物、溶剂及其他助剂后产生的废料，以及热固型树脂固化后的固化体）”。题干“乳液经蒸汽汽提脱除未反应的单体后”“分层去除未反应单体（油相 S_1）”，表明聚合物 S_2 属于脱除单体、低聚物、溶剂及其他助剂后产生的废料，故可不答聚合物 S_2 及其废包装桶（但答上不算错误）。

题干信息未明确小包装固体和液体助剂具体成分含量，故可不答固体和液体助剂废包装（但答上不算错误）。

答案一具体、详细；答案二直接根据题干给出的工艺流程图判定简单、易于解答；而答案三更为简洁，是考试最适合的答案。

试题四（2020 年考题）

某公司位于石化园区内，已有 2 条 6×10^4 t/a 聚碳酸酯（PC）生产线。现拟在厂区预留用地实施扩建工程，建设内容包括新建 1 条 6×10^4 t/a PC 生产线及配套的废气处理设施，扩建现有工程原辅料贮存设施及产品仓库、冷冻站、脱盐水站、废水站等。

扩建工程采用与现有工程相同的 PC 生产工艺，先以氯气和过量一氧化碳制备光气，光气再与过量的双酚 A（BPA）和液碱在二氯甲烷和脱盐水介质中缩聚制备 PC 母液，经分层、洗涤、蒸发析晶、脱水干燥后制成 PC 产品。工艺流程见下图。

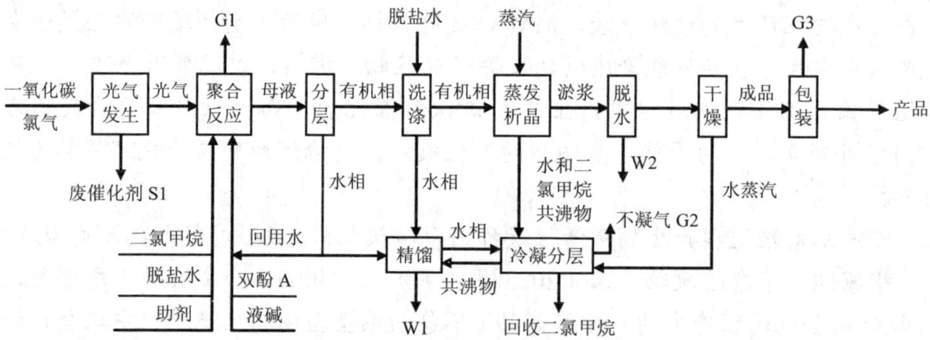

PC 生产工艺流程图

本项目所用原辅材料均为危险化学品，其中光气和氯气更是剧毒化学品，其生产、使用和储运全过程均严格设置风险防控和环境应急设施，其中光气生产和使用均在密闭室内进行，且实现零储存。在专用加氯间内，设置两座氯气储罐，并设置了相应的通风、防晒、调温、防潮、防雷、防静电、防腐等安全设施。其余原辅材料均储存在库房，库房地面和侧墙均防渗。

现有工程 G1 废气采用“三级碱洗+蓄热式焚烧”方法处理，G2 废气采用活性炭吸附方法处理，G3 废气采用布袋除尘方法处理。扩建工程配套新建的废气处理系统中，G1 废气采用“三级碱洗+蓄热式焚烧+一级碱洗”方法处理，G2、G3 废气处理方法不变。扩建工程同时对现有工程 G1 废气处理系统进行改造，在焚烧设施后新增一级碱洗处理装置。

现有工程废水 W1 的污染物为双酚 A 钠盐（以 BPA 计，浓度为 1 080 mg/L），送废水站处理。2017 年前，废水采用硫酸酸析、离心过滤、离子交换工艺进行处理，达到《污水综合排放标准》（GB 8978—1996）三级标准后，再送园区废水处理厂进一步处理。工艺中“硫酸酸析+离心过滤”单元的 BPA 去除效率为 99.1%，离子交换单元的 BPA 去除效率为 82.1%。2017 年，为满足《合成树脂工业污染物排放标准》（GB 31572—2015）中的 BPA 排放限值（0.1 mg/L）要求，企业已对废水站进行改造，在离子交换单元后增设了活性炭吸附单元，活性炭吸附单元 BPA 去除效率为 95%，废水经处理后仍排入园区废水处理厂进一步处理。扩建工程拟对现有工程废水站进行扩容。

环评文件编制单位判定该扩建工程大气环境影响评价等级为一级。经调查，项目所在区域为环境空气质量达标区。环评文件编制单位核算了扩建工程新增污染源强，开展了环境空气质量现状调查，收集了园区 2020 年完成的规划环境影响跟踪评价报告中的区域在建和拟建项目污染源数据。

注：①光气沸点 8.3℃，易溶于有机溶剂，不燃，易与水、碳、氢等反应；②二氯甲烷沸点 39.8℃，可燃，微溶于水；③双酚 A（BPA）沸点 400.8℃，白色针晶或片状粉末，难溶下水。

【问题】

1. 指出本项目产生的危险废物。（4 分）

【参考答案】

废催化剂 S1、废活性炭、离心过滤废渣、废离子交换树脂、危险化学品废包装。（以上答对任意 4 个得满分）

考点分析与答题技巧：识别危险废物的题目在环评考试中出现频率很高，考生一定要特别注意，也一定要认真学习《国家危险废物名录》（2025 年版已发布）以及《中华人民共和国固体废物污染环境防治法》等有关固体废物和危险废物的法律法规和规范性文件等。以下内容对理解和解答本小题具有指导意义：

（1）废催化剂 S1 属于树脂生产过程中产生的废催化剂，列入《国家危险废物名录（2025 年版）》。

（2）题干信息“本项目所用原辅材料均为危险化学品，其中光气和氯气更是剧毒化学品”，表明废活性炭、离心过滤废渣、废离子交换树脂、危险化学品废包装属于含有或者沾染毒性危险废物的废弃的包装物、容器、过滤吸附介质，列入《国家危险废物名录（2025 年版）》。

（3）根据《国家危险废物名录（2025 年版）》，“不包括热塑型树脂生产过程中聚合产物经脱除单体、低聚物、溶剂及其他助剂后产生的废料，以及热固型树脂固化后的固化体”。题干信息中“经分层、洗涤、蒸发析晶、脱水干燥后制成 PC 产品”，表明 G3 废气采用布袋除尘方法处理产生的粉尘捕集物属于脱除单体、低聚物、溶剂及其他助剂后产生的废料，故不答 G3 废气粉尘捕集物及其废布袋滤料。

2. 从风险管控角度和废气治理角度，一氧化碳和 BPA 过量是否合理？并分析原因。

【参考答案】

（1）合理。

（2）理由：

①促进光气发生、聚合反应正向进行，提高光气、氯气转化率。

②降低光气、氯气在线量和废气产生量，降低风险潜势和废气排放量。

考点分析与答题技巧：题干中给出的“本项目所用原辅材料均为危险化学品，其中光气和氯气更是剧毒化学品”，表明风险管控和废气治理重点关注光气、氯气。题干中给出的“先以氯气和过量一氧化碳制备光气，光气再与过量的双酚 A（BPA）和液碱在二氯甲烷和脱盐水介质中缩聚制备 PC 母液”，根据化学反应原理，任何化学反应都是可逆反应，提高一种反应原料的量，有利于促进反应正向进行，提高其他反应原料的转化率。根据物料平衡原理，化学反应转化率提高，有利于降低反应原料在线量、“三废”损耗量。

3.指出图中 G1 的主要污染因子并说明 G1 废气“三级碱洗+蓄热式焚烧+一级碱洗”处理工艺中各单元的作用。

【参考答案】

（1）废气含氯气、光气、二氯甲烷、TVOC/NMHC。

（2）作用：

①三级碱洗：去除光气、氯气。

②蓄热式焚烧：去除二氯甲烷、TVOC/NMHC。

③一级碱洗：去除蓄热式焚烧产生的光气、氯化氢。

考点分析与答题技巧：根据题干信息“双酚 A（BPA）沸点 400.8℃”，沸点超过 250℃，表明双酚 A（BPA）不属于挥发性有机物，故不识别双酚 A（BPA）。虽然化学反应工序使用“片状粉末”双酚 A（BPA），但化学反应粉状物料采用管道等形式密闭投料，且 G1 为化学反应过程泄压，结束后放料废气，故 G1 不识别颗粒物。注意关键词“二氯甲烷”，表明满足“直链氯代烃+燃烧”识别光气条件，注意燃烧产生光气同时产生氯化氢。

4. 评价废水站改造后出水中双酚 A（BPA）排放达标情况。

【参考答案】

（1）1 080×（1－99.1%）×（1－82.1%）×（1－95%）= 0.087 mg/L＜0.1 mg/L.

（2）结论：达标。

考点分析与答题技巧：本小题的设问方式属于“工程分析”范畴，实际上是污染物的排放强度或技术改造后采取措施的效果。一般计算过程比较简单，而且题干会提供计算所需的数据，只是有时计量单位换算要特别注意。至于是否达标，一般题干结尾会提供污染物排放标准，以便于考生进行比较。对于本小题，题干信息“扩建工程采用与现有工程相同的PC生产工艺”，表明进入废水站处理的双酚A（BPA）等水污染物量与废水量同等比例扩容，进而进水浓度较现有保持不变。

5．开展大气环境影响预测，还需要调查分析哪些污染源？

【参考答案】

（1）现有G1、G2、G3排气筒。

（2）现有原辅料贮存设施、废水站污染源。

（3）改造后G1排气筒。

（4）扩建后原辅料贮存设施、废水站污染源。

考点分析与答题技巧：本小题意在考查《环境影响评价技术导则　大气环境》（HJ 2.2—2018）中预测模式的应用。以下内容对理解和解答本小题具有指导意义：

（1）《环境影响评价技术导则 大气环境》（HJ 2.2—2018）规定的达标区大气环境影响进一步预测与评价内容。

（2）题干信息“环评文件编制单位核算了扩建工程新增污染源强，开展了环境空气质量现状调查，收集了园区2020年完成的规划环境影响跟踪评价报告中的区域在建和拟建项目污染源数据”，表明已调查新增污染源（新建1条6×10^4 t/a PC生产线及配套的废气处理设施对应的新增G1、G2、G3有组织污染源）、其他拟建、在建污染源，还应调查“以新带老”污染源（如有）、区域削减污染源（如有）、项目全厂现有污染源。“扩建工程同时对现有工程G1废气处理系统进行改造”，注意改造前、后污染源均应调查。“扩建现有工程原辅料贮存设施及产品仓库、冷冻站、脱盐水站、废水站等”，注意扩建前、后污染源均应调查。“其中光气生产和使用均在密闭室内进行”，注意关键词“密闭”，表明可不答PC生产线无组织污染源。

（3）题干信息未明确存在“以新带老”污染源、区域削减污染源，也未明确本项目排放的污染物现状超标或有区域等量、倍量削减要求，可不答“以新带老”污染源、区域削减污染源。题干信息未明确原辅料贮存设施、废水站污染源排放方式，故答“污染源”或“有组织、无组织污染源”。

（4）题干信息未明确危险废物贮存间可不答（但答上也不算错误）。氯气常温常压下为气体，应采用压力罐储存，设有安全阀，不考虑大小呼吸无组织废气，故不答氯气储罐无组织污染源。

试题五（2019年考题）

2019年度案例考试中以“涂料粉末企业扩建树脂生产线项目”的行业类型为例，但题干信息缺失。因此，只能将要求解答的5个问题给出，用以分析解答思路。

【问题】

1. 指出$2^{\#}$排气筒的主要大气污染因子（不少于5项）。

本小题属于工程分析中对大气污染源的废气“污染因子识别”工作。一般在题干中会有原辅材料及生产工艺或理化反应的简要说明，从而让考生判断出排气筒可能排出的污染因子。从本小题来看，污染因子较多，考生只需写出5项即可，少写不能得满分，如果写了废水等非大气污染因子则属原则性错误，可能导致本小题得0分。

2. 扩建后项目$2^{\#}$排气筒非甲烷总烃是否达标？

本小题是上一小题的接续，上一小题只需给出污染因子就可以了，本小题则要求对其中一个因子的排放强度进行核算。一般根据题干提供的信息，依据物料平衡或物质不灭定律、理化反应或工艺及相关环节的效率，列算式进行计算。将计算的排放浓度和排放速率，与排放标准中对应排气筒高度（一般题干中会给出）的排放标准（速率和浓度）进行比较，即可确定是否达标——速率和浓度二者均满足标准才能判定为达标；任一指标不达标，则判定为不达标。

3. 大气环境影响评价等级为二级，确定评价等级的污染源是否完整？

本小题是在考查对《环境影响评价技术导则 大气环境》（HJ 2.2—2018）有关评价等级的确定所要考虑的有关要求的熟悉程度。该导则在用估算模式确定评价等级考虑的是建设项目的主要污染物和其他污染物等多个因子，而且导则还规定了判定评价等级应遵守的6项规定。从本小题来看，题干所给的确定大气环境影响评价等级的污染源可能是有遗漏的，需要考生根据题干信息来判定或识别。如果没有遗漏，则需要完整说明，如果有遗漏也需要明确指出。因此，解答本小题，首先明确回答是否完整或有无遗漏，之后也必须说明确定的依据才行。

4. 给出技改项目产生的危险废物（不少于4项）。

有关危险废物，在历年考试中均为高频考点，在2019年度的其他案例考题中已多次出现。考生根据题干信息将各危险废物列出即可。但是如果少于4项则可能得分较低，如果给出的有非危险废物，则可能会被视为原则性错误而得零分。

5. 指出本项目土壤柱状采样点的位置（不少于 3 个）。

本小题是考查对《环境影响评价技术导则　土壤环境（试行）》（HJ 964—2018）关于土壤环境监测采样点位置的规定的熟悉程度。该导则给出了“表 6 现状监测布点类型与数量”（以下简称表 6），解答本小题时，首先要确定其环境影响类型（本案例是比较容易的可确定为“污染型”），再确定该类型影响的评价等级，最后根据导则中的表 6 指出本案例应该布设的柱状样监测取样点位置。因此，该导则中的表 6 是需要考生记忆的。

试题六（2017 年考题）

拟在某化工园区新建丙烯氨氧化法生产丙烯腈项目。工程建设内容包括丙烯腈生产装置、公用工程、原料产品罐区，以及废液焚烧、废气催化燃烧和废水预处理等环保设施。

丙烯腈生产工艺见下图。生产原料为丙烯、氨气、空气。产品为丙烯腈，副产品为乙腈、氰化氢、硫酸铵等。

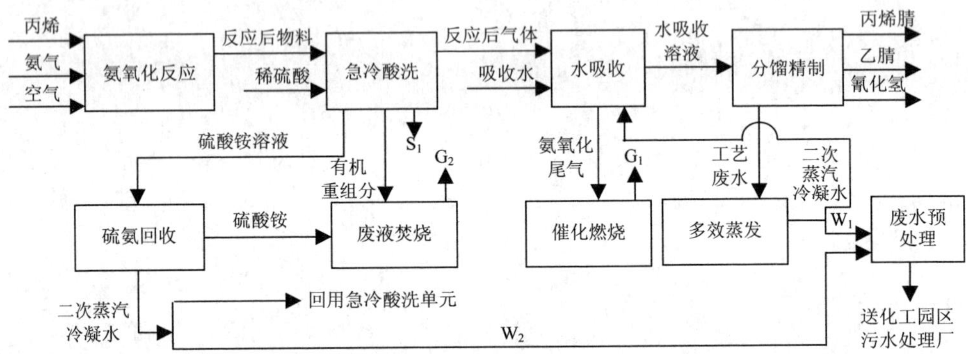

丙烯腈生产工艺流程图

工程设计将急冷酸洗分离出的有机重组分和多效蒸发产生的蒸发浓缩液泵送废液焚烧炉处置。多效蒸发产生的二次蒸汽冷凝水一部分回用于水吸收单元，一部分（W_1）送废气预处理站经好氧生物氧化处理后送化工园区污水处理厂。水吸收单元产生氨氧化废气 4.99 万 m^3/h（主要污染物见下表），拟送废气催化燃烧设施处理后经 35 m 高排气筒排放。项目废气中无硫化物和卤代烃等造成催化剂中毒的杂质。

废气及废水主要污染物浓度

污染物浓度	非甲烷总烃		丙烯腈	乙腈	氰化氢	丙烯醛	氨
氨氧化尾气/（mg/m^3）	5 500		30	20	15	5	40
污染物浓度	COD	BOD_5	总氰	乙腈	丙烯腈	丙烯醛	氨氮
W_1/（mg/L）	3 000	326	400	200	150	235	30

项目所在化工园区全年主导风向为东南风，夏季主导风向为东南风，冬季主导风向为西北风。厂址周边 4 km 范围内共有 9 个村镇。其中东南 2.5 km 和 3.0 km 分别为 A 村和 B 村，西南 2.0 km 和 3.0 km 分别为 C 村和 D 村，西西北 2.8 km 为 E 村，西北 2.3 km 和 3.0 km 分别为 F 村和 G 村，东北 2.0 km 为 H 村，东东北 1.8 km 为 I 村。

环评机构判定项目大气评价工作等级为二级，评价范围为以厂址为中心，半径 4 km 的圆形区域，在冬季设置了厂址、A、C、E、F、I 村共 6 个监测点。

【问题】

1．指出 G_2 废气排放应执行的标准。（2 分）

【参考答案】

因 G_2 为废液焚烧气体，而该废液为危险废物（1 分），因此 G_2 应执行《危险废物焚烧污染控制标准》（1 分）。

考点分析与答题技巧：本小题考查评价标准确定问题。确定评价标准是环境影响评价的基础工作，评价标准错误，评价工作便失去了意义和作用。因此，环境影响评价技术人员须充分掌握各类环境质量标准和污染物排放标准，特别是地方污染物排放标准。当前，往往是环评单位或技术人员选定评价标准后，再经当地环保部门确认（但全国也有很多地方不予确认，因为评价单位根据环境功能区划就应该能够确定标准）。

2．给出 4 项氨氧化尾气的有机特征因子。（4 分）

【参考答案】

非甲烷总烃、丙烯腈、乙腈、丙烯醛。（每项 1 分）

考点分析与答题技巧：根据题干给的表即可选出，关键是要注意，要求的是“有机特征因子”。本小题十分容易，只需认真即可。

3．采用好氧生物氧化方法处理废水 W1 是否合适？请说明理由。（4 分）

【参考答案】

（1）不合适。（2 分）

（2）W_1 为化工废水，BOD/COD＜0.3（1 分），可生化性差（1 分），采用好氧生物氧化方法处理效果差。

考点分析与答题技巧：本小题根据表给出的废水 BOD 与 COD 值即可以看出其可生化性很差，不适用于好氧生物氧化法。从另一角度来看，本小题实际上是考查化工废水的污染防治措施。体现了当前环境保护工作“以改善环境质量为核心”以及《建设项目环境影响评价技术导则　总纲》（HJ 2.1—2016）关于环境保护措施要具体化，并进行可行性、可靠性、有效性分析的要求。

4．采用催化燃烧法处理氨氧化尾气是否合适？请说明理由。（4分）

【参考答案】

（1）合适。（2分）

（2）氨氧化尾气主要为有机气体，具有催化可燃性。（2分）

考点分析与答题技巧：根据题干给出的表可知，氨氧化尾气主要为有机气体，是可以采用催化燃烧法处理的。

5．环境空气质量现状监测布点方案是否合适？请说明理由。（6分）

【参考答案】

（1）不合适。（2分）

（2）理由：主导风向下风向未加密布点（2分）；上风向设两个监测点没有必要（2分）。

考点分析与答题技巧：根据题干提供的信息，本小题设问具有很大的迷惑性，因为确定为二级评价，选择最不利的冬季、6个监测点、各点位代表性厂址周边四个不同方向，似乎是很合理的。但是根据《环境影响评价技术导则　大气环境》（HJ 2.2—2018），二级评价应以监测期间的主导风向为轴向，取上风向为0°，至少在0°、90°、180°、270°各布设一个监测点，主导风向下风向应加密布点，所以说环评单位确定的监测方案是不合适的。关于建设项目环评环境空气现状监测布点问题，已经考过多次了（特别是这个二级评价的布点要求），考生应认真学习大气导则的相关要求。

试题七（2016 年考题）

某公司拟在化工园区新建丙烯酸生产项目，建设内容包括丙烯酸生产线、灌装生产线等主体工程；丙烯罐（压力罐）、丙烯酸成品罐、原料和桶装产品仓库等储运工程；水、电、汽、循环水等公用工程，以及废气催化氧化装置、废液焚烧炉、污水处理站（敞开式）、事故火炬、固体废物暂存点、消防废水收集池等环保设施。

丙烯酸生产工艺见下图，主要原料为丙烯和空气，产品为丙烯酸，反应副产物主要为醋酸、甲醛和丙烷。丙烯酸生产装置密闭、物料管道输送。

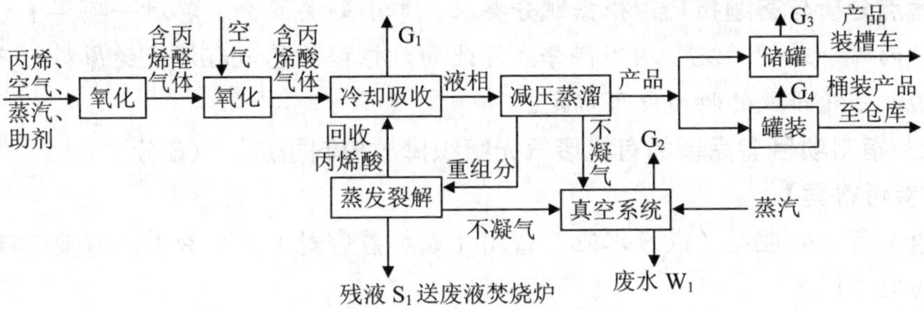

丙烯酸生产工艺流程示意图

G_1、G_2 和 G_3 废气以及物料中间储罐的废气均送废气催化氧化装置处理后经 35 m 高排气筒排放；灌装生产线设置有集气罩，收集的 G_4 废气经 10 m 高排气筒排放。

W_1 废水（COD＜500 mg/L）、地坪冲洗水、公用工程排水、生活污水以及间断产生的设备冲洗水（COD 约 2 000 mg/L，含丙烯酸、醋酸等，B/C＞0.4，暂存至废水池内，按一定比例掺入）送污水处理站，经生化处理后送化工园区污水处理厂。

项目涉及的丙烯酸和丙烯醛有刺激性气味。废水、废气中丙烯酸、甲醛和丙烯醛为《石油化学工业污染物排放标准》中的有机特征污染物。

拟建厂址位于化工园区的西北部，当地冬季 NW、WNW、NNW 风频合计大于 30%。经调查，化工园区外评价范围内有 7 个环境空气敏感点，见下表。

环评机构判定项目环境空气评价工作等级为二级，已在厂址下风向布设了 2

个环境空气监测点，拟从下表中再选择 4 个敏感点进行冬季环境空气质量现状监测。

化工业园区外评价范围内环境空气敏感点分布

敏感点编号	1	2	3	4	5	6	7
相对厂址方位	NW	W	SW	W	W	N	NE
距厂址最近距离/km	2.0	1.3	2.5	2.2	2.5	2.5	2.3

【问题】

1．给出 G_1 废气中的特征污染因子。（6 分）

【参考答案】

丙烯酸、丙烯醛、醋酸、甲醛、非甲烷总烃（NMHC）、臭气浓度（臭气、恶臭）。

考点分析与答题技巧：根据赋分要求，本小题共 6 分，答对一项得 1 分。但答上“丙烯”或“丙烷”均不得分。答此题时根据工艺流程涉及的原料、产物和副产物，可能排放的物质即可确定。

2．指出项目需完善的有机废气无组织排放控制措施。（6 分）

【参考答案】

（1）污水处理站（或废水池）密闭（或加盖密封）（1 分）；将废气收集后进行处理（1 分）。

（2）提高罐区废气收集效率（1 分）；对收集的废气进行处理（1 分）。

（3）进行“泄漏检测与修复”工作。（1 分）

（4）储罐与槽车装卸设置废气回收装置。（1 分）

考点分析与答题技巧：答题时注意，要求的是针对“有机废气”“无组织排放”“控制措施”这 3 个方面来考虑。另外，赋分并不要求所答与参考答案一模一样。如将参考答案（1）答为“密闭处理”“密闭”“负压抽吸”，将（3）答为“LDER”，将（4）的“储罐与槽库装卸”答为“装卸区”或“管道连接处”等，也是可以得分的。但此题答加强“日常管理”等非具体的控制措施则不得分。

3．项目废水处理方案是否可行？请说明理由。（4 分）

【参考答案】

答案一：可行。（2 分）

理由：

（1）项目废水具有可生化性（或可生化性好），正常生产期间废水浓度低，通过生化处理可使特征污染物浓度满足废水排放标准（化工园区污水处理厂废水

纳管要求；或《石油化学工业污染物排放标准》间接排放标准）。（1分）

（2）将高浓度设备清洗水暂存，按一定比例逐步加入污水处理装置，可进行调节，保证废水处理装置的稳定运行。（1分）

答案二：需优化完善（或不确定，不可行）。

有下列理由的可给1分。

（1）未给出各股废水水量或混合水质（或B/C比不明确），不能确定进行生化处理是否可行。（1分）

（2）设备冲洗水、W_1废水、地坪冲洗水应进行预处理[或答需要“中和”，或答因 COD 高需单独预处理，或答因含特征污染因子（丙烯酸、醋酸）需预处理]。（1分）

（3）不能确定污水处理后特征污染物是否满足排放标准（或化工园区污水处理厂废水纳管要求；或《石油化学工业污染物排放标准》中的间接排放标准）。（1分）

考点分析与答题技巧：多数人只给出一种答案，即不可行。其中的理由认为“不符合废水分质分类原则”，是可行的，可得分。但也有理由分析、说明的内容太多，虽然有道理，但不便于考试作答。如：① 公用工程排水，属清净下水，可以直接排入化工园区污水处理厂或回用；② 间断产生的设备冲洗水（含地坪冲洗水），应采用厌氧生化法进行预处理，因为其 COD 约 20 000 mg/L，含丙烯酸、醋酸等，属具有生物毒性的高浓度有机废水；③ 经预处理后的间断产生的设备冲洗水、W_1废水（COD＜500 mg/L）和生活污水，一并送污水处理站，再经好氧生化处理后送化工园区污水处理厂。

4．从表中选取4个冬季环境空气质量监测点位。（4分）

【参考答案】

1#、2#、3#、7#。（每个1分）

考点分析与答题技巧：本小题仅要求选定监测点位即可，并未要求说明理由。但给出说明理由也不影响赋分（不会多给分，也不会扣分。但理由说错了，可能会扣分）。本题实质上就是考《环境影响评价技术导则　大气环境》的布点要求。类似题已经考过多次了。注意，根据评分要求，答的超过4个，也只到前4个（即前4个中有错要扣分，后4个中即使有对的也不得分）。

试题八（2015 年考题）

某农药厂位于化工园区内，现有 A、B 两个农药产品生产车间，主要环保工程有危险废物焚烧炉和污水处理站。危险废物焚烧炉处理能力 24 t/d，焚烧尾气经净化处理后排放；污水处理站设计处理能力 200 m^3/d，设计进水水质 COD、NH_3-N 和全盐量分别为 3 000 mg/L、300 mg/L 和 5 000 mg/L。现状实际处理废水 150 m^3/d，COD、NH_3-N 和全盐量实际进水浓度分别为 2 600 mg/L、190 mg/L、4 600 mg/L。废水经处理达到接管标准后由专用管道送至园区污水处理厂，供水、供电、供汽依托园区基础设施。

拟在现在厂区新建农药啶虫脒生产项目，建设内容包括：新建胺化缩合车间、干燥车间，扩建化学品罐区。生产工艺流程见下图。主要原料为 2-氯-5-氯甲基吡啶、一甲胺和氰基乙酯，主要溶剂为三氯甲烷和乙醇。拟在现有化学品罐区增设化学品储罐，包括 2×80 m^3 乙醇常压储罐、10 m^3 一甲胺压力储罐和 2×30 m^3 三氯甲烷常压储罐，贮存量分别为 100 t、4 t 和 50 t。

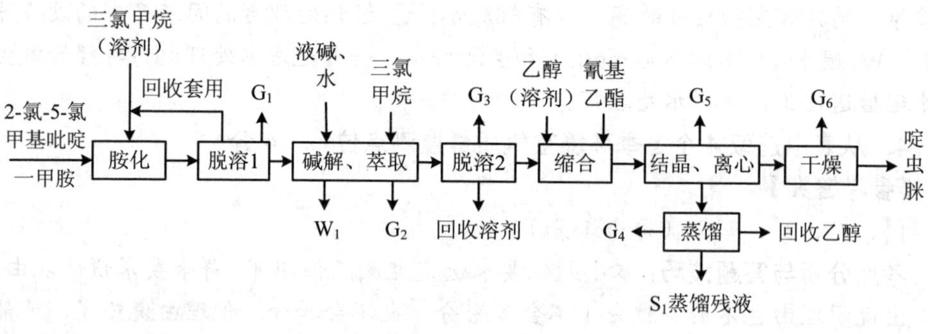

拟建项目工艺流程与产污节点图

项目废水产生情况见下表，拟混合后送现有污水处理站处理。配置 3 套工艺废气处理设施，其中废气 G_1、G_2 和 G_3 经深度冷凝+碳纤维吸附处理装置处理后排放。S_1 蒸馏残液及废气处理产生的废碳纤维送废液废渣危险废物焚烧炉焚烧处理。

拟建项目废水产生情况一览表

代号	名称	排放量/（m^3/d）	主要污染物浓度/（mg/L）			
			全盐量	COD	NH_3-N	排放方式
W_1	工艺废水	8	125 000	4 500	500	间歇
W_2	设备地面冲洗、循环排污水等	10	1 600	240	50	间歇
W_3	生活污水	2	500	300	30	间歇

【问题】

1．分别指出图中废气 G_1 和 G_6 中的特征污染物。（5 分）

【参考答案】

（1）G_1：一甲胺、三氯甲烷。（各 1 分，共 2 分）

（2）G_6：乙醇、氰基乙酯、粉尘（颗粒物或啶虫脒）。（各 1 分，共 3 分）

考点分析与答题技巧：根据评分要求，假如出现废水污染因子（如 COD、氨氮等），则该小题给 0 分，因为这属于原则性错误。

2．废气 G_3 的处理工艺是否合理？请说明理由。（4 分）

【参考答案】

（1）合理。（2 分）

（2）理由：污染物为三氯甲烷和一甲胺，回收溶剂后的高浓度不凝尾气可深度冷凝回收，进一步采用碳纤维吸附可确保达标。（2 分）

考点分析与答题技巧：根据评分要求，说明污染物为三氯甲烷，可深度冷凝回收即给 1 分。

3．本项目废水混合后直接送现有污水处理站处理是否可行？请说明理由。（6 分）

【参考答案】

（1）不合理。（1 分）

（2）理由：厂区污水处理站进水全盐量为 10 041 mg/L（2 分）。混合废水的全盐量浓度（50 850 mg/L）大于污水处理站的设计进水指标，可能导致污水站出水不能达到园区污水处理厂接管标准（3 分）。

考点分析与答题技巧：根据评分要求，全盐量计算：（125 000×8+1 600×10+500×2+4 600×150）÷（8+10+2+150）=10 041（mg/L）＞5 000（mg/L）（不要求给出计算式）。若理由答：应分质分类进行预处理（2 分）。若理由答：可能导致污水站出水不能达到园区污水处理厂的接管标准（2 分）。

4. 为分析本项目固体废物送焚烧炉焚烧的可行性，应调查哪些信息？（5 分）

【参考答案】

（1）焚烧炉工艺（1 分）和废气净化/处理工艺（1 分）。

（2）富余处理能力（或现状处理量或处理容量）（1 分）和本项目危险废物（或 S_1 蒸馏残液和废碳纤维）产生量（1 分）。

（3）达标排放（或排放浓度）情况（1 分）。

考点分析与答题技巧：根据评分要求，第（1）条答“焚烧炉入炉条件或要求”给 2 分，如答“焚烧炉设计情况”给 2 分。第（2）条如答“焚烧炉处理能力或负荷是否满足本项目要求”给 2 分。

2014 年之前考题（医药及石化项目案例）

十四、建材与火电类案例

试题一（2024 年考题）

2024 年第 2 题视频讲解

某改性沥青生产企业位于市级工业园区西部，建有沥青生产装置、原料和产品罐区、装卸站、助剂仓库、循环水装置及药剂间、空压机房、应急柴油发电机房（包括柴油暂存间）、办公楼、化验室，以及埋地事故应急水池等工程，现拟实施技术改造。

技改项目建设规模维持不变，主要建设内容有：拆除厂区西部的露天沥青生产装置，在该址新建研发中心；在厂区东部新建沥青生产车间，车间内布置自动化水平更高的沥青生产装置，并通过调整配方和操作参数以提升产品性能；配套新建一套沥青烟处理装置。

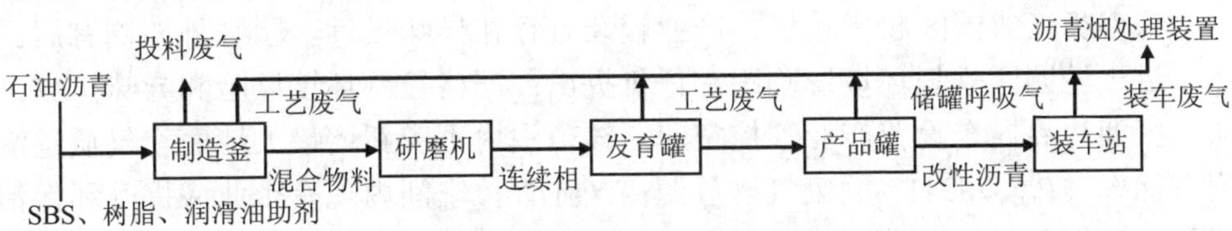

改造后改性沥青生产工艺流程

来自原料储罐的石油沥青用泵送至制造釜，利用燃烧机直接对制造釜加热，当釜内沥青达到一定温度后，按比例向釜内加入固体助剂苯乙烯丁二烯共聚物（SBS）、各类树脂以及液体助剂润滑油，控制操作条件并不断搅拌，使 SBS 吸收沥青中的饱和分发生溶胀；溶胀后的混合物料经研磨分散形成均匀的连续相，再送发育罐适度搅拌和稳定一定时间，检测合格的改性沥青送产品储罐，定期装车外运。

原料和产品沥青储罐均采用导热油作为加热和保温介质，导热油炉燃料为天然气。润滑油在生产车间桶装暂存，袋装 SBS 和树脂储存在助剂仓库内，SBS 和树脂毒性均较低，针对其可燃特性，本项目在助剂仓库内增设监控报警仪表。

项目通过加强设备密闭性和温度自动控制，从源头减少沥青烟挥发。制造釜和发育罐产生的工艺废气引至车间集气总管，产品装车鹤管上设吸风罩收集装车废气，上述废气与储罐呼吸气均经管道送沥青烟处理装置。沥青烟处理采用“烟雾隔离+废气与燃烧尾气换热+直燃氧化（燃料为天然气）+燃烧尾气与废气换热+水喷淋”工艺，处理后尾气经1#排气筒排放。废气处理装置设管线蒸汽保温、插板阀、冷凝液收集以及温度和压力等监控仪表，可及时发现异常并形成联锁，防范事故。

燃烧机、导热油炉采用天然气低氮燃烧技术，燃烧废气分别经2#和3#排气筒排放。制造釜固体助剂投料废气经集气罩收集后至布袋除尘器处理，尾气经4#排气筒排放。

新建的研发中心进行沥青配方研究、新产品开发、性能测试和质检等工作，除上述生产物料外，还使用酸碱类试剂、高分子添加剂、苯系物等多种有机溶剂。各实验室操作台均设集气罩，产生沥青烟和异味的实验在设有过滤器的通风柜内进行，实验废气统一收集至“水喷淋+除水+活性炭吸附”装置，处理后由5#排气筒排放。研发试剂存储于试剂间并安装监控报警仪。研发中心二层设有危废贮存点，暂存研发产生的液态危废，危废贮存点为独立房间，建有泄漏收集围挡和应急物资柜。

沥青生产过程不产生工艺废水，正常生产设备不清洗。地坪冲洗水和初期雨水经隔油、沉淀后，与水喷淋塔排水、公用工程排水和生活废水混合后纳管排放。

该市级工业园区起步较早，产业较杂且存在异味投诉，园区外西侧有居民点。近一轮园区规划环境影响跟踪评价提出：严格控制环境风险和异味排放，从园区西边界向东设置产业管控空间，该范围内不应新增最大地面空气质量浓度占标率（P_{max}）≥1%的废气排放源；产业管控空间内现有企业应提升环保治理和自动化水平。

环评文件编制单位经实地踏勘和资料分析，确定企业改造后现有办公楼、助剂仓库和新建的研发中心位于产业管控空间内。针对产业管控空间内的研发中心，采用估算模型计算了其无组织排放和5#排气筒有组织排放主要污染物最大1 h地面空气质量浓度，5#排气筒排放的总挥发性有机物（TVOC）预测值为0.007 2 mg/m^3，其最大地面空气质量占标率为主要污染物最大地面空气质量浓度占标率中的最大值。在环境风险评价工作中，识别了罐区、生产车间、助剂仓库和研发中心的危险性，核实了依托现有风险防控措施的有效性，判断出研发中心试剂储存量小、风险低，固体助剂不属于《建设项目环境风险评价技术导则》（HJ 169—2018）附录B规定的危险物质。

注：①沥青烟成分较复杂，包括游离碳、烃类及其衍生物，含有多环芳烃类，具有明显异味；项目用沥青在保温后为液态，黏度较高；根据供应商提供的检测报告，SBS中不含苯乙烯单体。②研发中心所用有机试剂多数可归类在总挥发性有机物（TVOC）中，根据《环境影响

评价技术导则　大气环境》（HJ 2.2—2018）附录 D，TVOC 空气质量浓度参考限值为 600 μg/m^3（8 h 平均）。

【问题】

1. 指出 1$^{\#}$排气筒的主要废气污染因子。（4 分）

【参考答案】

沥青烟、颗粒物、苯并[*a*]芘、TVOC/NMHC、SO_2、NO_x、丁二烯、臭气浓度。（以上因子答上任意 5 个得满分）

考点分析与答题技巧：本小题为工程分析中常见的污染因子（评价因子）识别，也是考试大纲的要求。此类考点在环评考试中反复出现，考生应高度重视。回答本小题应注意只针对 1#排气筒，且为废气，如果答上废水的任何信息，则不得分，甚至会导致本小题得零分（原则性错误）。以下内容对理解和解答本小题有指导意义：

（1）使用沥青作为原料加热、燃烧，或生产沥青作为产品，应识别沥青烟。根据有关资料，“沥青烟的组成分为气相和液相。气相是多组分的混合物，液相中所含冷凝物易挥发，颗粒细小”“沥青烟的组分主要有多环芳烃（PAH）”，沥青烟中的部分有机质包括“苯并[*a*]芘”，注意沥青烟是颗粒态、气态多种物质的混合物，还应识别颗粒物、TVOC/NMHC、苯并[*a*]芘。

（2）题干“直燃氧化（燃料为天然气）”，表明应识别颗粒物、SO_2、NO_x，可识别烟气黑度。

（3）根据《挥发性有机物无组织排放控制标准》（GB 37822—2019），VOCs 物料指“VOCs 质量占比大于等于 10%的物料，以及有机聚合物材料”，注意苯乙烯丁二烯共聚物（SBS）等有机聚合物材料属于 VOCs 物料，加热操作过程因单体物质释放产生 VOCs 废气，SBS 的单体物质为苯乙烯、丁二烯。“根据供应商提供的检测报告，SBS 中不含苯乙烯单体”，表明因成分含量未检出，故不识别苯乙烯，丁二烯有大气污染物排放标准控制要求，故识别。

（4）根据《恶臭污染物排放标准》（GB 14554—93），“恶臭污染物指一切刺激嗅觉器官引起人们不愉快及损害生活环境的气体物质”，表明题干信息提示恶臭、异味、刺激性、令人不愉快时，应识别臭气浓度。“沥青烟……，具有明显异味”，表明应识别臭气浓度。

2. 改造后企业是否符合规划环境影响跟踪评价要求?说明理由。（5 分）

【参考答案】

（1）符合。（1 分）

（2）理由：（以下每答上一条得 1 分）

①加强设备密闭性、温度自动控制、沥青烟废气收集处理，符合严格控制异味排放要求。

②监控报警、联锁防范、减少储量、使用非危险物质助剂措施降低事故风险，符合严格控制环境风险要求。

③P_{max} = 0.007 2 ÷（0.6×2）×100% = 0.6%＜1%，符合未新增 P_{max}≥1%的废气排放源要求。

④拆除厂区西部露天装置，厂区东部布置自动化水平更高的装置，远离居民点，符合产业管控空间内现有企业应提升环保治理和自动化水平要求。

考点分析与答题技巧：本小题体现了规划环评与建设项目环评联动，建设项目应符合规划环评的基本要求。虽然园区早期未进行规划环境影响评价，但近一轮是实施了规划环评的，而且进行了跟踪评价。因此，本项目实施符合跟踪评价的要求。根据题干信息，规划环境影响跟踪评价要求包括环境风险、异味排放、P_{max}、环保治理和自动化水平5个方面。因此，解答本小题应紧紧抓住这5个方面来说明理由。考生应学会在考场答题时间有限的情势下抓取题干信息关键词，说明理由，避免过多时间消耗。另外，根据《环境影响评价技术导则 大气环境》（HJ 2.2—2018），“对仅有8 h平均质量浓度限值、日平均质量浓度限值或年平均质量浓度限值的，可分别按2倍、3倍、6倍折算为1 h平均质量浓度限值”“TVOC空气质量浓度参考限值为600 μg/m^3（8 h平均）”，表明6倍折算确定5#排气筒排放的总挥发性有机物（TVOC）最大1 h地面空气质量浓度（P_{max}）。

3. 说明沥青烟处理装置中“烟雾隔离、两段气体换热、水喷淋”的作用。

【参考答案】

答案一：

①烟雾隔离：去除沥青烟、颗粒物。

②两段气体换热：废气与燃烧尾气换热可提升燃烧前废气温度，燃烧尾气与废气换热可降低燃烧后废气温度并回收热能。

③水喷淋：进一步除臭。

答案二：

（1）废气含沥青烟、颗粒物、臭气。

（2）作用：

①烟雾隔离：去除沥青烟、颗粒物。

②废气与燃烧尾气换热：提升燃烧前废气温度。

③燃烧尾气与废气换热：降低燃烧后废气温度并回收热能。

④水喷淋：进一步除臭。

考点分析与答题技巧：本小题是答案一与答案二是一致的，只是答案一直接对照设问的三个方面进行解答，而答案二在明确废气成分的同时，将“两段气体换热”的“两段”分别作答。以下内容对理解和解答本小题有指导：

（1）题干“废气与燃烧尾气换热+直燃氧化（燃料为天然气）+燃烧尾气与废气换热”，表明直燃氧化实为蓄热式热力燃烧（RTO），作用是去除气态的苯并[*a*]芘、TVOC/NMHC、丁二烯并除臭。

（2）RTO 前的烟雾隔离，具体采用湿式电捕器（或称电捕焦油器），作为蓄热式热力燃烧（RTO）的预处理。

（3）题干“废气与燃烧尾气换热+直燃氧化（燃料为天然气）+燃烧尾气与废气换热”，表明两段气体换热包括废气与燃烧尾气换热、燃烧尾气与废气换热两个阶段，即蓄热式热力燃烧（RTO）中的“蓄热”，可说明废气与燃烧尾气换热、燃烧尾气与废气换热作用。

（4）燃烧法因去除率最高，通常作为 VOCs、恶臭排放前的最末端治理措施，如燃烧法之后采用吸收、吸附、生物法等，作用为去除燃烧产生的二次污染物、进一步除臭，因天然气燃烧产生的二次污染物颗粒物、SO_2、NO_x 无须进一步治理，“沥青烟成分较复杂，包括游离碳、烃类及其衍生物，含有多环芳烃类，具有明显异味”，表明水喷淋作用以进一步除臭为主，可不答进一步去除沥青烟、颗粒物。“SBS 中不含苯乙烯单体”有误导考生做出不识别臭气浓度的目的，进而导致水喷淋作用遗漏除臭。

（5）设问未针对直燃氧化（燃料为天然气），故可不答直燃氧化去除苯并[*a*]芘、TVOC/NMHC、丁二烯等污染物。

4. 生产系统的危险性识别是否完整?说明理由。

【参考答案】

（1）不完整。

（2）理由：还应识别装卸站、应急柴油发电机房（包括柴油暂存间）、天然气燃烧机、导热油炉、沥青烟处理装置（包括冷凝液收集）、实验废气处理装置、废水隔油沉淀处理设施危险性。

考点分析与答题技巧：本小题实质上是环境风险源识别，即对贮存危险物质的场所或设施、装置的识别，是环境风险评价的前提或基本工作。

（1）根据《建设项目环境风险评价技术导则》（HJ 169—2018），“生产系统危险性识别，包括主要生产装置、储运设施、公用工程和辅助生产设施，以及环境保护设施等”。题干称“在环境风险评价工作中，识别了罐区、生产车间、助剂仓库和研发中心的危险性”，表明遗漏了公用工程和辅助生产设施，以及环境保护设施的识别。注意本小题是针对生产系统危险性识别而非“物质”危险性识别。

（2）注意改扩建项目新增及与现有项目存在依托关系的生产系统均应考虑，不要遗漏环保设施。装卸站、应急柴油发电机房（包括柴油暂存间）、天然气燃烧机、导热油炉属于本项目依托的辅助设施，沥青烟处理装置（包括冷凝液收集）、实验废气处理装置属于本项目新增的环保设施，废水隔油沉淀处理设施属于本项目依托的环保设施。

（3）题干“研发中心二层设有危废贮存点”，表明已识别的研发中心包含危废贮存点，故可不答危废贮存点。

（4）题干“循环水装置及药剂间”，表明药剂用于循环水处理且未明确成分含量，无法判断是否属于危险物质，故可不答药剂间。“新建的研发中心进行沥青配方研究、新产品开发、性能测试和质检等工作”，表明研发中心包含了“化验室”功能，因题干信息未明确依托现有化验室故不答。“埋地事故应急水池”（事故池）自身属于环境风险应急与防范措施，可不答。

5. 给出研发中心危废贮存点的环境管理要求。

【参考答案】

（1）应采取防风、防雨、防晒和防止危险废物流失、扬散等措施。

（2）贮存的危险废物应置于容器或包装物中，不应直接散堆。

（3）应采取防渗、防漏等污染防治措施或采用具有相应功能的装置。

（4）应及时清运贮存的危险废物，实时贮存量不应超过3吨。

考点分析与答题技巧：本小题是针对危险废物贮存的环境管理，主要考察考生对《危险废物贮存污染控制标准》（GB 18597—2023）的熟悉情况。

（1）根据《危险废物贮存污染控制标准》（GB 18597—2023），贮存点指“HJ 1259规定的纳入危险废物登记管理单位的，用于同一生产经营场所专门贮存危险废物的场所；或产生危险废物的单位设置于生产线附近，用于暂时贮存以便于中转其产生的危险废物的场所”，贮存点环境管理要求如下：

①贮存点应具有固定的区域边界，并应采取与其他区域进行隔离的措施。

②贮存点应采取防风、防雨、防晒和防止危险废物流失、扬散等措施。

③贮存点贮存的危险废物应置于容器或包装物中，不应直接散堆。

④贮存点应根据危险废物的形态、物理化学性质、包装形式等，采取防渗、防漏等污染防治措施或采用具有相应功能的装置。

⑤贮存点应及时清运贮存的危险废物，实时贮存量不应超过3吨。

（2）题干“研发中心二层设有危废贮存点，……，危废贮存点为独立房间”，表明已满足“贮存点应具有固定的区域边界，并应采取与其他区域进行隔离的措施”要求，可不答。

试题二（2022 年考题）

某砖厂位于西南地区青枝煤矿开采区，2008 年通过竣工环保验收，环评文件批复以低硫煤矸石、页岩等为原料，采用破碎、筛分、陈化、挤出成型、切坯和干燥烧结工艺，生产烧结砖 7 600 万块/a。生产设施有 2 条带人工干燥室的轮窑生产线和破碎、筛分、混料、成型等设备，辅助设施有原料棚、陈化库和成品堆场等。

原料棚设围挡抑尘，破碎筛分点采用洒水抑尘，烧结和干燥废气采用旋风水膜除尘脱硫。近期自行监测报告表明：工况条件下，轮窑干烟气含氧量 19.06%，温度 60℃，颗粒物、二氧化硫、氮氧化物和氟化物的浓度分别为 13 mg/m^3、104 mg/m^3、67 mg/m^3 和 1.2 mg/m^3。

企业拟在原址实施改造，原料组成不变。产品品种增加烧结空心砖，产能调整为标准砖 6 000 万块/a。工程内容包括拆除厂区原有设施，新建封闭型的原料库、陈化库和生产车间等。新建 1 条隧道烘干室+隧道烧结窑生产线，更新全部生产设备。

烧结窑采用机械送、排气方式。烧结温度 1 050～1 150℃。烧结窑每年需铺柴投煤点火一次，升温后利用砖坯中煤矸石燃烧完成烧结，不再外加燃料。

将烧结窑烟气中的一部分引入烘干室进行余热利用（用于烘干湿砖坯），再与其余烟气混合经布袋过滤除尘+双碱法脱硫净化后，由引风机引至 25 m 高烟囱排放。原料破碎、筛分、混料产生的粉尘经集气罩收集、布袋除尘净化后由独立排气筒排放。

根据原料理化分析报告，煤矸石热值约为 2 000 kJ/kg，主要成分有碳、二氧化硅、三氧化二铝，还检出氟、砷和汞等元素。

该企业用地不在生态保护红线内，厂界外 45 m 处有一散户、270 m 处有一村庄、1 000 m 处有一家在建陶瓷企业。根据当地环境质量报告书，区域上一年度 $PM_{2.5}$ 年均浓度超标，地方达标规划尚在编制中。环境影响报告表编制单位开展了大气专题工作。根据估算模式计算结果，确定项目大气环境影响评价工作等级为一级。

注：《砖瓦工业大气污染物排放标准》（GB 29620—2013）及其2020年修订单规定，人工干燥及烧结生产过程的颗粒物、二氧化硫、氮氧化物和氟化物标准状态干烟气排放浓度限值

分别为30 mg/m^3、150 mg/m^3、200 mg/m^{3}和3 mg/m^3，干烟气基准氧含量18%，基准排放浓度折算公式为：$\rho_{基准排放浓度}=\rho_{排放浓度}\times$（$21-Q_{干烟气基准含量}$）/（$21-Q_{干烟气实测含氧量}$）

本题不考虑气压变化，标态温度以 273.15 K 计，实测排放浓度需折算为标干排放浓度，再折算为基准排放浓度对标。

【问题】

1. 判断现有工程烟气排放达标情况。

【参考答案】

理想气体状态方程 $PV=nRT$，不考虑气压变化，则 $P_0=P_1$，即 $V_1/T_1=V_0/T_0$，$V_0=V_1T_0/T_1=V_1\times273.15/(273.15+60)=0.82V_1$

同一气体组分，体积和浓度成反比。

$\rho_{基准颗粒物}=13\times(21-18)\div(21-19.06)\div0.82=25<30$（mg/m^3）

$\rho_{基准二氧化硫}=104\times(21-18)\div(21-19.06)\div0.82=196>150$（mg/m^3）

$\rho_{基准氮氧化物}=67\times(21-18)\div(21-19.06)\div0.82=126<200$（mg/m^3）

$\rho_{基准氟化物}=1.2\times(21-18)\div(21-19.06)\div0.82=2.26<3$（mg/m^3）

由以上计算可知，现有工业烟气二氧化硫超标，颗粒物、氮氧化物、氟化物达标。

考点分析与答题技巧：本小题是环评及环境管理中的“日常”工作，环评需要考虑建设项目能否做到达标排放，而环境管理更要监督企业避免出现超标排放。因此，在环评考试大纲中这是属于“工程分析”的基本工作。大气污染物排放标准中的污染物排放浓度均以标准状态下的干气体为基准，根据 $C_{标}\times T_{标}=C_{工}\times T_{工}$，将工况态排放浓度折算为标准态排放浓度，注意该题 $T_{标}$以 273.15 K 计。大气污染物排放标准中的燃烧、焚烧类废气污染物排放浓度应折算为基准氧含量排放浓度，根据 $C_{基}=C_{实}\times(21-O_{基})\div(21-O_{实})$，将实际氧含量排放浓度折算为基准氧含量排放浓度。

本小题主要通过初高中阶段的气态方程进行计算，在实际工作中必须熟练应用。

2. 技改工程采用的烧结窑烟气治理措施是否合理？说明理由。

【参考答案】

（1）合理。

（2）理由：

①废气含颗粒物、SO_2、NO_x、氟化物、砷和汞及其化合物。

②以低硫煤矸石为原料不再外加燃料，源头控制 NO_x。

③余热利用回收热能并降温，布袋过滤除尘去除颗粒物，双碱法脱硫去除 SO_2，协同去除氟化物、砷和汞及其化合物。

考点分析与答题技巧：本小题属于环评工作中分析、论证环保措施可行性范畴。以下内容对理解和解答本小题有指导意义：

（1）根据《关于印发〈工业炉窑大气污染综合治理方案〉的通知》（环大气〔2019〕56 号）附件 4，“以煤、煤矸石等为燃料的烧结砖瓦窑应配备高效除尘设施，配备石灰石石膏法等高效脱硫设施；以天然气为燃料的烧结砖瓦窑配备除尘设施”，据此认为无须针对 NO_x、氟化物、砷和汞及其化合物额外采取治理措施。

（2）题干指出以低硫煤矸石为原料，不再外加燃料，煤矸石主要成分有碳、二氧化硅、三氧化二铝，还检出有氟、砷和汞等元素，表明燃烧对象忽略或不含氮元素，燃烧生成热力型 NO_x 为主，故无须针对 NO_x 额外采取治理措施。

（3）题干“布袋过滤除尘+双碱法脱硫净化后”，表明已采用高效除尘、湿法脱硫的废气治理可行技术，可协同去除氟化物、砷和汞及其化合物，故无须针对氟化物、砷和汞及其化合物额外采取治理措施。

（4）题干“烧结窑每年需铺柴投煤点火一次”，注意铺柴投煤点火为“开车”的非正常排放条件，而脱硝等废气污染治理措施针对正常排放条件，故以此为理由认为必须针对 NO_x 额外采取治理措施不成立。

（5）根据《环境影响评价技术导则 大气环境》（HJ 2.2—2018），“不达标区建设项目选择大气污染治理设施、预防措施或多方案比选时，应优先考虑治理效果，结合达标规划和替代源削减方案的实施情况，在只考虑环境因素的前提下选择最优技术方案，保证大气污染物达到最低排放强度和排放浓度，并使环境影响可以接受”，注意“最低排放强度和排放浓度”指特别排放限值、超低排放限值等更严格污染物排放控制要求，而非不达标区必须采取最严格治理措施实现近零排放，故以此为理由认为必须针对 NO_x、砷和汞及其化合物额外采取治理措施不成立。

（6）根据《关于印发钢铁/焦化、现代煤化工、石化、火电四个行业建设项目环境影响评价文件审批原则的通知》（环办环评〔2022〕31 号）等区域削减措施监督管理要求，“细颗粒物超标的，对应削减二氧化硫、氮氧化物、颗粒物、挥发性有机物”，注意“对应削减”指现有项目“以新带老”削减、其他项目区域削减，而非本项目新增污染源进一步削减。根据《关于加强重点行业建设项目区域削减措施监督管理的通知》（环办环评〔2020〕36 号），区域削减措施监督管理对象为“生态环境部和省级生态环境主管部门审批的编制环境影响报告书的石化、煤化工、燃煤发电（含热电）、钢铁、有色金属冶炼、制浆造纸行业新增主要污染物排放量的建设项目”，“环境影响报告表编制单位开展了大气专题工作”，表明本项目不满足强制执行区域削减措施监督管理要求条件。故以“对应削减”为理由认为必须针对 NO_x 额外采取脱硝措施不成立。

（7）题干“将烧结窑烟气中的一部分引入烘干室进行余热利用（用于烘干湿砖坯），再与其余烟气混合”，注意题干信息无废气含水、高湿等不宜布袋除尘的提示，且“再与其余烟气混合”后烟气即便含水、高湿条件也会适当消除，故以“废气含水、高湿”为理由认为采用布袋除尘不合理依据不足。

（8）问题1计算结果表明现有落后的轮窑无脱硝措施时 NO_x 即可达标排放，原料不变的情况下类比分析表明先进的烧结窑更无须脱硝措施。因采用砖瓦行业烧结窑废气治理可行技术，故该题认为不合理的理由均依据不足或不成立。

3. 说明正常排放时不达标因子的大气预测工作内容。

【参考答案】

（1）不达标因子为 $PM_{2.5}$。

（2）预测内容:

①短期、长期浓度贡献值最大浓度占标率。

②区域环境质量变化预测与评价。

③大气环境防护距离设置中，短期浓度贡献值分布情况。

考点分析与答题技巧：本小题实质上是考察对大气导则应用的熟悉情况。

（1）根据《环境影响评价技术导则　大气环境》（HJ 2.2—2018），不达标区大气环境影响进一步预测与评价内容包括:

①新增污染源，正常排放条件下，短期、长期浓度贡献值最大浓度占标率。

②新增污染源－“以新带老”污染源（如有）－区域削减污染源（如有）+其他拟建、在建污染源（如有），正常排放条件下，叠加现状浓度或达标规划年目标浓度后短期、长期浓度达标情况。注意：不达标区现状超标的基本污染物叠加达标规划年目标浓度，无法叠加达标规划年目标浓度时开展区域环境质量变化预测与评价，不达标区现状达标的基本污染物、不达标区其他污染物叠加现状浓度；基本污染物叠加后评价年平均质量浓度、保证率日平均质量浓度达标情况，其他污染物叠加后评价短期浓度达标情况。

③新增污染源，非正常排放条件下，1小时平均质量浓度贡献值最大浓度占标率。

④大气环境防护距离设置中，新增污染源－“以新带老”污染源（如有）+项目全厂现有污染源，正常排放条件下，短期浓度贡献值分布情况。

（2）因实践中通常将“大气预测”代指大气环境影响进一步预测与评价，故提问“大气预测”时按照“大气预测与评价”答题是稳妥的做法。

（3）题干“区域上一年度 $PM_{2.5}$ 年均浓度超标”，表明本项目所在地为环境空气质量不达标区，不达标因子为 $PM_{2.5}$。“地方达标规划尚在编制中”，表明 $PM_{2.5}$ 无法叠加达标规划年目标浓度时开展区域环境质量变化预测与评价。

(4)既然本小题只问不达标因子的大气预测工作内容，与题目无关的均可不答。

4. 简述项目噪声评价的主要工作。

【参考答案】

答案一：

（1）进行工程分析，识别噪声源，并确定源强。

（2）调查声环境保护目标，特别是声环境敏感保护目标，明确声环境保护目标与主要噪声源的空间位置关系。

（3）监测声环境保护目标声环境质量现状。

（4）预测噪声源对声环境保护目标的影响性质和程度。

（5）提出减缓噪声影响的措施。

答案二：

（1）调查厂界外 45 m 处散户情况，监测散户声环境质量现状并评价达标情况。

（2）明确厂界环境噪声排放控制标准。

（3）明确施工期噪声、振动防治措施。

（4）明确运营期噪声源、产生强度、降噪措施、排放强度、持续时间，分析厂界和散户达标情况，提出监测要求（监测点位、监测频次）。

考点分析与答题技巧：根据题干信息，本项目环评类别为“报告表”。根据《建设项目环境影响报告表编制技术指南（污染影响类）（试行）》，“以污染影响为主要特征的建设项目环境影响报告表依据本指南进行填写，与本指南要求不一致的以本指南为准”，与声环境影响评价相关的内容如下：

①“厂界外周边 50 米范围内存在声环境保护目标的建设项目，应监测保护目标声环境质量现状并评价达标情况。各点位应监测昼夜间噪声，监测时间不少于 1 天，项目夜间不生产则仅监测昼间噪声”。

②“明确厂界外 50 米范围内声环境保护目标”。

③“填写建设项目相关的国家、地方污染物排放控制标准，以及污染物的排放浓度、排放速率限值”。

④“填写施工扬尘、废水、噪声、固体废物、振动等防治措施”。

⑤运营期“明确噪声源、产生强度、降噪措施、排放强度、持续时间，分析厂界和环境保护目标达标情况，提出监测要求（监测点位、监测频次）”。

本小题设问较别扭，常编制建设项目环境影响报告书的技术人员（尤其是噪声评价一级、二级的项目）根据噪声评价的一般程序，可能会答上很多内容，而编制“报告表”的技术人员，可能会简略地作答。答案一是声环境影响评价的一般性工作，只是原则性作答；答案二与题干信息结合密切，推荐答案二。

5．推荐烧结窑建设、运营期减少碳排放的措施。

【参考答案】

答案一：

（1）建设期：

①淘汰落后工艺和高耗能、高污染的设备。

②制订合理的施工方案，选择低能耗的施工机械，减少施工期资源、能源消耗。

③做好厂区绿化设施和施工建设。

（2）营运期：

①注重窑炉有密封性，提高炉窑保温性能。

②加强炉窑余热回收利用，实现热能阶梯利用。

③强化生产管理，最大程度保持最优减污降碳工况，以降低资源能源消耗。

答案二：

（1）建设期：

①优化炉窑本身结构，由轮窑改为隧道窑，本身就是一种能效能耗的节约，减少能源浪费。

②选用高质量的新材料。

③对燃烧结构进行改造。

④对炉窑控制系统进行改造。

⑤设计中注意保温技术、热能阶梯利用技术、余热回收技术等应用，可减少外购热力，也是一种减排。

（2）运营期：

①调整碳酸盐原辅料用量或比例，采取技术措施减少碳酸盐的使用。

②保温技术、热能阶梯利用技术、余热回收技术等在生产过程中的实际应用，可减少外购热力。

③减少外购电力，减少变压器的损耗及企业配电的损耗，选用高效电机、提高风机水泵等重点用电设备的效率、减少空压机用电量等。

④加强日常管理，结合工业炉窑设备制造技术、自动化控制技术、企业的管理、生产流程的优化、工艺的优化等多方面，将这些方面落于实处。

⑤厂区绿化和维护。

答案三：

（1）施工机械采用清洁能源驱动，减少施工周期。

（2）提升烧结空心砖产能比例，限制减少实心砖。

（3）对其余的烧结窑烟气采取余热锅炉发电措施。

（4）烧结窑每年使用天然气，替代铺柴投煤点火。

考点分析与答题技巧：关于本小题，有考生称设问中“建设”之后有顿号，有考生称没有顿号。如果有顿号，表明要求解答施工期；如果无顿号，则本小题的设问就显得很别扭了，会导致考生解答时产生纠结。“建设”主要是施工过程，重点在于原辅材料的使用和施工活动，而运营，则主要体现在生产工艺、生产过程及环境管理方面。

解答本小题企业碳减排的技术措施主要包括以下八个方面：① 减少燃料燃烧碳排放技术；② 工艺过程碳减排技术；③ 碳酸盐使用 CO_2 减排技术；④ 减少外购热力的减排技术；⑤ 减少外购电力的减排技术；⑥ CO_2 回收利用技术；⑦ 低碳能源技术；⑧ 碳汇技术。

由轮窑改为隧道窑，本身就是一种能效能耗的节约。轮窑属于间歇式窑炉，产品烧制完成后需要停火降温，热量损失较大，自动化程度低。隧道窑属于连续式窑炉，原料由入口顶入，产品由出口顶出，热量损失小，出窑产品凉，自动化程度高。

解答本小题，确实可以考虑到很多方面减排 CO_2 的措施或途径，但考试时间有限，不宜考虑太多。答案一和答案二较为复杂，答案三简略，推荐答案三。

生态环境部发布了《排污许可证申请与核发技术规范　陶瓷砖瓦工业》（HJ 954—2018），考生有必要学习一下。

【扩展思考题】

1．确定本项目的大气环境影响评价范围。

2．识别本项目大气环境保护目标。

3．关于厂界外在建陶瓷企业，应收集调查哪些信息？

4．大气影响评价因子除 $PM_{2.5}$、SO_2、NO_x 外，还应考虑哪些因子？

试题三（2021 年考题）

为满足工业用汽和采暖用热需求，某经济开发区拟实施热电联产工程，并协同处置城镇污水处理厂污泥。建设内容包括：3×280 t/h 循环流化床锅炉（2 用 1 备）和 2×30 MW 背压式热电联产机组（1 炉 1 机配置）等主体工程，全封闭条形煤场、污泥干化车间、灰库、渣仓、氨水储罐等储运工程；给排水、变配电、化学水处理、冷却塔等公辅工程；烟（废）气、废水处理等环保工程。工作制度为：1 台机组为工业用户提供工业用汽，年利用小时数 6 500 h；1 台机组为采暖用户提供采暖用热，年利用小时数 2 880 h，工程投产后，将替代供热范围内 10 台燃煤小锅炉。

污泥干化车间设 1 座污泥仓和 1 台圆盘干燥机，处理能力为 5 t/h（湿基），年利用小时数 6 500 h。来自城镇污水处理厂含水率 80%的污泥先暂存在污泥仓内，后通过加料机送入圆盘干燥机进行干化处理，得到含水率 40%的干污泥（收到基低位发热量 6 300 kJ/kg）。干燥机以自产蒸汽（约 160℃）作热源，采用间接加热方式。

污泥干化车间配建 1 套干燥废气处理装置和 1 套废水处理装置。污泥干燥废气采用“旋风除尘+冷凝”工艺处理，不凝气送锅炉燃烧，冷凝废水送废水处理装置处理，处理工艺为“调节+气浮+两级 A/O+二沉+过滤”。

本工程采用当地煤作燃料（收到基低位发热量 21 000 kJ/kg），并掺烧少量干污泥。干污泥由皮带输送机送至上煤点与破碎后的煤掺混后送锅炉燃烧。经测算，单台锅炉耗煤量 36 t/h（未考虑掺烧污泥），标态干、湿烟气量分别为 82.7 m^3/s、90.2 m^3/s（含氧量 6%）。掺烧污泥、不凝气后，烟气量和锅炉热效率基本无变化。

3 台锅炉各自配有独立的烟气净化系统，净化工艺均为：低氮燃烧+炉内 SNCR 脱硝+静电除尘器预除尘+烟气循环流化床半干法吸收塔脱硫+布袋除尘器除尘。其中脱硝效率不低于 60%，脱硝还原剂为氨水（配 2 座 30 m^3 氨水储罐）；静电除尘器和布袋除尘器的除尘效率分别为 97%和 99.95%；吸收塔的脱硫效率为 98%，脱硫剂为消石灰。锅炉烟气经烟气净化系统处理后由 1 座高 150 m、出口内径 3.5 m 的单管烟囱 S_1 排放，烟气排放温度 90℃。

除灰渣系统采用干出灰、机械出渣的灰渣分除处理工艺，设计灰渣比 6∶4。单台锅炉炉渣产生量 3.2 t/h，半干法脱硫系统新增烟尘量（进入布袋除尘器前）

2.4 t/h（掺烧污泥所造成的灰渣和烟尘量的变化，可忽略不计）。

经调查，本工程所在地区为环境空气不达标区，不达标因子为 NO_2，当地政府已编制了环境空气限期达标规划。达标规划给出了污染源清单和削减源清单，模拟了达标规划实施后的浓度场。达标规划的污染源清单未包含本工程，削减源清单未包含被替代燃煤小锅炉。环境空气评价范围内无在建和拟建污染源。

环评文件编制单位确定本工程大气环境影响评价工作等级为一级，给出的 NO_2 预测评价内容包括：a）采用进一步预测模型计算本工程 NO_x 排放源正常排放情况下 NO_2 短期浓度和年均浓度；b）采用本工程贡献浓度减去被替代燃煤小锅炉的贡献浓度，并叠加环境质量现状浓度得到项目投产后95%保证率 NO_2 日平均浓度。编制单位给出的本工程正常排放条件下 NO_2 排放源部分参数见下表。

本工程 NO_x 排放源部分参数表

名称	排气筒高度/m	排气筒出口内径/m	烟气流速/（m/s）	烟气温度/℃	年排放小时数/h
S1	150	3.5	3×11.4	90	6 500

环评文件编制单位核算了本工程碳排放量（不考虑掺烧污泥、不凝气产生的碳排放量），其中煤单位热值含碳量为 26.44×10^{-3} t C/GJ（对应收到基低位发热量），碳氧化率为98%。

【问题】

1．计算本工程烟尘排放浓度和年排放量。（4 分）

【参考答案】

答案一：

（1）单台锅炉出灰量=3.2÷4×6=4.8（t/h）。

（2）单台锅炉烟尘排放量=[4.8×（1−97%）+2.4]×（1−99.95%）=0.001 27（t/h）。

（3）锅炉排放浓度=0.001 27×10^9 ÷ 82.7 ÷ 3 600=4.27（mg/m^3）。

（4）本项目烟尘排放量=0.001 27×（6 500+2 880）=11.93（t/a）。

答案二：

（1）本工程烟尘小时排放量：

① 2 台锅炉烟尘小时排放量为：2×3.2×（6/4）×（1−97%）×（1−99.95%）×10^3=0.144（kg/h）。

② 半干法脱硫系统新增烟尘量为：2×2.4×（1−99.95%）×10^3=2.4（kg/h）。

③ 本工程烟尘小时排放量为：0.144+2.4=2.544（kg/h）。

（2）本工程烟尘排放浓度为：2.544×10^6 ÷（82.7×3 600×2）=4.28（mg/m^3）。

（3）本工程烟尘年排放量为：$2.544/2\times6\ 500\times10^{-3}+2.544/2\times2\ 800\times10^{-3}=$ 11.83（t/a）。

考点分析与答题技巧：根据题干信息，本项目“除灰渣系统采用干出灰、机械出渣的灰渣分除处理工艺，设计灰渣比 6∶4。单台锅炉炉渣产生量 3.2 t/h，半干法脱硫系统新增烟尘量（进入布袋除尘器前）2.4 t/h（掺烧污泥所造成的灰渣和烟尘量的变化，可忽略不计）”“静电除尘器和布袋除尘器的除尘效率分别为 97% 和 99.95%”“经测算，单台锅炉耗煤量 36 t/h（未考虑掺烧污泥），标态干、湿烟气量分别为 82.7 m^3/s、90.2 m^3/s（含氧量 6%）”，根据这些关键信息，便可计算本小题要求给出的烟尘排放浓度和年排放量。

本题关键在于对除灰量和半干法脱硫系统新增烟尘量的理解。这里除灰量数据是锅炉燃烧烟尘产生量，新增烟尘量是由于半干法脱硫喷入炉膛的石灰乳受热变成颗粒物和脱硫产物脱硫渣湍动产生的颗粒物。

以下内容对进一步理解和解答本小题是有指导意义的：

（1）题干“3 台锅炉各自配有独立的烟气净化系统”，注意其关键词“独立”，表明 1 台锅炉对应 1 套烟气净化系统、1 个排气筒。

（2）题干“除灰渣系统采用干出灰、机械出渣的灰渣分除处理工艺，设计灰渣比 6:4”，注意除灰渣系统针对锅炉炉膛产生的粉煤灰、炉渣，“灰”指锅炉炉膛产生的粉煤灰而非除尘得到的烟尘捕集物。

（3）题干“半干法脱硫系统新增烟尘量（进入布袋除尘器前）2.4 t/h”，表明半干法脱硫后设置布袋除尘，去除锅炉燃烧产生的一次颗粒物、半干法脱硫产生的二次颗粒物。

（4）大气污染物排放标准中的燃烧、焚烧类废气污染物排放浓度应折算为基准氧含量排放浓度，根据 $C_{基}=C_{实}\times(21-O_{基})\div(21-O_{实})$，将实际氧含量排放浓度折算为基准氧含量排放浓度。《火电厂大气污染物排放标准》（GB 13223—2011）规定“单台出力 65 t/h 以上除层燃炉、抛煤机炉外的燃煤发电锅炉基准氧含量为 6%”，但该题并未给出解题所需基准氧含量数据。

（5）题干“标态干、湿烟气量分别为 82.7 Nm^3/s、90.2 Nm^3/s（含氧量 6%）”，注意“含氧量 6%”针对标准态湿烟气，应将标准态湿烟气含氧量折算为标准态干烟气含氧量，计算结果“6.54%”表明应进一步将实际氧含量排放浓度折算为基准氧含量排放浓度。

另外，需要注意的是，本小题要求计算“烟尘”的排放“浓度”和年排放量，不得误算为二氧化硫、氮氧化物，也不得以排放速率等作为最后计算结果。计量单位及相关参数的转换是本小题计算的关键。由于计算过程中的有效数字保留方式不同，答案一与答案二计算过程和结果略有差异，但二者并无原则性差别，均为本小题合适的解答。

2．指出湿污泥干化尾气冷凝废水的主要污染物。（4 分）

【参考答案】

pH、SS、COD、BOD、氨氮、总氮、硝酸盐氮、硫化物、硫酸根。（满分 4 分，但少答一项扣 0.5 分）

考点分析与答题技巧：根据题干信息：污泥自城镇污水处理厂含水率 80%的污泥先暂存在污泥仓内，后通过加料机送入圆盘干燥机进行干化处理，得到含水率 40%的干污泥（收到基低位发热量 6 300 kJ/kg）。污泥干化车间配建 1 套干燥废气处理装置和 1 套废水处理装置。污泥干燥废气采用“旋风除尘+冷凝”工艺处理，不凝气送锅炉燃烧，冷凝废水送废水处理装置处理，处理工艺为“调节+气浮+两级 A/O+二沉+过滤”。干化过程中挥发的含湿量较大的尾气不宜直接进入锅炉焚烧，以避免降低燃烧效率。因此，需要将气体收集到冷凝器中加以冷凝进行除湿，同时尾气中颗粒物和可溶于水的污染物进入冷凝水中形成冷凝废水。

以下内容对进一步理解和解答本小题具有指导意义：

（1）根据《厌氧-缺氧-好氧活性污泥法污水处理工程技术规范》（HJ 576—2010），多级缺氧好氧活性污泥法（MAO）工艺流程如下：

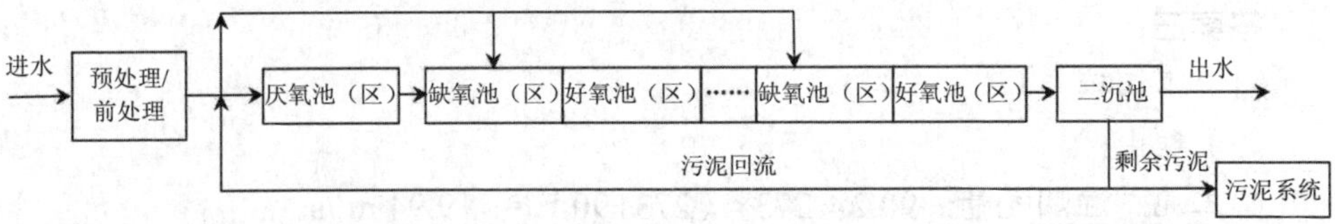

（2）图中缺氧池（区）指非充氧池（区），溶解氧质量浓度一般为 0.2 ~ 0.5 mg/L，主要功能是进行反硝化脱氮，注意上图中的厌氧池（区）指厌氧生物处理去除 COD 降低有机负荷而非厌氧生物除磷，故两级 A/O 为 A/O-A/O 而非 AAO、A^2O，故可不识别废水中的总磷。

（3）冷凝废水送废水处理装置处理，处理工艺为“调节+气浮+两级 A/O+二沉+过滤”，注意此处“气浮”去除对象是 SS 而非石油类，表明废水处理工艺去除的废水主要污染物为 pH、COD、BOD、SS、氨氮、总氮。

（4）题干“污泥干燥废气采用‘旋风除尘+冷凝’工艺处理，不凝气送锅炉燃烧，冷凝废水送废水处理装置处理”，表明冷凝废水主要污染物应识别干燥废气涉及的污染物，干燥废气主要污染物为颗粒物、氨、硫化氢、臭气浓度，故冷凝废水主要污染物还应识别硫化物。

3．本工程 NO_x 排放源部分参数表中烟气流速和年排放小时数取值是否正确？说明理由。

【参考答案】

答案一：

（1）二者均不正确。（答“不正确”，或“两个数值均不正确”，均给分）

（2）理由：

① 3×11.4 m/s 错误。11.4 是采用干烟气量计算得到的烟气流速，应该采用实际（湿烟气）烟气量进行计算：$[90.2\times(273+90)\div273]\div[3.14\times(3.5/2)^2]=12.5$ m/s；3 台循环流化床锅炉 2 用 1 备，备用锅炉不能统计到源强内。

② 6 500 h 错误。工作制度为 1 台供汽锅炉年工作 6 500 h、1 台供热锅炉仅在采暖期运行年工作 2 880 h，表明实际同时在线运行 2 台锅炉对应的年最大排放小时数为 2 880 h，最大烟气流速应为 2×12.5 m/s。

答案二：

（1）二者均不正确。

（2）理由：由于是单管烟囱 S_1 排放，烟气流速不应乘以 3；由于采暖锅炉的年利用小时数为 2 880 h，2 台机组应分别列出各自年排放小时数。

答案三：

（1）不正确。

（2）理由：

①工况态湿烟气量：$90.2\div273\times(273+90)=119.94$ m^3/s。

②工况态湿烟气流速：$119.94\div[3.14\times(3.5/2)^2]=12.5$ m/s。

③烟气流速应为 2×12.5 m/s，年排放小时数应为 2 880 h。

考点分析与答题技巧：根据题干信息，本项目的锅炉运行制度为非采暖期 1 台锅炉运行，采暖期 2 台锅炉共同运行，S_1 在不同期间烟气量不一样，从而导致烟气流速、污染物排放速率不同，在采暖期污染物产生量大于非采暖期，因此按照最不利原则，至少给出采暖期源强参数，或者同时给出两个时期参数，如下表。

本工程 NO_x 排放源部分参数表

名称	排气筒高度/m	排气筒出口内径/m	烟气流速/（m/s）	烟气温度/℃	年排放小时数/h	备注
S_1	150	3.5	2×12.5	90	2 880	采暖期
			12.5	90	3 620	非采暖期

本小题解答需要注意 3 个关键要求判断题干所给的列表中的“烟气流速”“年排放小时数”正误，并给出理由。

以下内容对理解和解答本小题具有指导意义：

（1）根据《环境影响评价技术导则 大气环境》（HJ 2.2—2018），点源参数调查内容如下：

编号	名称	排气筒底部中心坐标/m		排气筒底部海拔高度/m	排气筒高度/m	排气筒出口内径/m	烟气流速/（m/s）	烟气温度/℃	年排放小时数/h	排放工况	污染物排放速率/（kg/h）		
		X	Y								污染物 1	污染物 2	…

注意表中烟气流速单位为“m/s”而非“Nm^3/s”，大气环境影响预测中为了体现排放口烟气抬升对环境空气的实际影响范围和程度，预测所需污染源参数采用工况态烟气流速、烟气温度。大气污染物排放标准中的污染物排放浓度均以标准状态下的干气体为基准，针对污染源达标分析，不针对大气环境影响预测。

（2）题干“本工程 NO_x 排放源部分参数表”中单个排气筒烟气流速 11.4 m/s 由标态干烟气量 82.7 m^3/s 和排气筒出口内径 3.5 m 计算而来，表明烟气流速数据错误，应采用工况态湿烟气流速，注意根据 $V_标/T_标 = V_工/T_工$，将标准态烟气量折算为工况态烟气量，再进一步计算工况态湿烟气流速。

（3）题干“3×280 t/h 循环流化床锅炉（2 用 1 备）和 2×30 MW 背压式热电联产机组（1 炉 1 机配置）等主体工程”，注意关键词“1 炉 1 机配置”，“工作制度为：1 台机组为工业用户提供工业用汽，年利用小时数 6 500 h；1 台机组为采暖用户提供采暖用热，年利用小时数 2 880 h”，表明 2 台机组的工作制度就是 2 台在用锅炉的工作制度，故 2 台在用锅炉同时运行时对应的烟气流速应为 2×12.5 m/s，对应的年排放小时数应为 2 880 h。

本小题三个答案实质上是一样的。只是表述方式不同，有的原则，有的具体、详细。

4．编制单位 NO_2 预测评价内容是否合理？说明理由。

【参考答案】

答案一：

（1）不合理。

（2）理由：

① a 中除预测本工程 NO_x 排放源正常排放情况下 NO_2 短期浓度和年均浓度外，还应补充评价其最大占标率，并补充预测非正常工况下 NO_2 1 h 浓度值，评

价最大浓度占标率。

② b 中叠加环境质量现状浓度错误，应叠加达标规划目标浓度。

③ b 中 95%保证率错误，应为 98%。

④ b 中还需补充预测年均值，并补充评价保证率日均浓度和年均浓度达标情况。

答案二：

（1）不合理。

（2）应预测评价叠加环境空气限期达标规划的目标浓度后，NO_2 保证率日平均质量浓度和年平均质量浓度的达标情况。

答案三：

（1）不合理。

（2）理由：

①还应评价短期浓度和年均浓度最大浓度占标率。

②应叠加达标规划年目标浓度后评价年平均质量浓度、98%保证率日平均质量浓度达标情况。

③还应开展非正常排放条件下预测与评价、大气环境防护距离设置。

考点分析与答题技巧：根据题干信息，本小题主要考察《环境影响评价技术导则　大气环境》（HJ 2.2—2018）中关于建设项目位于不达标区的大气预测和评价内容，严格按照导则表 5 要求解答即可。以下内容对理解和解答本小题具有指导意义：

（1）因 NO_x 不稳定，排放进入环境空气后最终转化为 NO_2，故排放 NO_x 时进一步预测与评价因子为 NO_2 而非 NO_x。

（2）题干中“给出的 NO_2 预测评价内容包括”，注意关键词“包括”，表明题干信息未明确的进一步预测与评价内容，均按照内容不完整、需要补充完善对待，故还应开展非正常排放条件下预测与评价、大气环境防护距离设置。

（3）题干“NO_2 短期浓度和年均浓度”，表明还应评价短期浓度和年均浓度最大浓度占标率。“本工程所在地区为环境空气不达标区，不达标因子为 NO_2，当地政府已编制了环境空气限期达标规划”，表明 NO_2 为不达标区现状超标的基本污染物，应叠加达标规划年目标浓度。“叠加环境质量现状浓度得到项目投产后 95%保证率 NO_2 日平均浓度”，表明应叠加达标规划年目标浓度后评价年平均质量浓度、98%保证率日平均质量浓度达标情况。

答案一具体、详细，直接针对题干给出的 NO_2 预测内容解答；答案二、答案三简单、明了，三者均无原则性错误。

5. 计算本工程掺烧污泥替代煤的年 CO_2 减排量。

【参考答案】

答案一：

（1）掺烧干污泥的量=5×（1−80%）÷（1−40%）=1.67（t/h）。（1 分）

（2）掺烧干污泥后耗煤量=（36×21 000−1.67×6 300）÷21 000=35.5（t/h）。（1 分）

（3）减少煤炭消耗量=36−35.5=0.5（t/h）。（1 分）

（4）CO_2 年减排量=26.44×10^{-3}÷10^{9}×21 000×10^{3}×0.5×10^{3}×44÷12×6 500×98%=6 484.28（t/a）。（1 分）

答案二：

（1）污泥替代煤的低位发热量为：[5×10^{3}×（1−80%）/（1−40%）]×6 300=10.5×10^{6}（kJ/h）=10.5（GJ/h）。

（2）本工程掺烧污泥替代煤的年 CO_2 减排量=10.5×26.44×10^{-3}×98%×（44/12）×6 500=6 484.28（t/a）。

考点分析与答题技巧：本小题是针对当前碳达峰、碳中和的政策而设计的。自从习近平主席在第 75 届联合国大会提出“我国二氧化碳排放力争于 2030 年前达到峰值，努力争取 2060 年前实现碳中和”后，关于碳达峰和碳中和的社会活动就进入了一个高潮期，全国各地各级政府及部门和各行业做了大量的工作，生态环境部也及时发布《关于开展重点行业建设项目碳排放环境影响评价试点的通知》（环办环评函〔2021〕346 号），而且《中共中央　国务院关于深入打好污染防治攻坚战的意见》要求将碳排放纳入环境影响评价。碳排放的评价作为环评工作的又一重点内容被广泛关注。

根据题干信息“来自城镇污水处理厂含水率 80%的污泥先暂存在污泥仓内，后通过加料机送入圆盘干燥机进行干化处理，得到含水率 40%的干污泥”，即理论上掺烧的无水干泥量为 5 t/h×（1−80%）=1 t/h，但实际上掺烧的污泥含水率为 40%，鉴于题干给出的信息“收到基低位发热量 6 300 kJ/kg，是针对含水率 40%的干污泥的”，则掺烧的含水率为 40%的“干污泥”量应为 1 t/h÷（1−40%）=1.67 t/h。答案一分步解答，条理清晰，容易得分；答案二直接计算，比较简洁。但此类考题，计算及其计量单位等的转换是关键（如本案例的 C 与 CO_2 的转换）。同类计算在历年考试中反复出现，考生应高度重视。

本题需要注意的是：

（1）因污泥热值不等于燃煤热值，故污泥混掺量不等于相应的燃煤减少使用量，由题干信息“掺烧污泥、不凝气后，烟气量和锅炉热效率基本无变化”，可应用热量平衡计算出掺烧污泥后，燃煤减少使用量。

（2）条件“煤单位热值含碳量为 26.44×10^{-3} tC/GJ”中是 C 的质量，“碳氧化率为 98%”即 C 燃烧生成 CO_2 的比率为 98%（性质类似煤中硫转化率 80%取值），需要在 98%氧化率基础上进一步用系数（44÷12）转化为 CO_2 的质量，同时注意 GJ 与 kJ 的单位转换（1 GJ=10^6 kJ）。

（3）根据题干信息，“污泥干化车间设 1 座污泥仓和 1 台圆盘干燥机，处理能力为 5 t/h（湿基），年利用小时数 6 500 h。”

（4）污泥混掺总量固定（污泥干化车间年利用小时数 6 500 h）的前提下，全部污泥供 1 台锅炉或分解至 2 台锅炉混掺，最终碳减排量计算结果是一样的，因此减少煤炭消耗量 0.5 t/h 对应的年运行小时数为 6 500 h。

以大气污染影响为主的火电厂或热电厂项目案例时隔多年才再次出现在环评师考试中，确实不容易。本小题题干内容较长，内容较为繁杂，在考场上对考生审读会造成时间紧迫并易导致烦躁，也是对考生耐心的考验。但对于做过此类项目环评的考生而言，解答本案例并不难。

2014 年之前考题（建材与火电类案例）

后 记

全国环境影响评价工程师职业资格考试的“环境影响评价案例分析”一科，目的是通过该科目考试，检验具有一定实践经验的环境影响评价专业技术人员运用环境影响评价法律法规、技术导则与标准、技术方法，解决实际问题的能力。

根据历年考试大纲，案例分析一般主要考查八大方面：

一、相关法律法规、政策及规划的符合性分析。

二、项目分析。

三、环境现状调查与评价。

四、环境影响识别、预测与评价。

五、环境风险评价。

六、环境保护措施分析。

七、环境可行性分析。

八、规划环境影响评价。

每个方面均有具体的要求，这在每年的考试大纲中都有明确规定。虽然考试大纲的要求也会随着形势的发展有所变化，近年来进一步突出了规划环境影响评价和绿色低碳方面的考试，但考试大纲是出题的框架和范畴，所出考题一般是不会超出考试大纲的，因此考生必须高度重视考试大纲。另外，近年来案例分析题干内容与早年的考试相比明显增加，阅读题干会花费较多时间，导致很多考生心理紧张，甚至在限定的时间内解答不完规定应选的六道考题。所以，考生在考场上一定要保持良好的心态和定力，合理选题，紧紧抓住题干下面所设的问题，对应题干所给出的信息进行分析，答出重点、关键点。切忌啰唆而浪费时间。

广大技术人员在实际工作中应善于总结，同时结合理论与技术的学习，就会在该科目考试中取得好成绩。如果能够将考试学习和对考题的解答、分析再进行深入理解并应用到实际工作中，必将有助于编写好环境影响报告，做好环境影响评价具体工作。

本书自 2013 年由本人发起，并完成了 2013 年版初稿内容的大部分编写工作，此后一直担任主编，并编写主要内容。本版由叶斌（生态环境部环境工程评估中心）、刘威（山西迈润田环保工程有限公司）、崔勇（飞翔飞环保培训中心）、吕伟（北京中环智云生态环境科技有限公司）、常蓉（云南省生态环境研究院）担任副主编。在各版编写过程中，主要参编人员有韩旺、田艳丽（北京中环智云环境科技有限公司），成文连［中科国衡（北京）生态环境技术有限公司］，彭飞翔、张蕾（北京飞翔飞环保培训中心），钱德安（北京市化工职业病防治院），赵永强（北京国寰环境技术有限责任公司），张艾冰（中铁第五勘察设计院），李华（北京京诚嘉宇环保科技有限公司），郭丽岗（北京中环长青环境科技有限公司），以及李建国、王爱枝、幸健萍、赫荣晖（北京欣国环环境技术发展有限公司），贺佳（中国国际工程咨询公司），孙翠菊（青岛绿希环境科技有限公司），魏华（交通运输部环境保护中心），姜晶（天津滨亚环境能源技术有限公司），周建勋（北京德恒律师事务所），张吉（天津市生态环境科学研究院），张延川（山东优纳特环境科技有限公司），易爱华（北京益普希环境咨询顾问有限公司），吴琼（交通运输部科学研究院），刘海龙（生态环境部环境工程评估中心）等。多年来，根据学员或考生的意见，不断对本书进行了修改、补充。在编写过程中吸收了社会各界关于环评师考试案例分析的评价、解答成果。因此，本书是培训教师和广大学员集体合作的成果。

考试的关键是答上“要点”，紧紧抓住题干提供的信息，特别是一些关键性的词语，不要答得太多。不支持也不鼓励大家背这些题的答案，更不鼓励反复抄写这些答案，而应该理解并灵活应用。鉴于法规、技术导则、规范、标准的不断更新和变化，从事环境影响评价的技术人员必须及时跟踪、更新，不断学习。广大考生在参加此类考试时必须深刻理解年度考试大纲，关注国家生态环境相关法律法规和规范性文件、产业政策，以及新发布的环境影响评价技术导则、规范、标准和技术方法，才能在实际工作和考试中取得好成绩。

在本版编写过程中得到很多朋友和考生、同人的关爱和积极支持，有学员不仅指出前几版中的错误或不足，甚至能将书中的错字或遗漏的字、数字错误等及时指出，说明广大考生对本书十分关心，在此深表感谢。感谢对本书出版一直关心和出力的人士，感谢提供历年考题的朋友们。

最后，本书一定存在一些问题及不足，尤其是“考点分析与答题技巧”的内容，主要是为了让考生掌握某个知识点。希望关心环境影响评价的社会各界人士提出批评，也希望广大考生及环评技术人员结合考试经历和实践经验，继续对本书多提宝贵意见和建议（发至邮箱 402138067@qq.com）。谢谢。

贾生元

2025 年 2 月于北京